天下文化

BELIEVE IN READING

與路共生

｜道路生態學如何改變地球命運｜

班・戈德法布｜著
鄧子衿｜譯
林大利｜審訂

CROSSINGS

How Road Ecology Is Shaping the Future of Our Planet

By Ben Goldfarb

感謝我的公路旅行同伴艾莉絲，
她用松樹枝為一隻紅松鼠建造了涼亭。

暖心真誠推薦

臺灣關注路殺是近十二年間的事情；當我關懷路殺事件時，才得知是需要長久研究的科學。推薦讀者閱讀本書，也可從各章節去印證臺灣淺山中不斷增加或拓寬的道路，對淺山生態造成的重大影響。

——**李璟泓**／台灣石虎保育協會理事

人類的現代生活已經離不開道路，綿密的路網大幅改變這個地球，帶來便利的同時，也帶來威脅。道路上的人與野生動物因車禍而非死即傷，生物的分布與許多自然現象也被道路一刀兩斷。從大公路主義到各種改善設施，在乎自然保育與行人路權的讀者，都值得悉心閱讀這本書！

——**林大利**／生物多樣性研究所副研究員

道路串連了人類的生活，卻切斷了動物的生存之路！透過縝密的科學敘述，這本細膩深刻的好書呈現了矛盾與衝突。除了反思人類為了便利所付出的生態代價，也提醒我們建構更友善的設計，以減緩生物多樣性的流失。

——**林思民**／臺灣師範大學生命科學系特聘教授

路，不論是由誰走出來的，只要不小心，就是造成「路殺」的根源，對野生動物造成的危害，甚至可能大到導致滅絕。從本書可看出道路對生態的影響重大，值得省思。開車時請放慢速度，停看聽。

——**張東君**／科普作家

二〇一〇年認識「路殺」以來，我開始注意道路上的死屍，旭海的戴勝、雙溪的麝香貓……一次次與夢幻物種相遇，竟都是2D的狀態，每每令我憂愁揪心。十五年後遇見的這本完整梳理路殺過去與未來的書，值得每一位喜愛自然的朋友細讀，思考道路終將引領這顆星球，通往怎麼樣的未來。

——**雪羊**／山岳攝影師暨作家

道路有效提升了人類於空間上的移動力，卻也擴展了人對生態的直接和間接影響，包括棲地破壞、路殺、狩獵等。尊敬在地居民行的權利顯然不可或缺。

——**黃美秀**／台灣黑熊保育協會創辦人、屏東科技大學野生動物保育研究所教授

路殺，是臺灣現今野生動物常面臨的最大死亡威脅之一，小從陸蟹、大到水鹿，都有路殺的紀錄。本書作者透過流暢的文字與詳細的說明，帶讀者深入了解這個離我們很近、大家卻很陌生的議題。讀起來令人欲罷不能。

——**劉奇璋**／臺灣大學森林環境暨資源學系副教授

我們的教育幾乎沒有提到現代道路如何切割自然地景並改變環境，這本書回顧了歷史、陳述了衝擊，也提供了建議。

——**顏聖紘**／中山大學生物科學系副教授

（按姓氏筆劃排列）

目次

導讀

臺灣，也要與路共生

林德恩

初看這本書時的第一個念頭：「太好了！有了這本書，我可以不用再四處去演講推廣路殺議題了！」因為有關道路造成的棲地破碎化、路殺威脅、阻隔效應、防護導引圍籬和通道設計等道路生態學含括的議題，甚至道路衍生的文化侵略、種族歧視和語言趨同現象等社會科學議題，《與路共生》這本書裡都巨細靡遺的用許多精采案例娓娓道來，從馬車時代到汽車發明、普及，再到現今的電動綠能車時代，內容之精采真的讓我看到欲罷不能、頻頻點頭！心裡不停的反思和產生共鳴：對！臺灣也是如此、我們也有相同的遭遇！哇！原來還有這個深層意涵。身處這個人類創造、由自然和科技混合的新興生態系「人類世」環境中，深深認為每個人都該撥點時間，靜下來好好讀讀這本書，了解我們如何在享受便利、自由和經濟果實的同時，卻不知不覺以極快的速度，破壞和改變了人類賴以維生的地球，造成生物滅絕，同時威脅我們自己的生命。

一九〇八年福特汽車推出全球第一款量產化T型車，讓原本高貴的汽車平民化、走入人民生活，地球正式成為汽車的國度。當所有人都沉浸在經濟繁榮、便利和自由生活的同時，自然界的動物們卻在喧囂噪音中逐步走向死亡。一九二五年史東納夫婦（Dayton and Lillian Stoner）在國際知名的《科學》（*Science*）期刊發表全世界第一篇路殺報告，像他們這樣的「死亡清點式」科學文獻雖然陸續發表，然而這個新興的科學領域並未引起太大的漣漪，甚至被批評為危言聳聽、製造與散播恐慌。直到一九五〇年代，道路生態學或路殺才真正受到關注，並被視為「威脅」。過去因為道路和車輛而受害、數量銳減的動物，重新適應了新興的人為生態系「道路邊緣」，在郊區壯大，反過來威脅以汽車為主導地位的道路生態系，並危及人類生命——也就是鹿車相撞事件急劇增加，促使人們開始普遍正視「路殺」議題。這可以理解，人類終究是優先關心自己的利益。

類似的情況也發生在臺灣。黃光瀛博士一九九五年展開陽明山國家公園境內十四個路段、四十八公里長的詳盡路殺調查，歷經十二年後，於二〇〇六年正式發表了臺灣第一篇路殺調查科學報告，在臺灣的生態領域埋下一顆種子。這個一切以經濟掛帥、開發優先的東方蕞爾小島，晚了世界其他國家近七十年，才開始認知到臺灣的路殺問題，但一樣沒有太多迴響。直到二〇一一年八月，路殺社臉書社團成立，透過普及化的網路、智慧型手機和社群平臺的推波助瀾，路殺事件才開始在臺灣引起小小風潮，但仍以生態領域相關師生為主要參與群體。真正受到政府部門、媒體和民眾注意、報導和廣大討論，是因為二〇一三年七月的鼬獾狂犬病事件，讓許多人發現，原來死亡在路上的動物並不一定是因為車禍，也可能是因為傳染病，這才意識到路死動物的重要意義（參見本書第十一章），也才有大量人力和相關部門陸續投入。

道路造成動物被路殺，卻也同時驅動了演化，例如書中提到的崖燕，因為被迫適應人為環境而在橋梁下方築巢，為了降低被橋下急駛而過的車輛撞擊傷亡，歷經三十多年的「天擇」篩選（我戲稱為「車擇」）：翅膀長的反應慢，容易被車撞而路殺），整個族群逐漸朝向以可快速閃避車流的短翅型為主（居住在懸崖的崖燕族群，翅膀平均長度則較長）。臺灣低海拔校園和公園常見的斯文豪氏攀蜥，也有相同的「車擇」演化，在路殺嚴重的路段，大型雄性攀蜥為了捍衛地盤容易遭遇路殺，導致存活下來的個體偏向體型較小、雄性性徵相對不明顯。長期車擇的結果，使得路殺嚴重路段的攀木蜥蜴，體型相對較森林邊緣的族群小且雄性性徵不明顯。

∞ 臺灣道路生態學追趕中

臺灣的路殺研究雖然起步較晚，但在近十年路殺社公民科學的成功推動下急起直追，許多本書中提到的情境、研究成果或遇到的問題，臺灣也都濃縮在這十年左右一一遇到。

例如，為了降低道路切割使棲地破碎化的影響、減少邊緣效應對動物的威脅，臺灣參考國際做法，在二〇一八年發起「國土生態保育綠色網絡」的跨域計畫，希望藉由跨領域、跨部門及公私協力的方式，有效推動生物保育與棲地縫補串連的工作。

臺灣的路殺社公民科學架構和發展，初期主要是參考書中也有提到的美國「加州路殺觀察系統」（California Roadkill Observation System），同時注意到國外相關公民科學推動時，經常面臨資料品質和科學性不足的問題，因而汲取歐美經驗，在推動過程中建構四種資料蒐集模式（機會型資料、系統化取樣同步大調查、社區型資料，以及資料空缺調查），以求路殺社公民科學資料可盡量客觀和貼近臺灣真實現況，又能快速獲得大量和足夠分析的資料。

書中大部分章節談到，歐美以鹿科、食肉目和大型貓科動物為路殺關注動物，但臺灣自一九九六年開始調查並獲得路殺數據起，就發現蛙類和蛇類的路殺數量為最大宗（合計約占路死總數量的百分之八十）。但數量不是絕對唯一的衡量標準，更重要的是路殺數量占該物種族群總量的比例，這也是過去十年來，石虎特別受關注的原因。就和本書提到的美洲獅、美洲豹貓一樣，單純路殺威脅就已將臺灣的石虎逼近滅絕邊緣！書中第十二章描述了巴西的大食蟻獸，因道路開發和路殺而處境堪憂，則讓人快速聯想到臺灣的穿山甲也是相同遭遇。

雖然研究起步晚，但石虎和穿山甲等明星物種的路殺死亡發揮了標竿作用，引起臺灣公路部門的重視，並在改善方面急起直追，例如二〇一九年年五月，結合AI影像即時辨識、車速感測器、超音波和閃光燈等科技設備的「石虎紅綠燈」，首次在省道臺三線苗栗鯉魚潭觀景臺旁正式啟用。單就科技應用而論，臺灣算是跑在世界前端，但截至二〇二四年為止，臺灣的路殺相關改善設施僅約有三百件，而且仍以各式五花八門的小心動物警示牌為主（約兩百件），成效較好的防護圍籬和動物通道則僅約五十件，可兼供車輛和動物通行的多功能跨越橋，只有國道三號高速公路上的三件，而專門供野生動物使用的生態通道（Ecoduct），臺灣仍闕如，更不用說為蛙類、蛇和烏龜等較不受關注、卻是路殺死亡數量最多的外溫（冷血）動物設立專用通道的案例了，在臺灣真的是屈指可數。

雖然臺灣的國道三號每年清明節前後一個月，都會為紫斑蝶的遷移架設六公尺高的防護導引圍籬，甚至當通過數量達到每分鐘兩百五十隻時，還會配合封閉外側車道，這項世界首創的「國道讓蝶道」保護行動，在書中被作者特別提及，獲得國際普遍讚賞，但總體而言，臺灣在路殺減緩或改善設施方面，還非常不足！這本書提到的案例，有許多值得我們借鏡的地方。

道路帶來的不只有路殺，還有噪音影響、重金屬汙染、隔離效應、驅避效應、疾病傳播，而且除了脊椎動物外，無脊椎的昆蟲被路殺的數量更是難以計數！這些都是臺灣道路生態學尚未或還無法深入研究探討的領域。臺灣的道路系統發展得很早，而且發展太快也太密集，我們還在亡羊補牢追趕中。《與路共生》這本書給了我們很好的反思角度和機會。最後想要呼應作者的是：野生動物救傷容易勾起憐憫之心、引來共鳴，是許多人熱心付出的首選，但救傷屬於「被動處理」，而野生動物穿越通道的建置則是「積極主動」從源頭減少野生動物需要被救傷的數目，更應該受到重視，並付諸實行。同時我們也該謹記，動物通道的建立只能解決看得見的路殺威脅，無法處理或解決道路建設帶來的汙染、文化掠奪、棲地喪失、外來種等各式議題或災難。

閱讀本書，不僅能從動物的視角看待人類道路，也看到了道路對人類自身的影響，更期待人類能找到與自然共生共存的未來！

（本文作者為「路殺社」創辦人、生物多樣性研究所副研究員）

導讀

絕妙好讀中的省思

劉威廷

科普作家有說故事的魔法，無論什麼主題，都可以把人類史、甚至地質學尺度的時空內容，轉換成我們可以用幾天到幾週時間就愉悅吸收的知識。道路生態學是我工作上常需要鑽研和分享的主題，演講簡報中條列的生硬詞彙和數據，到了戈德法布先生書裡，添加上歷史、文化和環境背景的血肉，配上優美兼詼諧的文字，變成一個個生動有趣的故事。

這本書分三部共十三章，架構了道路的過去和未來。第一部〈公路殺手〉談道路最為人知的兩大生態影響：路殺和棲地切割，透過鹿、美洲獅和兩爬動物等多個精采案例，介紹動物通道等改善作為。第二部〈不只是道路〉進一步帶讀者深入到森林道路的影響和管理、車輛噪音對生態和聲景的影響，以帝王斑蝶的案例反思道路邊緣綠帶的角色，以「美洲鷲與休旅車一起繁盛」談路殺做為食腐動物（和人類）的蛋白質來源，最後透過幾個複雜案例，說明道路怎麼造成遷徙魚類消失，以及公私部門如何一起改善道路結構。第三部

〈前方有路〉先從「路傷」動物的救傷數據和案例，反省道路設計應納入動物需求，再往前走到近代公民科學如何推動道路生態學發展，以及檢討未來自動駕駛等科技的光明與黑暗。〈基礎建設海嘯〉這章是我很喜歡的轉折，跳脫歐美經驗，以巴西為例，讓我們看到一個仍在快速新闢道路的國家所面對的環境壓力，以及在道路興建階段，就考量動物需求的創新思維。最後一章又是峰迴路轉，道路反應了種族主義，延伸的是人本交通：一個適合用腳行走的世界。

跟著作者，我們從古羅馬逛到好萊塢星光大道，從阿拉斯加經過臺灣來到塔斯馬尼亞，檢視道路對鳥類、哺乳類、兩爬動物、昆蟲和魚類的影響，甚至影響太空梭發射成功的機率，還有關於道路的反省、動物通道的改善、環境正義、種族主義和氣候變遷等等議題。除了引經據典化成引人入勝的故事外，書中讓人會心一笑或發人深省的佳句也俯拾可得，例如用「像鷸小步快跑避開海浪一樣」來描述大角羊穿越道路時面對車輛的行為、「如果汽車是太空船，白尾鹿就是小行星」、「生物滅絕諷刺之處，在於人類既是原因也是解方」……。

本書另一個絕妙好讀是，作者一再把衝突展現在我們面前，提醒我們事物的一體兩面。像是路殺少，可能是因為動物不敢靠近道路，或動物已經死光；未來的自動駕駛車輛具備高科技感測功能，是可讓我們迴避動物、減少路殺，還是會帶來都會區的擴張，增加開車時間（特別是夜間）以致增加路殺，動物需要交通中的深呼吸（無車輛通過時段），但交通往往容易過度換氣。是啊，大家都有出遊遇到道路施工的等待經驗，阿拉斯加迪納利國家公園為了保育，強制道路每小時至少有十分鐘不能有任何車輛通過，如果是我遇到，不會抱怨嗎？

∞很多人都需要這本書

現代人的生活與道路緊密相連。臺灣的道路生態學在過去二十年間快速發展，很多方面我們已經不落人後，像是生物多樣性研究所「路殺社」帶領的公民科學浪潮、高速公路局過去十多年持續每天進行的全國道路殺調查、全臺各地為了改善各類動物路殺而設置的動物通道，還有從中央到地方主管機關，為每一筆石虎路殺事件辦理的會勘改善工作等等。但臺灣高密度的路網，也讓我們的路殺和棲地切割嚴重程度超英趕美，書中提到的各種糟糕的開發行為或改善措施、錯誤批評、忽視道路生態影響的言論和政策，在臺灣也都不少見。在這個道路凌駕一切的時代，道路生態是全球人類必須共修的課題。

我認為臺灣很多人都會需要這本書，不只是我這種從事生態保育相關工作的人一定要讀，政府官員、交通人和工程人員也該讀，關心生態的民眾或有時忍不住在社群媒體路殺討論文章下留言的民眾，也推薦一讀。建議做保育和野生動物救傷的公私部門，都能把這本書常放在桌上，也推薦企業家們買一本來看看哪些地方需要你們的幫忙。謝謝作者給了我們這麼好的作品，謝謝譯者流暢的中文翻譯，書中提到的好多地方我都想去見識，包括到班夫國家公園，完成一個道路生態學家的成年禮！

（本文作者為台灣石虎保育協會理事長）

前言

燕子的翅膀

如果你曾經開車穿越美國，必定會在一種勇敢的鳴禽的翅膀下經過。這種鳴禽比你的手掌還小，輕如你口袋裡的零錢，羽毛是漂亮的藍色和棕色，叫做「崖燕」（*Petrochelidon pyrrhonota*）。當其他動物都在逃離人類足跡時，崖燕卻在其中找到棲息之所，稱牠們為「橋燕」或許更為恰當，因為人類跨越河流的鋼鐵大橋，為崖燕提供的築巢位置，比懸崖和峽谷提供的還要更多。崖燕以往棲息在美國西部山區，但到了上個世紀，牠們的分布範圍已經擴展並跨過了北美大平原。崖燕會把葫蘆狀的泥巢貼在大樑和桁架上，比起人類的高架橋，這些鳥類的工程壯舉毫不遜色。

生物學家布朗（Charles Brown）曾告訴我：「一旦環境毀了，我們剩下的就只有老鼠、蟑螂和崖燕了。」

崖燕是群居性鳥類，群體數量可達數千隻。和大多數文明一樣，崖燕的文明也亂糟糟：牠們會從其他鳥巢裡偷東西、逼迫交配，打架之激烈，有時甚至會讓彼此掉進河裡淹死。在最近四十年中，布朗每年都會走訪內布拉斯加州的兩百多個崖燕營巢地，想要找出崖燕繁殖群繁榮或沒落的原因。布朗研究牠們捕捉昆蟲的能力、傳播疾病和抵抗蛇類的方法。他用霧網捕獲了四十萬多隻崖燕，在其中二十萬多隻的纖細腿上裝了有編碼的金屬腳環。他的工作大半都在開車，從一座橋開到另一座橋，從這一群崖燕開到那一群崖燕，里程數高到不行。布朗說：「內布拉斯加州西部的崖燕，有百分之九十八會出現在距離道路二十公尺以內的地方。」

對動物來說，靠近道路的區域理當是最危險的生存場所。崖燕雖然飛行敏捷，但偶爾還是會淪為往來汽車和卡車的受害者。一九八〇年代，布朗和長期合作的鳥類學家瑪麗·布朗（Mary Bomberger Brown）開始研究崖燕時，會把這些翅膀折斷、頭部破碎的遇難崖燕撿回研究室，並且整理鳥屍，用棉花取代眼睛和內臟，像綁鞋帶一樣把帶羽毛的胸部綁好，然後塞進抽屜。他們對這些鳥屍沒有進一步的計畫，只是認為應當這樣做。若能蒐集數據，這些死亡不至於成為一種浪費。

幾年過去了，公布的數字持續累計，崖燕依然繁衍生息。二〇一二年，一位新來的助理請布朗教他整理鳥屍的藝術，布朗保證會有大量的路殺崖燕可供練習。然而到了夏天，幾乎沒有路殺動物，只有空蕩蕩的柏油路。飛翔的崖燕顯得生龍活虎，像是在嘲笑地面上的車輛。

布朗乍時頓悟，好比腦袋遭到大型貨櫃車追撞一樣：並不是二〇一二年夏天的崖燕特別幸運，而是這麼多年來，路殺而死的崖燕持續減少。一九八四年，當他們的計畫開始時，蒐集到的崖燕屍體有二十隻；一九八五和一九八六年又蒐集了二十隻。然後趨勢往下直落，好比滑雪場的斜坡：一九八九年為十五隻，一九九一年為十三隻，二〇〇二年為八隻。到了二〇一一年，只剩下四隻。

布朗考慮了各種解釋，然後一一駁回。可能遭撞擊的崖燕數量並沒有減少，會叼走鳥屍的美洲鷲數量並沒有增加，自己開車的里程數也沒有下降。都不對。布朗想：不知道是什麼原因，讓崖燕變得難以被車輛撞擊致死。

最後他從鳥屍上找到答案。布朗用捲尺測量翅膀的長度，從肩膀量到最外側飛羽的末端，發現被車撞死的崖燕，比用霧網活捉的崖燕，擁有較長的翅膀。差異其實很小，不超過幾公釐，但毫無疑問的，這個差異逐年增加。布朗馬上就明白其中的意義。長翅膀適合長途直線飛行，例如在營巢地和覓食場所之間往返。短翅膀有利於飛行的機動性，像是急轉彎或翻滾，而崖燕可透過這些動作來躲避隼，以及躲避那些將木材運到奧馬哈的平板卡車。交通正把動作笨拙、翅膀較長的崖燕從族群中剔除，並且偏好能夠靈活飛翔的短翅膀崖燕。這是達爾文的天擇在運作，如此清晰而迅速，簡直可以寫進教科書中。

布朗說：「從形態上來看，牠們已經不再是同一種鳥了。」但我認為，即使是從某種更深層、更形上學的意義來看，牠們也有所不同。幾個世紀以前，當人類尚未在北美大陸造橋鋪路，崖燕的存在基本上不受人類影響。但現在，牠們深深融入人類世界之中，以致於人類基礎建設的影響，已經滲透到牠們的DNA之中。崖燕是成功的故事，牠們是極少數因為混凝土和鋼材而受益的動物。不過這樣的勝利是有代價的：翅膀較長的崖燕成了族群中被剔除的烈士，鳥類的遺傳組成也因而改變。崖燕倖存下來，但成了不同的崖燕，道路重新塑造了牠們，變化雖然細微，卻很深入。

∞道路無所不在

未來若有外星考古學家挖掘出人類文明的廢墟，可能會得出這樣的結論：人類存在的理由是建築道路。大約有六千四百萬公里的道路環繞地球，包括貫穿整個美洲大陸的泛美公路（Pan-American Highway）系統，以及亞馬遜河流域中長達數十萬公里的非法採伐道路。這個星球為每個人承擔了三千公噸的基礎建設，相當於三分之一座艾菲爾鐵塔的重量。道路比車輪更早出現，美索不達米亞平原上的工程師，早在西元前四千年就開始鋪設泥磚路，要再過幾個世紀之後，才有人從捏塑陶器的圓盤得到靈感，打造出雙輪馬車。今天，我們根本無法想像，若沒有柏油路網，貨物要怎麼運到市場、員工要怎麼前往職場、家人之間又如何彼此相聚。美國作家懷特（E. B. White）曾寫道：「生活中的一切都在別處，你必須搭車前往。」

道路既是用來運送人員與物資的必要設備，也是一種文化藝術，象徵自由，是作家索尼特（Rebecca Solnit）說的：「象徵人類焦躁不安的建築」，是搖滾歌手布魯斯史普林斯汀（Bruce Springsteen）所唱的：「帶我們去任何地方的雙線道」。對我們來說，道路代表了連結和逃避；對其他生命形式來說，道路代表死亡和分割。

二十世紀的某個時刻，有科學家寫道，路殺造成的死亡超過了狩獵，成為「陸域脊椎動物死亡的首要直接人為因素」。你想到的各種環境問題，像是水壩、盜獵、超級大火，都不如道路所殺死的生物多，只是道路致死的現象更不為人所知。每個星期死於美國道路上的鳥類，比死於「深水地平線」鑽油平臺漏油事件的鳥類更多，但憂心路殺現象的人卻只有少數。隨著交通量增加，情況變得愈來愈糟。半個世紀前，只有百分之三的陸域哺乳動物死在道路上，到二〇一七年，死亡數量增加了四倍。對有爪、有蹄或腹部有鱗片的動物來說，高速公路愈來愈危險了。

道路也以其他更隱匿的方式扭曲我們的行星。羅馬的卡西亞大道（Via Cassia）於西元前一百年左右完工後，路面累積的沉積物開始流入蒙特羅西湖（Lago di Monterosi），刺激藻類大量繁殖，永遠破壞了這座湖的生態系統。正在侵襲雪松樹的真菌——側疫黴病菌（*Phytophthora lateralis*），會藏在卡車輪紋中搭便車。小小的紅火蟻是殘酷的昆蟲，因為會螫大象的眼睛而惡名昭彰，在非洲加彭，紅火蟻隨著伐木道路傳播的速度，是平常的六十倍。道路本身覆蓋美國不到百分之一的土地面積，但影響所及——用生態術語來說為道路影響區域（road-effect zone），卻涵蓋整整百分之二十的美國國土。若把車停在路肩上，然後深入路旁樹林約八百公尺，看到的鳥類數目仍然不如沒有道路的荒野。若再步行深入三公里左右，看到的哺乳動物仍然較少。如果你是凱魯亞克（Jack Kerouac）[1]的讀者，可能從小沉浸在「高速公路代表自由」的信條中。但如果你是一隻灰熊，高速公路代表的可能是監獄圍牆。

道路帶來的影響如此複雜，以致於很難確定影響的盡頭在何處。加拿大卑詩省的馴鹿群已經縮減到成為一種神祕的群體，原因之一是灰狼可經由伐木和採礦的道路侵入，這是人為災難，只是偽裝成自然掠食現象。美國有將近五分之一的溫室氣體排放量來自汽車和卡車，造成氣候變遷的因素中，以交通的影響成長最快。在此同時，電動車數量持續增加，車輛電池需要用到鋰和其他金屬，促進了採礦業的繁榮，這可能會破壞智利、辛巴威和美國內華達州等地的地景。道路也會造成棲地流失，而棲地流失是野生動物消失的重大原因。在砍伐阿拉斯加的雨林，或把婆羅洲的叢林變成只種油棕的耕地之前，都需要道路把機械工具運進去，並把農林產品運出來。可以這樣說，道路是萬惡之途。

不過，道路不僅造成輸家，也能汰選出贏家。美國亞利桑那州的高速公路就把降雨引入溝渠，使得沙漠土壤軟化，囊鼠也因此受惠。這些囊鼠會沿著路肩，挖掘出有如地鐵的地下道系統。美洲鷲、渡鴉和其他狡猾的食腐動物，因為路殺獲得額外的食物，因此數量愈來愈多。草原棲地被玉米田所取代的蝴蝶，因為路邊雜亂生長的馬利筋叢而得到救贖。在英國，這類棲地稱為「軟地產」（soft estate），也就是說，道路雖然破壞現有的生態系統，卻也創造出新的生態系統。曾有生物學家帶我到高速公路一處橋下，指出有數百隻避光鼠耳蝠棲息在橋的縫隙中，並未受到公路上往來交通的干擾。

道路產生的影響如此之大，卻直到二十世紀末，才真正受到科學界應有的重視，不免讓人覺得驚訝。一九九三年某個下午，地景生態學家福爾曼（Richard Forman）和幾個學生，站在他位於美國哈佛大學的辦公室裡，研究一張森林衛星照片。福爾曼正在詳細解釋森林的特徵，像是水流過哪些地方、為什麼人們把房子建在那裡、動物如何在森林中移動等，但突然間，他停了下來。他對我說明當時的情況：「我注意到照片上有一條對角切過的長線，那是穿過森林的雙線車道。於是我說：哎呀，我們對這張照片中其他事物的生態都有不少了解，但對於這條路的生態卻了解不多。」這個意外的想法啟發了福爾曼，他很快創造出一個專門術語：道路生態學（road ecology），大致定義為有關「道路和交通用地如何改變周邊動植物」的研究。[2]

福爾曼並沒有立刻吸引到信徒。隔年，有個大型的政府委員會邀請福爾曼，向交通運輸界的高層介紹他的新研究領域，但他只得到禮貌的笑聲。有位工程師揚起一邊的眉毛說：「你不是來這裡要我們停止輾壓動物的，對吧？」然而到了一九九〇年代後期，道路生態學開始蓬勃發展。福爾曼和其他先驅陸續發表論文、編寫教科書、召開會議，吸引了好奇的官員。福爾曼說：「突然之間，道路生態學成了顯學。」

∞野生動物眼中的異世界

我自己開始對道路生態學有所了解，是在二〇一三年。當時為了撰寫有關黃石到育空保育倡議行動（Yellowstone to Yukon Conservation Initiative）的報導，我展開穿越美洲大陸的旅程。這項非凡的行動計畫簡稱為Y2Y，目標令人難以置信：倡議者想要將野生動物的棲地相互串連成一個網絡，讓動物能夠沿著洛磯山脈自由行動，不受阻礙。這個網絡分布的地區跨越美國五個州，和加拿大的四個省與地區，形成一個廊道，將可保留紅鹿和馴鹿的遷徙路線，讓灰狼這類活動範圍廣闊的動物族群能夠合併和配對，並幫助狼獾等敏感物種跟上氣候變遷的腳步，能夠往北逃避。這項倡議的標誌是灰熊，因為灰熊對環境要求很高，對其他物種而言是很有用的指標。一個能支撐灰熊的生態系統，對其他物種來說應該也足夠健康。

對於缺乏這方面知識的人來說，Y2Y聽起來或許很牽強。就在Y2Y成立後不久，影集《白宮風雲》諷刺它為「狼的專用道路」，是那些缺乏幽默感、無法忍受嘲笑而離開白宮的環保人士所成立的無用計畫。但該劇的編劇和大多數批評者，都誤解了這項計畫的概念。Y2Y不是分散的路徑，而是拼圖，其中遍布著遺失的碎片，這些碎片大多位於荒野和人類居住地交會的脆弱邊緣地帶。Y2Y和它眾多合作夥伴的使命，是填補這些漏洞，幫助灰熊和其他動物安全穿越洛磯山脈，不與人類發生衝突。我在加拿大卑詩省，參觀了受保護的糧食作物農地，這些農地正好位於夜裡灰熊在山間往返的通路上。在美國蒙大拿州，我在設有電圍籬的牧場裡，聞到內臟的味道，因為牧場主人把死牛製成堆肥，而不是棄屍在土地中腐爛，那對熊來說可是極大的誘惑。（無論是人或熊，很少有旅行者能夠抗拒快餐的誘惑。）

然而，Y2Y最深的裂口仍然沒有癒合。經過這個地區的道路名稱，都快要可以填滿數獨謎題了：九十號州際公路、三號和二十號高速公路、九十五號、四十號、十二號和二一二號國道，就像是蜘蛛網一般密布在原野地。我行駛在終結生命的高速公路上，記不清有多少隻紅鹿倒在加拿大克羅斯內斯特帕斯（Crowsnest Pass）的路肩，其他道路則將灰熊族群分隔成孤立的小群體。我開始意識到，道路不僅是文明的症狀，更是文明特有的疾病。

在Y2Y廊道範圍內的眾多道路中，有一條九十三號國道，這條公路從亞利桑那州穿越蒙大拿州，往北延伸到加拿大邊境，全長超過兩千公里。與許多高速公路一樣，九十三號國道是在一九五〇年代草率修建而成，穿過濕地、紅鹿草原，以及原住民部落「薩利希和庫特奈部落聯盟」（Confederated Salish and Kootenai Tribes）的大片保留區。一九九〇年代，蒙大拿州和聯邦機構想要把九十三號國道從雙線擴大為四線道時，部落官員要求參與道路重建討論。雖然更寬、更快的道路對駕駛者來說可能更安全，但也會殺死更多的鹿、紅鹿、熊和其他做為部落文化基礎的動物。部落堅稱：「道路是訪客」，應該「回應並尊重土地和地方神靈」。

「薩利希和庫特奈部落聯盟」展示了他們的法律和道德力量，當九十三號國道最後重建時，工程師建造了大約四十個動物通道，包括地下道、隧道、箱形涵洞，這個網絡讓動物可在高速公路下暢通無阻的潛行。公路旁建有圍籬，可把野生動物擋在高速公路之外，並且引導牠們使用通道。這個計畫的旗艦建築是一座優雅的橋梁，主要是為了野生動物的指標——灰熊而設計。在空拍照片中，這座高架橋看起來充滿未來感，似乎不合時宜，彷彿一道跨越高速公路的綠色拋物線，帶著中土世界的優雅。如果道路是一種疾病，動物通道似乎是一種療法。

那年十月，我在修伊瑟（Marcel Huijser）陪伴下，行駛於九十三號國道上。修伊瑟是一名道路生態學家，身材削瘦、頭髮斑白，早在動物通道還處於計畫階段時，他就已經開始研究道路生態。當時我對這門學問一知半解，更別說是了解一名道路生態學家的學思歷程了。所以從密蘇拉（Missoula）向北行駛時，我請修伊瑟告訴我他的過去。修伊瑟在荷蘭長大，這個國家的大小只有蒙大拿州的九分之一，是世界上公路網最密集的國家之一。熊和狼早已經從荷蘭過度建設的大地逃離，因此修伊瑟的研究對象是刺蝟。刺蝟就像是快樂的鄰居，會在當地人家的庭院進進出出。當我們駛過道路兩旁金黃色的三角葉楊，修伊瑟說：「每個人都認為牠們可愛又奇妙，很能引發人們的同情心。大家總是想讓刺蝟感到愉快。」

可惜的是，刺蝟體型小、行動遲緩，又在夜間活動，完完全全就是合適路殺的動物。根據修伊瑟的計算，每年有數十萬隻刺蝟遭到輾壓，這在荷蘭是人盡皆知的事。道路、堤防、運河和城鎮把這個國家的地景切成碎片，幾乎沒有空間可容刺蝟和其他動物生存。一九九〇年，本著荷蘭典型的獨特創意，荷蘭推出一項解決棲地破碎化的國家計畫，最後在全國的高速公路建造了八百多個野生動物穿越通道，包括給獾通過的管子，以及給鹿走的橋梁。修伊瑟的研究指出，刺蝟偏好森林和草原之間的生態過渡帶（ecotone），這有助於規劃者安排通道的位置。他說：「我在博士論文口試時採用了一個說法：刺蝟（hedgehog）有如『邊蝟』（edgehog）。」他為自己的文字遊戲害羞一笑。

一九九八年，修伊瑟在某次的公路會議（還能在哪裡？）上認識了他的妻子：美國保育人士沃爾德（Bethanie Walder）。後來，他搬到蒙大拿州，在西部交通研究所（Western Transportation Institute）任職，所屬小組的任務正是研究九十三號國道的動物通道。在接下來幾年裡，修伊瑟和同事不斷鑵著鹿的糞粒、仔細盯看紅外線自動相機拍攝到的動物照片，並蹲下身來檢查沙土上的蹄印、爪痕。當我造訪蒙大拿時，野生動物車禍案件已經減少大約四分之三，修伊瑟的團隊記錄了數以萬計成功穿越通道的案例：郊狼、狐狸、美國大山貓、紅鹿、水獺、豪豬、麋鹿、灰熊。修伊瑟告訴我：相較於世界上其他擁有同樣建築物數量和密度的地方，甚至包括荷蘭，九十三號國道都表現得更好。

當修伊瑟把車停在陸橋旁，黃昏已經降臨。他打開路邊圍籬的閘門，我們彷彿通過一個傳送門，從高速公路的世界來到平行維度的荒野。我們爬上緩坡，秋天的枯草在靴子下碎裂。我走到陸橋的最高處，俯視著開往密蘇拉的漫漫車流。地平線上有著橙色的光芒。冬天即將來臨，夜晚的涼意刺骨。雖然我們離地面只有三層樓高，我卻感覺像是浮在半空中，四周彷彿可能出現超自然現象。我想像，隨時會有一隻灰熊從松樹林中鑽出來，緩緩走上橋。

修伊瑟不像我一樣心懷敬畏。他在陸橋上來回踱步，指出設計上的缺陷。他並不滿意橋上樸素的景觀，認為若有精心布置的灌木叢，將能夠幫助小鼠和田鼠。陸橋看起來太過暴露了。他的相機最近拍到一隻黑熊因為看到汽車迫近的大燈而逃離。他說：「視覺簾幕會很有幫助。」灌木或土堤可能發揮作用，「或僅僅一道木造圍籬可能就夠了。」

我突然覺得，修伊瑟正試圖棲息在其他生物的環境中，體會那些生物的主觀生活經驗。道路生態學是一種跨物種想像的行為，這個領域有著激進的前提，認為可以透過非人類的眼睛來感知人類的建築世界。麋鹿怎麼看待人類交通？什麼樣的地下道對水貂有吸引力？為什麼灰熊喜歡架高的陸橋，但黑熊卻喜歡高速公路之下的通道？這些問題可透過實證提供解答，但也需要生態學家像野生動物那般思考，同理心與科學並重。

對人類來說，道路如此平凡無奇，幾乎可視而不見。但對野生動物來說，道路完全是異世界。其他物種透過人類無法揣測的感官來感知世界，經歷我們幾乎不曾留意的壓力和誘惑。蝙蝠受路燈引誘而迷失方向，蝸牛在柏油沙漠中艱難爬行時脫水，海鳥把閃亮的柏油碎石路面誤認為海洋而直接撞上。想像一隻狐狸接近高速公路時的感官體驗：令人毛骨悚然的長條形空地劃開了大地，柏油和血散發出刺鼻的惡臭，發出雷鳴聲的掠食者臉上則帶著刺眼的光。奇幻小說《瓦特希普高原》（*Watership Down*）的主角兔子「榛果」第一次遇見道路時，誤認為那是一條河流，「兩岸之間黝黑、光滑且筆直。」一輛駛過的汽車「讓整個世界充滿噪音和恐懼。」榛果接著又說：「既然已經了解，我只想盡快遠離。」

∞最迫切的保育議題

道路生態學顛覆了我們關於動物和交通的古老笑話：「為什麼雞要過馬路？」這個陳腔爛笑話裡隱藏了一個假設：道路是不可侵犯的、永恆的，就像河流固定在河道上一樣。道路是理所當然的存在，雞的行為才需要解釋。但這個腦筋急轉彎的邏輯其實反了。實情是動物一直在移動，道路才是新近大量出現的玩意兒。更好的問題可能是：「為什麼道路要跨過陸地？」

這種思考方式不一定讓人感到舒服。當我們不再忽視道路，就會把道路造成的傷害視為現代化不可避免的成本。人類造成動物死亡的其他形式都是刻意為之：扣下板機、設置陷阱，還有點起司漢堡，但很少人會故意壓扁動物。和大多數人一樣，我一方面珍惜動物，另一方面卻毫無顧慮的駕駛著一噸半重的死亡機器。汽車的吸引力如此之大，以致於對美國人來說，可接受每年將近四萬人因車禍身亡。人命都這樣看待了，野生動物還有什麼活命機會？有一年夏天在阿拉斯加，我撞到一隻名叫黃腰白喉林鶯的活潑鳴禽，但直到第二天，當我看到嵌在汽車散熱器護欄上的精緻羽毛時，才發現這場意外。我殺死動物並非出於惡意，而是因為需要移動。作家洛佩茲（Barry Lopez）曾經悲嘆：「我們看待路上的生命消耗，就像看待戰爭中的生命消耗，可怕、不可避免、但合乎情理。」

這種情況在美國尤其嚴重。美國擁有全世界最長的公路網絡，加總起來共有六百一十萬公里。二十世紀中期的汽車革命不僅催生了高速公路，也催生了停車場、車道、郊區、輸油管、加油站、洗車場、汽車餐廳、輪胎店和商業街，整個系統的設計都是為了其中的主角：汽車。但美國的高速公路網絡雖然宏大，卻鮮少變動。儘管美國每年在道路上花費將近兩千億美元，但大多用於維修，而不是新建。誠然，美國的原野地難免受到思慮不周的開發所影響，舉例來說，佛羅里達州一直籌劃在美洲獅的棲地裡打造新的收費公路。甚至連平常的高速公路維護計畫，也發生不可思議的狀況，像是增加車道的同時卻使得交通狀況惡化。即便如此，美國的柏油道路大多已經停止延長，而像石化一般化為永恆不變的形狀。

不過，我們正在輸出以汽車為中心的生活方式。在二〇五〇年之前，全球將增建超過四千萬公里的新道路，其中許多將穿越世界上尚稱完整的棲地，生態學家勞倫斯（William Laurance）把這股水泥浪潮描述為「基礎建設海嘯」。令人震驚的是，截至二〇一六年，預計在本世紀中葉完成的基礎建設，還有四分之三尚未動工。譴責基礎建設海嘯很容易，但我和其他人一樣，因為道路而受惠良多：我吃的酪梨是卡車從加州運來的；我訂的披薩以車輛外送到我家；我依靠美國奇蹟般的高速公路系統抵達朋友家、醫院和機場（而且坦白說，我也感受到福斯汽車廣告中所謂的「駕駛樂趣」）。道路帶來了與氣候變遷同樣令人不安的難題：富裕國家從經濟成長中獲得巨大利益，是否有資格否決較不發達的國家從交通網絡中得到好處？

道路生態學提供了一條穿越這個複雜議題的道路。北美洲和歐洲在建造交通網絡時，很少考慮大自然所受的影響，更不了解該如何減緩這些影響。但今天，從理論上來講，我們所知更多。道路生態學揭示了魯莽開發的危險，並且指出解決方案。在最近幾十年，道路生態學的從業人員為熊建造了橋梁，為龜類打造了地下道，還為吼猴編製繩網，讓牠們不必下降到森林地面，就可以直接盪過高速公路。在耶誕島，紅蟹可攀爬鋼橋，向海灘遷徙。在肯亞，大象藉由兩層樓高的地下道，緩緩穿越高速公路和鐵路。但道路生態學帶來的成果不僅僅是動物通道，我們還學會如何找出並加以保護神祕動物的遷徙路線，設計能夠滋養蜜蜂和蝴蝶的路邊植栽，並學會拆除森林中廢棄的伐木路徑。這在在證明了以往的錯誤不見得要永久持續下去。

深夜秀大師奧利弗（John Oliver）曾說：「基礎建設沒什麼好聊的。」顯然他沒跟道路生態學家聊過。道路已成為保育界最迫切的議題之一，也是數十個國家中數百名科學家關注的焦點。這幾年來，我前往世界各地，見到其中一些人，包括在巴西高速公路上追蹤大食蟻獸的生物學家，在美國加州為美洲獅建造橋梁的保育人士，在澳洲塔斯馬尼亞照顧車禍遺孤小袋鼠的動物復健師。雖然本書提到許多動物，像是黑尾鹿和水豚、袋熊和帝王斑蝶，不過也探討了人類自己的生活如何受道路所禁錮，以及該如何重新掌握。博物學家貝斯頓（Henry Beston）曾寫道，野生動物既不是人類的同胞，也不是人類的下屬，而是「其他國度的居民，和人類一起困在生命和時間的羅網中。」道路纏住了人類，也纏住了野生動物。

本書內容，是關於如何逃脫。

---

1. 編注：《在路上》（*On the Road*）一書作者。
2. 歐洲的道路生態學家會很快提醒他們的美國同事，「道路生態學」其實是 straßenökologie 的翻譯，這是德國科學家艾倫伯格（Heinz Ellenberg）在一九八一年創造的新詞彙。

第一部
公路殺手

01 魔鬼馬車來了！

汽車的興起如何危及動物生命、破壞演化，並促成新科學？

如果道路生態學有生日，那就是一九二四年六月十三日。那天早上，生物學家史東納（Dayton Stoner）和他的鳥類學家妻子莉蓮．史東納（Lillian Stoner）離開位在愛荷華城的家，前往四百八十公里外的研究站。這對夫婦計劃用這個月的時間捕捉和繫放鳥類，一如他們在大多數夏天所做的工作。那年，他們捕捉到的鳥類包括白腹翠鳥、鶯鷦鷯和褐矢嘲鶇。至於他們駕駛的汽車廠牌，並沒有留下紀錄，但鐵定是福特T型車。

對於在愛荷華大學相識的史東納夫婦來說，一起研究和旅行是婚姻生活的主要樂趣。一九一八年，兩人結婚六年後，他們一起前往拉丁美洲的巴貝多進行昆蟲採集，結果是一趟多事之旅。留著黑鬍子、帶著蝴蝶網、相當沉靜內斂的史東納，被當地人視為德國間諜，對他投擲石塊，並威脅要把他綁起來。一位同伴說，這對夫婦「是冒著生命危險，取得豐富的昆蟲學收藏。」史東納夫妻帶著一大堆狼蛛、蝗蟲和椿象回到美國，那是「史東納先生的特殊寵物」。夫妻兩人的夥伴關係也更為穩固，他們共同發表了數篇論文，其中一篇是關於灰沙燕的雛鳥，另一篇有關一隻患有禽掌炎的貓頭鷹。

也因此毫無意外的，一九二四年六月那天，史東納夫婦離家沒多遠，就發現了值得調查的現象。他們離開愛荷華城不過幾分鐘，便注意到路邊散落著「大量的動物死屍，顯然是路過的汽車造成的傷亡」。這時距離第一個商業汽車廣播電臺出現，還有六年的時間，這對夫婦在穿越美國中西部的公路旅途中，不得不以某種方式自娛。他們發明一種病態的遊戲來打發時間：「一一列舉並實際計算」死亡的動物。

接下來兩天，史東納夫婦在農田和林地之間行駛，時速很少超過四十公里，他們記下一路上遇見的每個受害者。這對史東納來說是完美的活動，正如一位同事所指的，史東納「受到兩股力量的嚴格控制，一個來自他的保守性格，另一個來自他的科學紀律。」我想像史東納坐在方向盤後面，妻子莉蓮坐在他旁邊，手裡拿著鉛筆和筆記本，陽光照射在金黃色的玉米田上，他們溫和的爭論著：那是土撥鼠還是兔子？是嘲鶇還是擬八哥？在前往研究站的路上，他們總共記錄到八十四隻動物，回程時記錄到一百四十一隻，其中包括十九隻撲翅鴷、十八隻地松鼠、十四隻襪帶蛇、兩隻黃鼠狼和一隻伯勞。

史東納夫婦並非最早體認到交通對環境危害的人。路殺早於汽車。小說家兼詩人哈代（Thomas Hardy）曾頌揚在滑鐵盧受到戰馬車蹂躪的動物：「車輪輾碎鼴鼠的地下道，雲雀蛋四散，親鳥驚逃。」（你以為悲慘的只有拿破崙嗎？）然而直到一九二五年，當史東納在《科學》期刊上發表夫婦倆的調查結果時，科學文獻中才終於出現路殺事件。他們的研究是道路生態學的起源文章，診斷出一種不具名的疾病。至於「路殺」（roadkill）這個名稱，還要再二十年後才會出現[1]。但不管怎麼稱呼，史東納說，美國對速度日益增長的需求，已成為「限制許多生命形式自然增長的重要因素之一」。

對此感到焦慮的，並不只有史東納。他和許多美國人一樣，認為汽車是會顛覆社會的可怕技術。在一九二〇年代，汽車已奪走數萬條人命，破壞社會契約，並把行人降格為二等公民。史東納寫道：「就連愛荷華州廣受好評的『泥土路』，也沾上了人類的鮮血。」他對路殺的擔憂，源自於對汽車更廣泛的憂慮。他抱怨：「不僅有許多人死亡，汽車致命的特性，也嚴重侵害了本地哺乳動物、鳥類和其他動物的生命。」在某些人看來是進步的象徵，在史東納眼中卻是威脅。

∞從獸徑到好道路

諷刺的是，道路會威脅到動物，正是因為美國道路網源自於動物的足跡。許多最常使用的道路，一開始都是野生動物走出來的獸徑，通常由野牛推平，牠們以「明智選擇出最可靠、最直接的路線」而聞名。這些獸徑成為美洲原住民固定使用的步道，與哥倫比亞河、科羅拉多河和密西西比河平行，從墨西哥沿著太平洋海岸一路延伸到阿拉斯加，並且跨越洛磯山脈。最早開拓羅德島的創建者威廉斯（Roger Williams），在一六三六年沿著佩科特人（Pequot）和納拉干人（Narragansett）的貿易路線前往美國東北部，他對原住民竟能「在遍布卵石和岩石的地方」留下足跡感到驚嘆。徒步和騎馬旅行的英國人也利用這條佩科特路，這是從波士頓到紐約最便捷的道路。郵務人員更把這條路納入波士頓郵報道路系統當中。如今，這條道路成為一號、五號、二十號國道及其他壅塞公路的一部分。作家霍桑（Nathaniel Hawthorne）曾寫道，創建新英格蘭地區道路的原住民建築師，腦海中或許曾「閃現（白人）沉重的腳步將踏遍整塊土地的不祥預感，並因而感到悲傷」，但他應該不曾預料到，這些道路上會出現甜甜圈得來速商店。

當殖民道路疊加在原住民小徑之上，便成為帝國的工具，使貪婪的國家長出向西部伸張的觸手。一八一六年，南卡羅來納州議員卡爾霍恩（John C. Calhoun）遊說國會資助新的馬車路線時，就不遺餘力的誇大其詞：「讓我們用完美的道路和運河系統將國家聯繫在一起。讓我們征服那些地方。」卡爾霍恩的法案遭受否決，但是他的企圖取得了勝利。一八〇七至一八八〇年間，美國陸軍在草原、森林和山脈中開闢了長達三萬三千八百公里的道路，以便遞送郵件和開墾美國內陸。道路成為征服的工具：一八二六年，當政府用武力強迫波托瓦托米族（Potowatomi）割讓領土時，聯邦談判代表堅持部落讓出一條三十公尺寬的長條土地，這條土地後來成為密西根路，是通往印第安納波利斯的主要道路。印第安納州透過出售從波托瓦托米族剝奪過來的土地，資助這條公路的建設。帝國主義的不義之財，轉變為基礎建設。

美國早期的道路拙劣不堪，很少鋪設碎石，經常遭遇大自然回收的風險。一七五五年，一位名叫布拉達克（Edward Braddock）的英國將軍曾在馬里蘭州的灌木叢中，開闢一條三公尺半寬的道路。這項工作非常危險，有三個馬車團隊在開路過程中，從懸崖上摔了下去。但布拉達克得之不易的道路，僅僅三年後，「又恢復成森林裡的一道痕跡」。十九世紀初，不少公路公司開始鋪設收費道路，這種道路鋪有碎石，並利用車輪和馬蹄的壓力使碎石凝聚而變得堅硬。然而到了十九世紀中期，鐵路取代馬匹，遭到忽視的收費道路變成了泥濘的低谷，這段時期淪為「鄉村道路的黑暗時代」，沮喪的農民經常把馬車遺棄在泥坑中，將這種損失稱為「泥漿稅」。鋪路者無計可施之下，動用了手邊所有的材料。德州沿岸的工程師把牡蠣養殖場拆毀，用牡蠣殼來鋪路。華盛頓的官員則提倡一年一度的「麥稈日」，小麥農民在這天為泥濘的道路鋪上一層麥稈，沒錯，就是麥稈。

一八九〇年代，一項新發明拯救了美國糟糕到極點的道路，那就是現代自行車。全美陷入了自行車狂熱，認為騎車代表自由和健康。（早期的自行車擁有巨大的前輪，太過危險，並非可靠的交通工具。）女性騎著自行車赴約，無需年長婦女相伴；內閣成員認為騎自行車是「最高尚、最充分和最完整的一種結合身心靈的文化」。隨著自行車熱潮席捲全國，道路狀況就讓人尷尬了。「美國車手聯盟」所創辦的《好道路》（*Good Roads*）雜誌，實際上專門揭露道路相關醜聞，譴責糟糕的路況，表揚有排水設計、平整的道路。農民最初並不信任「騎自行車的東部人」，儘管農村事務，但很快就達成共識。美國政府發起一場全國性的公關活動，建造高品質的「目標學習道路」，向當地人展示，只需要一點點投資，當地的道路就能變得多麼令人可喜。一九〇四年，一位官員誇口說：在道路建設方面，「（過去十年）所做的工作，比之前百年還多。」

然而，美國當時的道路並無法應付接下來的交通革命。到了二十世紀初，汽車就像培養皿中的細菌一樣呈現爆炸式增長。一九〇五年登記的汽車數量為七萬八千輛，一九一五年為兩百三十萬輛，再三年後超過五百萬輛。這種不用馬拉的車廂唯一受到的阻礙，是供車輪滾動的惡劣路面。被汙水濺了一身的法國車手，厭惡的退出在美國的比賽；德國進口貨物，在「歐洲完全無法想像的」道路上受損。到了一九〇九年，儘管「好道路」運動已做出成效，但在美國三百五十萬公里的道路中，只有百分之八符合「改善」標準，包括碎石路面、混合沙土和黏土的填充物，以及車轍凹陷的基本填補等等。一位製造商嘆道：

「購買汽車的美國人發現自己遇到了巨大的阻礙，就是沒有地方可以開車。」

最後，一位名叫麥唐納（Thomas MacDonald）的工程師，總算現身來填補泥濘的缺口。他和史東納一樣來自愛荷華州，在小鎮長大，當地肥沃潮濕的土壤能讓農作物豐收，但阻礙農民把農作物運到市場販售。麥唐納在大學裡研究道路建設這門新興科學，分析泥土路面與鋪設路面上馬車的前進效率。一九〇四年畢業後，他前往愛荷華州各地宣揚良好道路的優點，並揪出腐敗的承包商，不久就升任為州道的工程師。麥唐納不是你想要一起喝啤酒的那種夥伴，傳記作家形容他過於拘謹，連兄弟姊妹都稱他為「先生」，但他的紀律和熱情，完美改正了愛荷華州混亂的困境。到了一九一六年，有幾個郡已經開始修築道路，而且麥唐納預測，其他郡很快也會「碎石遍布」。

遍布的碎石道路提升了麥唐納的形象，一九一九年，這位嚴肅的工程師被任命為公路局局長。公路局即後來的聯邦公路管理局。麥唐納接手的公路局處境極為艱難，就連部門員工都稱之為「溝路局」。儘管麥唐納在人際關係上的作風非同尋常，但事實證明他的遊說能力高強。他在公開演講和煙霧繚繞的俱樂部中讚揚良好的道路，並在一九二一年說服國會簽署了具有里程碑意義的《聯邦補助高速公路法案》（*Federal Aid Highway Act*）。依據這個法案，各州可獲得補助改善高速公路，並把雜亂無章的道路整理成井井有條的系統。水泥、磚塊和柏油廠商抓住大量湧現的合約，很快的，每年有六萬四千公里的道路得到改善。道路建設曾是獸蹄、人腳和車輪隨意造成的後果，現在卻發展成一門複雜的學科。公路局的刊物裡充斥著關於分割澆注混凝土、柏油密封劑、瀝青黏稠度等晦澀難解的研究。泥巴尚未被擊敗，只是快速退卻。

麥唐納的勝利徹底改變這個國家與道路的關係，也徹底重塑了這塊土地本身。在他建設道路的黃金時代之前，氣象和地形限制了人們開車的時間和地點。劣質的泥土路在春天變成泥漿浴，在夏天變成沙塵暴，在冬天化為薄冰。在當時美國人眼中，道路是自然環境的一部分，就像天氣一樣變化無常。正如歷史學家威爾斯（Christopher Wells）所說：「道路是受風和水控制的有機實體。」相較之下，良好的道路能夠控制周圍環境，超越地理和氣候的限制，讓交通在一年四季都可高速運作。道路是永恆的征服者，制服了大自然，取得勝利。

∞ 城市死亡機器

當車輛席捲鄉村的同時，也在另一條戰線上集結力量，那就是城市。多年來，城市街道一直是活動和商業的節點，既是市集所在，也是通路。城市街道的確是馬車和電動街車的領地，但也是孩子們打球和擦鞋、小販叫賣蔬菜的地方，行人在其上散步和閒聊。城市街道的威脅感非常低，紐約的羅馬商會甚至懇求居民，不要在電車軌道上修剪指甲。

但汽車把街道變成了戰區。早期的汽車是死亡機器，沒有方向燈和安全帶之類的安全設備，司機也不曾受過良好訓練，只遵守基本法律。急轉彎的道路兩旁標示著骷髏頭或鐮刀死神的圖片。記者頻頻哀嘆「路霸」、「超速狂人」、「週日司機」、「重型卡車」及號稱「莽撞駕駛」的自私用路人氾濫。批評者認為汽車不僅危險，而且敗德。就有一名記者如此批判：「在腳踩油門、手握方向盤」的那一刻，原本守法的公民「如同受到狂犬病瘴氣的感染」。

絕望的市政府試圖保護居民。在底特律，車子速限與馬匹步行速度相同，但由於實在太慢，以致於汽車頻頻熄火；紐約市沿著第五大道豎起搖搖欲墜的塔，由警察站在塔上，以手動方式傳遞交通信號；其他城市還嘗試了稱為「密爾瓦基蘑菇」的原始減速丘。但這些措施的效果都很有限。一九二四年，汽車造成兩萬三千六百人死亡，其中許多是兒童，人均死亡率比今天高出百分之六十。隔年，費茲傑羅（F. Scott Fitzgerald）出版了一本小說，劇情的高潮是女主角黛西撞死丈夫的情婦默特爾，默特爾「濃濃的黑色血液與塵土混合在一起」，成為文學作品中最著名的莽撞駕駛場景。[2]

正如歷史學家諾頓（Peter Norton）在《對抗交通》（*Fighting Traffic*）一書中所描述的，汽車造成的大屠殺激起了強烈反彈。各個城市紛紛發起反汽車示威活動，似乎在比賽誰的創意最摧淚。曼斐斯在事故現場插上黑色旗幟；巴爾的摩豎起一座方尖碑，上面刻有死去兒童的名字；聖路易建造了一座裝飾著小天使的紀念碑，題為「紀念在倉促和魯莽祭壇上犧牲性命的兒童」；匹茲堡舉辦了一場「安全遊行」，其中一輛花車展現一名女孩被夾在兩車之間；密爾瓦基的示威活動則把一輛報廢汽車放在拖車上，方向盤後坐著撒旦。

∞ 真正的問題是速度

這就是道路生態學誕生的世界：汽車既是進步的力量，也是撕裂社會結構的邪惡恐怖事物。汽車之所以危險，原因之一是車輛的物理特性似乎讓操作者無法理解。習慣馬匹和自行車緩慢步調的駕駛，對於汽車的重量和速度感到困惑不已，以致於美國汽車協會發布了一本訓練手冊，解釋為什麼當汽車高速過彎時，離心力可能迫使車輛翻覆，底部朝天有如翻倒的烏龜。

汽車的重量和速度，更是讓真正的烏龜驚呆。想想看一些常見的動物會採用的自衛策略，例如頑固的沿海居民，在面對颶風時常蹲在原地而非撤退。臭鼬會噴臭液，獾發出嘶叫聲，負鼠就一副負鼠的樣子。豪豬豎起硬刺般的毛髮，烏龜縮進殼中。怪的是，犰狳會跳起來。森林響尾蛇停住不動，顯然對自己的毒液充滿信心。多年來，這種堅守陣地的策略抵禦了郊狼和猛禽，但用來對付車子，卻比毫無用處還要更無用。就算是會逃跑的動物，也被汽車的速度給搞糊塗了。許多鳥類是依靠「距離規則」決定什麼時候逃離危險，也就是說，牠們根據威脅的遠近採取行動，而非威脅的速度。當敵人是躲在灌木叢中偷偷摸摸接近的狐狸，距離規則可能相當可靠，但當敵人變成一輛在改良過的碎石路上、以時速六十四公里行駛的福特T型車，就不是那麼一回事了。汽車劫持了受害者本身的生物特性，顛覆了演化史，讓動物難以適應。

打從一開始，批評者就擔心福特T型車會對動物造成傷害。一九一〇年，《帕克》(*Puck*) 雜誌的封面曾畫了「鬧鬼的汽車」，有鵝、豬、貓、雞等動物的鬼魂，追趕著撞死牠們的司機。不過一直要到一九二四年，在史東納夫婦進行初始調查之後，科學家才開始嘗試量化車輛導致動物死亡的問題，並試圖找出原因。「路殺」是很貼切的詞彙，雖然車輛是武器，但史東納夫婦認為決定傷亡率的其實是道路。史東納發現，比起泥土路，「車輛在鋪設良好的路面上行駛得更快」，使得動物逃脫的時間減少。採用距離規則的動物，例如紅頭啄木鳥，會因為這種現象而喪命。史東納寫道：「牠們無法迅速逃離迎面而來的汽車，只好迎接死亡。」史東納夫婦在行程中駛過的路面，只有三分之一是改良過的碎石路（其餘都是泥土路），但這些路段上的死亡數量卻占了一半。愈好的道路，愈是血腥。

路殺事件只是許許多多生態災難中最新的一起。十九世紀的獵人和捕獸者，為了獲取毛皮和羽毛而無情的殺死野牛、河狸和鸛鴿。到了一九〇〇年代初，一度被視為異端、不可能發生的物種滅絕事件，已經成為不可避免的事實，車輛是科學家注意到的另一種

隨著汽車在二十世紀初變得普及，生物學家和漫畫家都擔心汽車對動物造成傷害。
Puck Magazine/Bryant Baker

威脅。當時道路生態學仍是沒沒無聞的科學領域，只要在公路旅行中清點道路上的屍體，把筆記寄給期刊，就足以獲得發表，路殺歷史學家克羅爾（Gary Kroll）把這種做法稱為「死亡清點」。在加州，克拉博（Ernest D. Clabaugh）發現十四隻被車撞死的鳥類，其中包括美洲白冠雞、紅翅黑鸝和家麻雀。戴維斯（William Davis）在俄亥俄州發現十八隻死去的烏龜，並對這場「巨大悲劇」表示哀悼。在愛達荷州，戈登（Kenneth Gordon）統計了長耳大野兔和地松鼠的死亡數量，「估計每公里的屍體數量接近六十三隻」。惠特爾（Charles Whittle）在一篇題為〈魔鬼馬車來了！〉的論文中，統計了美洲山鶉、雀類和鶯類的死亡，並且慟哭：「確然真實，文明對鳥類生命的威脅正迅速蔓延，持續增加。」

若干科學家涉足了路殺統計，但有位奇人卻把一生都奉獻給這項研究。一九二七年，一位名叫西蒙斯（James Raymond Simmons）的森林巡邏員在東北地區任職多年後，回到紐約州北部，在一間小屋安頓下來。之後不久，有位朋友來訪，告訴西蒙斯他剛剛發現一隻黃昏歌雀鵐，被新鋪好的道路上「又軟又熱的柏油」困住。那隻鳥掙脫了束縛，留下「小小的指甲和尾羽等無聲的證據」。西蒙斯深受這個故事吸引，於是擬定一個瘋狂的計畫：「對於每天在高速公路上消逝那些野生動物，他至少要挽回一部分。」

西蒙斯在奧巴尼附近的一座農舍裡建立了接收站，宣布自己願意接收路殺動物，可用郵寄或親送的方式投遞給他。他並未發布公告，甚至不確定這麼做是否合法。他懷疑：「我的合作夥伴可能把臭鼬標本寄來嗎？如果真的寄了……郵差對這種氣味強烈的包裹會不會做出劇烈反應？」但從一開始，他就被標本淹沒了。有人親自送來一隻雪松太平鳥，鳥的「右邊翅膀上了八次蠟，左邊翅膀只上了七次。」一位鄰居交給他一隻鷂。觀察者建立了周邊接收站，彼此交換自己發現的屍體，形成一個研究路殺的社群網絡。

接下來十年，西蒙斯和志工蒐集到超過三千份標本，其中許多都由西蒙斯剝製，並捐贈給學校和博物館。一九三八年，西蒙斯把他的觀察結果彙編成一本迷人但漫無目標的書，名為《公路上的羽毛和毛皮》（*Feathers and Fur on the Turnpike*）。西蒙斯並非老練的科學家，不熱中於統計數據，而偏好富有同情心的詩歌：人行道上的藍鴝，讓他想起「消失的天空再也無法重返我們身邊」；在車道間驚慌失措奔跑的黃鼠狼，讓他憶起「隨風徘徊的棕色葉子」。儘管如此，西蒙斯混雜的數據裡還是有訊息浮現出來。他寫道，在三、四月間，鳥類路殺事件揭露了遷徙即將來臨。到了七、八月，大屠殺的規模達到頂峰，西蒙斯認為會出現這種高峰期，是因為「沒有駕駛經驗的年輕人在路上出沒」。整體而言，雄性動物的死亡率高於雌性。[3] 棉尾兔是死亡數量最多的哺乳動物，牠們「在刺眼的車燈前特別容易驚呆」。

西蒙斯大多不會指責受害者，因為正如史東納夫婦所了解的，真正的問題是速度。西蒙斯聲稱，時速低於五十六公里的汽車很少撞到動物。但加速到時速七十二公里時，就會「迅速造成死亡」。時速若超過九十六公里，「在大多數已改善路面的道路上，每十六公里或更短的距離內，就能發現一隻被殺死的動物。」良好道路革命把汽車變成了超級掠食者：笨重、堅固扎實、速度快得不可思議。

∞ 以安全為名

當西蒙斯大量接收動物屍體時，道路生態學權威史東納夫婦仍持續四處尋找道路上的死亡動物。史東納夫婦不管去哪裡，似乎都無法拒絕因死去的動物而停下腳步。一九二八年，史東納夫婦在前往佛羅里達州的途中，統計到「大量的爬行動物屍體」（主要是蛇），並在伊利諾伊州「優質的混凝土道路」上觀察到最多死亡數量。幾年後，這對夫婦從愛荷華州前往紐約州奧巴尼的途中，精確計算出修建良好的紐約州道路上，每公里有〇．〇四六隻臭鼬死亡。

這個新興的科學領域，在發展過程中也曾因為遭受批評而搖搖欲墜。一九三五年，專門研究「螞蟻含水量」的俄亥俄州生物學家德雷爾（William Dreyer），統計了美國中西部和麻州之間的路殺數量，卻發現屍體很少，汽車每天帶走七千三百五十隻野生動物的性命，大約只有史東納估計量的百分之五。對於這位謹慎的螞蟻專家來說，史東納和同黨是在製造與散播恐慌，根據「特殊的傷害案例」外推出天文數字般的傷亡率。德雷爾也懇求同行改進研究方法，不該隨機的觀察兔子和烏龜，而應該「涵蓋不同的季節和地點，進行系統性的統計調查」。史東納因此更為謹慎，淡化了災難論，並把自己的數據與其他人的數據加以平均，包括德雷爾的在內，最後得出一個較小的死亡數字。但他依然深深懷疑每個人的研究都低估了真實的死亡數量，尤其是青蛙和蟾蜍造成的誤差，因為牠們的身體「柔軟且容易變形，除了留下不顯眼的紅色汙點之外，幾乎沒有其他殘骸」。

一九四一年，史東納在紐約州和愛荷華州之間進行一連串鳥類死亡調查之後，結束了他在道路生態學的研究生涯。三年後，他因為心臟病去世，訃文中說他工作至死方休，並且稱他的研究「具有徹底而詳盡的特色，不摻雜情感的表達」。對於一個宣稱愛荷華州道路被鮮血所玷汙的人來說，用這種方式描述他的研究還滿奇特的。顯然，史東納可能對汽車以外的一切都淡然處之。

史東納的去世代表道路生態學的第一個時代結束。圍繞在汽車周圍的道德恐慌已經漸漸淡化，被一個自稱為汽車王國（Motordom）的鬆散聯盟所掃除。汽車王國的成員為汽車製造商，為了對抗負面新聞，他們在報紙上刊登廣告，和編輯套關係，誹謗所有積極反對汽車的人士，稱他們為「說廢話的江湖騙子」。政治說客把交通事故歸咎於「任意穿越馬路的人」（jaywalker），這個帶有貶義的新詞，是指在城市街道上亂晃的鄉巴佬。[4] 當汽車的使用已經變得根深柢固，動物遭撞就和行人死亡一樣，似乎已是不可避免。史東納一開始清點屍體時，或許還天真的以為，可以說服司機為野生動物減速慢行。他寫道：「給予所有動物合理的逃生時間，對匆忙的駕駛者來說幾乎不會造成任何延誤。」西蒙斯最初也希望提高動物保護意識和更嚴格的車速限制，能夠減緩農舍收到路殺動物屍體的速度，但他很快就不再樂觀了，反而絕望的表示：「以（野生動物）安全為名的運動，並不會受到重視。」

道路生態學似乎注定沒落。然而到了一九五〇年代，一項新發展開始干擾美國高速公路的運轉。一種長期遭受迫害的動物，在汽車占據主導地位的郊區重新壯大。這種動物巨大而危險，牠們的興起永遠改變了道路生態。

∞ 鹿擊意外

一九六一年五月的一個晚上，十點五分，一頭鹿跳到恰佩塔（Jerry Chiappetta）的車前。一道黃褐色的光影從灌木叢中閃出，猛烈撞上恰佩塔的引擎蓋。他立刻轉動方向盤，座車在密西根的夜色中翻覆，滿車的尖叫，來自他的妻子、女兒，還有他自己。恰佩塔回憶：「有個柔軟的東西滾到我腳上，是我家的寶寶。」當車子總算靜止下來，雖然空氣中充滿防凍液和電池酸液的濃烈氣味，但他發現家人安然無恙，就連沒固定好的寶寶也只是撞了一下。狀況最糟糕的，是那隻「仍在顫抖」的母鹿，就像一隻巨大的飛蛾，掛在車前的護欄上。

這次的意外啃噬著恰佩塔的良心，身為《田野與溪流》（*Field and Stream*）雜誌的撰稿人，他深知沒有人知道有多少鹿遭遇車禍，又有多少人在這些車禍中喪生。恰佩塔洽詢各州公務員，根據他們提供的零星數據得出一個結論：每年至少有四萬頭鹿葬身車禍。他說：「經過有鹿的地方時，你絕對不能放鬆警戒，就像經過有孩子玩耍的街道一樣。」他採訪的一位生物學家，把鹿擊事件描述為「真正的全國問題，而且日益惡化」。

若是今日，恰佩塔的車禍甚至不值得小鎮警察記上一筆，更別說是刊登在全國性的雜誌上了。白尾鹿隨處可見，如果你開車經過我成長的小鎮哈德遜河畔哈斯丁斯（Hastings-on-Hudson），一定會看到白尾鹿在屋子旁優雅的啃食屋主栽種的玉簪。在大多數東北郊區，鹿既是常見動物，也常造成爭議。園丁認為牠們讓葉子消失的能力就和除草劑一樣強大，樹木學家指責牠們過度啃食林地，流行病學家則稱牠們傳播萊姆病。牠們有一種不可思議的本領，能讓社區兩極化。我敢打賭，沒有哪一種野生動物能像牠們一樣，在市政會議中引發那麼多激烈的爭執。哈斯丁斯前市長斯威德斯基（Peter Swiderski）告訴我，他在競選公職時主攻三項議題：「稅收、發展、鹿。」當選後，斯威德斯基自己撞到一頭鹿，損失八百美元。他嘆口氣說：「那天我的孩子們從我這裡學到一句髒話。」

鹿在道路生態學家心中占據的地位，甚至比在郊區市長心中更高。鹿與黑熊之類的動物不同之處，在於數量非常多，造成車禍幾乎可說是常態。光是在紐約州，每八分鐘就有一頭鹿與一輛車相撞。鹿也與青蛙和烏龜不同，沉重的身體足以危及人類生命。一九九五年，研究人員估計，鹿每年造成超過一百萬起車禍，導致兩萬九千名駕駛受傷，超過兩百人死亡（較新的估計值大約翻倍，有五萬九千人受傷，四百四十人死亡。）汽車使得鹿成為北美地區最危險的野生動物，造成的死亡人數超過黃蜂和蜜蜂的三倍、蛇的四十倍、鯊魚的四百倍。

不過正如恰佩塔親眼見證的，在撞擊事件中受傷最嚴重的幾乎總是鹿。套用公路管理員的冷漠用語，這種撞擊事件叫「鹿車相撞」，簡稱ＤＶＣ（deer-vehicle collision）[5]，在百分之九十六的ＤＶＣ事件中，駕駛者都毫髮無傷。與車輛翻覆或正面對撞相比，ＤＶＣ往往是輕微事故，傳統上不太受交通主管單位關注。大多數ＤＶＣ都沒有報告，損害計算也不比恰佩塔所處的時代更為可靠。當維吉尼亞州交通部門的科學家唐納森（Bridget Donaldson）分析道路維護工人筆記中的屍體清理任務時，發現警方的紀錄中只記載了該州百分之十的ＤＶＣ。根據她的計算，鹿車相撞事件每年在維吉尼亞州造成的損失，超過五億美元。唐納森告訴我：「我們並不知道情況有多嚴重。」

鹿車相撞在現代生活中如此常見，以致於不可避免的成了一種文化比喻，例如從樹林裡跳出來的鹿，成了戲劇中摧毀轎車和推進劇情的一種「機械降神」。牠們會在驚悚片中軋一角，例如《奪命總動員》（*The Long Kiss Goodnight*），也出現在喜劇，像是《老闆有麻煩》（*Tommy Boy*），還有恐怖片，如《逃出絕命鎮》（*Get Out*）。甚至連動畫裡的辛普森一家也撞過鹿，只不過是一尊鹿的雕像（荷馬：「喔！」、花枝：「一頭鹿！」、美枝：「一頭母鹿！」）。儘管ＤＶＣ在電影中很流行，卻是一個奇怪的當代問題。若在最初的道路生態學研究中鑽研夠久，會發現一件奇怪的事：沒有關於鹿的記載。一九二四年，史東納夫婦開車穿越愛荷華州時，發現了鑽紋龜、牛蛇和狐松鼠，但沒有鹿。一九四〇年代，一名司機在內布拉斯加州行駛了十二萬四千公里的路程，記錄到數量驚人的死亡動物，多達六千七百二十三隻，其中包括捷蜥蜴、雀鷹和斑臭鼬，但沒有任何動物的體型大於擬鱷龜，沒有任何白尾鹿。

要怎麼解釋這種「無鹿」現象？是因為速度太快，或因為速度不夠快嗎？即使是麥唐納改善過的碎石路上，也少有司機撞到白尾鹿這種移動快速的動物。不過，早期道路生態學家之所以沒看到遭遇路殺的鹿，原因大多只有一個，那就是無鹿可殺。

∞郊區是個好地方

人類自從居住在北美洲以來，一直仰賴鹿群生活。美洲原住民契洛基人的鹿氏族，依賴強大的神靈「小鹿」來「保護子民，確保鹿群不受肆意濫殺。」只可惜，歐洲殖民者移入後，濫殺就像蒼蠅一樣揮之不去。十六世紀，西班牙商人在佛羅里達州展開鹿皮事業，不久後，商人每年出口五十萬張鹿皮，製成手套、書皮和其他各種產品。中西部的伐木工人以鹿肉為食，製革廠生產的獸皮用來製成靴子襯裡和圍裙。到了一八九〇年，由於狩獵和西部拓荒，白尾鹿的數量已從三千萬隻削減到三十萬隻，倖存的鹿大多分散在東南部的沼澤地區。

事實證明，白尾鹿的復甦比衰落快得多。一八〇〇年代末，上流社會的運動圈興起一股保育風潮，說服各州暫停狩獵。生物學家把鹿安置到無鹿的地區，再生的森林提供了嫩芽。為了取得可放牧牲畜的土地，美洲獅和灰狼早已遭到毒殺或槍殺。一位博物學家寫道：「曾有將近一世紀的時間，鹿群一直不安的躲藏在孤立隱蔽的地方生存，但現在朝著四面八方一湧而出。」

牠們湧入的地區又有什麼樣的地景呢？二十世紀中葉的白尾鹿，在美國一個獨特的生態系統中找到生存之道，這個系統就如同澳洲內陸或亞馬遜那樣獨一無二，那便是蔓延的郊區。

人類對郊區的熱愛，早在汽車出現之前就已經存在。西元前五三九年，一封給波斯王的泥板信中，盛讚某處房產「距離巴比倫非常近，讓我們能夠享受這座城市的所有優點，但當我們回家時，卻又遠離了所有塵囂。」（只缺一家貨物齊全的有機超市。）但直到福特T型車從生產線開下來之後，「郊區」才成為美國的重要地景。城市居民隨著汽車逃離擁擠的公寓，前往綠樹成蔭的市郊。一度涇渭分明的發展模式——這裡是大都市、那裡是農田，開始像水彩那般融合在一起。第二次世界大戰後，製造飛機和坦克的大規模生產技術移植到廉價房屋的建造，從此之後，不同發展區塊的融合速度變得更快。美國人在得來速餐廳取餐，到汽車電影院看戲，把人生最後的儀式安排在可開車致敬的殯儀館。

郊區的興起恢復了白尾鹿的數量。美味的草地與提供庇護的森林之間的過渡地區，是鹿群繁衍興盛的邊緣棲地。郊區提供的邊緣區域比玉米田更多：住宅和雜草地之間有邊緣區，修剪整齊的後院和次生橡樹林之間有邊緣區，菜園和棒球場之間也有邊緣區。當歐洲移民抵達北美洲時，每平方公里的棲地約有三到八頭白尾鹿，如今，許多郊區內的白尾鹿多達百頭以上。白尾鹿天生擁有敏銳的聽覺和嗅覺、強大的跳躍能力，還有四個胃區，但牠們最重要的天賦是，能夠與人類親近的一起生活，即使人類把曾經變化多端的地景修剪整齊，牠們依然能夠在其中繁衍。

當前所未有的駕駛率，遇上大型哺乳動物爆炸增長時，即使不是道路生態學家，也能猜到會發生什麼事。全國DVC事件在一九六三年為七萬起，僅僅三年之後，就躍升到將近十二萬起。而且根據生物學家的觀察，這還是「最保守的估計，因為受傷的鹿可能在距離高速公路一段距離外才死亡」，因此並未計入路旁調查員的統計數量內。在威斯康辛州，鹿殺數量在十年內增加四倍，甚至連知名的政治人物麥卡錫（Joseph McCarthy）也撞過一頭——他可能懷疑那隻鹿是共產黨派來的破壞者吧。在賓州，鹿群棲息在農場、城鎮和森林之間，鹿殺數量在七年內從七千頭大幅增加為兩萬兩千頭。就連航空旅行都不安全：一九六四年，一架飛機在賓州黑澤爾頓（Hazleton）的機場降落時，起落架不慎夾住一隻鹿，導致二十八名乘客「與死亡擦肩而過」。

白尾鹿的增加，代表交通與野生動物之間的關係永久改變了。道路生態學最初是博物學家的業外關注事項，他們擔憂「魔鬼馬車」壓死動物。然而到了一九六〇年代，汽車不再是入侵者，而成為不折不扣的統治者，這個國家為了汽車利益而全面重塑。但當鹿隻闖入鋪好的道路時，道路生態學的車輪卻開始倒轉。不再是汽車威脅野生動物，而是野生動物威脅汽車。

∞ 前方有鹿出沒

事實上，比起被撞的車輛，鹿並沒有那麼危險。早期的汽車內裝類似中世紀的刑求室，儀表板上布滿鋒利的邊緣、鍍鉻旋鈕，和足以刺穿司機、如同長矛一般堅硬的轉向柱。根據《讀者文摘》的報導，遭遇車禍意外，就像「坐在裝滿鐵道釘的鋼桶裡，從尼加拉瀑布上墜落」。

汽車製造商在一九五〇年代，對汽車的耐撞結構做了一些漫不經心的改善，直到一九六五年，安全革命才開花結果。這一年，有位名叫納德（Ralph Nader）的年輕律師出版了《任何速度都不安全》（*Unsafe at Any Speed*）一書揭露內幕，指控汽車公司帶來「死亡與傷害，讓數百萬人承擔難以估計的悲傷與損失。」納德的著作成為暢銷書，終結了雪佛蘭車廠有缺陷的科維爾車款（Corvair），並激怒了通用汽車公司。通用公司雇用私家偵探跟蹤納德，聘請妓女向他求歡，但納德抵擋住誘惑。一九六六年，國會通過立法，要求車輛必須配備安全帶和其他設備。汽車安全已成為時代精神，但鹿卻成了阻礙。

鹿車相撞危機讓工程師不知所措。他們最初的解決方案是豎立警示牌，認為司機如果注意點、放慢速度，會較容易避開動物。早期警示牌上的標誌不拘一格且充滿創意，例如原子彈誕生地、新墨西哥州羅沙拉摩斯（Los Alamos）的居民，就採用了鹿的白色剪影，報紙以「原子鹿」為標題報導他們的計畫。交通部門最終想出了一個任何現代駕駛都認識的標誌：黃色菱形中印著一隻跳躍的黑色雄鹿。這些警示牌亂無章法的出現在各地，可能是鹿車相撞事故的場所，或獵人注意到有鹿經過馬路而留下足跡的地方，也可能是當地人見過一、兩次鹿的位置。菱形警示牌愈多，用處就愈小。（每次看到「有鹿出沒：接下來六十四公里」的警告牌時，你都會踩剎車嗎？）恰佩塔抱怨：「現在道路上的號誌太多了，駕駛往往會變得『盲目』。」一項典型的實驗發現，科羅拉多州的警示牌只讓交通時速減緩了四・八公里，對路殺也沒有明顯的影響（倒在路肩的屍體倒是會吸引司機的注意）。標語是方便表達擔憂的廉價方式，對問題展現認同，但無法真正解決問題。有些生物學家後來說：「那是桿子上的垃圾。」如今，支持「有鹿出沒」警示牌具有效果的數據，並不比一九五〇年的更可靠，當時曾有報告宣稱那些標誌只適用於練習射擊：「這些警示牌是少數不受歡迎的狩獵團體的靶子，但開車的公眾肯定會視而不見。」[6]

如果無法改變駕駛者的行為，或許可以影響鹿本身的反應。一九七〇年，密蘇里州的公路部門，在一條危險的道路上安裝數十個反光鏡。這些反光鏡受到車燈照射時，會像舞廳中的反光燈球一樣閃閃發光，目的是嚇跑路邊的鹿。反光鏡看起來似乎很有效，也許透過這種低成本的花招，可以解決日益嚴重的危機。受到吸引的不只有美國的交通部門，在歐洲，歐洲狍鹿的數量激增，撞擊事件也隨之增加。一九七三年，奧地利玻璃與珠寶商施華洛世奇公司開始生產紅色反光鏡，據稱這種反光鏡具有類似閃光的效果，可形成一道「警告光柵」。很快的，三十萬個施華洛世奇反光鏡就排列在歐洲的高速公路旁了。伊利諾伊州房產大亨史崔特（John Strieter）的姪女嫁入施華洛世奇家族後，他獲得該技術在美國銷售的許可。史崔特孜孜不倦的推廣反光鏡，聲稱每年可為國家節省五億美元。隨著時間推展，美國十多個州陸續安裝了史崔特鏡（Strieter-Lite）。由史崔特公司委託進行的一項分析發現，該公司的反光鏡減少了高達百分之九十的鹿車相撞事件。

不過獨立研究發現的結果卻截然不同。一些研究指出，反光鏡根本無法減少鹿車相撞；科學家嘲笑其他人草率的設計。一項評估最後發現，反光鏡只能讓事故數減少百分之一，基本上無足輕重。科學家諷刺的指出，兜售反光鏡的公司或許宣稱戰勝ＤＶＣ，但「道路規劃者不該輕易買單」。問題在於習慣：就像人類駕駛會漸漸忽視警示牌一樣，鹿也學會忽略反射的燈光。例如在丹麥，鹿最初會逃離反光鏡，但經過一個星期後，這種恐懼就消失了，鹿又回到路邊不在乎的吃草。反光鏡是一種刺激，但刺激之後既沒有獎勵也沒有懲罰，就好像巴夫洛夫按了鈴卻沒有給狗任何肉吃一樣。

說到底，就生物學而言，DVC似乎是注定發生的。對白尾鹿和郊區通勤者來說，最繁忙的尖峰時刻都發生在黃昏，這時光線有限，所以人類視網膜中的錐狀細胞和桿狀細胞無法完全活化。鹿的周邊視力出色，但對於遠近的知覺較差，而且牠們的瞳孔在昏暗的狀況下會完全擴張，一受到車燈照射，就什麼都看不到了。這是汽車破壞原有適應能力的另一個例子。在二十世紀中葉，人類最繁忙的交通時間，與鹿群最頻繁的活動時間同步發生，而且是在雙方最難以發現和避開彼此的黃昏時刻。DVC之所以氾濫，是因為視覺失效加上時機不當所造成的，這是汽車重塑地景所得到的腐爛果實。

∞危機解除？

隨著高速公路的發展，人們愈來愈急於找出解決鹿車相撞的方法。一九五六年，艾森豪（Dwight Eisenhower）總統授權建立州際公路系統，這是把城市與偏遠地區連接起來的「強大公路網絡」，儘管歸功於艾森豪總統，但其實早在幾年前，就已經誕生在麥唐納向當時的總統羅斯福（Franklin Roosevelt）提交的報告中。這個系統具有驚人的規模，反映出羅斯福總統偏好巨大公共工程的品味：總長度高達七萬六千八百公里，耗資一千一百四十億美元，所需的混凝土足以填滿一百個埃及的吉薩大金字塔。高速公路建設者發誓要「移動可覆蓋康乃狄克州至膝蓋厚的泥土和岩石」。

州際公路將是美國最安全、最大的道路。每條州際公路至少有四線道寬，相對的兩個方向彼此分隔以防正面碰撞，並且各有兩線道。路肩寬闊，轉彎路段朝內側微微傾斜，道路坡度平緩。而且最重要的，駕駛只能由特定的匝道進入公路，不能隨意開進開出。工程師希望藉由控制車輛出入口，讓車速維持在每小時一百公里左右，消除會造成車禍的速度差異。汽車製造商的應對，則是為汽車配備尾翼和排氣口等太空時代的細部結構，使車輛看起來「像是沿著開放道路飄浮的魔毯一樣」。

但如果汽車是太空船，白尾鹿就是小行星。凡是州際公路經過的地方，郊區就如雨後春筍般湧現，使市區周邊的草原增加。新的高速公路造成了DVC的回饋循環：公路使郊區增加，引來更多汽車在同樣的地景中以前所未有的高速行駛，另一方面，郊區的邊緣棲地讓白尾鹿大量繁殖，鹿群大量發生既是州際公路的產物，也是對州際公路的威脅，是造成車速差異的危險因子，違背了州際公路系統的理想。為了實現州際公路的最高目標，必須排除鹿的影響。

有關鹿車相撞事故的危機，在美國當時的鹿殺之都賓州，正好處於關鍵時刻。賓州由八十號州際公路一分為二，這是由加州舊金山一路延伸至賓州紐約市的州際公路。在一九六〇年代末，八十號州際公路將橫貫美國的旅客，一波又一波的送到白尾鹿的棲地。

隨著這條州際公路陸續開通，血腥屠殺隨之而來。光是一九六八年十一月，雪鞋村（Snow Shoe）附近一段十分鐘車程的高速公路上，便有四十四隻鹿死亡，平均每天超過一隻！

剖析這場危機的責任，落在賓州州立大學生物學家貝利斯（Edward Bellis）肩上。貝利斯和夥伴每晚開著一輛一九六三年的紳寶汽車，在州際公路上行駛，以十二伏特的探照燈掃視高速公路兩旁發光的鹿眼。只見處處都是白尾鹿：在公路邊緣吃草，在道路兩旁的牧草地遊蕩，在山胡桃樹下懶洋洋的躺著反芻食物。白尾鹿的活動在秋天繁殖季（發情期）達到顛峰，此時的雄鹿活動量大增，而且似乎不太思考。貝利斯認為，關鍵在於賓州高速公路兩側種植了大量的苜蓿、牧草和山黧豆。白天時，鹿在樹林裡睡覺，到了晚上，則在路邊享用美食。他感嘆：「道路用地可視為被高速公路一分為二的狹長牧場。」八十號州際公路在最糟的地區創造了最優良的邊緣棲地。

解決方案似乎再明顯不過了，就是讓鹿遠離道路。一九七〇年，賓州公路部門開始在八十號州際公路邊緣設置架高的鐵絲網。這是明智的策略，因為在明尼蘇達州，九十四號州際公路沿線一道精心設置的圍籬，很快讓DVC減少百分之九十以上。但賓州的圍籬製作得並不牢靠。在溪流穿越的地方，白尾鹿成群結隊由圍籬下方爬過，牠們還想方設法擠過圍籬上的洞，樹木倒下壓垮鐵絲網的路段，則成了牠們跳越的地方。貝利斯絕望的表示，鐵絲網圍籬「可能沒什麼用處。」既然認為鐵絲網毫無用處，於是貝利斯發揮創意，在高速公路上放置假鹿模型，並從路殺而死的鹿屍上取下尾巴，安裝在假鹿模型上，好比可怕的派對道具。他的理論是，鹿在警戒時會豎起尾巴，所以當其他鹿看到綁著尾巴的假鹿時，可能因此避開。他譏諷的做出結論：「不推薦」這項技術。

但儘管遭受種種挫敗，鹿殺數量還是令人費解的直線下降了。在一九六〇年代末期，兩年多的時間裡，貝利斯的八十號州際公路研究路段上，有兩百八十六頭鹿慘遭路殺。然而在一九七〇至一九七一年的類似時段中，只有二十二頭鹿死亡。之後的兩年中，更只死了兩頭鹿。這場危機的結束，就像它的開始一樣突然。

為什麼會出現這種奇蹟般的結果？路肩上仍有許多鹿在漫步。然而隨著八十號州際公路開通以來交通量「急劇增加」，白尾鹿似乎再也不穿越高速公路了。州際公路的使用率增加，帶來更加密集的車流，快速、吵鬧、如同掠食者的車輛，阻止鹿群在路邊牧場之間來回穿梭。路殺數量下降並不是因為高速公路變得較安全，而是因為公路變得如此驚心動魄的危險，以致動物很少冒險走上柏油路。貝利斯推斷：「車流本身形成了一道移動柵欄，阻止鹿進入車道。」

這是深刻的體悟，未來幾十年的道路生態都將受此影響。是的，汽車造成路殺，但當汽車變得更多，路殺因此消失。不過，沿著八十號州際公路向西延伸三千兩百公里的這道由車流形成的移動柵欄，很快會被證明比路殺本身更加致命。

1. Roadkill一詞似乎是在一九四三年寫入詞典，由生態學家麥凱布（Robert McCabe）提出，他觀察到鷓鴣幼鳥遭汽車撞擊致死。在《牛津英語字典》中，第一次出現這個詞彙是一九七二年，引用一份高速公路指南，其中提到喜鵲以「腐肉或路殺動物」為食。

2. 譯注：這本小說就是鼎鼎大名的《大亨小傳》。

3. 西蒙斯並未提出解釋，但許多物種的雄性比雌性的活動範圍更大，因此穿越更多道路。舉例來說，雄性的鼓腹噝蝰在交配季節尋找雌性時，被壓死的機率是雌性的十倍。

4. 動物和行人一樣，常背負不應有的譴責：你有多少次抱怨過自殺的松鼠和故意闖進死地的鹿？有位社會學家觀察到，指責路殺受害者是諷刺漫畫中常見的哏，圖中常把壓扁的動物畫成「鬥雞眼、呲牙裂嘴、舌頭外伸，一付刻板的蠢樣」。這種描繪方式「讓動物的死亡合理化，也讓人們得以視而不見。」

5. 大多數與鹿有關的死亡事件，都是因為司機突然轉向撞上樹木或其他車輛。正如州警常告誡的：「不要為鹿轉向。」

6. 儘管警示牌效果有限，卻已成為世界各地公路機構基本上都會配置的ＯＫ繃，而且就像料理一樣變化多端：澳洲有鴯鶓警示牌、納米比亞有羚羊警示牌、丹麥有蟾蜍警示牌。有一次前往哥斯大黎加旅行時，路邊一個明顯印著雷龍的警示牌讓我百思不得其解，走近一看才發現，那是一隻長鼻浣熊。長鼻浣熊是長相類似浣熊的哺乳動物，具有彎曲的尾巴，輪廓看起來就像是蜥腳類恐龍的脖子。

02 移動的柵欄

高速公路為何阻撓動物遷徙？穿越通道又如何讓野生動物的遷徙再次活躍？

三月，一個陽光明媚的早晨，直升機來到紅沙漠（Red Desert）尋找黑尾鹿的蹤跡。鹿群四散在艾蒿叢之間，有的在窪地中穿行，有的舉步維艱的走過雪堆。緊追不捨的直升機離地六公尺，再離地三公尺。伴隨著液壓啟動的噗噗聲，一張加了重物的網子突然爆張開來，罩住一頭母鹿。母鹿往前一撲，翻倒在地。機上跳出一人，跨坐在母鹿身上，為這隻動物蒙住眼睛、捆住蹄子，又把吊帶纏在牠身上，然後掛在直升機正下方的繩子上。這架黑色的羅賓遜R四四直升機往上直直拉起，機下的兩隻鹿像櫻桃一樣晃動，風從牠們有凹痕的耳朵旁呼嘯而過。兩頭鹿所想的事，從某個程度來說，也許超乎人類的理解：怎麼又來了。

兩分鐘後，直升機在彎曲峽谷（Crooked Canyon）上空盤旋，那是懷俄明州西南部的一個山谷，用荒蕪來形容毫不為過。幾棵刺柏被風吹成了盆栽的模樣，貼附在山坡上生長。直升機盤旋下降，懸吊的貨物在鈷藍的天空下映出輪廓，然後著陸。飛行員按下按鈕，鬆開繩索，當直升機再次升空，只留下長腿的鹿。

由十幾名生物學家組成的地面小組，邁著大步前進，迎接動物的到來。我一邊跟上腳步，一邊在螺旋槳刮起的沙塵中保護我的眼睛。鹿一動也不動的躺著，因為眼睛蒙著而沒有躁動，呼出的氣體在鼻孔上方化成白霧。套在牠們脖子上的皮頸圈，依然朝著衛星傳送資料。我碰了碰一隻母鹿的肩膀，牠猛的抬頭，狂野而大膽。我往後退，只見牠濃密的皮毛上留著我的掌印。

地面小組快速而明確的執行任務，像是賽車維修站裡技術精湛的工作人員。他們把第一隻鹿放到秤上（六十二．五公斤），然後移往橡膠墊。一名研究生把溫度計插入牠的直腸，確保牠的體溫不致因為捕捉壓力而升高。其他人從牠的頸靜脈抽血，用捲尺從鼻子測量到尾巴。母鹿抗拒的尖聲叫著，聽起來好像受到擠壓的氣球。

生物學家蒙提斯（Kevin Monteith）走近母鹿，像農場工人一般靈巧的用膝蓋壓住母鹿的腿，手中的電動刮鬍刀熟練的滑過母鹿的腹部，把絨毛剃掉。他拿著超音波掃描器，把掃描頭貼在母鹿肚子上，螢幕出現了兩個小鹿胎兒的模糊形狀。蒙提斯敲打著鍵盤，喊道：「二、十七。」二是指這頭母鹿懷有雙胞胎，和牠大多數的同群夥伴一樣。十七是指小鹿眼窩的直徑為十七公釐，眼窩直徑是胎兒大小和健康的決定因素。蒙提斯特別為我做了說明：「十二月時較胖的母鹿，在三月孕育的小鹿往往眼窩直徑比較大。」

蒙提斯把掃描器放在母鹿的臀部，瞇著眼睛觀察螢幕。我們看到白色的肋骨和灰色的肌肉條紋。蒙蒂斯說：「這頭母鹿沒什麼脂肪。」這不令人意外。黑尾鹿的臀部相當於汽車的油箱，夏季時用來儲存脂肪，以便在食物稀少的月份提供能量。到了嚴冬之末的三月，大多數的鹿都變得骨瘦如柴。我拍拍母鹿的屁股，感覺到牠皮膚下稜角分明的突起：脊椎、薦骨，還有連接尾椎和骨盆的韌帶——是飢餓所導致的堅硬結構。

黑尾鹿很有韌性，耐得住貧瘠的環境。牠們長著類似騾子的長耳，是白尾鹿的近親，但比白尾鹿更能適應多砂、狹窄的棲地。白尾鹿廣泛生存在北美洲大部分地區和南美洲部分區域，黑尾鹿則是在美國西部的艱困環境中鍛鍊，在墨西哥沙漠至阿拉斯加島嶼等嚴峻的棲地中繁衍，若是較弱小的鹿科動物，在這類環境中早就活不下去了。曾帶領發現軍團（Corps of Discovery）[1]遠征的美國知名探險家路易斯（Meriwether Lewis）上尉曾表示：「除了崎嶇的地區，我們很少在其他地方發現黑尾鹿。」只要看到黑尾鹿，就代表軍團正在接近山區。

懷俄明州西南部和大多數黑尾鹿的據點一樣，是氣候極端惡劣的偏遠地區，夏季時日照炙熱，冬季時冰雪覆蓋，《斷背山》作者普露（Annie Proulx）所說的「地球自轉帶來的猛烈狂風」磨難著這塊土地。幾千年來，黑尾鹿為了度過這種定期出現的困境，已發展出明智的策略，那就是「遷徙」。牠們遵循祖先的足跡和無可挑剔的記憶，在春天長途跋涉進入山區，尋找茂密的草地，到了秋天再漫步回低地度過嚴冬。當蒙提斯進行他的例常工作時，在一旁觀看的生物學家考夫曼（Matt Kauffman）說：「這些動物具有令人難以置信的認知能力，能在腦中保存詳細的空間地圖。牠們可以穿越任何地形：山脈、森林、河流、平原、沙丘，有時甚至是精準的走在去年的足跡上。」

考夫曼是懷俄明遷徙倡議行動（Wyoming Migration Initiative）的首席科學家，這項行動致力於揭露鹿和其他哺乳動物隱密的遷徙過程。懷俄明是北美洲最適合遷徙的區域之一，氣候多變，足以推動季節性的遷徙，而且人口稀少，動物具有廣闊的移動空間。每年兩次，懷俄明州有超過一百萬隻有蹄類動物，包括鹿、麋鹿、紅鹿、野牛、叉角羚和大角羊，都會舉「蹄」出發。這麼龐大的生物量遷移，就好像非洲塞倫蓋蒂的牛羚遷徙發生在美國本土一樣。這些動物一路上以蹄子雕刻大地，牠們的啃食刺激植物生長，牠們的幼獸餵養了狼和熊。最後，牠們的身體融入大地，為牠曾經走過的草地施肥。

在這些遷移動物中，黑尾鹿是最頂尖的製圖天才。大多數遷徙物種的遷移知識是與生俱來，鳴禽會追蹤星星，有些飛蛾能感知磁場。但鹿是「學會」遷徙，牠們跟隨母親從冬季草原移動到夏季草原時，把地圖繪製在心中。其他有蹄類動物大半會四處漫遊，但黑尾鹿始終忠於傳承的路線。鹿的遷徙不僅是一種移動模式，也是一種文化，像家族傳說那樣由母鹿傳給小鹿。也因此當人類道路阻礙牠們的跋涉時，就好比一種語言被徹底抹除。

∞野生動物漫遊

動物的生活由移動所決定，移動的原因與規模大小不可盡數。美國大山貓會在自己的領域裡繞行，驅逐入侵者。年輕河狸會離開家園，尋找尚未被占領的水域。幾年前的一個黎明，當我行駛在新墨西哥州的高速公路上，發現一隻狼蛛在路上爬行，於是我把車停在路邊，把毛茸茸的狼蛛推到我的地圖上，護送牠到另一側的路肩。但過了一會兒，我又遇到一隻狼蛛，再一隻，接著又一隻。原來我碰巧遇到狼蛛「出巡」了，一隻隻雄蛛源源不絕出現，在沙漠中搜尋單身母蜘蛛。

這是蜘蛛世界的成年禮，雖然令人驚訝，卻算不上真正的遷徙。美國大山貓的日常巡邏和河狸一生一次的離家，也都不是遷徙。遷徙是具有嚴格定義的特定現象，是一種於不同地點之間來回的季節性移動。座頭鯨在阿拉斯加吞食鯡魚，幾個月後前往夏威夷如浴缸般溫暖的海洋中產子。白喉帶鵐在加拿大森林中以蚋蠅為食，然後前往美國佛羅里達州過冬。數百萬年來，對於數千個物種來說，遷徙一直是生命節奏與地球短期資源同步共存的巧妙方式。

你可能以為動物的漫遊很難錯過，但長達數十年間，大多數遷徙行為不曾為科學家所發現。動物在夜色掩護中移動，或穿越崎嶇不平的地形，難以追蹤。懷俄明州的生物學家很久以前就懷疑有蹄類動物會遷徙，但無法確定遷徙路線。每年春天，成群的鹿、紅鹿和叉角羚（一種可愛的哺乳動物，一般稱為羚羊，擁有赤褐色的側面和優雅的角）會離開冬季棲地，消失在山裡，就好像掉落的零錢消失在沙發裡一樣，原始的技術很難追蹤牠們。儘管科學家在一九六〇年代開始為紅鹿裝上高頻無線電頸圈，但必須靠得夠近，透過步行或飛機追蹤，才能以天線精確定位到訊號。無線電監測指出了各塊棲地的位置，但無法顯示動物如何在棲地之間移動，這是找不到線的連連看。

生物學家需要一種不必持續關注的追蹤設備。一九七〇年，美國航太總署（NASA）在一隻紅鹿身上裝置了史上第一個衛星頸圈，並授予牠「太空鹿莫妮克」（Monique the Space Elk）的封號。這個鮮紅色的頸圈重達十一公斤，每天在雨雲三號（Nimbus3）衛星經過莫妮克頭頂上空時，將所在位置發送給衛星。莫妮克不久後死於肺炎，頸圈的繼任者莫妮克二世遭獵人射殺，但衛星頸圈的概念比莫妮克活得更久，到了二〇〇〇年代初期，配備耐用電池的輕型頸圈已可接收和算出數千個GPS位置。這些「存放數據」的頸圈，在運作數個月之後，會自動從動物身上掉落，等生物學家有空時再去回收。懷俄明州原本不為人知的遷徙路線，總算在心存懷疑的科學家面前現形：麋鹿是從傑克遜湖（Jackson Lake）遷徙到提頓山脈（Tetons），紅鹿從黃石公園遷徙到科第（Cody）。考夫曼告訴我：「當我們拿回頸圈時，就像過耶誕節一樣興奮。」遷徙並不是有蹄類動物生活情節的支線，而是故事本身。

懷俄明州最令人印象深刻的遷徙發生在二〇一〇年，當時美國土地管理局委託生物學家索耶（Hall Sawyer）密切觀察紅沙漠中的黑尾鹿。索耶身強體健，喜愛戶外運動，是土生土長的懷俄明人，之所以選擇野生動物科學研究領域，是為了進一步了解他從小狩獵的對象。一九九〇年代，索耶和同事在大提頓國家公園繫放叉角羚，為牠們戴上無線電頸圈，並跟隨牠們徒步前往綠河谷（Green River Val.），這段將近兩百公里長的行進路線稱為「叉角羚之路」，後來成為美國第一個受聯邦政府保護的遷徙廊道，索耶也因此建立了聲名。黑尾鹿不如叉角羚活躍，相較於一九九〇年代的徒步之旅，追蹤紅沙漠的黑尾鹿似乎輕而易舉。二〇一〇年初，索耶為四十頭鹿戴上頸圈，然後等待牠們行動。

那年夏天，索耶派了一名飛行員去檢查那些黑尾鹿。飛行員帶著天線飛過紅沙漠，等待熟悉的滴答訊號聲。（頸圈雖然可記錄ＧＰＳ位置，但仍需要透過無線電接收器找到頸圈，將頸圈連接到電腦取得數據。）飛行員發了一則簡訊給索耶：找不到你的鹿。索耶建議他改變接收頻率，但依然找不到，飛行員只好掉頭回家。當飛行員沿著溫德河山脈

（Wind River Range）飛行時，試著最後一次開啟接收器，結果一個訊號在靜電干擾中滴答響起。就在距離索耶繫放那些黑尾鹿一百六十公里的地方，找到了那些鹿。

隨著索耶回收那些頸圈，黑尾鹿廣闊的遷徙全貌漸漸顯現出來。每年春天，會有一、兩千隻黑尾鹿離開紅沙漠，而且其中許多已經懷孕。牠們噠噠的踩過陡坡，踮著腳尖沿著峭壁走，在柳樹下徘徊，在白楊林中睡覺，跨過湖泊和淺溪，並且穿越俄勒岡小徑上的車轍，黑尾鹿的荒野之旅在此與西部拓荒者留下的蹤跡交錯。出發幾個星期後，黑尾鹿會散布在霍巴克盆地（Hoback Basin）中，於起伏的草地間產下小鹿，幾個月後再帶領小鹿返回紅沙漠過冬。牠們往返的距離將近五百公里，是美國本土已知最遠的有蹄類動物遷徙行為。索耶告訴我：「我們之前完全不知道黑尾鹿有這種行為，更別說牠們走的路線了。這些鹿竟然走那麼遠，真是令人難以置信。」

然後，牠們遇到了州際公路。

∞當動物遇到柏林圍牆

懷俄明州西南部的地景不僅有利於鹿的遷徙，也有利於人類的活動。這個州的北半部分布著山脈，崎嶇起伏，南部平原地區則多是平緩山丘，少有陡峭之處，是洛磯山脈上的一道凹口。這種開放的地形自古以來一直吸引著旅者。根據繪有鹿、野牛、紅鹿的岩石壁畫，證明夏安族（Cheyenne）和休休尼族（Shoshone）過去曾在此活動。十九世紀時，聯合太平洋鐵路穿過此地，鐵路沿線誕生了城鎮。然後是林肯高速公路，這是第一條橫越全美的公路，各州爭取道路通過，就像現在各城市爭取亞馬遜公司來設立總部一樣。當公路創建者在一九一三年選擇經過懷俄明州南部時，州長還號召舉辦了一場「老派的歡慶，包括營火和同樂會。」

然而到了一九六〇年代末，當八十號州際公路取代林肯高速公路，歡慶的氣氛就很少見了。懷俄明州南部或許是最容易穿越洛磯山脈的地方，但依然高出海平面兩千多公尺，強風狂襲。八十號州際公路的混凝土才乾不久，各種巨型車輛的殘骸就開始堆積，十八輪重型卡車像風滾草般被吹在一起。哥倫比亞廣播公司的新聞稱其為「全國最糟糕的州際公路」，卡車司機則為它起了另一個綽號：下雪的胡志明小徑（Snow Chi Minh Trail）。

對野生動物來說，下雪的胡志明小徑也一樣殘酷，不輸它對拖車的暴力。懷俄明州的動物通常從北往南遷徙，方向與山脈平行，與東西向的州際公路完全垂直。當動物行進路線與公路交錯，災難隨之而來。八十號州際公路開通後的十年裡，單一條遷徙路線上就有一千頭黑尾鹿死亡。

黑尾鹿路殺事件還宣告了更嚴重的危機。回到賓州，貝利斯正理解到，車流會阻礙白尾鹿穿越八十號州際公路，他將這道堅不可摧的車牆稱為「移動的柵欄」。賓州東北部處處都是田園，移動的柵欄並不會造成傷害，因為白尾鹿不論困在高速公路的哪一邊，整年都找得到食物。但在賓州西部，環境嚴酷，動物必須四處遊蕩才找得到足夠的食物生存。如果車流阻止這些有蹄類動物遷徙，牠們就會死亡。

果不其然，州際公路系統像斷頭臺一樣，一刀切斷動物的遷徙路線。一九六九年，愛達荷州八十四號州際公路開通後不久，生物學家發現高速公路以北的鹿群困在厚厚的積雪中，「無法或不願」穿越州際公路。儘管州政府提供了「特製的顆粒口糧」，仍有數百頭鹿挨餓，原本有兩千多頭的鹿群，萎縮到只剩下八百頭憔悴的倖存者。在科羅拉多州，七十號州際公路造成的阻隔之大，使得保育人士稱之為「野生動物的柏林圍牆」。八十號州際公路是最糟的。一九七一年十月，一場早來的暴風雪將懷俄明州埋在厚雪之下，長達數天，狂風不斷把地面的積雪吹成雪暴。成群的叉角羚聚集在八十號州際公路的北側路肩，焦急的刨著雪，在道路的圍欄旁來回踱步，最終有三千多頭羚羊喪生。新的州際公路包括兩側的路肩，寬度只有三十公尺左右，卻讓動物失去大片棲地，無法進入可維持牠們生存的百萬公頃土地。

這些早期的悲劇證明了遷徙的必要，也預告了二〇一〇年底的事件。索耶追蹤的黑尾鹿在走過將近五百公里的旅程之後返回紅沙漠，那年冬天，雪下得又大又早，北美苦羚梅和針果樹全都埋在沉重的積雪下。黑尾鹿聚集在八十號州際公路以北的煤礦小鎮洛克斯普陵（Rock Springs）外。若是一個世紀之前，牠們會往南方前進，最遠也許會抵達科羅拉多州，但現在不了。牠們像水壩後方的水一樣聚集在州際公路邊，徒勞的等待車流出現空隙。春天來時，索耶追蹤的鹿有將近百分之四十都處於挨餓狀態。

索耶告訴我：「牠們不是在州際公路上被殺，而是死於營養不良。」這是他第一次看到這種死亡，但死亡並未就此止步。他說：「這種現象不是發生在大雪降臨時，而發生在幾星期、甚至一個月後。健康的動物會在四月時離開冬季棲地，其他的則倒下、躺下、死去。如果能在冬天時穿越州際公路，往南移動，牠們肯定會那麼做。至於會走多遠，我就不知道了。」

∞ 紅沙漠的黑尾鹿

紅沙漠的傳奇清楚指出兩件事。首先，懷俄明州這塊土地上，還有許多尚未發現的遷徙活動。其次，許多遷徙路線因為阻礙而中斷。艾蒿叢遍布的大草原看似空曠，但每隻鹿所面臨的險阻，卻足以讓古希臘英雄奧德賽臉色發白。黑尾鹿必須跳過圍欄、繞過人類社區、通過油田和天然氣田，並穿越雜亂的公路網。八十號州際公路始終在牠們身後圍繞，限制牠們的活動範圍，耗盡牠們儲備的能量。

二〇一四年，索耶、考夫曼和生物學家魯德（Bill Rudd）發起「懷俄明遷徙倡議行動」，研究和保護紅沙漠的鹿群及其他習性類似的野生動物。這項行動為動物裝設衛星頸圈，並在臉書上公布動物的移動地圖，獲得許多人的支持。例如莫（Mo）的遷徙，就吸引不少粉絲追蹤，莫是一隻備受喜愛的鹿，名字帶有機動（mobility）、移動（movement）和動力（momentum）的意涵。這項行動的地圖，生動描繪出我們所熟知動物的生活，讓動物的遷徙變得觸目可及，這是其他環境現象罕見的特性。懷俄明人看不到二氧化碳在大氣中累積，但可以像追蹤環法自行車手一樣，輕鬆追蹤自己最喜歡的鹿。透過對路線的描繪，這項行動還促進了保育工作。環保人士沿著紅沙漠中的遷徙路線，購買了數十至數百公頃的土地阻止開發。考夫曼告訴我：「今天，關於應該採取哪些措施來保護動物遷徙廊道，還存有許多爭議，但對於廊道是否存在或廊道的位置，已經沒有異議了。」

我在洛克斯普陵加入懷俄明遷徙倡議行動，那附近正是紅沙漠鹿群冬天的活動範圍。我們搭乘福特F二五〇組成的車隊，沿著八十號州際公路朝東行駛，汽車旅館的咖啡在我們的血管中澎湃流動。抵達人口只有一百八十四人的小城蘇帕利爾（Superior）後，我們駛入通往彎曲峽谷的泥土路，考夫曼的團隊以滾石合唱團巡迴演唱會工作人員的熟練程度在那裡紮營，成堆的工具箱、儲物盒和注射器從卡車和拖車上迅速搬下，接著是記事板、消毒濕紙巾和動物用的潤滑膠。我還看到一個標有「疾病採樣」的筒子，另一個筒子則標示著「拔牙和縫合套件」。

我們等待直升機載來當天的第一隻鹿時，負責協調這項研究的博士生奧特嘉（Anna Ortega）嘀咕：「每次進行捕捉，總有一種忘記什麼的感覺。」考夫曼若有所思的擦去黏在鬍渣上的防曬乳，嘆口氣說：「我對生活也有這種感覺。」

鹿來了，所有必要的裝備似乎也都備齊了。直升機又放下兩頭黑尾鹿，三位生物學家跑過來重複整個流程，其他人也匆忙釋放剛剛檢測過的兩頭鹿，解開牠們腳上的繩索，眼罩也拿掉。黑尾鹿彈了起來，跳躍著跑回鹿群[2]，暗褐色的身影很快消失在遍布鼠尾草和白雪的大地中。

這天就這麼過了：直升機把鹿送來，由工作人員解下，稱重、剃毛、用超音波檢查，綜合了產科診所、抽血站和剪羊毛站的場景。我負責最不需要技巧的工作：把雪覆蓋在體溫過高的鹿周圍，就像用碎冰包裹海鮮攤上的鱸魚。鹿隻的體溫若很高，工作人員還會用類似越野水袋的裝備，以冰水灌腸伺候。一位研究人員告訴一旁的大學生：「基本上你要捏住鹿的肛門，確保管子完全插入。」然後扭鬆噴嘴，讓灌腸用的冰水噴入鹿的直腸。

結果灌腸水噴了蒙提斯一身，他假裝氣哭了：「你太讓我失望了，老大！」

一位生物學家溫和的建議懊惱的大學生說：「灌腸的速度要更慢一點。」

整個氣氛歡樂逗趣，蓋過了研究背後沉重的意義。幾個星期後，在一個沉靜的時刻，奧特嘉解釋說：紅沙漠的鹿群即將展開一年一度前往夏季棲地的遷徙之旅。牠們離開後不久，會像變形蟲一樣分裂成較小的鹿群，每個鹿群有各自的路線。有些鹿有戀家癖，只會離開幾十公里。但如索耶的研究所顯示，有些鹿群會長途跋涉兩百多公里。一隻名叫「二五五號」的傳奇母鹿，就脫離了同群夥伴繼續前進。牠爬上格羅斯文特山脈（Gros Ventre Range），沿著傑克遜湖岸走，穿過斯內克河（Snake R.），一直到愛達荷州。這僅僅是旅行成癖嗎？還是更大的生存策略的一部分？藉由比較動物的健康狀況（根據體型、血液和胎兒大小）與遷徙路線，奧特嘉希望弄清楚為何某些鹿群會去某些地方。她提出的假說認為鹿群會分裂，是為了避開天氣帶來的風險，就像基金交易員會維持多元的投資組合。奧特嘉說：「有些遷徙群體可能在大雪的年份表現較好，有些可能在溫暖的冬季表現較好。從長遠來看，這可以維持平衡，其中的概念是，鹿群不想把所有的雞蛋放在一個籃子裡。」

這種複雜的策略暗示著更大的概念。儘管根據定義，遷徙是點與點之間的移動，但野外旅程不可能那麼單純。參與倡議行動的科學家知道，懷俄明州的黑尾鹿是在水坑之間跳躍前進，而非不間斷的飛行。鹿群不會時時匆忙移動，而會花幾個星期的時間在「遷徙休息站」閒逛。這些休息站常是長有新芽的草地，植物柔嫩且營養豐富，正如考夫曼所說：「就像新鮮的春季沙拉中嫩綠的蔬菜」。當積雪融化，青草甦醒而冒出新芽，如此翠綠鮮明的光輝，甚至可從太空中觀察到。當植物快速生長，鹿群總是隨之而到，並且停留在當地，這種行為稱為「乘著綠色波浪」。對於踏著蹄子前進的黑尾鹿來說，總是有早春降臨的草地。

這種與大地同步的行為，使「乘著綠色波浪」成了一種兼具脆弱與優點的策略。若前進得太快，鹿群有可能在休息站的青草沙拉長好之前就已經抵達。若前進得太慢，抵達時植物可能已經變得粗老。道路等障礙不僅會阻礙動物前往牠們需要抵達的地方，還會阻礙牠們在必須抵達的時間抵達。索耶和考夫曼發現，遷徙中的鹿會因為壓縮機和卡車的噪音而受到驚嚇，為了避開油田和天然氣田，偏離習慣的移動路線，接著就得奮力追趕即將退去的綠色浪潮。考夫曼說：「當你了解牠們需要乘浪時，就能理解任何會影響牠們移動能力的因素，都會改變這些遷徙動物的長期生存。」

這天非常溫暖，不太像這個季節該有的天氣，大地上的積雪融化，和灌腸水與鹿的糞便混合成泥漿。鹿毛覆蓋在地上，讓我的喉嚨發癢，就連大夥兒共享的辣醬鍋上，也飄落著些許鹿毛。考夫曼強忍住噴嚏。

「我該吃過敏藥了。」

我問：「你還好吧？」

他露出悲慘的笑容：「我對黑尾鹿過敏。」

∞柵欄落下的時刻

懷俄明州的鹿所處的困境，指出規模更大的危機：道路的存在使得遷徙行為變成危險的賭注。蠑螈在前往池塘繁殖時，死於郊區道路；馴鹿避開阿拉斯加的運油公路。二〇一八年，一項名為在人類世中移動（Moving in the Anthropocene）的研究發現，從長尾囊鼠到非洲象等哺乳動物，正逐漸失去牠們的行動力，再也無法自由漫遊，因為基礎建設分割了牠們的生活環境。遷徙行為遭到瓦解，嚴重性遠大於個別物種的族群崩潰。這是對生物習性的危害，代表一種生活方式的消失，而這種生活方式與物種的移動本身一樣悠久古老。

道路為什麼會妨礙動物移動，這顯然是個簡單的問題，但答案很複雜。二〇一六年，生物學家雅各森（Sandra Jacobson）和同事根據動物對道路的反應，將動物分為四類。一類是「無反應者」（nonresponder），這些動物無視道路帶來的險境，例如豹紋蛙，無論交通狀況如何都會跳過馬路。豪豬和臭鼬等屬於「暫停者」（pauser），會爬上高速公路然後蹲守在那兒。和無反應者相反的是充滿警戒、聰明的「迴避者」（avoider），例如灰熊，連遇到郊區道路都會避開。無反應者會因為忽視而死亡，迴避者則因為與生俱來的謹慎而受囚禁。

雅各森將鹿歸為第四類：「飛奔者」（speeder）。飛奔者移動迅速且充滿警戒，演化讓牠們跑得比掠食者還快。當車流稀疏時，飛奔者會在車輛之間快速通過，像橄欖球賽的跑衛衝過球門線一樣。隨著車輛增加，車間的間隔愈來愈窄，穿越道路的風險也愈來愈大，碰撞事故愈來愈多。然而當交通流量進一步增加，有如八十號州際公路的路況時，路殺數量會達到高原區，然後下降。為什麼？因為高速公路變得非常危險，只有最魯莽的鹿才會試圖飛奔通過。因此，僻靜的鄉間道路上鹿的死亡率，可能與州際公路的一樣，數量都不多：前者是因為行駛的車輛很少，鹿很容易穿越道路；後者是因為車流編織成緊密的柵欄，使得動物甚至無法嘗試通過。

但多少車輛才算太多？二〇一三年，美國自然保育協會的生態學家里吉諾斯（Corinna Riginos）提出了這個問題。那年冬天，她和技術人員在懷俄明州的高速公路旁裝置了遠距熱像儀。道路生態學家過去一向樂於彎下腰來觀察屍體，西蒙斯稱之為「無聲的證據」。但現在，人們可即時觀察動物所做的決定。里吉諾斯的影片確實讓人很焦慮，在其中一個令人痛心的橋段中，母鹿的身影在熱像儀下有如蒼白的幽靈，只見牠慢慢爬上一條雙線道的公路，將小鹿暫留在身後。母鹿非常謹慎的往前走，但一輛汽車駛近，惹得牠往後撤退。十五秒後，母鹿重新出現在鏡頭裡，小鹿跟在後面。一輛小貨卡猛然煞車，車尾燈亮起；驚慌失措的三隻鹿接著撤離。又過了四十秒，母鹿再次出現。一輛越野吉普車呼嘯而過，接著是另一輛小貨卡，然後道路清空了，母鹿獨自走過，抬起頭，豎起耳朵。車燈在遠處閃爍，母鹿身後的小鹿向前小跑。車燈變得更亮了，小鹿們奔向母親，死神爭著攔截牠們。落後的小鹿跑得太慢，快點，快點！我用手遮著臉，透過指縫觀看。然後在最後一刻，磨蹭的小鹿加快速度，像短跑選手衝破終點線，離開道路，進入灌木叢，活著準備面對另一天的遷徙。

在里吉諾斯發送給我的資料夾中，這支影片的名稱為「驚險通過」。另外還有一支叫做「嚴重撞擊」，你絕對不會想看的。

無論多麼令人傷痛，里吉諾斯的影片都量化了一個重要指標，那就是可接受間距（gap acceptance），這是從「行人研究」中借用的一種直觀概念，而行人研究正是道路生態學的姊妹科學。人類就像鹿，屬於飛奔者。馬路上來往的車輛愈少，我們愈覺得可安全快步通過。因為我們擅長測量速度，所以能藉著車輛之間的小間隙穿越馬路。在印度，隨意行走的行人覺得只要有五秒鐘的間距，就足以輕鬆過馬路。[3] 里吉諾斯知道鹿需要的間距比人類需要的更大，因為對人類來說，汽車是熟悉的機器，對鹿來說，卻是驚心動魄的掠食者。儘管如此，鹿所需要的間距，還是大得讓里吉諾斯感到驚訝。當汽車以每三十秒或更短的時間駛過，鹿會拒絕通過，不然就是被撞致死或奄奄一息。當間距超過一分鐘，鹿通常能夠順利通過，沒有意外發生。三十至六十秒的間距則是灰色地帶，有時危險，有時不然。貝利斯確認「移動的柵欄」這個概念近半個世紀後，里吉諾斯確認了柵欄會在什麼時刻落下。

需要說明的是，每六十秒一輛的車流，其實並沒有太多車子。觀看「驚險通過」這部恐怖片時，令我震驚的不是公路的繁忙，而是空曠。片中的道路位在美國人口數最少的一州，是一條安靜的雙線道，但對動物來說依舊太過繁忙，以致無法自由遷移。根據里吉諾斯的計算，懷俄明州大多數公路的交通量，都對鹿不友善，州際公路幾乎每天二十四小時都有間距不足的問題。在交通更擁擠的州，也就是其他各州，情況肯定更嚴峻。道路生態學家曾表示：「根據經驗，每天超過一萬輛車子通過的道路，對大多數野生動物來說，絕對都該視為障礙。」

鹿和人一樣，沒有無限的耐心，沮喪會讓牠們變得輕舉妄動。里吉諾斯告訴我：「有時看到牠們冒然行動——也許我把牠們擬人化了，但總覺得牠們是因為絕望而採取行動的。」她發現，一頭鹿在嘗試穿越道路四次後，有一半的機會將完全放棄。她說：「死在路邊的動物非常顯眼，讓人印象深刻，但這只是問題的一部分。道路的存在，讓動物很難前往生存所需的棲地。」

前面提過，索耶研究中的黑尾鹿，在二〇一一年初的春天大批挨餓，以後見之明來看，里吉諾斯的研究提供了解釋。當時每天約有一萬三千輛汽車與卡車開在八十號州際公路上，平均每六．五秒通過一輛車，遠低於鹿所需要的間距。這條州際公路已經固化，成為橫跨懷俄明州的一道長達六百四十公里的柵欄。

然而，下雪的胡志明小徑並非無法穿透。八十號州際公路的確示範了移動的柵欄所帶來的問題，但也教會生物學家該如何穿孔鑿洞。

∞ 圍籬加上動物通道

一九六〇年代，當八十號州際公路的設計師在懷俄明州開闢下雪的胡志明小徑時，並沒有完全忽視野生動物。一位生物學家警告：「限制某些獸群的活動，可能造成嚴重後果。」因此在州政府要求之下，工程師在拉勒密（Laramie）至羅林斯（Rawlins）的公路路段，安裝四個混凝土地下道，也就是箱形涵洞，因為這裡正好是州際公路與動物遷徙路線交叉的地方。這是美國最早的野生動物穿越通道之一。

沒有人有足夠的理由相信這些動物通道具有作用。早在一九六一年，恰佩塔在《田野與溪流》中就指出，某些州（未指明）在「特別危險的鹿穿越路段」下方建造了地下道，不過「鹿拒絕使用」。八十號州際公路的動物通道一開始似乎也注定失敗。懷俄明州的工程師設計的涵洞，不僅是為了讓鹿通過，也為了把水引到高速公路下方，風水極糟。這些地下道寬三公尺、高三公尺，長達百米，活像是充滿回聲的黑墓穴，若要拍攝有蹄類動物的恐怖電影，應該很合適做為背景。可預見的，鹿討厭這些動物通道。對飛奔者來說，空曠的鄉村才安全，狹窄的涵洞一點也不。

由於鹿不願意自動穿越地下道，聯邦公路管理局於是在州際公路兩側設置圍籬，引導鹿群的行動。然而正如賓州的情況，號稱可防鹿的圍籬後來像漏勺一樣滿是漏洞。鹿避開了毫無魅力的涵洞，鑽過圍籬，或走到圍籬盡頭繞過阻礙，然後死在州際公路上。顯而易見的，必須有人負責把鹿隔離在圍籬後面，勸誘牠們改走地下道。這份差事落到德州人亨利（Hank Henry）頭上。生性詼諧的亨利，住在八十號州際公路旁的拖車裡，負責在路邊巡邏，若遇到試圖繞過圍籬的鹿，就對牠們發射寶特瓶火箭。亨利告訴我：「當牠們非常靠近時，就是放煙火的時候了。」他還從理髮院蒐集人類頭髮，塞進褲襪中，然後掛在路邊，因為這符合鹿害怕人類氣味的理論。至於效果如何，就不清楚了。不過，這項技術讓亨利在拉勒密的理髮店大受歡迎。「我每次出現，他們總是很高興，說『哦，你又來幫我掃地了。』」

亨利認為真正的關鍵在於降低地下道的險惡感。如果黑尾鹿有合適穿越公路的地方，就不會去找圍籬上的縫隙。一九七八年，亨利和他的主管沃德（Lorin Ward）開始在涵洞中堆放乾草、蘋果泥，以及從超商撿來的蔬菜。亨利回憶道：「我們每次都會帶兩、三箱的高麗菜、萵苣和甜菜葉。只要是對牠們有吸引力的東西就可以。」鹿上鉤了。數星期來一直在地下道附近徘徊的鹿，現在一到晚上就輕快的溜過地下道，有些鹿甚至舒服到在地下通道裡呼呼大睡。」[4]亨利說：「老天，牠們頭上現在有屋頂了。」

但蔬菜只是權宜之計，並非解決方案。那年夏天，在沃德和亨利敦促下，高速公路管理部門把圍籬向東延長約一公里半，與大型機具專用的穿越道相連，這條穿越道是專供拖拉機、推土機和其他機具使用的地下通道，既寬敞，又有泥土鋪面。當鹿抵達圍籬的盡頭時，腳下踩的不再是公路道路的鋪面，圍籬會將牠們引導到泥土路通道，雖然不是專供牠們使用，但比起怪異的混凝土涵洞，感覺起來自然多了，也更有吸引力。很快的，每一季都有多達數百隻鹿漫步通過穿越道，路殺數量下降了百分之九十左右。亨利說：「狀況一年比一年好。」

經由實驗，沃德和亨利發展出道路生態學最重要的配方，這個配方將被後世科學家視為福音。圍籬和動物通道無法單獨運作：缺少地下道的圍籬或許可防止路殺，但也會阻礙動物的活動；沒有圍籬的地下道，則根本沒有動物使用。然而兩者結合起來，動物便能繼續遷徙，但僅限於高速公路下方安全、可預測的地點。圍籬能阻止有蹄類動物進入州際公路，地下道則讓牠們能夠穿越。

∞ 人類的荷包也能獲益

遺憾的是，八十號州際公路的成功轉瞬即逝。當亨利停止用蔬菜賄賂，鹿大多會避開涵洞。懷俄明州的交通部門從這次經歷中學到的，則是錯誤的教訓。一九八九年，懷俄明州在金塊峽谷（Nugget Canyon）一帶的三十號高速公路沿線，設置路邊圍籬。金塊峽谷是鹿群穿越懷俄明山脈山脊的遷徙必經之路，每年有一百多隻鹿死於此處。這一次，工程師不再費心建造地下道，而是在高速公路旁拉起圍籬，留一道狹小的縫隙，引導鹿由此穿越。縫隙附近加裝了無用的閃光燈和警告標誌，就像是黑尾鹿專用的行人穿越道。州工程師艾丁斯（John Eddins）告訴我：「這只是把所有死鹿收攏到一個地方，讓道路維護人員容易處理罷了。」

一九九〇年代末，艾丁斯開始遊說交通部門，在金塊峽谷路段設置地下道，卻遭受質疑。他的同事認為八十號公路的涵洞是失敗的例子。艾丁斯回憶道：「大家都說其他地方需要錢。橋梁部門說橋梁要壞了，道路正通往地獄。」但一位富有同情心的主管認為艾丁斯說得有理。二〇〇一年，州政府為他的動物計畫籌集四十萬美元。他笑著說：「卡車司機、街頭行人、喝咖啡的傢伙，所有人都說我的計畫行不通。」

我和艾丁斯約在他位於洛克斯普陵的辦公室見面。艾丁斯身材魁梧，具有堅毅的氣質，看起來就像一位百分百的工程師。但他也是獵人，對鹿行為的了解都是辛苦掙來的。他認為金塊峽谷的地下道需要的是高「開放率」（openness ration）。任何人只要有一張餐巾紙，都能算出地下道的開放率，公式很簡單：寬度乘以高度除以長度。開放率也可視

在懷俄明州，生物學家發現圍籬加上地下道，可協助黑尾鹿安全穿越八十號州際公路。 *Gregory Nickerson, Wyoming Migration Initiative*

為一種恐懼指數。又長又窄的地下通道開放率很低，令人毛骨悚然。寬敞、光線充足、吸引力強的地下道，則具有高開放率。對黑尾鹿來說，緩慢穿越八十號州際公路底下的地下道，就像是在礦坑裡爬。

艾丁斯在金塊峽谷裝置的混凝土涵洞，看起來很像八十號州際公路原本的地下通道，但開放率高出許多，寬度為原有的兩倍：從三公尺增加為六公尺，長度則短得多。站在通道一端的鹿，可清楚看到從另一端透進的光。艾丁斯說：涵洞一啟用，「就有數量驚人的鹿開始使用。」州政府終於被說服了，又在附近建造了六個地下道，並在地下道之間建置了長達二十公里左右的圍籬。路殺數量從每月近十隻大幅下降到不到兩隻。事實證明，鹿具有學習能力。索耶在通道中設置攝影機，發現黑尾鹿一年比一年更加習慣涵洞，並且更有自信的把涵洞納入遷徙路線。有蹄類動物的文化和人類的技術，共同打造出一條新道路。三年內，已有將近五萬頭黑尾鹿通過三十號高速公路底下。黑尾鹿並不需要萵苣引誘進入地下通道，牠們只是有幽閉恐懼症。

金塊峽谷的地下通道也得到財政數字的大力背書。以往，野生動物穿越通道和道路基本維護（如路面重鋪和橋梁維修）的經費來源一樣，所以很有限。一旦動物性命和搖搖欲墜的基礎建設放在一起比較，動物幾乎總是輸家。然而在二〇〇九年，知名道路生態學家修伊瑟領導的研究團隊，統計了野生動物事故造成的損失，包括醫院帳單、汽車維修、獵人損失等等，最後得到的結論是，每次ＤＶＣ造成的社會損失，平均為六千六百美元。體型較大的動物造成的損失更為嚴重：紅鹿撞擊為一萬七千五百美元，麋鹿的高達三萬一千美元。[5] 加總起來，美國人每年因動物撞擊事件所造成的花費，超過八十億美元。根據這項計算，任何長達一公里半的路段，若每年造成至少三頭鹿、一頭紅鹿或一頭麋鹿的路殺事件（換句話說，幾乎是每一條與重要棲地或遷徙路線交叉的道路），只要工程師建造地下通道和圍籬，就能替公眾省下這筆錢。金塊峽谷的地下通道每年避免九十五起撞擊事故，五年內就回收成本。動物通道並不是奢侈的開銷，而是徹底的節省。修伊瑟在二〇一三年告訴我：「老實說，我認為這項成本效益分析，是我整個職涯中做過最重要的工作。它讓我們可以一路忙於減少道路上的動物傷亡，不僅有利於動物安全和保育，也有利於我們人類的荷包。」

深具成本意識的工程師，開始對動物通道產生興趣，蒙大拿、科羅拉多、亞利桑那、愛達荷和其他西部各州，出現愈來愈多的圍籬和地下通道。道路生態學家對他們的配方提出種種修改。工程師裝設更寬敞的動物通道，為地下道鋪上泥土以模仿自然狀況，並拓展寬度，這些設計都讓新打造的地下道比單純的涵洞更好。他們找出通道之間的最佳間距（大約不超過一公里半，以便動物可輕鬆找到）、理想的圍籬長度（至少五公里，以防有蹄類動物輕易繞過），並設計了「跳出口」（jump-out）。跳出口是一種單向坡道，如果鹿突破圍籬，被困在公路上，可藉由跳出口的坡道離開高速公路。一些生物學家還為地下通道安裝「天窗」，也就是用來提供照明的金屬格柵；其他人則清除了突出的岩架，以防美洲獅躲在那裡發動伏擊。修改之處各有不同，但整體大方向不變：只要有動物通道和圍籬，撞擊事件就會停止，遷徙就能繼續進行。由動作或體溫啟動的高品質遠距攝影機，捕捉到鹿和紅鹿大舉穿越地下道的畫面，消除了僅存的疑慮。道路生態學家克拉默（Patricia Cramer）告訴我：「我們終於可以跟工程師證明這些結構有效，他們也突然就相信了。」

隨著野生動物穿越通道的盛行，地理上的鴻溝卻使得美國的交通部門採取不同的策略。西部的黑尾鹿和紅鹿忠實的遷徙，造成了明確的路殺熱點。我曾在某個三月開車經過愛達荷州，驚險的避開一群黑尾鹿。牠們從路旁衝出，穿越高速公路，然後爬上山脊。當我渾身發抖的把車停在路邊時，才注意到有六頭倒下的黑尾鹿。牠們的脖子以怪異的角度扭曲，胸腔朝著天空敞開。不需要衛星資料也能找到設置地下通道的位置，烏鴉已經說明了一切。

與此同時，東部各州與他們的宿敵白尾鹿還在持續鬥爭。白尾鹿和黑尾鹿不同，不會沿著固定的路線遷移，反而似乎無所不在。當到處都是路殺熱點時，也就沒有任何熱點了。維吉尼亞州交通部的唐納森告訴我：「我照片裡的鹿躺在州際公路邊的草地上，有的睡覺、有的繁殖、有的吃草，意思是什麼都做。牠們似乎無所不在。人們只能雙手一攤，自問能做些什麼。我們不可能到處設置動物通道。」

但唐納森拒絕投降。維吉尼亞州的白尾鹿確實不遷徙，但使用的棲地卻是可預測的，例如溪流周圍和林地邊緣。二〇一六年，唐納森在六十四號州際公路下方兩條既存的地下通道旁，架設了長達一公里半的圍籬。其中一個通道是橋梁，可維持小溪在高速公路下方緩緩流動；另一個通道是涵洞，在過去供酪農放牛時使用。這兩條通道都不是為了鹿而建造，但唐納森揣測白尾鹿在圍籬的引導下，會使用這些通道。果如所料，路殺數量下降了百分之九十以上，而且鹿和黑熊、臭鼬、狐狸一樣，都會使用這兩個地下道，通常還帶著幼獸。兩年內，圍籬的成本就回收了。這是重要的一課：白尾鹿也可在誘導下，穿越州際公路底下，即使不是專門為牠們建造的地下通道。這個世界上到處都有野生動物能使用的通道，只等著圍籬引導牠們去使用。

∞四贏的政治棋子

環保人士動輒要處理爭議，要起訴機構，要抗議油管通過，要告發汙染者。但與任何環保支持者談論野生動物穿越通道時，肯定會聽到「雙贏」這個詞，通常還會擴充為「三贏」，若遇到特別熱情的對談者，甚至會出現「四贏」；想想健康的牛群、免支付醫療費用、省下的汽車保險給付、不再痛苦的動物。除了極少數例外，野生動物穿越通道已經成為美國不分黨派共同支持的少數環境干預措施之一，並同時為獵人和人道協會所歡迎。

當我訪問懷俄明州時，發現這個具有深紅色地景的州有許多昂貴的政府計畫。當地交通部門成功爭取到一筆款項，準備在大派尼市（Big Piney）附近設置地下通道。提頓郡的倡議人士推動通過一項稅收，為動物通道取得一千萬美元的資金。共和黨參議員貝拉索（John Barrasso）並非支持環境事業的知名人士，卻發起一項高速公路法案，為動物通道撥出數億美元的經費。川普政府也命令懷俄明州和其他州保護遷徙廊道。立法機關甚至核准一種特殊的黑尾鹿牌照，提供銷售所得做為打造通道和圍籬的經費。黑尾鹿狂熱基金會

（Muley Fanatic Foundation）主席科西（Josh Coursey）告訴我：「這樣的車牌完全切中目標，不論開車去哪兒都能提高品牌知名度。」

黑尾鹿狂熱基金會是具有保育意識的狩獵組織，曾為了推動黑尾鹿車牌而發起活動。他們支持野生動物穿越通道是因為通道有效，也因為它們在政治上具有吸引力。科西說，當基金會首次遊說立法機關通過牌照時，政客「的反應連冷淡都算不上。那麼要如何引起他們的注意呢？必須說服一些有力團體加入我們。」後來，黑尾鹿狂熱基金會獲得懷俄明州最強大的兩個團體支持：畜牧養殖協會和石油協會，黑尾鹿車牌行動就此起飛，正如科西說的：「情勢立即出現變化。」

我問科西，為什麼石油商會和牧場主人會加入這項行動，他說：「他們意識到他們的車輛是造成問題的原因。」但我很好奇背後是否有更精明的算計。懷俄明州的黑尾鹿數量急劇下降，高速公路肯定要負一部分責任，但並非唯一的罪魁禍首。這裡有新興的社區、喧鬧的油田和天然氣田，牧場主人用柵欄圍住土地。索耶的攝影機不只一次拍攝到鹿和叉角羚被鐵絲網刮傷，血跡斑斑、跌跌撞撞的穿過地下通道。與道路相比，這些危機是隱形的。我們看得到路肩上的屍體，但看不見母鹿在偏遠地區受到鑽油井干擾，因此跟不上綠色波浪而失去小鹿。懷俄明州最重要的行業可透過支持動物通道，把自己塑造成負責任的在地企業，轉移對自身罪惡的指責。正如考夫曼所說：野生動物穿越通道是一個「安全、中立的空間，每個人都可以運用」。在一個極度保守的州，這是一種不涉及法規的手段。

如果動物通道是政治棋子，也會受經濟力量影響。交通部門傾向在交通流量適中、撞擊發生率較高的農村公路底下建造通道，由於這些路段經常發生汽車撞鹿的事故，因此很值得興建地下通道。但八十號州際公路沿線的數據並沒有那麼明確，車流造成的移動柵欄對有蹄類動物來說或許是災難，但反過來看，卻保護駕駛免除了動物撞擊的威脅。如果動物通道必須建於值得興建的地點，八十號州際公路可能不符合條件。當我隨著考夫曼團隊結束漫長又讓人過敏的黑尾鹿研究，返回洛克斯普陵時，考夫曼對我說：「印象中，交通運輸部從不曾投入數百萬美元，就只為了串連動物的季節性棲地。」由於鹿很少衝進州際公路，所以難以預料牠們想從哪裡穿越。透過衛星頸圈提供的訊息，考夫曼知道黑尾鹿會在哪裡靠近公路，但那些地方不會出現引人矚目的成堆屍體。考夫曼說：「我們不能依賴動物告訴我們，牠們想從哪裡穿越。」

這帶來其他令人困擾的問題：即使懷俄明州真的沿著八十號州際公路設置動物通道，有蹄類動物要如何學會使用？牠們沉寂數十年的遷徙文化如何恢復？坐在卡車駕駛室的考夫曼在黑暗中沉思：「我認為牠們會從錯誤中學習。在氣候正常的年份，牠們可能不會發現通道。但遲早會出現非常嚴酷的冬天，傳統的冬季活動範圍可能累積超過一公尺高的積雪，這會迫使牠們往南多移動三十公里。最後，牠們會發現通道。」

這不是猜想。考夫曼和同事發現，當有蹄類動物重新安置在陌生地區時，會無法遷徙，原因可能是對周圍環境尚未建立起詳細的心智地圖。然而隨著世代交替，牠們會逐漸適應周遭環境，開闢新路線。小鹿、小牛和小羊繼續改善母獸傳承下來的路線，知識像迷因一樣在獸群中擴散，透過社會學習和生活經驗，之前從未有過的遷徙行動於焉成形。個別路線可能很脆弱，但遷徙本身具有彈性，前提是人類的基礎建設必須可讓牠們移動。

∞ 共享大地

隔天，我離開洛克斯普陵，沿著一九一號高速公路向北行駛，進入懷俄明州崎嶇的中心地帶。藍天變成了鐵灰色，白楊樹在冬季風景中搖曳。開了幾個小時的車後，我抵達派恩代爾（Pinedale），這裡是十九世紀毛皮商聚集交易的地方。行經城鎮後不久，河流將大地削切成一道山脊線，形狀像個漏斗口，寬約一公里半。這裡叫做「陷阱點」（Trappers Point），是成千上萬的鹿和叉角羚穿越之地，就像沙子滑過沙漏一樣。這個瓶頸位在「叉角羚之路」上，也就是索耶和其他人在一九九〇年代詳細研究過的遷徙路線。不論是有蹄類動物或人類，數千年來，都經常使用這條路徑。考古學家曾在這裡挖掘到六千年前遺留下來的叉角羚遺骸，判斷是被石矛所殺，遺骸中包含八隻小鹿胎兒，證明原住民獵人是在春季遷徙期間攔截到這些動物，因為春季是母鹿懷胎大肚子的時節。

二〇〇〇年代初，派恩代爾吸引到另一批移民：以液壓破裂法（fracking）開採石油及天然氣的熱潮所帶來的鑽孔工。地區人口因而加倍，交通量也激增。成群的叉角羚和鹿在靠近一九一號高速公路時撤退，再靠近又撤退。陷阱點顯然是野生動物穿越通道的候選地點，但有一個難題。雖然黑尾鹿善於利用涵洞，但叉角羚對大多數地下道都很排斥。叉角羚是北美跑得最快的哺乳動物，擁有巨大的肺部和能夠吸收衝擊力的腳趾，衝刺速度超過每小時八十公里。如果說黑尾鹿喜歡開闊的鄉村，身為終極飛奔者的叉角羚，就是「需要」開闊的鄉村。所以除了地下通道，陷阱點還需要橋梁。橋梁上可看得很遠，理論上能讓叉角羚安心穿越高速公路。不過每座陸橋的造價高達兩百五十萬美元，是涵洞的六倍。懷疑論者牢騷滿腹，但在二〇一一年，懷俄明州還是完成了陷阱點的穿越網絡，包括兩座陸橋、六條地下通道，以及將近二十公里的圍籬。

基於信念跨出的一步，再次得到回報。索耶的相機在三年內拍攝到接近六萬隻黑尾鹿和超過兩萬五百隻叉角羚，陸橋所避免的撞擊事故，已足夠彌補建造成本。最令人高興的是，許多動物通道都是「非定向通道」：動物不再是單純衝過高速公路，然後繼續前行，而會來回使用通道，在道路兩側覓食。這些通道不僅讓動物能夠遷徙，還讓獸群願意逗留，在遷徙路線上形成另一個遷徙休息站。

我在傍晚前抵達第一座陸橋，雪花飄落在擋風玻璃上，如飛蛾般安靜。這座陸橋外觀是柔和的棕色，橫跨在高速公路上方，在單調的大地上顯得巨大又突兀。風吹走橋面上的積雪，露出黃色草叢。我開入橋下，光線暗了下來，一根根彎曲的模組化拱梁看起來就像鯨魚的肋骨。然後，我開出橋下，從另一端出來。

朝下坡往前行駛幾百公尺後，我把車停在路旁，檢查路邊的圍籬，融雪流進我的靴子。即使附近有鹿所追隨的綠色波浪，我也看不到。我朝陸橋的方向望去，十幾隻黑尾鹿正站在高處，蓄勢待發，灰色的雪襯著牠們灰色的身影。我往後退，生怕驚動牠們，但太遲了。黑尾鹿聽到我的聲音，聞到我的氣味、看到我，或感覺到我了。牠們舉足移動，像椋鳥群飛一樣同時彈跳起來，然後在陸橋附近暫停。天空映襯出牠們的剪影，我看著牠們移動，對牠們的野性和警覺，以及牠們與春天姍姍來遲的腳步完美配合的遷徙之舞，感到由衷敬畏。

這也提醒我們，儘管橋梁造價昂貴，卻填補了道路生態系統中不可少的棲位。陸橋開放的橋面，確實提供叉角羚和其他易受驚嚇的動物更好的穿越方式，但陸橋也扮演溝通的角色。地下通道是道路生態領域中廉價又隱形的主力，你可以在毫不知情的狀況下，開車經過箱形涵洞的上方。相較之下，陸橋是宣傳保育運動的廣告招牌，提醒我們可以共享大地——就算是在最大的城市中、與非常巨大的肉食性動物分享。

1. 譯注：發現軍團是美國陸軍成立的部隊，於一八〇四至一八〇六年由路易斯上尉率領。

2. 你能想像瞪羚跳躍的樣子嗎？每一次彈跳都四腳離地，黑尾鹿就是這樣。白尾鹿會奔跑，但黑尾鹿更喜歡彈跳，也許是為了向掠食者展示自己很健康，然後將牠們拋在身後的塵土中。

3. 較發達國家的行人需要較大的間距，也許是因為習慣嚴格管控的交通。任何在越南河內勇敢穿越機車流的人都知道，不要期待任何間距，只要祈禱平安，然後走入車流。

4. 道路生態學家現在仍會在動物通道中放置誘餌。肯亞的大象地下道開放時，生物學家在入口附近放置了一堆厚皮動物的糞便，一頭名叫湯尼的大象當晚就穿越了通道。在哥斯大黎加，美洲豹在卡文克萊「迷戀」香水的引誘下，穿越了地下道，這款香水據稱能營造出「性感、挑逗的氛圍」。

5. 大地景保育中心（Center for Large Landscape Conservation）的研究人員根據二〇二一年通貨膨脹調整修伊瑟的數據，得出每頭鹿的平均碰撞成本約為九千一百美元，紅鹿為兩萬四千美元，麋鹿為四萬兩千兩百美元。

03 加州旅館

美國最大的野生動物陸橋能挽救孤立的美洲獅嗎？

二〇〇九年二月，午夜過後，一隻美洲獅從山丘上爬下來，這正是人類入睡、野生動物活動的時段。牠的腳掌有如茶托般大小，踩在草叢中行走，稜角分明的肩胛骨在黃褐色的毛皮下移動。牠的尾巴盪在身後，就像一隻獨立的生物。牠朝南走下斜坡，沿著地球表面的皺褶走向高速公路。當天稍早的傍晚時分，牠曾蹲伏在棕色的灌木叢中，看著尖峰時段的車流在一〇一號國道上行駛，那是一堵從洛杉磯向西延伸、發出咆哮的圍牆。但現在高速公路上的咆哮已經減弱，美洲獅接近公路北邊的路肩，掃過灌木叢的車燈照亮了牠琥珀色的眼睛。

接下來，發生了什麼事？牠很可能經由一條名為自由峽谷路（Liberty Canyon Road）

的住宅區街道，潛入高速公路下方，並通過公路南側密集的住宅區。或者，牠也可能幾個跨步奔過高速公路，後腿一次次有力的推動，讓牠順利跨越十二公尺寬的路面。誰也沒注意到牠，除了一位喝了太多咖啡的卡車司機。那司機肯定眨著眼，按下他的無線電對講機咕噥：「我剛剛看到一個最扯的東西。」

每天都有數以百萬的動物成功穿越或試圖穿越道路，但能帶來重大影響的穿越行動，為數很少。幾個月前，生物學家在席米山（Simi Hills）捕到一頭兩歲大的美洲獅，席米山是位於一〇一號國道北側的小山，大約在洛杉磯以西六十幾公里處。科學家為這頭美洲獅裝上追蹤用頸圈，並取名為P十二。P代表牠的學名*Puma concolor*，十二代表牠是第十二隻被套上頸圈的美洲獅。（根據金氏世界紀錄，美洲獅有四十多種俗名，根據地區不同，英文可能稱為cougar、puma、panther、painter，或叫大野貓、山中的尖叫者。）沒人預料到P十二會穿越一〇一國道，據了解，沒有美洲獅辦得到。但這頭年輕的雄性美洲獅就像絕大多數動物中的年輕雄性一樣，性情魯莽、願意承擔風險。P十二在穿越馬路的過程中倖存下來，這也讓牠進入一個新領域：聖摩尼加山（Santa Monica Mts.）。

但P十二並不知道自己其實闖入了監獄。聖摩尼加是個四周受包圍的小塊荒野，南邊和西邊是太平洋，北邊有一〇一號國道，東邊圍著四〇五號州際公路，再往東，就是洛杉磯。這些邊界所包圍的區域裡面有灌叢和橡樹林，大小只有六百二十二平方公里，比一隻雄性美洲獅需要的領域大不了多少。但這塊采邑已經有統治者了，是名為Ｐ一的鐵爪暴君。被困在宮殿裡的Ｐ一已經瘋了，至少追蹤牠的人如此認為。二〇〇五年，Ｐ一在一場殘酷的搏鬥中殺死牠長年來的伴侶Ｐ二，聲音紀錄留下了戰鬥中可怕的尖叫。隔年，Ｐ一殺死自己的兩個孩子，然後和一個女兒生了四隻幼獸。暴力和亂倫誠然是美洲獅生活的自然特徵，但衝突的激烈程度顯示這個貓科社會生病了，有太多隻美洲獅困在這個太小的籠子裡。聖摩尼加山中有些東西已經腐壞。

現在Ｐ十二加入了戰鬥，就像《馬克白》中的麥克達夫（Macduff）來到蘇格蘭的因弗內斯（Inverness），緊張的局勢一觸即發。不過暴君年歲已高，科學家很快在沾滿鮮血的岩石附近發現Ｐ一的頸圈，牠頹廢的統治結束了，由出生自北方聖蘇珊娜山（Santa Susana Mts.）的征服者——Ｐ十二統治聖摩尼加。

Ｐ十二成了救世主，很快與Ｐ一的女兒交配，為這個近親交配的族群注入新鮮的ＤＮＡ。然而隨著歲月流逝，Ｐ十二的血統也開始凝滯。沒有其他美洲獅跟隨牠的腳步穿越國道，他能選擇的伴侶愈來愈少。最後Ｐ十二步上Ｐ一的後塵：與自己的女兒交配，兩次，然後又與孫女和曾孫女共同生育。很快的，他的譜系就像葡萄藤那樣糾纏在一起。公路讓聖摩尼加成為牠的〈加州旅館〉，就像歌詞中所說的，牠登記入住，但永遠無法離開。

∞地景切開

洛杉磯高速公路系統對周圍環境的影響之大，少有其他道路比得上。那是一座總長八百公里的迷宮，像是山脈或河流那般打造城市的版圖。洛杉磯在一九五〇年代開始大力建造高速公路，把巨大的混凝土塊堆疊在古老的西班牙軍事小徑上。加州的高速公路系統表面上是為了緩解地面街道的交通，實則兼具社會工程和土木工程的角色，目的是推進「長期以來所建立的去中心化、低密度發展模式」，基本上就是讓城市擴張。有些人為了便利而頌揚高速公路，有些人則痛斥高速公路強加給公民「沒有人性的生活品質」。但不可否認的，高速公路的確占有主宰地位。有位評論家就指出，高速公路對洛杉磯的塑造是如此徹底，以致創造出獨特的生態系統，那是「一種單調可理解的地方，一種心態的凝聚，一種完整的生活方式。」

文士拉高速公路（Ventura Freeway）是其中最宏偉的部分，長達一百多公里，為一〇一號國道的部分路段。這條公路沿著海邊由洛杉磯通往灣區，然後一直延伸到華盛頓州。就在洛杉磯西邊，文士拉高速公路穿過聖弗南多谷（San Fernando Val.）。聖弗南多谷原本是四面受包圍的農業區，在一九六〇年演變成「由郊區開發住宅、太空時代工業，和閃閃發光的商業中心組成的蔓生綜合體」。記者預測，高速公路將使前往市中心的交通時間減少一半，促進山谷的發展。就這點來說，十分成功。到了一九八五年，文士拉高速公路已成為全美車流量最大的道路，到了二〇一六年，則是通勤路況最糟的道路。高速公路的車速設計為時速為一百公里，但在早晨尖峰期間，汽車只能以平均二十七公里的時速緩慢前進。[1]

雖然沒那麼明顯，但一〇一公路也阻礙了動物的移動。這條高速公路靠近聖摩尼加山國家休閒區（Santa Monica Mountains National Recreation Area）的北部邊界。這片地勢崎嶇不平的休閒區，其實是美國最大的市區國家保護區。一〇一公路就像位在南加州內陸山脈和沿海灌木叢間的楔子，把這片土地一分為二。這是棲地破碎化的教科書案例，本來連在一起的生態系統受到了破壞，更恰當的說，是Landschaftszerschneidung。這個術語為德語複合字，意思是「地景切開」，由道路生態學家傑格（Jochen Jaeger）所推廣，大致上與棲地破碎化的意思相同，但又具有額外的特殊意義。棲地破碎化可能由各種力量造成，像是砍伐森林、發展農業、開發土地，但「切開」代表道路像手術刀一樣乾淨俐落的劃開土地，就像是外科手術那樣精準。

聖摩尼加所遭受的「切開」，幾乎擾亂了所有以當地為家的物種。高速公路扭曲了美國大山貓和郊狼的領域，使牠們的社會陷入混亂。體型短胖的鷦雀喜歡在灌木叢間跳躍，而不是在高速公路上空飛翔，牠們的繁殖因此受到限制。但有一種動物，由於數量稀少、生存需求的條件又多，比其他任何動物都受到更大的傷害，這種動物就是美洲獅。

如果你在美國西部待得夠久，很可能曾被美洲獅偷偷觀察過。這種大型貓科動物有六十幾公斤重，咬合力足以讓有蹄類動物的頭骨碎裂。美洲獅是美洲分布最廣泛的大型哺乳動物，從南美洲雨林到北極苔原，牠們都能生存繁衍。二十世紀初，密西西比河以東地區的美洲獅消滅殆盡，但在西部，牠們的數量維持穩定或持續增長。如今美洲獅會偷偷穿過波爾德（Boulder）和波茲曼（Bozeman）等遍布鹿群的郊區城鎮，利用人類為牠們的獵物所創造的邊緣生態世界。

大洛杉磯地區過去遍布著茂密樹叢和灌木叢，是美洲獅的完美棲地。一八九二年，《洛杉磯時報》還曾把獵獅活動描述為「令人振奮的運動，以小冒險增添樂趣」。但隨著城市擴張和高速公路在山谷間縱橫交錯的發展，美洲獅消失了，或者說，似乎消失了。徒步旅行者聲稱在洛杉磯附近見過牠們，但沒有人提出證據。儘管如此，二〇〇二年，國家公園署的一位生物學家還是設置了移動偵測攝影機，並在該地區搜尋美洲獅糞便。這項工作成功的機會似乎只比尋找大腳怪高一些，但攝影機卻很快拍到一隻巨大的雄性美洲獅，也就是後來名為P一的山區暴君。

有一隻頂級掠食者棲息在洛杉磯的門口，引發了一些問題：牠們有足夠的空間嗎？食物？性伴侶？國家公園署委託兩位生物學家找出答案，他們是芮利（Seth Riley）和西基奇（Jeff Sikich），兩人有著不同的愛好和風格，西基奇是健談的衝浪者，芮利是含蓄的舞廳舞者，但兩人在專業興趣上卻彼此互補。芮利是城市野生動物專家，曾在華盛頓特區追蹤浣熊，在加州馬林郡追蹤狐狸，很少人比他更了解肉食性動物如何在城市中移動。西基奇的專長在於研究掠食者，包括明尼蘇達州的灰狼、維吉尼亞州的熊、蒙大拿州的美洲獅。芮利負責協調計畫的後勤和研究工作，西基奇負責用腳套和箱式陷阱捕捉美洲獅並安裝GPS頸圈等工作的細節。路殺而亡的鹿是現成的誘餌，但能否捕捉到美洲獅則屬未定之天。西基奇告訴我：「這些動物一直在移動，活動範圍也很大，我們等於試圖讓牠們踏入餐盤大小的區域。」

但他們確實有所進展。二〇〇二年七月，西基奇和芮利捕獲P一，為牠套上追蹤頸圈，緊隨其後又捕捉到牠不幸的伴侶P二及其後代。到了二〇〇四年，他們的研究對象已經有八隻，二〇一二年增加為二十六隻，到了二〇二二年，則有一百一十二隻。他們蒐集了美洲獅的血液樣本，分析其中的DNA，繪製出美洲獅的親緣關係。看起來就像托爾斯泰小說裡的人物那般複雜。隨著這項計畫知名度持續提高，目擊美洲獅幾乎變得司空見慣。這裡的美洲獅就像是居住在洛杉磯的名人，很少被人發現，但每當出現在公眾眼前，很容易成為新聞。一名自行車騎士在穆荷蘭大道（Mulholland Drive）拍到一隻美洲獅正在吞食鹿的照片，《六十分鐘》節目中也出現美洲獅的身影。後院安全系統和門鈴攝影機組成了涵蓋全市的監控網絡，一位記者稱之為「美洲獅八卦網」（lion TMZ）。威爾史密斯（Will Smith）的攝影機拍到一隻美洲獅在他的莊園裡徘徊，他因此受邀在艾倫秀（Ellen Show）展示畫面。

這些惡名昭彰的新聞，讓洛杉磯看起來像是到處都有美洲獅。但事實上，芮利和西基奇發現美洲獅的數量很少，而且處境艱難。不論何時，聖摩尼加都只有十到十五隻成年美洲獅：其中一、兩隻是占主導地位的雄獅，雌性為四到六隻，另外還有一些尚未成年的美洲獅。這些動物生命短暫，年紀輕輕就死去。有幾隻是因為吃到老鼠藥，有一隻是因為野火燒傷爪子而餓死。另一隻則是闖入住家庭院，被一名緊張的警察開槍射殺了。

不過，美洲獅的死因主要有兩個。第一是道路。肉食性動物需要很大的活動空間，美洲獅要求的空間尤其大。芮利告訴我：「我們追蹤到的雌性美國大山貓，活動範圍可能有幾平方公里。但雌性美洲獅的活動範圍平均是多少呢？一百三十四平方公里。」這種四處遊蕩的習性，導致美洲獅必然得穿過高速公路。P一三在馬利布峽谷路（Malibu Canyon Road）去世，P三二在五號州際公路，P三九在一一八號高速公路。令人傷心的是，P三九的孩子就緊跟在牠身後。高速公路像把電鋸，把美洲獅的家族譜系切得支離破碎。

另一個死因是被同類殺死，這與被車撞死一樣常見。高位階成年美洲獅具有殺嬰行為，因此在較荒涼的地區，年輕的美洲獅會遠離成年美洲獅的領域，但南加州的高速公路阻礙了牠們的擴張。這些年輕美洲獅一靠近一〇一公路，就像乒乓球一樣彈開。牠們急著逃離出生地，但又無法勇闖道路。無法逃跑，只好戰鬥，通常對象是自己的父親。對這些血氣方剛的挑戰者來說，伊底帕斯式衝突很少有好結局，西基奇說：「大多數出生在聖摩尼加山區的雄獅沒有活過兩歲。」美洲獅生活中的雙重恐懼（汽車和其他美洲獅）有時會彼此增強，這樣的狀況就發生在P六一身上。P六一是一頭雄性美洲獅，不知何故穿過了四〇五號高速公路，落腳在貝萊爾（Bel-Air）附近，成為貓科動物中的「新鮮王子」[2]。兩個月後，P六一遭到對手攻擊，監視器錄下了這場戰鬥。遭到敵人追趕的P六一無處可逃，只好再次勇敢衝上高速公路。這是他最後一次的嘗試。

西基奇和芮利意識到，地景切開的現象已把聖摩尼加變成一座島嶼，一塊被高速公路海洋所包圍的孤立土地。這是恰當的比喻，也是充滿不祥的比喻。兩個世紀以來，從達爾文到博物學家威爾森（E. O. Wilson），生物學家一直在島嶼上發掘自然的真相。島嶼面積小、生態系統簡單，比大陸更容易進行研究。他們累積的成果指出一些令人氣餒的原則。島嶼是奇怪且不穩定的地方，資源少、族群小，而且與救兵之間相隔著海洋。大約四分之三的人為滅絕事件都發生在島嶼，包括度度鳥和袋狼等聲名狼藉的警示故事。作家逵曼（David Quammen）指出，「島嶼是物種滅絕的溫床。」

在達爾文時代，科學家必須冒險前往加拉巴哥群島，才能觀察島嶼效應。如今，地景切開在各地創造出島嶼。即使是國家公園，也變得過於孤立而無法支撐大部分的掠食者。

一九八七年，《自然》期刊發表一篇驚人的研究論文，指出國家公園裡的動物正在迅速減少，包括雷尼爾峰（Mount Rainier）的大山貓、火口湖（Crater Lake）的水獺，還有布來斯峽谷（Bryce Canyon）的紅狐，全都消失了。這些動物並非被獵捕殆盡，也不是因為人類開發而受到排擠，牠們只是需要比保護區所能提供更大的空間。

如果關於島嶼的公理之一是，它們對大型肉食性動物來說太小，那麼另一個公理就是，它們難以到達。高速公路上的車流像是海峽，讓聖摩尼加的美洲獅與其他美洲獅社會隔絕，像是陷在孤立無援的島嶼上。但如果沒有外來的遷徙者提供活水，牠們的基因庫就會像是路邊的一攤死水。

∞ 聖摩尼加之島

汽車在一九〇〇年代初期滲透到美國文化，為人類的社交互動帶來變革。一位歷史學家說：我們要感謝汽車在約會上的用途，汽車出現之前，來訪的紳士會正正經經坐在心上人家中的客廳裡，和對方的母親一起喝茶，「禮貌聽著年輕女子展現鋼琴演奏技巧。」在克萊斯勒或納許汽車的幫助下，他可以帶著女友去鎮上，不受監管。道德家譴責汽車是「輪子上的妓院」並非毫無道理。

儘管汽車有助於人類的性行為，對野生動物的同樣行為卻造成阻礙。移動的車流柵欄阻止動物族群之間的往來，汽車輾壓了勇於出發旅行的潛在戀人。高速公路藉由阻礙生物最基本的行為，將自己寫入生命的分子代碼中。在瑞士，道路改變了從歐洲狍鹿到田鼠等物種的基因。在莫哈維沙漠（Mojave Desert），道路削減大角羊的遺傳多樣性。在北洛磯山脈，灰熊族群被高速公路切割開來，研究人員光是憑DNA片段，就能判斷灰熊出生在道路的哪一邊。學名為*Abax parallelepipedus*的步行蟲，是一種不會飛的歐洲甲蟲，擴散能力非常弱，生物學家曾發現一個基因獨特的族群，是由高速公路環狀匝道所包圍。

即使能夠穿越高速公路，也不保證能成功交配。在聖摩尼加追蹤美洲獅的芮利，也追蹤美國大山貓和郊狼，他發現這些體型較小的肉食性動物，有時會經由排水管穿越一〇一公路，但很少在穿越後繁殖。答案在於是哪些動物穿越了道路。強壯、有雄性氣概的成年個體不會願意，因為那得冒險放棄得之不易的路邊領域。會勇敢挑戰高速公路的，都是運氣不好的青少年，牠們發現最好的地盤已是長輩的領域，於是不曾交配就逃離了。高速公路引發了地盤爭奪戰，有利的一方是已經占有領域的衛冕者，而不是低位階的流浪者。公路兩側的動物族群基因，因此遭到扭曲。芮利發現，一〇一公路北側和南側的郊狼，親緣關係非常遙遠，彷彿牠們生活在相距數百公里的兩地。

對於中型肉食性動物來說，這種扭曲令人擔憂，但還可以熬下去。被困在一〇一公路以南的雄性大山貓或郊狼，仍有很大機會找到母親或女兒以外的伴侶。然而美洲獅數量少，特別容易受到遺傳傷害。每隻死在高速公路上的美洲獅，都會使得基因庫縮減，這種篩選稱為遺傳漂變（genetic drift）。更糟的是，交通阻礙了貓科動物的往來，迫使P一和P十二等占有優勢地位的雄性，與自己的女兒交配。就像埃及法老王，聖摩尼加的美洲獅受近親繁殖的影響，只是時間的問題。二〇一六年，芮利、西基奇和同事計算出，聖摩尼加美洲獅的遺傳多樣性，是西部地區所有美洲獅群族中最低的，滅絕機率高達百分之九十九．七。他們寫道，這些貓科動物被捲入了「滅絕漩渦」。

就這點來看，他們提醒生物學家另一個令人不安的先例。一九九〇年代中期，佛羅里達美洲獅也曾與滅絕擦肩而過。佛羅里達美洲獅生活在美國東南部的落羽松沼澤，為美洲獅的亞種。在歷經數十年的土地開發和路殺之後，佛羅里達美洲獅的數量減少到大約只剩三十隻，倖存者別無選擇，只能近親交配，使得遺傳異常現象突然出現。有些突變是良性的，如尾巴彎折和毛髮簇生；其他異常則會造成生命危險。百分之二十的佛羅里達美洲獅有心房中膈缺損（心臟內壁出現孔洞），超過百分之十的雄性有隱睪症。生物學家後來從德州引進八隻雌性美洲獅後，這些遺傳缺陷得到緩解，佛羅里達美洲獅的數量也回升了。但這個故事帶出一項警訊：如果不採取激烈的干預措施，近親交配的美洲獅小族群注定會滅亡。

如今在加州，歷史正在重演。二〇二〇年三月四日，西基奇捕到一隻亞成年的雄性美

儘管外表健康，P八一有一個睪丸未落入陰囊，尾巴也呈L形，這是佛羅里達美洲獅近親繁殖的特徵。 *National Park Service*

洲獅，為牠注射鎮靜劑，這是他研究中的第八十一隻美洲獅。當他檢查P八一時，發現有一個睪丸並未落入陰囊，尾巴也呈L形，與佛羅里達美洲獅近親繁殖的症狀相同。研究人員檢查了五隻南加州美洲獅的精子，發現幾乎所有樣本都是異常的。這些美洲獅已經陷入滅絕漩渦之中。

但佛羅里達美洲獅的故事證明，即使陷入滅絕漩渦，仍有可能逃脫。拯救佛羅里達美洲獅的方式是引入新的個體，但把更多的美洲獅轉移到聖摩尼加並不可行，這只會使得美洲獅之間的爭鬥變得更為激烈。除此之外，也沒有必要。一〇一公路北方的席米山和聖蘇珊娜山上便有可能的外援，再更遠處，還有洛斯帕雷斯國家森林（Los Padres National Forest），那是一座充滿美洲獅的天堂，西基奇稱之為「樂土」。只要每兩年有一頭美洲獅從這些北部地區遷入，就能拯救聖摩尼加的美洲獅。西基奇和芮利要做的，是引誘美洲獅持續穿越地球上最繁忙的道路之一。

∞給野生動物走的橋

尋找野生動物陸橋的發明者，就像尋找網路的發明者。這項技術經過許多人的手才得以完成，其中有些廣為人知，有些默默無聞。最早的穿越陸橋出現在法國，這個國家在一九六〇年代建造了大約一百五十條野生動物穿越通道，以安撫獵鹿者。這些狹窄的「獵物橋」並沒有取得巨大的成功，使用橋梁的農民和鹿一樣多，但儘管如此，還是激勵歐洲其他地方的工程師建造更巨大的結構。在德國、瑞士和奧地利，野生動物陸橋是弧形的，也稱為生態道（ecoduct）、綠色橋梁、地景連接器（landscape connector）。荷蘭毫無爭議是領先者，有全世界最大的動物陸橋：自然橋（Natuurbrug Zanderij Crailoo），長達八百公尺，橫跨高速公路、鐵路和體育場館。

正當歐洲創新之際，北美洲卻落後了。一九七五年，美國的第一座動物陸橋在猶他州拔地而起，引導黑尾鹿穿越十五號州際公路。十年後，紐澤西州建造了一座三十公尺寬的動物通道，稱為兔子橋（Bunny Bridge），將州際公路所分隔的公園串連起來。但其他州卻鮮少效法。到了二〇〇〇年代初，歐洲已擁有數十座動物陸橋，而北美洲只有區區六座。前往歐洲參觀過動物陸橋的美國環保人士懷特（Trisha White）告訴我：「你去找工程師說，嘿，你能試試這個嗎？結果總是，不不，這行不通。然後我們在荷蘭看到一座動物陸橋，上面有活生生運作中的濕地，不只有泥土和灌木叢，而是一個功能完善的濕地。他們不得不把我們拖走，因為我們想整天待在那兒。我們大受震撼。」

然而對美國工程師來說，故鄉附近並非完全無法提供靈感。就在加拿大，世界上最著名的野生動物陸橋，已在班夫國家公園（Banff National Park）證明價值。

班夫國家公園占地六十四萬公頃，位於亞伯達省的洛磯山脈，從動物的角度來看，這裡的地景相當難測，既廣闊卻又充滿限制。和許多國家公園一樣，班夫國家公園主要是為了保護讓登山者打心裡讚嘆的壯麗景色，如冰川、碎石坡和受風峭壁，但無法為鹿提供太多食物。動物更喜歡弓河谷（Bow Valley）肥沃舒適的環境，這是一條穿過公園低地的河邊廊道，平坦、宜居、靠近水源，是良好的野生動物棲地，從定義上來說，也幾乎就是開路的好地方。一九五〇年代，加拿大橫貫公路（Trans-Canada Highway）把河谷切成了兩半，這條橫跨大陸的龐然大物上，每天有兩萬五千輛汽車通過班夫國家公園。在一九七〇年代，大量的動物死在這條加拿大橫貫公路上，以致保育專家把它稱為「肉品製造機」。

這部肉品製造機即將生產更多的肉。一九七八年，加拿大政府宣布要讓加拿大橫貫公路「成雙」，也就是把高速公路從雙線道擴大到四線道，並且加強防止動物穿越。工程師在初期安裝了圍籬和地下通道，防止危機，使遭受路殺的紅鹿數量大幅下降。然而這些早期的地下通道，對公園裡的另一種居民——灰熊，所能提供的幫助卻微乎其微。灰熊是典型的「迴避者」，很少為了覓食或繁殖而穿越加拿大橫貫公路。牠們對高速公路非常警戒，以致於很少穿過給鹿使用的標準地下通道。不喜歡道路的大型肉食性動物，需要自己的通道。

什麼樣的動物通道可以達成目標？答案不是很清楚。負責解決問題的工程師麥奎爾（Terry McGuire）提醒我：「在一九九〇年代中期，還沒有網路這種東西，只有各種小道消息，你知道的，像是有人去了一趟歐洲，看到一種結構，或在會議上與某人交談了一下。」經過一番思考後，麥奎爾的團隊決定讓灰熊從高速公路的上方通過，而不從下方。他之前剛使用一種稱為「下埋式混凝土預鑄拱」（buried precast concrete arch）的技術，建造一座橋梁供行車使用。這種技術就像把兩個巨大、各為四分之一圓的弧線，組合成半圓形。他假設熊可從預鑄拱橋上走過，而車子可同時通過拱橋下方。一九九七年，麥奎爾在加拿大橫貫公路上建造了兩座野生動物陸橋，每座都超過四十五公尺寬。松樹、灌木、青草很快在混凝土上方的土壤中扎根，優雅的縫合了被高速公路切開的棲地。

麥奎爾不安的意識到，他的橋梁本質上是個實驗品，除了建造頂尖的陸橋，班夫國家公園還需要全面研究陸橋的效用。一位名叫克萊文傑（Tony Clevenger）的生物學家接下這個工作。克萊文傑是美國加州人，曾在西班牙的坎達布連山脈（Cantabrian Mts.）追蹤棕熊。他沒有道路生態學的經驗，可動用的資源也很少。當時，研究動物移動的主要方法是「足跡板」（trackpad），也就是沙坑，當動物從上面走過時會留下腳印。這是一種簡陋的技術，一群紅鹿可在一夜之間，把沙坑攪成難以辨識的混亂狀態，但這種技術相當有效。克萊文傑在班夫國家公園的通道上設置了足跡板，每隔幾天記錄一次沙坑上的蹄跡爪痕，估計有多少動物走過，再將沙子耙平。克萊文傑回憶：「這是世界上最便宜的田野工作，只需要一輛小卡車和一把鐵製花園耙子。」

但克萊文傑的研究進展緩慢，沙坑上很少出現灰熊的足跡，鎮上居民竊竊私語說，麥奎爾的陸橋是昂貴的失敗品。道路生態學家福德（Adam Ford）告訴我：「第一次見到克萊文傑時，我說：『聽說這些東西對灰熊無效。』克萊文傑個性相當冷靜，但如果遇到需要摔杯子的時候，他也不會客氣。」事實上，灰熊只是在適應環境。二〇〇〇年左右，熊的活動開始增多，牠們鼓起勇氣使用陸橋，並且教導幼熊跟著走。在這十年裡，灰熊每年穿越高速公路將近兩百次。這是另一個重要發現：聰明謹慎的肉食性動物並不會立即對野生動物穿越通道產生興趣，道路生態需要耐心。

到二〇〇八年，無論以何種標準衡量，班夫國家公園的陸橋都是有史以來最成功的動物通道之一。肉品製造機已經停止運行，有超過八萬個野生通勤者，使用國家公園裡的地下道和陸橋。動物足跡網從森林延伸出來，匯集到通道。這是無數個蹄子和爪子產出的成果，一種外顯的集體記憶，引導一代又一代的動物前往前輩們冒險探訪的動物通道。福德回憶：「這就像這片土地在共同學習如何穿越高速公路。」

即便如此，克萊文傑仍不滿意。他開始思考一個基本的道路生態學難題：野生動物穿越通道發揮作用，代表的意義是什麼？

這似乎是奇怪的問題，答案好像很明顯：當動物使用通道時，通道就發揮作用了。然而僅僅因為野生動物穿越了高速公路，並不能確保牠們在公路另一邊繁殖或基因庫變得更強健。芮利在加州的研究顯示，跨越一〇一公路的美國大山貓和郊狼，大多是位階較低的年輕動物，很少繁殖。克萊文傑沙坑中的數百個灰熊足跡，同樣可能來自幾隻活潑的年輕雄性，是牠們在尋找配偶的過程中，徒勞的來回跑動所留下的；或是有一頭保護領域的公熊，將班夫國家公園的動物通道納入自己的王國，不允許競爭對手通過。正如一些要求嚴謹的研究人員在二〇〇九年得出的結論：「沒有證據顯示野生動物通道能否有效解決遺傳問題。」

克萊文傑的問題，已經超出值得讚美的足跡板所能回答。幸運的是，他現在可以使用更先進的技術。二〇一〇年代初，科學家已經可以透過毛髮中的DNA辨識熊的個體。克萊文傑和生物學家薩瓦亞（Mike Sawaya）在班夫國家公園的動物通道入口，拉起帶刺的鐵絲網，當灰熊擠過網子，會在上面留下熊毛。克萊文傑說：「那就像紙筆一樣。只要一些毛髮，每個經過的動物都會寫下資料，透露自己所屬的物種、性別、父母，以及來自哪裡。」最後，他能分辨出有多少隻熊穿越，以及高速公路兩側的灰熊之間的親緣關係，就像芮利和西基奇為洛杉磯的美洲獅繪製詳細的譜系。

克萊文傑發現，多虧了班夫國家公園的通道，這裡的熊有別於其他族群，遺傳上並未出現分隔現象。在他和薩瓦亞為期三年的研究中，有八隻公灰熊和七隻母灰熊穿過高速公路，並有幾隻幼熊誕生。這聽起來可能不多，但大多數灰熊都生活在遙遠的偏遠地區，不曾遇到道路。一頭勇敢的母熊穿越了十八次，與穿越三十四次的公熊交配，生下三個女兒，這些小熊也經常穿越通道。灰熊和叉角羚一樣，偏好陸橋勝過地下通道，這種選擇根植於灰熊長久以來的習性。黑熊是森林生物，可以忍受狹窄的空間，但灰熊一向居住在平原，在開闊的地方透過力量和速度壓倒對手。占有重要地位的雌性，尤其是帶著小熊的母熊，特別喜歡陸橋，因為橋梁視野廣闊，能提防殺嬰的雄性。因此陸橋是最「適合家庭」的結構，無論年齡或性別，任何灰熊都適合通過。

隨著克萊文傑的研究在科學界漸為人知，班夫國家公園的影響力也與日俱增。參觀

班夫國家公園的野生動物陸橋是當今世界上最著名的動物通道，也可能是被研究得最徹底的通道。 *Shutterstock*

這個公園成為生態學家的「成年禮」。生態學家對班夫國家公園如此欽佩，以致於「羨慕班夫」成為一種眾所周知的狀況。來自日本、韓國和以色列的生態大使紛紛抵達，班夫風格的陸橋在阿根廷和新加坡等遙遠的國度出現。謙遜的克萊文傑成為道路生態界的幕後主導者，應邀到世界各地為動物通道提供指導。他的一位同事告訴我：「克萊文傑基本上是野生動物學家中的布萊德彼特。」

二〇一四年，芮利和西基奇與克萊文傑接洽，討論一個可能是道路生態學史上最具雄心的計畫。在班夫國家公園，克萊文傑證明被高速公路分開的灰熊，可藉由野生動物穿越通道重新連結，而芮利和西基奇想知道，陸橋是否也能幫助加州那些近親繁殖的美洲獅。克萊文傑認為可以，但洛杉磯有道路生態學家從未遇過的問題。加拿大橫貫公路只有四線道寬，但美國的一〇一公路卻有驚人的十線道。克萊文傑很感興趣，他在二〇一五年一月飛往加州提供意見。他與其他專家花了一天時間，參觀預定中的動物通道地點，並提出建議。但他說：「之後有長達三、四年的時間，什麼事都沒發生。」

然而加州的保育專家們，其實已經開始構思一座陸橋的基礎。這座陸橋將比北美洲任何陸橋都更加宏偉，班夫的動物通道只能相形見絀。這個計畫無論是規模或成本，都會非常龐大，資金取得與建築工程同樣困難。它將以世界上最著名的野生貓科動物為代表。

∞ 洛杉磯美洲獅

二〇一二年三月上旬，歐丹納那（Miguel Ordeñana）坐在電腦前，無所事事的瀏覽偵測攝影機捕捉到的畫面。歐丹納那是洛杉磯自然史博物館的生物學家，在格力非斯公園（Griffith Park）周圍安裝了十六具移動偵測攝影機。這個公園位於洛杉磯北部，是野生動物棲地和城市設施的混合體，園中有高爾夫球場、天文臺、動物園和好萊塢標誌，每年有千萬人造訪。然而公園的大部分地區都是荒野，這是一個生態過渡帶，由聖摩尼加邊陲連接到洛杉磯市郊。黑尾鹿在這裡吃草，美國大山貓在霓虹燈下獵捕林鼠。歐丹納那攝影機的畫面顯示，白天汽車駕駛使用的橋梁，是夜裡郊狼進入公園的同一條路徑，這些夜間通勤者過著和人類相反的生活。

儘管如此，當歐丹納那瀏覽郊狼和鹿的照片時，並未料到會看見這樣的畫面：美洲獅搖擺的臀部。

歐丹納那盯著螢幕。沒錯，芮利和西基奇是在聖摩尼加記錄到美洲獅，但那是遠郊，距離洛杉磯市區很遠。歐丹納那從小在格力非斯公園裡烤肉，和母親玩接球遊戲，在好萊塢標誌下吃墨西哥風味烤雞。頂級掠食者竟在公園裡出沒，似乎令人難以置信，他告訴我：「這就像第一次看到大腳怪或吸血怪『卓柏卡布拉』。」

但格力非斯公園的美洲獅真的存在。西基奇很快抓到牠，為牠戴上頸圈，命名為P二二。血液檢驗指出牠是聖摩尼加瘋狂暴君P一的兒子。這代表P二二穿越了四〇五號和一〇一號高速公路，最後來到格力非斯公園，定居在一塊約二十平方公里的棲地，這是已知最小的美洲獅領域。

P二二過著生龍活虎的日子，白天在橡樹林打盹，晚上獵鹿。牠有一種不可思議的能力，可以躲開人群，即使闖入動物園襲擊無尾熊，受害者也要到隔天才為人發現。不過，牠很快崛起成為明星。一位攝影師拍到牠在好萊塢標誌下大步行走，像阿諾史瓦辛格一樣自信滿滿、肌肉發達。狗仔隊目睹了牠罕見的不幸遭遇：當牠不慎擠進一個狹窄的空間，新聞轉播車紛紛湧向現場。（P二二像個聰明的名流，一直待在原地，直到媒體離開才現身。）牠吃到老鼠藥、感染疥癬，似乎挫了牠的銳氣，但西基奇把牠抓回來投藥療傷。漸漸的，牠獲得了傳奇地位，成了動作英雄、調皮的單身漢、單相思的情人，人們欽佩牠的勇氣，憐憫牠的孤獨。牠在樹葉堆上撒尿，在夜間低鳴，引誘不可能到來的雌性。保育人士普拉特（Beth Pratt）告訴記者：「對我們這些生活在洛杉磯的人來說，因為交通而失去一段可能的浪漫關係，是所有人都能了解的事。」

普拉特自封為P二二的公關和經紀人。一天早上，我約她前往好萊塢山，一起模擬她的貓科客戶的行程。我們約在穆荷蘭大道跨越四〇五號公路的窄橋上集合，她遲到了四十分鐘，原因是塞在車陣中，這種狀況是洛杉磯環境的一部分，就像天氣一樣。普拉特說：「這是有關洛杉磯的老話題了，實情就是如此。」

我來參加普拉特該年度的P二二徒步旅行的最後一段行程，這是一趟八十公里長的朝聖之旅，追尋這頭美洲獅前往格力非斯公園的路徑。由於P二二到達公園後才戴上追蹤頸圈，牠穿越聖摩尼加山的確實路線只能用猜的。但在城市範圍內，綠地因限制而形成一條長帶，使牠變得較容易追蹤。普拉特掏出手機，在P二二的臉書頁面上發送直播。她指著穆荷蘭大道告訴觀眾：「這座橋很可能是牠穿越四〇五號公路的地方。我們大部分的徒步路程，離牠走過的路徑都不到兩、三公里。就在這裡，我們追隨牠的腳步。」

普拉特和我辛苦的沿著穆荷蘭大道前進，經過鐵柵欄和有密碼鎖的大門。道路急轉彎處沒有路肩和人行道，一個彎道旁有個交通號誌寫著「禁止行人通行」。司機在休旅車貼著隔熱膜的車窗後按喇叭。然而，即使在這種以汽車為主的風景中，野性仍然存在。我們經過了擠在豪宅間的鹿，聽到青蛙在水中鳴叫，看著一隻橡實啄木鳥從噴泉喝水。洛杉磯遍布著祕密樹林，只有響尾蛇和兔子知道那些地方。如今，洛杉磯是市區境內有大型貓科動物的兩大都市之一。（另一個是印度孟買，那裡的豹會在後巷獵殺野放的家豬。）普拉特說：「在其他地方，P二二會立即遭到槍殺或被送走，但牠在這裡是地方英雄。」

我們經過謠傳中屬於喬治克隆尼、查理辛和女神卡卡的房子，但普拉特崇拜的是不同的巨星。她穿著背心徒步旅行，露出左臂二頭肌上的紋身，是P二二帶有鬍鬚的臉孔，呈現出聖徒風格，這種風格的紋身通常用來紀念逝去的親人。她的背包上掛著P二二絨毛玩具（之前徒步旅行時，她常帶著P二二真實大小的立牌，但總被毒櫟纏住），她甚至在脖子上戴了一個西基奇用的追蹤頸圈，用來說明頸圈並不引人矚目。她已經關閉GPS，不過在之前的徒步旅行中，她曾啟動定位系統。她說：「你可以追蹤到，我晚上會去披薩店。」

當我們躲避車流時，普拉特告訴我她如何成為P二二最熱心的支持者。普拉特在波士頓郊區長大，說話有當地的口音。她大學畢業之後搬到加州，曾在西部的優勝美地國家公園和黃石國家公園工作，並在二〇一一年重返加州，成為美國國家野生動物同盟（National Wildlife Federation）的州辦公室主任。一年後，她和其他人一樣，在一篇報紙文章中看到歐丹納那的照片，知道了P二二的存在。驚訝之餘，她開始思考自己的組織如何幫助這隻受困的美洲獅和牠的親戚。

普拉特是美洲獅領域的新人。芮利和西基奇已對美洲獅族群進行了多年研究，另外，一個名為聖摩尼加山脈保育協會（Santa Monica Mountains Conservancy）的組織，自從一九八〇年代以來就一直在購買土地，把一塊塊受保護的棲地串連成廊道。問題是高速公路破壞了廊道的串連。對芮利和西基奇萊說，如果沒有野生動物通道，他們研究的美洲獅就無法生存，這是顯而易見的事。普拉特同意協助建立一個通道，普拉特回憶：「我天真的說，當然好，我很樂意提供幫助。這會有多難？」

後來她才了解，確實很難。一〇一公路的龐大令州際公路相形見絀，它的規模讓傳統的動物通道設計者感到沮喪。地下通道不可行，在十線道高速公路下方，不論是怎樣的地下道都會太長太黑，無法可靠的吸引動物使用。就像班夫國家公園，南加州也需要一座動物陸橋。但是該放在哪裡？路殺紀錄並沒有用，因為一〇一公路交通流量之大，使得美洲獅幾乎從來沒有勇氣挑戰。芮利和西基奇必須找出牠們可能會從哪兒穿越一〇一公路。

幸與不幸，洛杉磯城市的擴張，並沒有留下多少地方可容納穿越陸橋。最明顯的可行地點是自由峽谷（Liberty Canyon），數條帶狀的公共土地在一〇一公路附近匯聚，形成席米山和聖摩尼加山之間的天然漏斗。二〇〇九年，P十二曾在這個重要位置穿越高速公路，戴著無線電頸圈的美國大山貓和郊狼，有時也會在此試圖穿越高速公路，但一靠近車流就停下腳步了。普拉特說：「你不需要有野生動物移動方面的博士學位，只要看一下地圖，就會發現沒有太多選擇。」

那麼，就是在自由峽谷建造一座陸橋，讓美洲獅得到自由。普拉特只需要弄清楚如何得到經費。在其他地方，野生動物穿越通道的經費可能來自彩券、汽油稅、車牌，但大部分還是來自州政府和聯邦政府的交通預算。其他動物通道可經由防止撞車事故、節省納稅人的錢取得經費，但這種財務邏輯在一〇一公路上並不成立。普拉特說：「就我所知，這是第一個為了避免動物族群滅絕而建立的野生動物陸橋。」目標雖然崇高，但試圖用公共資金來建設，可能無法取得政治人物的認同。大部分資金必須來自民間，普拉特必須籌集資金。

普拉特的募資活動有一項重要資產：P二二，加州最能激發同情心的動物。她以P二二代理人的身分籌辦節慶，以牠的名義創建社群媒體帳戶，並贈送實體大小的美洲獅立牌給博物館和學校，讓洛杉磯居民可以像蠟像館的遊客那樣與牠合影。小額捐款源源不絕的湧入，來自倫敦的二十美元、來自澳洲的五十美元，偶爾也有大筆捐款。李奧納多狄卡皮歐也捐款了，其他人還包括湯姆佩蒂的遺孀，以及梅爾吉勃遜的離婚律師。雷恩威爾森錄製了公益廣告。維果莫天森與P二二絨毛娃娃合影。隨著募款活動如滾雪球般愈滾愈大，普拉特自己也變得小有名氣。這位美洲獅女士徒步旅行時，路過的司機會對她發出貓咪叫聲，崇拜者在咖啡店裡向她搭訕。但她將貓科動物擬人化的傾向也引來懷疑，普拉特說：「有些人認為我犯了異端邪說之罪，他們說『天哪，美洲獅不會約會！』我認為民眾都知道這點。當我說P二二渴望找個女朋友，他們並不會認為牠真的在格力非斯公園裡拿著一束玫瑰。」

當自由峽谷陸橋計畫進入官僚系統的迷宮時，價格持續膨脹。需要進行可行性研究、召開工作坊、為了設計而進行設計、還要諮詢顧問，這個北美洲最大的野生動物陸橋才能建立。這將花費一千萬美元，不，是三千萬，不，是五千萬，不，是八千七百萬。普拉特的籌款活動仍在繼續。二〇一九年，轉捩點出現了，哥倫比亞廣播公司新聞報導了這項活動，於是加州州長紐森（Gavin Newsom）打了通電話，促成一筆兩千五百萬美元的基金。就像大學圖書館一樣，自由峽谷的動物穿越陸橋將以富有的贊助人命名，成為安納伯格（Wallis Annenberg）野生動物通道。

當我在二〇二一年底訪問洛杉磯時，這座陸橋的建造計畫已經成為既定事實，普拉特的P二二徒步之旅成為勝利之行。當天，她的追隨者不斷增加。下午晚些時候，有位影音部落客加入我們的行列，還有英國雜誌的一位記者，以及一位義大利電影製片人。尋找名人旅遊團的巴士放慢了速度，好讓旅客拍攝我們。天色漸暗後，我們辛苦跋涉到一處可俯瞰格力非斯公園的休息處。好萊塢標誌的大H從山坡邊緣突出，在下面我們看不見的地方，P二二正在叢林中醒來，懶洋洋的拱起背，準備狩獵。

∞ 讓峽谷自由

關於P二二，有件怪事。不了解加州地理的外人（例如我）可能不會注意到，以P二二為吉祥物的這座動物通道，對P二二本身其實沒有幫助。自由峽谷位於格力非斯公園以西五十公里的亞哥拉山（Agoura Hills）郊區，因此即使陸橋建成了，P二二仍會困在牠的小島上。正如普拉特常說的，這座陸橋能讓P二二的表親受益，不是分類上的表親，而是有真正血緣的親戚。普拉特告訴我：「如果通道早就存在，牠可能不會陷入現在的困境。牠是為整個族群承擔。」

一天下午，我開車前往自由峽谷，參觀P二二犧牲自我所支持的地點。我脫離一〇一公路的擁擠車陣，轉入自由峽谷路，把車停在公路以南長滿節瘤的橡樹下。陸橋很快就會動工，到時候，這裡到處都會是發出隆隆聲的機器、戴著安全帽的工人，和拿著鏟子拍照的政治人物。我爬上山麓，試著像美洲獅一樣體驗這片土地。聖摩尼加山高高聳立在我頭頂的南方天空中，席米山在北方沿著地平線綿延起伏，呈現如獅毛般的霧銅色。一〇一公路在兩座山之間穿過，幾百公尺外都還聽得到車水馬龍的聲音。亞哥拉山郊區裡如出一轍的房宅朝向四面八方延伸，往東是卡拉巴薩斯（Calabasas），為名流卡戴珊家族的所在地。動物陸橋將插入這片雜亂發展的郊區之間，就像一把插入鎖孔的鑰匙，為毗鄰的山脈打開一扇門。

顯然，這座動物陸橋必須很巨大，長度超過六十公尺，寬度幾乎與長度相同，橫跨一〇一公路和另一條平行的住宅區道路。工程師還得填土重建陡峭的「連通斜坡」，並在上面覆蓋表土，使陸橋與周圍環境平緩的連接在一起。一位設計師認為，打造這座通道雖然不比打造真正的橋梁，但它是「建築上堅固的地塊，足以讓車輛通過」。

塑造該地塊的任務交給生活棲地（Living Habitats）公司，公司負責人是景觀設計師洛克（Robert Rock）。除了與州工程師合作設計陸橋，洛克的團隊還負責整理陸橋表面，以及周圍的三．六公頃土地，本質上是為了管理野生動物的使用體驗。在這方面，工程師以往並未多做考慮。洛克說：「預設做法是在上面倒一些土，撒一些草籽，然後希望有效。」但是一〇一的龐大規模需要採用極繁主義（maximalism）才能因應。來自高速公路的噪音震耳欲聾，燈光令人眼花撩亂，動物會避開過於喧鬧和明亮的通道。洛克的任務是透過巧妙安排的牆壁、護欄和植被屏障，減弱感官上的汙染，打造出可掩蓋全美最繁忙公路的地景。

更加棘手的是，自由峽谷雖然以美洲獅為象徵，但陸橋卻是為整個生態系統服務。在班夫國家公園，動物可在數十個不同的通道之間穿梭瀏覽，然後選一個滿足自己需求的使用。但在自由峽谷，單一個結構必須滿足所有物種的需求。這座陸橋需要為美洲獅提供林地，為黑尾鹿提供草地，為蜥蜴提供石堆，為鼠類提供原木段，橋基附近還得為青蛙提供水池。洛克將這些特徵描述為「微氣候時刻」（microclimatic moments），其他人則戲稱為「動物家具」。每種動物會以不同的方式體驗這座建築結構，美國大山貓可能在幾分鐘內衝過，收割蟻可能在這裡安家。沒有任何設計細節是微不足道的。洛克的團隊計劃在陸橋上安置苗圃，種植樹木，並在樹木上接種共生真菌。對於每一個大石塊的方向，他們都進行了長時間的討論。洛克說：「有些人可能認為這有點熱心過頭，但我們正在努力創造獨特的生態接縫，要把兩個不同的地方連接起來。」

我之前就聽說過，有人反對自由峽谷的「熱心過頭」。不只一位道路生態學家私下表示，這座陸橋的高額成本和龐大規模，可能開創了一個有問題的先例。畢竟，並不是每個動物通道都能靠名流美洲獅募集到八千七百萬美元。如果自由峽谷的陸橋具有可供對照的反例，那是在猶他州。猶他州的工程師耗資五百萬美元，在八十號州際公路上修建了一座野生動物陸橋。八十號公路的這個路段，路殺情況非常嚴重，以致有「屠殺巷」之稱。屠殺巷上方的陸橋沒有景觀，通道狹小，將近一百公尺長，寬度只有十五公尺，大約是野生動物陸橋理想寬度的三分之一，有位生態學家把它貶為「一條義大利細麵」。然而這段陸橋開通兩年後，猶他州交通部門發布一段影片，顯示麋鹿、紅鹿、熊和美國大山貓在橋上漫步，其中的隱喻不言自明：即使是簡約的陸橋，也可能達成任務。自由峽谷上單一座陸橋的經費，可以用來建造屠殺巷上的十七座。

我在徒步旅行期間，曾向普拉特提到屠殺巷，她承認自己也對猶他州的影片感到驚訝。她說：「有人說，為什麼不能像那樣就好？」但這兩座陸橋的背景並不相同。「他們的交通量是每天一萬輛汽車。我們每天有三十至四十萬輛車，還有其他地方沒有的燈光和噪音問題。在猶他州，動物可在夜深人靜時穿越八十號州際公路，基本上不受干擾，但一〇一公路上的交通從不停止。」

在普拉特看來，自由峽谷的陸橋既開創了先例，又自成一類。這座陸橋是道路生態技藝和科學這數十年來的巔峰：如果你能吸引頂級肉食性動物跨越加州的高速公路，就無所不能了。沒有其他動物通道會花費如此多或需要如此多的私募資金。普拉特補充道：「當這一切結束後，我認為自己會失去為野生動物穿越通道籌募資金的工作，動物通道的建設將會納入預算。」我覺得她聽起來有點感傷。

∞通往動物都會的彩虹橋

隔天早上，我與普拉特、歐丹納那和幾位美洲獅死忠粉絲會面，參加P二二徒步旅行的最後一段：穿越格力非斯公園。清晨空氣潮濕，霧氣繚繞。鷦雀在灌木叢中發出啁啾聲。我們沿著好萊塢標誌後的道路辛苦前進，標誌的字母在霧中顯得模糊。普拉特招呼大家一起拍照，她喊道：「這很重要，我就是透過完美的自拍照，籌集到八千七百萬美元。」

與往年一樣，這次的健行在P二二節慶中結束。P二二節慶在公園東部邊界附近舉行，聚集了各式各樣的資訊小站、攤販和餐車。我們在志工的掌聲中步入節慶會場，由攝製組拍下畫面。一片喧囂聲中，很難相信P二二就在附近。格力非斯公園的隔離狀態妨礙了牠的愛情生活，但也提供了保護。P二二此時十一歲了，對美洲獅來說已經算老年，但牠卻長著一張像貓的娃娃臉，從沒見過對手的利爪，也從沒威脅過徒步旅行者，很少人見過牠。在洛杉磯，牠宛如《梅岡城故事》中的「阿布」，是個無害的神祕隱士，主導了當地人的想像。

正如P二二學會與人類共處一樣，洛杉磯人也在學習與美洲獅共處。美洲獅（或狼、熊）族群可能擁有牠們需要的連續棲地，但如果人們一看到這些動物就加以射殺，牠們仍無法繼續生存。研究人員將這項原則稱為「人為阻力」（anthropogenic resistance），動物能否在一塊領域中繼續生存，除了取決於棲地，人類的態度也同樣重要。也許P二二最大的成就，是降低了洛杉磯的人為阻力。多年來，普拉特一直讓P二二擔任各種保育事業的代言人，像是禁用老鼠藥、通過法令強迫房主安裝對野生動物友善的柵欄。這些都讓共存變成了時髦用詞。

這座城市的包容力讓我充滿希望。大型貓科動物是地球上最容易受到道路傷害的生物之一，一個原因是牠們廣大的領域很容易遭到道路分割，另一個原因是牠們數量少，而且族群增長緩慢，無法承受太多事故。不當的路殺可能導致美洲豹、美洲豹貓或伊比利大山貓滅絕。在這種令人沮喪的背景下，聖摩尼加的美洲獅群居然能夠延續下來，真是令人難以置信。後來，我向西基奇提出有關路殺和近親繁殖的問題，他告訴我：「你知道的，每當你讀到有關我們研究的文章時，總是會感覺，啊，又有一隻美洲獅死於老鼠藥，或有另一隻美洲獅在高速公路上被撞。」然而，每當有美洲獅死在高速公路時，也有其他美洲獅在默默過著自己的生活。我問西基奇，會選哪一頭美洲獅的一生來代表這個族群。我猜想他會選尾巴因近親繁殖而變形的P八一，或瘋王P一。但都不是，他選了P十九，那是一個精明的女族長，養育了五窩幼獅。西基奇說：「P十九正在繁殖、撫養孩子、獵捕並吃下黑尾鹿。牠的行為就像是生活在更自然的地區。」

這種行為令人鼓舞，但不只因為洛杉磯的成功。到了二〇三〇年，城市面積將占地球面積的近百分之十。如果野生動物要生存，牠們和人類就必須學會共同生活。許多生物正堅持不懈，例如芝加哥的郊狼，已經很熟悉汽車，過馬路之前會先向左右兩邊看。野生動物穿越通道是對動物的一種回報，慎重邀請非人類動物進入我們的城市。在新加坡，一座名為生態連結（Eco-Link）的陸橋，讓穿山甲和麝貓能夠穿越快速道路；在德國布蘭登堡州，城鎮和農場比森林還多，但狼群透過七座綠色橋梁重新在這片土地生活。動物通道孕育出地理學家沃爾赫（Jennifer Wolch）所描述的動物都會（zoöpolis），也就是可將人類和野生動物結合在一起、「重返自然、再次迷人的城市」。[3]

沃爾赫又說，動物都會還能帶來一種好處，就是物種間的同理心。當你與野生動物共享一座城市時，不可免的一定會「理解動物的立場或存在方式」。以P二二的例子來說，的確如此，牠是分飾多角的象徵，對所有人來說代表著各種事物。一位同志權倡議者捐款給普拉特的募款活動，認為P二二很適合做為格力非斯公園的標誌，因為洛杉磯最早的同志遊行就在這座公園舉辦。來自華茲（Watts）的嘻哈藝術家迪克森（Warren Dickson）創作歌曲，把P二二的困境與自己的鄰里關聯起來。他的鄰里因為規劃者將高速公路刨過有色人種的社區，因此也受到公路的包圍。

在P二二節慶上，我聽到薩拉扎（Alan Salazar）的演講。這位故事講述者具有楚摩氏（Chumash）和塔塔維安（Tataviam）原住民的血統，身材高大、表情堅定、聲音宏亮，軟呢帽下露出一條馬尾。他擔任過少年保護官，很容易想像他是如何正直坦蕩的對待難以管束的孩子。薩拉扎對著節慶中全神貫注的聽眾講述自己族人的起源。薩拉扎說楚摩氏人誕生於「利穆夫」，也就是今天的聖克魯茲島（Santa Cruz I.）。隨著楚摩氏人增加，需要更多空間，但他們受到洶湧的海洋包圍，於是大地之母讓一道彩虹從利穆夫延伸到美洲大陸的一座山上，楚摩氏人於是安全的穿越到北美大陸。

薩拉扎在空閒時從事顧問工作，二〇一九年，自由峽谷設計團隊聘請他為陸橋的綠化提供意見。當他看到藍圖時，突然領悟到那是一條現代彩虹橋。他告訴我：「彩虹橋是一種比喻，象徵跨越危險的方式，代表我們如何安全的從這裡過渡到那裡。」是的，陸橋可讓動物通過，但也承載了故事，它是和高速公路一樣有著多種意義的結構，是通往動物都會的橋梁。

∞再見，格力非斯的美洲獅

自由峽谷的彩虹橋，無法在提供靈感的那隻貓科動物有生之年完工。二〇二二年十一月九日，P二二在好萊塢山殺死一隻拴著的吉娃娃。接下來幾個星期中，過去相當內向的這隻大貓，在住宅區和超市附近閒逛。十二月初，牠抓住另一隻吉娃娃，與狗主人發生短暫的戰鬥。這些對峙與格力非斯公園隱士原本的性格大相逕庭，生物學家認為這是「痛苦的跡象」，牠需要健康檢查。十二月中旬，西基奇在郊區的某個後院追蹤到P二二，朝牠發射了鎮定劑飛鏢，將牠拘留起來。Ｐ二二在野外的時光已經結束，但也許可在舒適的保護區中度過最後歲月。

然而就像許多洛杉磯名人一樣，Ｐ二二注定燃燒殆盡而不是消失無蹤。獸醫在聖地牙哥動物園檢查牠時，才發現牠的病況有多麼嚴重。牠腎臟衰竭、頭部和右眼受傷、體重減輕了近十六公斤，難怪牠會捨棄鹿而改獵迷你狗。牠的大部分疾病，很可能源自最近的一次嚴重創傷。Ｐ二二這個象徵高速公路之害的角色，終究被汽車撞了。

獸醫一致認為安樂死是唯一選擇。執行的前一天，普拉特第一次也是最後一次去看她愛的大貓。牠躺在客廳大小的圍欄裡，與普拉特之間隔著一排鋼條。當普拉特進來時，牠發出嘶嘶的吼聲，臨終前依然狂野。普拉特坐在地板上，離牠很近，感覺到牠灼熱的呼吸噴在自己臉上。牠躲入披掛著粗麻布的遮蔽處，肩膀聳起，腳掌像獅身人面像一樣平放在前，默默的舔傷。普拉特盯著Ｐ二二琥珀色的眼睛，哭了十五分鐘，她後來告訴我：「牠可能是我這一生中關係最認真持久的對象了。」

Ｐ二二去世後的幾個月裡，追隨者討論著要怎樣紀念牠，也許是塑造雕像、發行郵票，或在星光大道上增加一顆星星。但牠留下的遺產中，最持久的一項無疑是對地球基礎建設的影響。一年前，當普拉特和我前往追尋Ｐ二二的足跡時，她聲稱一旦募集到自由峽谷陸橋的經費，將不再為動物通道募資。但道路生態把她拉了回來，她最近同意主導野生動物穿越通道基金（Wildlife Crossing Fund），目標是募集五億美元巨款。在P二二的追悼會上，曾為一〇一公路陸橋出資的慈善家安納伯格，宣布將捐出第一筆資金，金額為一千萬美元。這項活動將為加州新建的動物通道提供基金，有一天也可能惠及全球。

普拉特說：「道德上過不去。我怎麼能說：『這座通道建好了，好棒，我現在要退休了。』我沒辦法。」到頭來，對普拉特來說，紀念P二二的最佳方式，是以自己的一生來推動牠的一生所成就的事業。

---

1. 我要特別說明，現代洛杉磯人從不把這條道路稱為文土拉高速公路，加州地方人士都稱它為「一〇一公路」。若不這麼稱呼，就等著被笑吧。
2. 編注：意指P六一有如九〇年代電視劇《新鮮王子妙事多》（*The Fresh Prince of Bel-Air*）的主角，由他鄉落腳於洛杉磯的貝萊爾。
3. 為了自身的利益，我們也該歡迎掠食者加入。美洲獅是控制鹿群數量的終極力量，根據研究，把牠們重新引入美國東北部，可在三十年內避免七十萬起鹿車相撞事件，以及一百五十五名駕駛的死亡。在威斯康辛州，狼群避免的鹿車相撞事件數量之多，每年可省下將近一千一百萬美元。更棒的是，動物通道只設置在撞擊熱點，但這些吃鹿的肉食性動物，能使高速公路的任何路段都變得更安全。

04 在冷血之中

蟾蜍地下道、青蛙搬運隊和烏龜通道，
如何讓這些生物免於滅絕？

這個夜晚始於一條大頭蛇，牠有前臂那麼長，手指那麼細，彎曲成一個傾斜的新月形，像個潦草的C字，絕對已經死了。牠壓扁的身體上有著整齊清楚的奶油色條紋，就好像去世的那一刻，正要去參加一場正式的晚會。牠的鱗片是完美的平行四邊形，有幾千個，形成迷人的幾何奇蹟。阿拉亞甘博亞（Daniela Araya-Gamboa）用橡膠靴的前端把牠推到一個金屬鉤上，然後放入一罐透明的防腐劑中。牠鬆鬆軟軟的倒下，像是黏在鍋子上的最後一根義大利麵。

我們一行四人繼續前進，其中三人是科學家，一人是記者。我們正在帕帕加約半島（Papagayo Peninsula）的高速公路上行駛，這裡是哥斯大黎加旱地森林延伸到太平洋的彎曲拇指。我們以每小時二十幾公里的速度，緩慢駛過田野和灌木叢，緊盯著車燈投射出的蒼白圓錐體。我們的日產越野車納瓦拉（Navara）車頂上還有第三盞燈，閃現琥珀色的光芒，讓我們看起來像是道路維護人員，從某種程度來說也確實如此。這個夜晚沒有路燈光害，一片空曠中突然閃現一家小酒吧，店內的霓虹燈光灑落在高速公路上，就像高空中掠過的衛星。

每隔幾分鐘，我們就會遇到一條蛇：中美琴蛇（*Trimorphodon quadruplex*）、太平洋岸大眼蛇（*Leptophis diplotropis*）、黑帶大頭蛇（*Leptodeira nigrofasciata*）。團隊進行著無數個夜間蒐集行動的例行工作。司機波馬瑞達賈西亞（Esther Pomareda-García）把車子開進灌木叢，生物學家阿雷瓦洛胡佐（Esmerelda Arevalo-Huezo）設置交通錐，將我們的工作區隔離開來，並在小卡車駛過我們身旁時喊道：「車子、車子、小心點。」夜晚充滿了牛糞和鹹海水的濃烈氣味。阿雷瓦洛胡佐和阿拉亞甘博亞把蛇裝進罐子裡，波馬瑞達賈西亞則草草記下蛇的學名。在紀錄表上，它們看起來像是咒語，也像是燉菜的食譜。

若非阿拉亞甘博亞，這將是悲傷的場景。阿拉亞甘博亞既機警又合群、目標明確、個性開朗，她一邊把另一條蛇舀進罐子裡一邊說：「你的心腸會變硬。一開始很難，但必須得這樣才行。」

中美洲國家很少處理這麼多的路殺事件。阿拉亞甘博亞在潘瑟拉（Panthera）工作，這個非營利組織致力於保護美洲豹貓、美洲獅，以及最稀有的美洲豹。美洲豹和美洲獅一樣，活動範圍很廣，因此道路會干擾牠們的移動。阿拉亞甘博亞的臉孔在儀表板的微光下顯得臘黃，她回憶：「我們開始思考如何拯救美洲豹。」於是，她和同事開始調查哥斯大黎加的道路，清點動物屍體、設置攝影機，以及建議政府部門設立野生動物穿越通道，但政府部門的興趣時起時落。他們的調查有時會發現死去的貓科動物，但更常遇到生態金字塔中間層的動物，像是臭鼬、兔子、浣熊、鳥類。一天晚上，他們發現數千隻被壓碎的螃蟹，那些螃蟹應該是要前往海邊產卵。地上滿是幾丁質，遍布著蟹爪、蟹殼。波馬瑞達賈西亞說：「就像一部恐怖電影。」

「我們說，等等，我們必須拯救美洲豹的獵物，還有獵物的獵物。」儘管他們的計畫正式名稱是「野生貓科動物友善道路」，但就如同波赫士的完美地圖變得和世界本身一樣大，這項計畫也涵蓋了哥斯大黎加的整個生態系統。

隨著「友善道路」計畫的進行，爬行動物和兩生類逐漸成為焦點，這些外溫動物是地球生物多樣性的要角。工作人員意識到，蛇和青蛙正在大批死亡，數量之高，令人難以置信。最痛苦的夜晚發生在雨季，兩生類會在這段期間活動及繁殖。阿拉亞甘博亞說：「只要開始下雨，你就會說，天啊，這將是漫長的夜晚。」

波馬瑞達賈西亞嚴肅的點點頭，她傾身向前，注視著另一個彎曲的形狀，說：「最近我們對蟾蜍進行了實地考察，今天呢，今天是蛇類之夜。」

鈍頭樹蛇（*Imantodes cenchoa*）、小豬鼻蝮（*Porthydium ophyromegas*）、黑帶蛇（*Scolecophis atrocinctus*），我們一次又一次停下車，發現了帶有枴杖糖條紋的蛇，黑如煤炭的蛇，還有蛇身上斑駁的偽裝就像是帶有邪惡眼神的骷髏頭。在道路的鋪面上，中美洲爬行動物的風采全都呈現在我們面前。我們常放慢速度，檢查那些蛇形的條狀物。阿拉亞甘博亞補充說：「有時我們會停下來，發現那只是死番茄或死胡蘿蔔。」有人扔掉的午餐廚餘在道路上偽裝成路殺動物。

偶爾我們會遇到一條活蛇，正在吸取柏油路上殘留的暖意。「太好了！」卡車裡爆出歡呼聲。我們用靴子把牠們趕到草叢，阿拉亞甘博亞說：「我們不斷幫助牠們穿越道路。」一個月前，團隊還護送過一條中美洲最危險的蛇：矛頭蝮，那是一種脾氣暴躁的蝮蛇。還有一次，阿拉亞甘博亞差點踩到一條響尾蛇，那條蛇蜷縮在路肩上，應該要響的尾部一動也沒動。

過了一陣子，可能是兩小時，或四小時，或甚至六小時，我們抵達道路盡頭，波馬瑞達賈西亞將車子掉頭，原路返回。車速變快了，大家都想趕快回去睡覺。後座上的蛇在罐子中濕呀濕的，這將成為其他生物學家篩選疾病或汙染物的寶藏，就像海灘流浪者在潮間帶的殘骸中撿拾一樣。

「野生貓科動物友善道路」的關注點從大型哺乳動物轉向爬行動物，是與道路生態學本身的演進同時發生。這個領域最早的干預措施，是為了防止鹿車相撞危及人類生命（例如懷俄明州），或保護稀有的肉食性動物（如班夫國家公園）。然而受到最嚴重影響的許多物種，根本不是哺乳動物，而是爬行動物和兩生類，這些有鱗、滑溜、披著殼的動物，才是最常見的汽車受害者。但當我們注意到這些動物時，卻很難感到同情。詩人奧利弗（Mary Oliver）在美國新英格蘭地區遇到一條因為路殺而死的蛇時，最初是不寒而慄，感覺這隻生物並不像動物，牠「像舊自行車的輪胎一樣盤成一圈，毫無用處。像鞭子一樣冰冷發亮。」牠的生命力完全消失了，只是一個物體，像橡膠或繩子那般毫無生機。

∞ 青蛙沉默了

路殺最大的矛盾之處在於，最引人矚目的受害者往往是滅絕風險最小的物種。簡單用機率來看，你更有可能撞到常見的動物，像是松鼠、浣熊、白尾鹿，而不是稀有動物。大多數死於路邊的，都是經過城市挑選而存活下來的物種，具有韌性且普遍存在，也是距離滅絕之門最遠的動物。

因此，在地球目前物種大規模的滅絕中，也就是地球史上的第六次大滅絕，路殺是被忽視的兇手。在美國，從休士頓蟾蜍到夏威夷雁，至少有二十一種動物的生存受到汽車威脅。如果最後一隻加州虎螈告別了這個塵世的種種紛擾，很可能是在潮濕的春夜，死於被雨打濕的柏油路上。

此外，若只關注稀有物種的大規模消失，可能會忽略較難捉摸的災難，也就是數量多的物種的減少。我們不僅在失去物種，也在失去動物個體。一九七〇年以來，全世界動物的數量平均減少了百分之六十。與一九〇〇年相比，有三分之一的脊椎動物，不論是數量或分布範圍都縮減了。物種就像守著自己的影子那樣續存著，往日的棲地已經支離破碎，分布普遍這件事，已經變得罕見。

這類減少現象的典型類群是爬行動物和兩生類，統稱「兩爬」（研究兩爬的科學領域稱為兩爬動物學）。兩爬動物的身體比較小，習性偏好隱密，這隱藏了牠們的優勢地位：在美國東部許多森林中，蠑螈的數量比哺乳動物和鳥類的總和還要多。但這種繁華盛世正在衰敗。大約五分之一的爬行動物和五分之二的兩生類已經瀕危，更多物種也將走上同樣的道路。擬鱷龜、斑點鈍口螈和豹紋蛙雖然尚未瀕臨滅絕，我在新英格蘭各地的池塘裡都抓過牠們，但也變得愈來愈稀有、愈來愈受孤立，已從我們熟悉的地景和生活中消失。生物學家稱這種現象為「區域滅絕」——這裡的池塘裡青蛙都沒了，那裡的池塘裡蠑螈被抓光了，隨著時間，許多小損失可能累積成巨大損失。濕地倡議者卡洛爾（David M. Carroll）曾哀嘆「青蛙沉默了」，這種靜默與卡森（Rachel Carson）感到恐懼的寂靜，同樣令人不安。

讓青蛙沉默的因素很多：棲地喪失、真菌疾病、各種汙染，但兩爬動物容易成為路殺對象，並非巧合。爬行動物和兩生類行動緩慢，而且是外溫動物，會受溫暖的地表吸引，無論是石灰石還是柏油路。兩爬動物活動的範圍之廣，令人驚訝：龜類會慢慢爬過湖邊街道去產卵；蛇會滑行穿越高速公路，好去冬眠場所蜷縮起來。最糟糕的是，大多數兩爬動物並不是像鹿那樣的飛奔者，也不是灰熊那樣的迴避者，而是無反應者：儘管行事謹慎，但不會受到往來交通的動搖。

「兩生類」的意思代表「兩種生活」，牠們是特別容易受害的一群動物。青蛙、蟾蜍和蠑螈生活在兩個世界：於水中出生，其中許多物種在鰓轉換成肺之後，會上陸並在森林中度過成年期。涉足兩種環境，代表必須在兩地之間遷移。春夜裡，兩生類動物的移動最為活躍，這時雨水再次匯集到森林地面凹陷之處，成為暫時的水塘。林蛙解凍並且甦醒，牠們在冬天時可是變得像冰棒一樣又冷又硬，藉由自身的天然防凍劑存活下來。蠑螈從地穴爬出。拇指頭大小的雨蛙，發出和體型不相符的激烈顫音。數以千計的小動物，在濕地的召喚下往前進。很快的，濕地會被凝膠卵塊覆蓋成一片混濁。在某些地方，這種現象會持續幾個星期；在某些地方，則是集中發生在一夜狂歡之中，稱之為「聚集繁殖之夜」。每當聚集繁殖之夜發生時，蠑螈會不顧一切的穿越道路，不管是通往地獄、深水，還是本田汽車。

當一群性慾旺盛的兩爬動物在道路上騷動，結果就成了生物學家所說的「大規模輾壓」——不怎麼科學的說法。輾壓的統計數據很驚人，感覺起來卻很抽象，死亡數字相當龐大：四年來，美國伊利湖（Lake Erie）的堤道上，有近兩萬八千隻豹紋蛙遭輾壓致死；在加拿大的緬尼托巴省，單一季就有一萬條紅邊襪帶蛇遭殺害；在某條法國鄉村道路上，有兩千五百隻蟾蜍被壓扁。在美國印第安納州，科學家統計了一萬隻被壓扁的動物，發現其中百分之九十五都是爬行動物和兩生類。你可能從未聽過輪胎下發出爆裂聲，但在許多地方，因路殺而死的脊椎動物中，最多的是兩爬動物，而不是鹿，也不是松鼠。

從直覺來看，任何物種若遭受大規模輾壓，似乎都該受到影響，但長久以來，卻少有物種被視為受到路殺威脅。汽車每年可能壓死數以百萬計的蛙類，但道路兩邊的蛙類仍然數以百萬計。甚至連梭羅（Henry David Thoreau）也反常的認為，馬車壓扁生物的事件值得慶賀。梭羅曾在《湖濱散記》中讚嘆：「我喜歡看到大自然如此充滿生命，以致有無數生靈遭受犧牲仍堪負荷……以致那些脆弱的組織可如此平靜的被壓碎，像果泥一般，失去生命。蒼鷺吞噬蝌蚪，烏龜和蟾蜍在道路上遭到輾壓。」

許多生物學家表示贊同，認為路殺是「補償性死亡」（compensatory mortality），是維持生命平衡的一種死亡形式。他們認為，如果被壓扁的青蛙變多，掠食者吃掉的青蛙或許就會變少，或者，牠們的蝌蚪會有更多食物可吃。加拿大生物學家菲力克（Lenore Fahrig）告訴我：「面對兩生類動物這種高繁殖率的群體時，人們只會想：『好吧，牠們能夠彌補路殺的死亡量。』我認為沒有任何人注意到，道路實際上會對族群有所影響。」

菲力克證明這種輕率的態度並不正確。她在加拿大渥太華長大，一九九一年回到當地的一所大學工作。她的父母還住在附近，她常常去探望他們。在開車去父母家時，菲力克會經過兩條路，一條路車流量大，另一條路車流量小。某個春天晚上，她注意到路上到處都是死青蛙。這件事本身並不奇怪，因為她正沿著河邊開，穿過濕軟的田野，奇怪的是青蛙大量遭到路殺的地點。因為蛙類會穿過繁忙的街道，所以她預期在汽車最多的路上看到最多的死亡兩爬動物。然而屠殺最為嚴重的地方，卻是在最安靜的道路上，與她的預期相反。不知道是什麼原因，較少的汽車造成了較多的死亡。

菲力克對這個難題百思不解，後來提出一個假說：繁忙的道路上沒有那麼多蛙類死亡，是因為沒有那麼多蛙類可以受害，她懷疑道路交通已經消滅當地的蛙類族群。出於好奇，菲力克規劃一項研究測試她的直覺。一九九三年春天，她和同事開車繞著渥太華轉一圈，觀察路邊是否有青蛙和蟾蜍屍體，並停下來聆聽青蛙和蟾蜍的震顫鳴叫、呱呱聲和吱吱聲。果不其然，最繁忙的道路邊，兩生類動物最稀疏。如果有足夠的時間和交通量，路殺確實可能削減甚至消滅族群。

其他研究很快證實了菲力克的發現。在加拿大安大略省，每年只需九次路殺，就足以消滅一個豹斑蛇族群。在美國麻州，路殺率超過百分之十，就可消滅任何特定的斑點鈍口螈族群。依照這個標準，多達四分之三的區域族群可能注定滅亡。路殺造成的不僅僅是補償性死亡，還可能是「加成性死亡」（additive mortality），也就是自然界中原本不會發生的死亡。

路殺最殘酷的一面不在於殺死多少動物，而是殺死哪些動物。原野狀態的生態系會淘汰生病和衰老的個體，狼吃掉生病的小鹿，衰老的麋鹿倒在雪堆上死去。相較之下，路殺是機會均等的掠食者，既能消滅強者，也能消滅弱者。例如在加拿大，被車輛殺死的紅鹿比被灰狼和美洲獅殺死的更健康。同樣的情況也影響了兩生類。在美國紐約州，研究人員發現路邊池塘裡的蠑螈卵塊小到不正常，這可能是因為年輕的雌蠑螈，還來不及長大成為成熟的繁殖體，就被壓碎了。換句話說，汽車不僅殺死動物，還壓扁了原本可幫助族群恢復的個體。

若只是隔離，爬行動物和兩生類也許還能承受。但牠們還受到「增效威脅」（synergistic threats）的侵擾，這是指有害的危險同時出現。郊區開發不僅排乾了沼澤地，還導致更多車輛通過濕地，使動物在棲地流失之外又增加了路殺風險。當族群因合併的危險因子而減損，會變得更為脆弱。健全的動物族群數量會自然消長，就像海鷗隨著海浪高低起伏，能靠著足夠的數量免於滅絕。然而，如果跌入的低谷太深，少數事故就可能帶來毀滅（例如在潮濕的夜晚遇到十幾輛休旅車）。地景中的兩爬動物一旦死絕，很少能重新復育。濕地和高地之間的道路，會切斷這些地區之間的聯繫，摧毀任何勇於衝向空池塘的青蛙或蠑螈。道路分隔了陸域和水域，截斷兩棲生活的經驗。

兩爬動物的減少是一個很難掌握的問題。若是徹底滅絕，大家都能夠理解，就像斷掉的骨頭一樣清晰，如同旅鴿和卡羅來納長尾鸚鵡的命運——一個物種曾經存在，然後消失了。但是豐度（abundance）下降很難用言語解釋清楚，一些研究人員將這種減少稱為「去動物化」（defaunation），其他人則稱之為「生物消滅」（biological annihilation）。生物學家威爾森偏好用「孤寂世」（Eremocene）來稱呼，也就是孤獨的時代，在這個近在咫尺的荒蕪未來中，人類將控制一個空虛的世界，或可能直接開車壓過去。

∞蟾蜍搬運工

在北美洲，要到一九九〇年代，生物學家才了解車輛帶來的威脅。但在歐洲，這種領悟提前幾十年就已經發生，這要歸功於長期以來飽受中傷的一種生物：歐洲蟾蜍。

歐洲蟾蜍長著一付典型的蟾蜍樣，就是當你想到蟾蜍時，腦海中會浮現的那種矮胖、好戰的形象。很少生物比蟾蜍受到更多毀謗。迷信的英國人認為蟾蜍「是從爛泥腐土中孕育出來」，相信牠們能行邪惡之事，像是把酒變醋。莎士比亞說牠們「汙穢骯髒」。一位十七世紀的哲學家，因為「在盛水容器中養了一隻大蟾蜍」而被指控為變態，並因為他時而正統、時而偏離的主張被指為異端而遭受處決。

歐洲蟾蜍的生命週期很容易讓人聯想到超自然現象。每年春天，蟾蜍都會像雜亂的不死大軍一樣從冬季藏身處出現，一旦到達水邊，便進入歐威爾（George Orwell）所形容的「激烈性交階段」。雄性從後面抱住雌性，讓雌性的卵受精，這種看起來很詭異的姿勢稱為「假交配」。歐威爾寫道：「人們經常會遇到十幾、二十隻糾纏成一團的蟾蜍，在水中翻來覆去，一隻緊貼另一隻，無法分出性別。」

蟾蜍在滿足慾望之前，必須先過馬路。道路往往穿過窪地，而窪地剛好是水匯聚和蟾蜍聚集的地方。一位博物學家在一九一九年描述了親眼所見的現象：「蟾蜍就在路中間遷徙，對牠來說正是最危險的地方。」蟾蜍前進的速度如此緩慢，讓人想起基督背負十字架的苦路。車輛對兩生類動物造成的危險，可能為《柳林風聲》（*The Wind in the Willows*）的作者葛拉罕（Kenneth Graeme）帶來了靈感，書中的主角蟾蜍先生（亦稱蛤蟆先生）是一位可怕的司機：「可怕的蟾蜍，交通的堵塞者，孤獨小徑之王，在他面前，一切都必須屈服，否則就會陷入虛無和永夜。」當蟾蜍和汽車相遇，不會有什麼好事發生。

在兒童小說之外，蟾蜍並不是攻擊者，而是遭受攻擊的對象。歐洲到處都有大規模路殺事件。在英國，每年春天大約有二十公噸的蟾蜍遭輾壓致死。科學家計算出，每分鐘一輛的車流，能讓大多數哺乳動物輕鬆穿越馬路，但這樣的交通密度，卻可以壓扁荷蘭街道上百分之九十的蟾蜍。《華爾街日報》報導則說，在德國，「一位摩托車騎士因為壓到被雨水浸濕的蟾蜍屍體，使得車輛打滑，造成數人死傷。」

一九六〇和七〇年代，荷蘭、瑞士、奧地利和德國發起蟾蜍救援計畫，做法相當簡單。想像一些住在當地的人穿上雨衣，帶著水桶和手電筒，在春夜裡沿著潮濕的道路行走，一路舀起蟾蜍，把牠們帶到安全的地方。這種蟾蜍巡邏隊不久之後傳到英國，英國的非正式「蟾蜍沙皇」蘭頓（Tom Langton）告訴我：「其實有很多人在進行蟾蜍救援工作，但他們並沒有彼此聯繫、組織或形成網絡。」

蘭頓非常有資格協調英國的蟾蜍搬運工。他在倫敦的漢普斯特荒原（Hampstead Heath）邊長大，這片荒野的池塘裡有很多蟾蜍。遵循《祕密花園》（*The Secret Garden*）的文學傳統，蘭頓童年時也有自己的祕密洞穴，那是位在房子底部的一個長滿青苔的凹處，有隻巨大的蟾蜍安穩的潛伏在那裡。他從八歲時開始運送小蟾蜍過馬路，放入自家的花園。他回憶道：「你必須很小心，別被車子撞到。」一九七〇年代，蘭頓長大了，但對蟾蜍的狂熱卻絲毫不減，他加入非營利組織植物與動物保護協會（Flora and Fauna Preservation Society），一開始是當志工，後來成為協會的兩爬動物學家，並把自己年幼時運送蟾蜍的行為變成正式活動。蘭頓在協會支持下，召集了大約四百個巡邏隊，並說服政府在路殺熱點豎立「蟾蜍出沒」的警告標誌，以及分發「幫助蟾蜍過馬路」的貼紙和襯衫。很快的，過馬路守護員每年運送的蟾蜍多達二十五萬隻。

把蟾蜍放在桶子中運送，雖然可拍攝到可愛的照片，但這樣的行動效率實在太低了。於是蘭頓開始研究蟾蜍地下道，那是直徑二十五至四十五公分的微型地下通道，最早是裝在瑞士，後來流傳到德國並推廣開來。一九八七年，在蘭頓敦促下，英國在漢布爾登（Hambleden）這座村莊設置了第一條蟾蜍地下道，由一家德國混凝土公司量身訂製。當常務次官斯克爾默斯代爾勳爵（Lord Skelmersdale）剪斷小綵帶，開通地下道時，手裡拿著蟾蜍莊重緩慢的說：「蟾蜍是一種無害且常受到誤解的生物。」那隻蟾蜍是蘭頓的寵物。就在這時，蟾蜍在勳爵高貴的手掌上撒了一泡尿，彷彿在測試他的善意。蘭頓小小的對記者辯護了一下：「當你握住牠們，牠們常會這樣做。」

儘管發生尿尿事件，或者幸好發生了尿尿事件，漢布爾登的蟾蜍地下道吸引媒體瘋狂報導。這股熱情延伸到池塘之外，同年，植物與動物保護協會的美國分會，在麻州的阿模斯特（Amherst）為斑點鈍口螈建造了兩條二十公分寬的地下通道。一九八八年，遷徙季的第一個晚上，有五十名阿模斯特人在雨中聚集，觀看一隻蠑螈緩慢的穿過通道，一位與會者宣稱「這是一次歷史事件」。接下來的夜晚，生物學家把取自電腦打孔卡上不同顏色的小紙片，黏在遷徙動物的身上，用來確定動物使用地下道的比例，答案是大約三分之二。當志工在地下道另一頭打開手電筒的燈光時，蠑螈最喜歡爬過隧道，也許是把燈光當成了月光而受到吸引。一九九一年，之前冷淡的媒體對阿模斯特的春季儀式進行熱烈的報導，一位專欄作家興奮的寫道：「空氣中瀰漫著春天的氣息，地下道裡有蠑螈。」

∞ 無法計算的損失

隨著愈來愈多的兩爬動物地下道在歐洲出現，設計原則也趨於一致。基本配方與之前的鹿通道相同，結合了圍籬和地下通道。但爬行動物和兩生類有些挑剔的生物特性，為打造通道帶來獨特的困難。相較於大型哺乳動物，兩爬動物比較喜歡待在原地。麋鹿會在圍籬邊徘徊一、兩公里，尋找地下通道，但如果穿越通道之間的距離超過六十公尺，蛙類可能會放棄尋找或是脫水。不透明的圍籬或牆壁比透明的網子更好，因為青蛙和蟾蜍並非那麼聰明，牠們不擅長解決問題，往往察覺不到明顯的障礙，還會頑固的一再嘗試通過。

地下道本身的設計也很重要。由於空氣不容易在小型通道中流通，因此通道內的微氣候通常像酒窖般涼爽而乾燥，但兩生類動物喜歡溫暖潮濕的環境，比較像桑拿房。生物學家解決這個問題的方式，是建造更大的地下道，同時增加開放式的格柵，讓更多光線和水進入。但即使通道有效，仍會年久失修，像是圍籬彎曲磨損，地下道內淹水導致淤泥堵塞。

所有的基礎建設都需要維護，但是四十五公尺寬的陸橋不會被一團樹葉堵塞。蘭頓說：蟾蜍地下道「是活的系統，和任何類型的棲地一樣脆弱。」

只是很少美國工程師聽到蘭頓的這句話。在美國，除了阿模斯特蠑螈通道之外，其他地下道基本上很少，而且建好的兩爬動物通道也非常粗劣，反而帶來了汙名。在加州戴維斯市（Davis），西部蟾蜍拒絕爬過八十號州際公路下方十五公分寬的地下道，後來市政府增加燈光，企圖吸引牠們，據稱有些蟾蜍就被烤死了。當時任職於《每日秀》（*Daily Show*）的記者寇柏特（Stephen Colbert）在一九九九年造訪戴維斯，發現沒有人知道地下道安裝之前有多少蟾蜍遭到輾壓，也不知道是否有蟾蜍使用地下道。市長告訴寇柏特：「可能在某種微妙的精神層面上，蟾蜍知道戴維斯的民眾關心牠們，也知道自己受到了照顧。」市長應該是放棄信賴度了吧。一位當地歷史學家寫道，這條地下道使戴維斯成為「全國的笑柄」。

兩爬動物通道不是被「喜劇中心」（Comedy Central）電視頻道拿來嘲笑，便是與吝嗇的政客發生衝突，這些人顯然喜歡美國眾議院前議長金瑞契（Newt Gingrich），勝過喜歡真實的蠑螈[1]。在密西根州，價值三十一萬八千美元的龜類圍籬，引發一名共和黨議員的攻擊，他在一次演講中，口無遮攔的把龜類圍籬比喻成浪費的醫療保健支出。聯邦政府撥款在佛蒙特州蒙克頓（Monkton）建造的兩生類動物涵洞，成為為福斯新聞中的蠑螈性笑話素材。在德州，一位專欄作家把休士頓的蟾蜍通道提案，說成「蟾蜍福利騙局」。

儘管有些地下道計畫在攻擊中倖存下來，但動物通道不足代表一件更重要的事：只關心金錢成本和收益的社會，永遠不會保護兩爬動物。很少卡車會因為輾過一條襪帶蛇而毀壞，因此打造蟾蜍地下道和烏龜涵洞，很容易被視為亂花錢。

這種藐視的態度激怒了道路生態學家。我在二〇一三年見到修伊瑟時，他告訴我，美國交通部門對於兩爬動物和其他不會危害司機的動物，大多保持忽視。修伊瑟的成本效益分析，為野生動物穿越通道的普及做出巨大貢獻，但他遺憾的是，分析中只納入容易量化的因素，例如醫療費用和汽車維修費。他說：「人類的福祉有部分取決於周圍的自然空間和野生動物，這些要素並未納入經濟分析。但我們必須問，讓土地上有這些動物，具備什麼價值？」他和其他研究人員試圖回答這個問題。一項針對明尼蘇達人的調查發現，每隻被壓碎的烏龜，都會讓該州損失約三千美元的「被動利用價值」（passive-use value），這是公眾喜愛烏龜的程度在經濟學上的說法。儘管如此，對於一個沉迷於可計算價值的國家來說，青蛙的沉默基本上是無法計算的損失。

為了使兩爬動物通道成為主流，兩爬動物必須激起麻木公眾的同情心。幸運的是，牠們在佛羅里達州有一位專精兩爬的支持者。

∞大龜行動

阿雷斯科（Matthew Aresco）之於龜，就如同蘭頓之於蟾蜍。阿雷斯科和蘭頓一樣，是個認真且執著的生物學家，一生都熱愛兩爬動物。他在康乃狄克州長大，家鄉靠近一片有許多龜類的濕地。對這位年輕的博物學家來說：箱龜華美的高圓龜殼，或星點龜角質盾板上的金色星點，都是大自然本身最動人的表現。阿雷斯科也發現令人辛酸的事：在面對重大威脅時縮回殼中，只是無用的樂觀。阿雷斯科告訴我：「牠們看起來總是那麼脆弱，就像是需要保護一樣。」

大學畢業後，阿雷斯科搬到佛羅里達州的塔拉哈西（Tallahassee），研究龜類在食物網中的角色。二〇〇〇年二月的一個下午，他的女朋友逛街回來，帶來令人不安的消息：她在二十七號高速公路上發現一場龜類屠殺事件。二十七號高速公路是早期無政府發展時代遺留下來的道路，建好幾十年之後，遏制不良基礎建設的法律才上路，像是《國家環境政策法案》。這條高速公路穿過一片濕地，把它一分為二，稱為傑克遜湖（Lake Jackson）和小傑克遜湖（Little Lake Jackson）。幾個月來的乾旱，使得比較大的傑克遜湖變成泥漿，湖裡的龜類於是逃向仍然有水的小傑克遜湖。然而，這兩個湖泊之間隔著二十七號高速公路。這條公路像把斧頭一樣，在龜類剛展開旅程時就劈了過來。想逃難的烏龜幾乎連路肩都無法穿過。

那個下午，阿雷斯科鏟起九十隻死龜，把屍體堆在防水布上。那些爬行動物死後看起來就像一座小火山，粉紅色的肉在龜殼的裂縫下閃閃發光，像是岩漿。他拍了一張照片就回家了。阿雷斯科苦笑著回憶：「我以為自己只需要記錄一個問題，然後有人就會去做其他事。我真是太天真了。」

阿雷斯科開始每天造訪二十七號高速公路。傑克遜湖仍然持續乾涸，鱉、彩龜、偽龜、擬鱷龜、穴龜和箱龜等，持續進行無望的逃亡。阿雷斯科每天花八個小時攔截這些龜類，放進大塑膠箱，然後在兩座湖之間拖動。有時，龜類出現的速度比他搬動的速度還要快。有時，被車撞到的烏龜會像冰球一樣從空中飛過。這種狀況就像是專門為了大規模毀滅龜類而設計的恐怖工廠一樣，效率高得恐怖。夜裡，阿雷斯科輾轉難眠，破碎的龜殼一直在他的腦海中呈現千變萬化的圖樣。

阿雷斯科遇到的是最典型的道路生態場景，是早在內燃機出現之前就存在的衝突。龜類是早期路殺的受害者，梭羅說：「當牠們陷入車轍，很難再爬出去，而且聽到馬車駛來時，牠們會縮起頭，一動不動的趴著，然後被壓碎。」在小說《憤怒的葡萄》（*The Grapes of Wrath*）中，史坦貝克（John Steinbeck）用一隻烏龜的悲慘旅程，比喻奧克拉荷馬人往西行的考驗之旅。當這隻烏龜緩慢的穿過高速公路時，一輛卡車轉向朝牠撞來：「前輪撞到龜殼的邊緣，像翻牌一樣撞翻了烏龜，讓牠像硬幣一樣旋轉，滾出高速公路。」

烏龜奇蹟般的睜開牠「飽含幽默感的老眼」，毫髮無傷。[2]

龜類容易受到汽車傷害的原因令人驚訝，只是因為牠們移動的速度很慢。烏龜的身體會長那個樣子，是為了在木頭上曬太陽，而不是在車流中快速穿梭。但龜類不僅行動緩慢，而是一切都很慢。田鼠出生後，兩個月內就能開始產下幼鼠。灰熊的幼熊在五歲時性成熟。與此同時，布氏擬龜可能在沼澤划行二十年後才產下第一窩卵；有些龜類可以活一百多歲。科學家發現龜類會在郊區徘徊，尋找幾十年前就已經鋪土填滿的濕地，或在死巷和停車場追尋模糊的記憶。一位生物學家告訴我：「牠們住在這裡的時間，比這個社區存在的時間更久。」

兩億兩千萬年來，龜類緩慢的生活史取得了巨大成功。但事實證明，牠們悠閒的生活節奏與人類世的飛快步伐並不相容。即使加成性死亡率只有百分之三，也就是每年有一些老龜被壓死，就足以導致烏龜族群陷入困境。在加拿大的一處沼澤，由於交通，不到二十年內，擬鱷龜的數量從將近千隻減少為一百七十七隻。根據阿雷斯科的計算，二十七號高速公路所輾壓的烏龜數量，「可能造成龜群數量不可逆的減少」，生物毀滅事件正在發生當中。

阿雷斯科知道，自己不可能永遠徒手搬運烏龜。幸運的是，高速公路下方有一個用金屬波浪板做成的涵洞，連接了兩座湖泊，可做為現成的野生動物穿越通道，只需要增建

一隻箱龜正在穿越馬路。 *Shutterstock*

圍籬引導龜類通過。阿雷斯科請求佛羅里達州交通部門介入，但對方反應平平。一天，一名維修人員開著卡車到附近，扔了一些網子到路邊，叫阿雷斯科自己去瘋吧。阿雷斯科花了四天的時間鏟土，終於把圍籬架起來。

屏障發揮了作用，龜類的足跡很快在涵洞泥濘的地面上交錯出現，但是圍籬的維護是一場惡夢。太陽會曬壞網子的纖維，齧齒類動物會咬破網子，白蟻吃掉了木頭柱子。阿雷斯科發現自己一如既往，頻繁的造訪二十七號高速公路，不停修復圍籬和搬運烏龜，每一個龜殼都像薛西弗斯的石塊，是永恆的負荷。當雨水終於重新注滿傑克遜湖時，阿雷斯科把龜類搬運回去。那一年，他拯救了四千一百七十七隻烏龜，接下來三年裡，又救下了四千多隻。

隨著時間推移，阿雷斯科注意到另一個令人擔憂的趨勢：龜類路殺事件存在著性別差異。龜類社會具有分工不平等的特性，每到築巢季，雄性會在池塘裡偷閒，雌性則在陸地上尋找產卵地點，包括路邊的沙地。在德州的一條堤道上，遭路殺的雌性與雄性數量差異非常驚人，雌性為三百四十五隻，雄性為五隻。一個族群如果失去太多雌性個體，注定要滅亡，只不過科學家所說的「感知暫留」（perception of persistence），讓我們看不到牠們的命運。你可能覺得附近池塘裡曬太陽的烏龜看起來很滿足，但牠們可能是沒落族群的族長，是沒有繼承人的古老國王。

如果要避免傑克遜湖的龜類發生族群災難，就需要專門給龜類使用的地下通道，並且搭配圍籬屏障。阿雷斯科開始推銷一種稱為生態通道（EcoPassage）的設計，那是一種高度及胸的水泥牆，中間安置四個箱形涵洞。一九九〇年代末，佛羅里達州曾在佩恩斯草原（Paynes Prairie）這片路邊濕地建立類似的系統，因為汽車在那裡撞到很多兩爬動物，被輾成肉醬的屍體濕漉漉的，導致輪胎有時會打滑。第一個生態通道讓兩爬動物的死亡數量大幅下降，還不到之前的五十之一，從豹斑蛇到短吻鱷，許多動物都很樂意使用這些涵洞。（也許樂過頭了。這條通道的少數缺點之一是，佛羅里達人偶爾會爬上涵洞的牆，在那兒餵鱷魚。）

阿雷斯科認為，如果不加把勁，佛羅里達州不會再建造另一條生態通道。他已經證明二十七號高速公路上，發生了全世界最嚴重的龜類路殺事件，但交通部門並沒有採取任何行動。阿雷斯科是科學家，不是倡議人士，但他如果不採取行動，又有誰會採取？於是他創立了非營利組織，召集支持者向政治人物請願。為了對龜類不可思議的魅力表達敬意，成千上萬的愛龜人士紛紛伸出援手。「生態通道」遊說運動成為一股力量，你可把這項運動稱為「大龜」（Big Turtle）行動。愛龜人士選出一名支持通道的候選人進入郡委員會，並且寄了許多信件給州政府，多到官員們不得不懇求阿雷斯科停止行動。阿雷斯科告訴他們：建造通道。

經過九年的小組會議、報告、研究和其他繁瑣工作後，建造「生態通道」的時刻終於到來。二〇〇九年，歐巴馬政府為了緩解前政府留下的經濟衰退狀況，實施大規模的經濟刺激計畫。佛羅里達州政府也許是為了擺脫阿雷斯科，於是分了一小筆經費給「生態通道」。在那個經濟紓困年代，信貸市場獲得的經費是兩百七十億美元，汽車產業獲得八百億美元，銀行獲得了兩千五百億美元。龜類，大自然遭遇最多麻煩的資產之一，卻只得到微不足道的三百四十萬美元復甦經費。

即使如此，還是有人覺得給太多。奧克拉荷馬州的鐵公雞參議員科本（Tom Coburn）就發表了一份報告，痛斥包括「生態通道」在內的刺激計畫。科本認為，既然阿雷斯科的臨時圍籬「拯救了很多四足朋友」，為什麼還要浪費數百萬美元建造地下通道？科本製造的話題引發了一波負面報導，保守派評論家漢尼蒂（Sean Hannity）聞到血腥味，邀請阿雷斯科參加他的節目（阿雷斯科很聰明的拒絕了）。比憤怒更傷人的是嘲笑。在美國有線電視新聞網（CNN）上，記者庫柏（Anderson Cooper）認為這場糾紛只是有趣，而非悲劇。阿雷斯科流血流汗，拯救一萬一千條生命，並在整修科本堅稱已經足夠的破爛圍籬時，因為用錘子捶打柱子而傷了手。他得到的回報是嘲笑。

然而讓阿雷斯科驚訝的是，交通部門並沒有退縮。二〇〇九年底，州政府和一家建築公司簽署了合約，二〇一〇年八月，生態通道完工，包括牆體與涵洞等。沒人剪綵，沒有公告。阿雷斯科說：「我認為他們只是想逃避，裝作沒這回事。」今天，你開車經過傑克遜湖時，不會知道下面有生態通道存在，也不會知道當時的勾心鬥角。

人類或許沒注意到，但龜類注意到了。二十七號高速公路上滔滔不絕的路殺停止了，就像關上水龍頭那般乾脆。在多年的龜類搬運過程中，阿雷斯科在數百隻烏龜的殼上夾了金屬標籤，上面印著他的名字和電話號碼，這是低科技的追蹤系統。生態通道建成後，目擊消息陸續傳來：「看到一三七號在附近築巢」，就像被遺忘的朋友寄來的明信片。就連捕獸者在鱷魚的胃裡發現標籤，都讓人感到安慰，這證明龜類在傑克遜湖的生態戲碼中，再次扮演了各種角色。

阿雷斯科說：「牠們仍在那裡生活，產卵，被吃，做著烏龜該做的事。」

∞哈伯頓青蛙搬運隊

如今，人們已不再懷疑精心建造的兩爬動物通道，是否能夠發揮作用。美國的道路有供虎紋鈍口螈通過的地下道、供木雕龜使用的涵洞，在加州，還有專門為了讓優勝美地蟾蜍通過而架高的路段。然而，讓兩爬動物過馬路最常見的策略，自蘭頓小時候以來，從沒變過，就是「撿起來、搬過去」。光是在美國東北部，就有大約三十個水桶大軍運送了數千隻兩爬動物。從加拿大卑詩省到歐洲比利時的護送人員，則搬動了數十萬隻。這是一個既溫馨又神祕的現象。是什麼促使人們冒著刺骨的風雨，幫助那些並不讓人感到溫馨愉快的生物？植物學家兼蠑螈護衛基默爾（Robin Wall Kimmerer）認為，搬運兩爬動物可以緩解我們的「物種孤獨感，也就是與其他動物的疏離感」。也許正是因為我們渴望緩解孤寂世（威爾森對這個孤獨時代的稱呼），這解釋了兩爬動物的吸引力，儘管參加搬運的人並不完全理解這種狀況。一位名叫魯尼（Shawn Looney）的青蛙搬運者就告訴我：「我從沒想過要當青蛙救援者，也不特別喜歡青蛙，但我就是不能不這麼做。」

與阿雷斯科和蘭頓不同的是，魯尼的業餘愛好是意外培養出來的。二〇一三年一月某天傍晚，她開著她的豐田汽車經過哈伯頓大道（Harborton Drive）。這條路穿過俄勒岡州波特蘭市的某個安靜街區，有個髮夾彎。魯尼發現人行道上爬滿青蛙，牠們蹦蹦跳跳的穿過她的車燈，沿著街道朝三十號高速公路的車流直奔而去。魯尼閃來閃去，盡量避開青蛙。等到當天晚上她回來時，青蛙潮已經像一場怪夢那般消散了，唯一留下的是腥味，一種揮之不去的路殺青蛙味。

魯尼發現的是曾經興盛的遷徙餘暉：波特蘭最後的紅腿蛙。她遇到紅腿蛙的冬季遷徙，這時會有數百隻動物，離開附近名為森林公園（Forest Park）的大片土地，從長滿蕨類的懸崖跳下，前往一處油庫邊的濕地。一路上牠們會穿越三十號高速公路、一條鐵路和兩條住宅區街道。這是現實世界的青蛙過河電玩遊戲，下了你能想到的最高賭注。魯尼在偶然中撞上（開車經過）這段旅程，並且很清楚的感受到內在的道德要求。她和一位朋友決定，不再允許大規模的輾壓。

於是「哈伯頓青蛙搬運隊」誕生了。

三月，一個潮濕的日子，我開車前往波特蘭，想親眼看看哈伯頓搬運隊的工作。我在黃昏時刻抵達濕地，雨剛好停了，灰濛濛的天空打開幾道紫色的裂縫。幾輛平板列車閒置在鐵道上；一排楓樹後面是三十號高速公路，汽車正在上面飛奔。幾分鐘後，退休的語言病理學家魯尼和其他志工一起出現，她散發著令人愉悅的能量，分發頭燈和水桶，然後向我這個新手解釋情況。幾個月前，巡邏人員在哈伯頓大道攔截了數百隻青蛙，把牠們運送到濕地繁殖。現在濕地的沼澤裡已布滿卵塊，滿足的青蛙們正準備回家。青蛙搬運隊將載牠們返回森林，就像父母在孩子一夜狂歡後，接他們回家一樣。

魯尼的團隊忙著在濕地外搭建一層薄薄的及膝圍籬。如果幸運，青蛙從沼澤中跳出時會撞到網上，然後困惑的蹲著不動，等志工來載牠們一程。如果天時地利人和，出現的蛙類數量可能多到令人震驚。一年前的「聚集繁殖之夜」就有大量青蛙湧現，忙壞了的巡邏人員可說是一把一把的將青蛙抓起。魯尼抱怨：「七年來，我就只在那個晚上去渡假，結果當天出現六百多隻青蛙，打破所有紀錄，但我卻錯過了。」

夜幕降臨，青蛙志工開始行走，手裡提著水桶，頭燈對著腳下照射。現場有一種狂熱的儀式感，有人吹口哨，有人雙手放在背後，像在書房裡踱來踱去的福爾摩斯。一名志工低聲說：「我手機上的健康應用程式，記錄到很多步數。」我拖著腳步走到圍籬盡頭，轉過身，再拖著腳步往回走，走過來，再走回去，在自己呼出的霧氣中穿梭。走一圈要十分鐘，我陷入一種全神貫注的恍惚狀態，以罕見的方式感受專注與自我，世界縮得很小，只有我頭燈光束照射的範圍。

然後，一隻雄性紅腿蛙乖乖靠在圍籬上休息。牠腰身纖細，顯得輕盈，棕色皮膚上布滿斑點。我本來以為得用雙手罩住牠，但牠似乎樂於乖乖聽話，安靜的坐在我的掌心裡，像石頭一樣冷靜。我把牠放入桶子，往前走幾步，又發現一隻漂亮的雌蛙，大小幾乎是雄蛙的兩倍。牠呈現溫暖、柔和的赭石色，就像身體裡面有點燃的燭光。牠的眼睛像井一樣深黑，鑲著金邊。

桶子很快就裝滿了青蛙，我能聽到牠們撞上桶壁發出的咚咚聲。

我與魯尼會合，她熱情滿滿的讚揚我，把我的桶子轉給其他搬運志工。搬運志工鑽進休旅車，開上三十號高速公路，然後在哈伯頓大道開下公路，把車停在路邊，再把水桶拖到森林邊緣，將桶內的青蛙哄出來。青蛙蹲在黑暗中，像樹葉般一動也不動。

「明年見。」有人輕聲說。

護送青蛙是能滋養心靈的工作，我很感激能與這些可愛的動物交流，對自己能給予微小的援助感到無比自豪，也很高興從魯尼那兒得知青蛙族群正持續擴大。但就算是魯尼，也知道透過搬運來防止滅絕是有缺陷的。每一年，當志工們上床睡覺後，都會有數量不詳的紅腿蛙冒險出去，也有紅腿蛙因為黑暗而沒被發現。對於兩爬動物護送人員來說，這是常見的問題。在義大利，巡邏人員在一九九〇和二〇〇〇年代間，護送了超過一百萬隻蟾蜍，但蟾蜍數量仍然減少了。英格蘭的一些團隊因為蟾蜍不足而停止活動。這並不表示護送是無用的，只是不完美。魯尼說：「我們非常希望停止這個做法，這正是挑戰之處。我們要如何做，才能擺脫這項工作？」

但事實證明，搬運青蛙的工作很難取代。儘管科學家討論了建造地下通道的可能，但三十號高速公路下方的地下道，會是世界上其他兩生類動物通道的兩倍長，而且沒有人能確定青蛙是否會使用，也不知道資金能從哪裡來。就算波特蘭設置了一條通道，也不能保證拯救青蛙。有個廣為人知的案例：荷蘭的某個蟾蜍族群，在生物學家用地下道取代志工後，數量大減，原因可能是通道間的距離太遠，以致於蟾蜍找不到通道。萬無一失的措施只有一種：在遷徙期間完全封閉道路。密西根的馬奎特（Marquette）每年就有一段時間，為了藍點鈍口螈，在夜間封鎖公園附近的道路；在伊利諾州，生物學家會封鎖「蛇路」以保護銅頭蝮、響尾蛇和食魚蝮。不過這些都是地方道路，不是聯邦高速公路。波特蘭市政府會寧可把灰狼重新引入森林公園，也不願意關閉三十號高速公路。

魯尼告訴我，波特蘭市最近考慮在森林公園挖掘人工池塘，為青蛙提供更安全的繁殖場所。我覺得這項提議很合理，但令人沮喪。就像濕地定義了青蛙的棲地，青蛙也定義了濕地。少了兩生動物，沼澤除了是美化的水坑外，還算什麼？想到沼澤將陷入無蛙的窘境，讓人覺得這是錯誤的辦法，是對公路至上主義的屈服。紅腿蛙不是黑尾鹿，牠們的旅程以公尺為單位，而不是公里。然而，即使是短距離的遷移，也無法在充滿道路的世界中持續。

生物滅絕最諷刺之處，在於人類既是原因也是解方。我們如此徹底的主宰地球，以致於保育措施也必然需要強硬。我們引進外來物種，再消滅外來物種；我們毒害加州神鷲，再囚禁圈養加州神鷲，我們排乾地球上的濕地，再挖掘人工濕地。記者寇柏特（Elizabeth Kolbert）曾說：「關於控制的問題若有答案，就是加強控制。」我們用道路限制野生動物的遷徙，對倖存者進行細尺度的管理策略：我們用桶子把牠們裝起來搬來搬去，用圍籬隔開路邊，引導動物前往我們允許通過的少數狹窄通道。建造道路是為了征服自然，但當我們知曉後果時，卻別無選擇，只能進一步征服。我們永遠與我們所建立的世界交戰。

這不是建設性的想法，所以我決定去做我感覺正確的事：走路。巡邏人員沿著圍籬漫步，低著頭，彷彿在祈禱，頭燈像港口中的船燈一樣晃動。然後一個燈朝下移動，我知道有人發現了一隻青蛙。

---

1. 編注：金瑞契議員的名字紐特，英文為Newt，與蠑螈的英文一樣。
2. 有研究證實了史坦貝克對人性的悲觀看法。一項研究發現，將近百分之三的加拿大人，會轉動方向盤朝著壓扁的橡膠龜和橡膠蛇駛去。

第二部

不只是道路

05 無路之行

為什麼美國林務署會管轄世界上最大的道路網，這個道路網又如何被拆除？

五六二一號國家森林公路是愛達荷州北部山區的一條泥土溝，即使用最委婉的說法，也只能稱之為全世界最不合格的道路。這條道路沒有紅綠燈、交通標誌、護欄、人行道、車道線，當然也就沒有車道。一年內開車上這條路的人數，還不及一天內沿著州際公路漫步的人。這是條被忽視的破碎道路，只比雪地上的滑雪道清楚一點，不過是兩條破壞車輛懸吊系統的車轍，漫無目的通向作家熱月（William Least Heat-Moon）所說的「美國內地」。熱月寫道，道路是「一種誘惑，一種陌生，一種可讓人迷失自我的地方」。五六二一號國家森林公路的每一哩路，都讓更多的乘客迷失。

一天下午，我開車進入五六二一號國家森林公路，與我同行的人有退休工程師康納

(Anne Connor) 和她的兩位同事：水文學家羅伊德 (Rebecca Lloyd) 和生態學家佛瑞斯耶里 (David Forestieri) 。道路崎嶇不平，缺乏維護，深邃的綠色森林在破碎的路肩之外綿延開來。赤楊和楓樹的枝葉拍打在我們的福特探險家休旅車上，石頭磨過車子底盤。我們像一艘頂著強風航行的帆船，在五六二一號公路上左盤右繞，從茂密的雪松林轉向高聳入雲的松樹和冷杉林，愈爬愈高，然後進入清水國家森林 (Nez Perce-Clearwater National Forest) 。我們在傾斜的雲杉下和倒木之間鑽來鑽去，佛瑞斯耶里把車子開向懸崖，輪胎打滑，我放在腿上的雙手指關節開始發白。羅伊德沉著的說：「佛瑞斯耶里閉著眼睛也能開這條路。」

毫無疑問，她是對的。康納、羅伊德和佛瑞斯耶里一起在愛達荷州的森林公路上顛簸了二十五年，他們很可能比任何活著的人，都更了解五六二一號國家森林公路。如果這條路對我來說是陌生的，對他們來說就是朋友，或可說亦敵亦友。我們在顛簸中前進，他們回想起過去在清水的歲月：在溪床發現的老炸藥箱，還有在營地飄出惡臭的麋鹿屍體。這趟車程，就像是與土地和人重聚。佛瑞斯耶里說：「我們心中的家庭日活動，是去看一條古老的道路。」

開到一千三百公尺處，我們越過一個山口，道路變得平坦了。在洛克沙河 (Lochsa R.) 對岸，高高的綠色山脈聳入蒼白的天空。我們下了車，目瞪口呆的看著眼前的景象。這裡的地景如此超現實，既原始又開化，沒有任何建築，只有道路、道路，到處都是道路。道路像梯田一樣排列在山坡上，如同聚集的等高線，一路盤旋到遠方。一處山脊上密布著道路，如此密集，道路似乎不再是隨著山勢起伏，看起來反而變成山的一部分。康納說，在清水的一些地區，每平方公里的土地上有三十八公里長的道路，密度甚至超過紐約市。佛瑞斯耶里攤開地圖，翻到森林所在的一頁，看起來就像是有寄生蟲橫行，泥土路像條蟲般蠕動。高速公路的存在不需要多做解釋，相較之下，位在森林裡的道路就讓人感到疑惑了：是誰建造了這些路，又為什麼要建？

這種令人不解的混亂該由美國林務署負責。林務署是聯邦機構，管理將近五億平方公里的土地，其中的國家森林覆蓋著各種生態系統，多樣到令人難以置信：美國東南部有陽光普照的長葉松林；爬滿青苔的花旗松，幾乎貼近華盛頓州低空的雲；一些矮松和刺柏組成的灌木林，則看不出森林的風貌。很少土地像林地這般具爭議或矛盾。林務署的土地曾是伐木和放牧產業的重要基地，業者通常支付低廉的租金，從公共土地（也就是你的土地）謀取利益，這些土地也是平等主義者的仙境，任何人都可以揹著背包在其中旅行，或砍柴、獵鹿、捕魚，也許露營個兩週、在火堆邊喝啤酒。林地是木材和水的儲存庫、汽車愛好者的遊樂場，以及狼獾的重要棲地。許多地方並存著伐木空地和荒野。

儘管林務署把管轄區域稱為「多用途土地」，但稱之為「多道路土地」可能更準確。

在縮小的美國地圖上，森林顯示為綠色，大都沒有州際公路通過，以致讓人產生沒有道路的錯覺，但這種印象錯得離譜。雖然林務署管轄區域內的道路，很少出現在你手邊的地圖集裡，但幾乎可肯定的是，地球上最大的道路管理者，既不是美國的聯邦公路管理局，也不是中國的交通運輸部，而是美國林務署。林務署管理的道路長度足以讓你到達月球，再幾乎重返地球。

如果州際公路是美國的動脈，林務署轄下近六十萬公里的道路就像是微血管，是結構最緊密、最細小的血管。血液循環系統對人體的生存非常重要，但絕大多數的森林道路，卻早已不合原來的使用目的。如今這些道路的主要功能，似乎是做為悍馬車廣告的背景。它們就像古代教堂的廢墟一樣，成為半遺忘的文物，具有文化價值，提醒著我們自己現在和以前的模樣。

清水國家森林這塊土地展示了典型的道路荒廢現象。這裡的道路是基於良好的意圖而設置，林務署的管理人員自認是開明的土地看護者，因而推動道路的建設。道路並未褻瀆自然，而是幫助人類管理自然。正如一九三四年開始在本地區工作的巡山員摩爾（Bud Moore）所說：

管理一個地區自然資源的先決條件，在於改善進入當地的途徑。一般認為一旦有路，就能完成每一件事。紅鹿可以得到照顧，溪流的野生漁獲可以增加，還可以把造成堵塞的原木從湖泊出口移走，讓魚類有更多產卵的空間。木材可適當採伐，由茂盛的年輕樹林取代老熟林。害蟲傳染病可加以預防……每個人都會更快樂、日子過得更好。

摩爾所說的道路建設運動，在一九五〇年代加速，當時正值紅翅大小蠹蟲大舉侵襲森林之際。為了清除受侵襲的枯木，他和其他官員授權了一輪瘋狂的築路和伐木活動。道路切過草原，汙染溪流，讓承包商可以用罐頭、破電纜和糞便等「美國工業化垃圾」褻瀆森林。摩爾在回憶錄中寫道：「我們當中沒有人有智慧預見這項計畫的後果。」暴風雨使得泥土路液化，把道路攪成咖啡色的泥漿，再流進清澈的小溪，讓魚卵缺氧。這位巡山員遺憾的感嘆：「我們沒有把目光放在值得欣賞的野生動物身上，而是看到之後要建設的道路會遇到什麼阻礙，有哪些需要移動、粉碎或繞過的障礙物。」

隨著主要道路完成，對清水國家森林的掠奪正式展開。伐木公司以起重機和鋼纜，將砍下的原木拖到卡車車斗上等待運送，這種架線集材的方式造成過度的森林砍伐。伐木工人利用摩爾的道路，又開闢了數百條簡陋的新道路。一九八〇年代，架線集材的伐木行為減少，不再受使用的道路像馬雅廢墟一樣，淹沒在灌木叢中。康納告訴我，她有一次從山脊往下走到一條小溪，整個徒步過程大約一公里半，一路上跨過三十三條道路的遺跡。佛瑞斯耶里說：「我們開玩笑說，他們一定把車開到了每一棵樹邊。」

森林道路做為實體是不會改變的，或者，是幾乎不變，但它們的意義卻沒有那麼固定。小說家麥凱錫（Cormac McCarthy）寫道：「道路自有其存在的理由，任何旅者對這些理由的理解都不相同。」對摩爾和他的同儕來說，森林道路是保育工具，對伐木公司來說，則是謀利工具。對許多現代環保人士來說，道路像針筒，把人類和人造毒物注入大自然的血管中。喜愛戶外活動的人士占用了無數的伐木道路，像是獵人、釣客，還有全地形車的愛好者，他們已習慣駕駛各種全地形車，在森林中轟隆隆的奔馳，絕不會輕易放棄這種特權。如果道路代表自由，任何限制他們使用道路的企圖都會是暴政。一九九八年，愛達荷州林務署用巨大的坑洞封鎖道路，稱之為「坦克陷阱」，以保護灰熊和紅鹿，某位巡山員的家門口就出現了一枚未點燃的汽油炸彈。我參加過愛達荷州夫利蒙郡（Fremont County）的一場公開會議，見到華盛頓和林肯總統的肖像之間，掛著一張附近森林道路的地圖，顯然是把道路與自由混為一談了。

在任意建設數十年後，美國的森林道路已成為文化戰爭的代理戰場：公共土地該如何使用？由誰來決定？森林最重要的目的是保持原始還是做為木材來源？小卡車和全地形車是否到處可去，或應該為了保護熊和強壯紅點鮭而禁止進入？森林的管理方式該由聯邦機構或地方政府決定？地方政府通常更偏向發展產業而不是保育，更傾向開發道路而非阻絕。如今最激烈的公共土地爭奪戰，往往不是關乎牛隻放牧或林木採伐，而是關於「旅行管理」。這個術語基本上是指，誰可以使用哪些道路，以及用於什麼目的。對於一條只容一輛車通行的偏僻泥土路，這似乎承載過多的意涵。但道路一向具有象徵意義，正如一位歷史學家所指的，道路不僅具有實體的特徵，更是一種「意識型態的表達」。道路永遠不只是道路。

∞開啟山林

美國林務署一開始並未企圖監管世界上最大的道路網。相反的，林務署轄下的這個基礎建設，是眾人共同促成的不幸意外，包括數千名林務人員、工程師，以及在美國最偏僻地區操作推土機和挖土機的伐木公司，使這些地區成為野地中都市擴張的同義詞。

美國前總統老羅斯福（Theodore Roosevelt）[1]於一九〇五年簽署成立林務署，體現他在保育和反壟斷這兩方面的熱情。羅斯福誓言，不再允許伐木巨擘破壞美國森林。這個新機構將管理人民的森林，小心謹慎的分配木材，並如同首任署長平肖（Gifford Pinchot）所說：「從長遠來看，為最大多數人帶來最大的利益。」這項使命既崇高又模糊。羅斯福總統和他的官員在白宮地板上攤開地圖，幾乎是隨意的規劃森林系統的各個區域。總統還喊道：「哎喲，這是在欺負人啊！你把夫拉特赫德（Flathead）的北福克（North Fork）劃進去了嗎？我在那裡看到這輩子見過最大的黑尾鹿群。」他並不是一絲不苟的人。

調查這片未知領域的任務，落到一群年輕林務員身上，報紙嘲笑他們是「泰迪的綠色巡山員」。其中一位柯霍（Elers Koch），是在蒙大拿州長大的丹麥移民之子，才剛從耶魯大學森林學院畢業。林務署已成立兩年，當時二十七歲的柯霍被任命為蒙大拿州西部八十萬公頃土地的管理員。他寫道：「我對這個地區幾乎毫無所知，其中大部分的土地沒有地圖，也沒人探索過。」這是令人興奮、同時需要大量勞動的工作，需要建造巡邏站、拉電話線、開闢道路。

柯霍已經做好準備，他是不屈不撓的森林人，也是正直的典範。在他去世幾十年後，林務人員仍將一棵高大筆直的松樹命名為「柯霍樹」。他攀登了白人不曾涉足的山脈，在遭到熊的追擊時爬上樹木，逮捕和禁止未經許可的礦工和妓院[2]，讓自己管轄的區域漸漸步上正軌。他興奮的表示：「當一個人花了很多時間，艱苦的從林木茂盛的陡峭溪底往上爬，沿途克服灌木、岩石、沼澤和倒木的阻礙，直到幾個月後，終於可騎著馬，輕鬆的在整理好的平緩小路上行走，那是真正的滿足。開啟了山林。」

老羅斯福總統的巡山員在撲滅野火時特別積極主動。早期的林務署，對於林業大亨和支持大亨的馬屁精議員來說，是個障礙，這些人想砍除林務署的經費，把樹木化為私有。為了證明本身是合理的存在，林務署極力避免野火造成木材浪費。每當煙起，柯霍就會從

和許多早期的林務員一樣，柯霍後來也很後悔修建道路和小徑去「開啟山林」。

K.D.Swan

礦區和酒吧召集工人，給他們鋸子和鎬子，派去開防火線。柯霍寫道：「至少有六到八人被燃燒的樹木砸中而喪生。看到人的頭被砸碎、腦漿溢出，可不是什麼好景象。」

要動員，就需要基礎建設。翻開歷史，軍隊總是修建新道路並占用舊道路，包括踏上阿庇亞古道的羅馬軍團，以及借道伊拉克十號高速公路攻入法魯加的美國士兵。林務署對抗火災的方法，也和軍事行動一樣。在數百萬美元的經費支持下，林務署盡情的開闢道路。測量員帶著地圖和經緯儀深入森林：「沿著陡峭的山坡和崎嶇的懸崖前進，一旦失足或岩石鬆動，就會造成災難。」許多建設工作是由「新政」計畫下的平民保育團（Civilian Conservation Corps）進行，讓工人忙於建造道路、小徑和防火道。柯霍認為保育團的工人是笨拙的城市人，但你不能雇用三百萬名勞工，卻什麼都沒有完成。總的來說，保育團架設了四萬八千座橋梁，拉了五十幾萬公里的電話線，並且開出二十萬公里的道路。環保人士艾吉（Rosalie Edge）寫道，到了一九三六年，森林裡已經塞滿了「平行的道路、交錯的道路、架高的道路、環狀的道路……一片道路熱，但其中有太多道路將因無人維護而失修並招致批評。」

只要有道路穿過森林，就有車會開進森林。一如摩爾後悔在清水國家森林開路，柯霍也認為開啟山林是個錯誤。陳舊的步道被「塵土中的胎痕」所玷汙，騎馬野營的地方淪為「空汽油桶的儲存地」。更糟的是，柯霍意識到撲滅偏遠地區的野火「在實務上不可行」。他宣稱，與其砍伐林木來開闢道路和防火道，不如讓森林燃燒而自行熄滅。他的想法領先時代數十年，但遭到嚴重的反挫。林務員洛夫里奇（Earl Loveridge）就抱持相反意見，他採取嚴苛的哲學，駁斥柯霍自由放任的理念。他認為只要發生火災，林務署應該在當天早晨結束前把火撲滅，這個主張也就是後來所稱的「上午十點政策」。林務署站在洛夫里奇這邊，擴大了道路建設。

隨著時間，林務署的道路熱變得愈來愈嚴重。一九四〇年代末，伐木公司砍光了私有林地後，把目光投向國家森林，企圖提供更多建材給戰後繁榮的房地產業。林務署曾是伐木業的對手，這時卻成了僕人。林務署某長官曾在一九五二年寫道，「西部森林道路」是

「讓林木得以完整採伐並促成淨成長的關鍵」。

美國陷入道路建設的循環：州際高速公路導致城市擴張，推動木材需求，進而推動森林道路的建設。一九四六到一九六九年間，林務署的道路網絡規模擴大了一倍。在接下來三十年中，又再擴大近乎一倍。

瘋狂開路等於消耗巨額經費，納稅人的錢大肆用在伐木道路的建設上。這些道路入侵了公有土地，允許私人公司變賣屬於大眾的木材。有道路進入的地方，就有樹木被運出。筆直的花旗松可做成優良的帆船桅杆，落葉松在秋天閃著金光，北美雲杉的心材比同樣重量的鋼鐵還要堅固。道路助長了砍伐森林的商業模式。很多時候，林務署還會付錢給伐木公司代為興建道路，正如地理學家哈夫利克（David Havlick）所說：「本質上，是用國家森林的樹木來換取森林中的運輸系統。」林務署一名前員工指責：「有些伐木工人承認，他們只靠建造道路賺錢，伐木業務卻是賠錢的。」

柯霍沒有活著見證森林公路的榮景結束。一九五四年，他因為飽受慢性疼痛折磨，又對妻子和長子的早逝感到憂傷，於是結束了自己的生命。林務署的產業化肯定也沒帶來安慰，柯霍在一篇文章中感嘆：「我希望時光倒流，呼籲大眾讓這個地區保留二十五年前的樣貌，甚至只要五年前。唉，為時已晚。道路已經建成，不可能改變。」

∞ 創造荒野

柯霍不是唯一覺得恐懼的觀察者。新一代的保育專家正在崛起，因為對道路的厭惡而集結。在蒙大拿州，社會主義林務員馬歇爾（Bob Marshall）猛烈抨擊「美國汽車協會的宣傳活動」。在新英格蘭地區，阿帕拉契小徑的創立者麥凱（Benton MacKaye）譴責「科尼島式的發展[3]」。反道路運動領袖利歐波德（Aldo Leopold）是深具洞察力的生態學家，他諷刺的觀察道：「沒有神，只有油，而汽車是先知。」這句話可做為電影人物瘋狂麥斯（Mad Max）的信條。利歐波德寫道：「修一條路，比思索國家真正需要什麼，要來得簡單許多。」

利歐波德對道路的反感是有根據的。他的經歷和柯霍很像：一九〇九年從耶魯大學畢業，搬到美國西南部，在林務署工作，發現這個地區處於崩潰狀態。山羊和牛「嚴重破壞」了牧場，風吹走了「無數的肥沃土壤」。但他和柯霍一樣，最感憤怒的是那些侵入森林的車輛，它們經由林務署同事修建的道路大舉侵入林地。為了對抗這種破壞，利歐波德提出一個新概念：創造荒野，不要「道路、人工小徑、森林小屋，或其他人造物」。利歐波德相信，荒野地區可以保護少數人受威脅的權益，這群戶外活動者喜歡徒步或騎馬旅行，人數已愈來愈少。他堅稱自己並不討厭汽車露營者，只是不希望「美國大陸每個角落都變成能夠開車抵達」。一九二四年，林務署響應他的號召，在新墨西哥州的吉拉國家森林（Gila

National Forest）劃定了美國的第一片荒野，占地三十公頃。

雖然林務署願意一一宣告某些地區為荒野，卻反對適用範圍更廣的《荒野保護法案》（*Wilderness Act*），這個法案揚言將百萬公頃的土地，列為禁止建造道路和伐木的區域。儘管遭到林務署反對，國會在環保倡議人士的爭取下，還是在一九六四年通過了法案，這時利歐波德已經去世十六年了。法案中最著名的條文裡，以模糊的言語對荒野下了定義，就連哲學家都參不透：荒野是一個「不受人類束縛的地區，在那裡人類是不停留的訪客」。幸好法案的創立者還提出可靠的指引，供人判斷一塊區域是否符合荒野的條件，那就是：任何面積為兩千公頃以上的無道路公共土地。雖然有各種崇高的修辭被用來描述荒野，但根據定義，它必須缺少某一種事物，也就是缺少道路。

事後來看，《荒野保護法案》有個怪異之處，其中很少提到以荒野為家的非人類動物。這種疏漏反映了這項運動早期支持者關注的重點。利歐波德之所以討厭道路，並不是因為道路降低了大自然的品質，而是因為我們對自然的體驗受到減損，讓人變得淺薄、匆促、粗疏。他寫道：「發展休閒事業的工作，並非在修建通往美好鄉間的道路，而是為尚不美好的人類心靈建立感受性。」

不過到了一九八〇年代，在利歐波德的靈性訴求之外，又多了反對森林道路的生態訴求。美國大部分的私人土地，因城市擴張而遭到吞噬，許多公園都太小了，無法讓大型動物永久存續。相較之下，大片相連的國家森林成了混合式棲地：伐木者、牛隻、全地形車經常出沒其間，但這些地區又足夠廣闊而原始，可支持狼獾和山貓這類易受驚嚇又需要遼闊領域的動物，或者說，至少曾經如此——當過去沒有道路的時候。

北卡羅來納州的皮斯加國家森林（Pisgah National Forest），有黑熊躲在森林深處，遠離四處掠奪的獵人和他們用來追蹤的道路。一九八七年，林務署開放華盛頓州聖海倫斯山上的一條伐木林道，吵鬧的兩足動物立刻把紅鹿給嚇跑了。在懷俄明州的森林中，有道路跨越的溪流鱒魚數量較少。在明尼蘇達州，蘇必略國家森林（Superior National Forest）中道路密集的區域裡，有將近一半的狼遭到射殺或被陷阱捕獲。灰熊的處境最糟，道路把人帶入牠們的領地，使牠們在衝突中死亡，有些是遭到盜獵者或受驚嚇的獵鹿人所射殺，有些是因為習慣吃人類的食物而死亡。即使是一百公頃大的森林，只要一條僅半公里長的道路，就可能讓熊陷入困境。科學家宣稱，道路讓許多森林棲地破碎，這比砍伐帶來的傷害更嚴重。利歐波德對這項見解毫不驚訝，他之前就曾表示：「不論何時，都寧可看到受砍伐的林地，也不願見到福特汽車。」

林務署並未對這場危機視而不見，一九八〇年代末，終於決定研究轄下豐富的林木資源所能帶來的影響。他們在俄勒岡州東部斯達克實驗森林與牧場（Starkey Experimental Forest and Range）的松林與草坡之間，劃出一塊一萬公頃的土地，做為實境實驗室。這個封閉系統就像一個城市大小的培養皿，動物可在其中移動與繁殖。生物學家為幾十隻紅鹿戴上追蹤頸圈，在森林周圍建立無線電天線塔，每隔幾小時與頸圈連線一次，將動物的位置發送給笨重的桌上型電腦。到了一九九五年，這個有蹄類動物監獄已經產出十萬多筆位置資料。生物學家羅蘭（Mary Rowland）告訴我：「世界上沒有其他地方有如此豐富的資料。」

羅蘭特別想知道森林裡的紅鹿與道路之間的交互作用。她不確定紅鹿受到的干擾有多大。儘管有四十三公里長的開放道路通過斯達克，但這些道路全都沒有鋪面。除了偶爾出現的野菇採集者、登山自行車手或獵人，很少有人來。在狩獵季節之外，一天有五、六輛車經過就已經算多了。然而羅蘭和同事分析頸圈傳回的資料，得到的結論很明確：紅鹿討厭道路，偏好出現在離道路一公里半以外的地方。由於道路上的車輛稀少，動物似乎不太可能害怕汽車本身，但牠們學會把車輛與車內的獵人關聯起來。羅蘭說：「牠們以某種方式，把車子與受追逐這兩件事連結在一起，並知道應該避免。」道路帶來汽車，汽車帶來人類，人類帶著金屬棍，這些金屬棍會爆炸並殺死你。羅蘭補充：「無論道路如何切開森林，我們都能藉由道路的位置預測紅鹿在哪裡。」

適用於紅鹿的情況，也適用於熊、狼和強壯紅點鮭。比起其他任何因素，道路（或沒有道路）更能決定動物是否因人類而逃離，或可平靜生活。這是重要的發現，也是讓人不安的發現。早期道路生態學家主要關注大型高速公路，但「低運量」道路占了美國交通網絡的百分之八十。如果森林道路也造成嚴重問題，累積的影響必定造成巨大災難。生物學家索爾（Michael Soulé）認為，道路是「插進大自然心臟的匕首」。森林正因流血而奄奄一息。

∞戰鬥生物學家

林務署並無法應對這種狀況。署內的人員組成反映出這個部門對基礎建設的狂熱：在一九七〇年代某段期間，林務署雇用了二十四名漁業生物學家、一百零四名水文學家、一百零八名野生動物學家，而土木工程師則有一千零八十一名。老羅斯福總統設立林務署的目的之一，是為了保護美國河流的水源地，但當同事請求林務員和工程師保護溪流和濕地時，他們卻很反彈。東貝克（Mike Dombeck）在一九七八年以漁業科學家的身分加入林務署，他告訴我：「可砍伐林地的大小沒有限制，沒有河岸保護區，對於短暫出現的泉水也毫不關心。」

當然，道路開發也不受限制。東貝克從小就知道穿越荒野的道路有多麼令人厭惡。他在威斯康辛州長大，經常逃學到附近的森林裡捕捉美洲紅點鮭。有一年，他發現有新開的道路通往他最喜歡的小溪，「哎呀，溪裡的魚都被抓光了。」東貝克後來擔任釣魚嚮導，並在幾年後加入林務署，和志同道合的同事自詡為「戰鬥生物學家」，反對他們的雇主瘋狂修建道路。

儘管經常在組織內衝撞，東貝克在林務署中還是持續獲得升遷。一九九七年，柯林頓（Bill Clinton）總統任命他為林務署長。在當時，林務署已經比過去更加重視保育，但仍處於分裂狀態，在保護棲地和促進伐木之間左右為難。前任署長警告東貝克說，他繼承的是「目標不明且缺乏船舵的船」，而混亂的核心就在道路，道路已成為環境和政治上的負擔。林務署積壓的道路維護工作，所需經費超過八十億美元，而且國會威脅要削減林務署的預算。如果林務署無法負擔現有的道路費用，建造更多道路就顯得很荒謬。一九九八年，東貝克宣布了自《荒野保護法案》以來最重要的行動之一：暫停道路建設十八個月。

東貝克知道這項決定將導致兩極化的反應。他告訴一位同事：「繫好安全帶。」愛達荷州的一位參議員，宣稱東貝克的決定是「滾到家門口的手榴彈」，這個州以伐木和採礦為主要產業。環保團體則希望東貝克的暫時計畫變成永久計畫，於是透過刊登網路橫幅廣告和狂發電子信召集會員，這成了最早的數位政治活動之一。倡議人士向白宮發送大量的電子郵件，甚至導致伺服器當機。

歷經一年的疲勞轟炸後，柯林頓屈服了。政府制定《無路規則》（*Roadless Rule*），永久保護國家森林系統中無道路通過的大片土地。不喜歡這個法案的說客大加撻伐，布希政府也試圖撤銷政策，但這項規則還是延續了下來，如今保護著近兩千四百萬公頃的無道路森林。無路規則代表管理和意識型態上的改變。幾十年前，林務署在國會強迫下接受《荒野保護法案》，等於是被拖著走。相較之下，《無路規則》的想法直接來自林務署的領導者。這項規則無疑是宣告國家森林具有比生產木材更為崇高的使命。東貝克告訴我：「在沒有道路的情況下，採伐樹木非常困難。」

東貝克不僅禁止修建新道路，還拆掉舊道路。一九九七年，他請求撥款兩千兩百萬美元，用來拆除約五千六百公里長的伐木林道。當然，這只是林務署道路網的一小部分，但依然具有重要的意義：林務署的道路系統首次縮小了。

∞ 讓道路退役

羅伊德說：「如果你不知道這裡曾經有路，就算我告訴你，你可能也不會相信。」回到愛達荷州的清水國家森林，羅伊德、康納和佛瑞斯耶里和我一起站在山坡上（或陷在山坡中）。山坡陡峭，土地鬆軟，野花盛開，有草莓、延齡草，以及季節末最後枯萎的冰川百合。下方一條小溪潺潺歌唱，如果在秋天，我們會看到大鱗鉤吻鮭在溪流中奮力往上游。沒有羅伊德的指點，我不可能知道這個斜坡在二十五年前曾布滿伐木林道，平行的道路就像西裝布的紋路一樣密集。

當林務署在一九九〇年代開始拆除道路，清水的系統是最早遭到拆除的道路之一。關閉森林道路並不是新鮮事，早在多年前，林務署就會在伐木林道上設置土堤和閘門，通常是為了保護灰熊和紅鹿免受獵人和兜風駕駛的干擾。但即使是封閉的道路，仍有強大的吸引力，有時巡山員會忘記關上閘門，有時全地形車的駕駛會繞過障礙物。在林務署默許之下，這種「使用者創建的道路」不斷增加。在一些森林中，超過三分之一的封閉道路有非法通行的跡象。

除此之外，封閉道路只能解決道路造成的部分問題。羅伊德在我們沿著山坡行駛時說：「即使是一條廢棄的道路，也會改變一切，像是碳循環、土壤養分、水文狀況。」清水國家森林內舊有的伐木林道幾乎沒有車輛通行，也不會產生噪音汙染或造成路殺。然而這裡卻是一顆定時炸彈，道路就是它錯綜複雜的線路。一九九五年，炸彈爆炸了。一連串的冬季暴風雨將愛達荷州淋得濕透，過去以推土機隨便堆起的泥土變得很不穩定。就像建築不良的水壩，伐木林道攔截了徑流，然後崩潰，每一次崩潰都讓水流變得更湍急。最後，有九百多處的山坡爆發山崩，其中一半以上都是廢棄的道路所造成。深深的山溝劃破大地，山巒彷彿裂了開來。事後，康納前往檢查山崩的影響時，聽到一連串的爆裂聲，那是周圍的山體移動、壓斷樹根的聲音。她轉向同伴說：「呃，我們得離開這裡。」道路讓她腳下的土地不再穩固。

康納當時在林務署中還算是新人。她在幾年前加入這個組織，擔任工程師，對復育森林充滿了熱情，只是得不到上司的認同。康納回憶：「他的態度就像是『我們該拿一個女工程師怎麼辦？』」然後將有關設施的工作分派給她，像是建造浴室、辦公室等，但康納拒絕這樣的排擠。一九九〇年代初，康納籌到經費拆除森林裡部分的廢棄道路。但由於預算微薄，工作進度緩慢。接著，山崩發生了。康納說：「那是敲醒眾人的頓悟時刻。雜草叢生的道路並非無害。」閘門或許能夠阻止盜獵，但無法阻止伐木林道像冰淇淋一樣在雨中融化。

受到災難的刺激，康納開始摧毀林務前輩們創造的一切。道路將森林切割成階梯狀，讓稜角分明的幾何形狀層層加在優美的山坡上。康納試圖整平階梯，讓受損的山坡恢復自然輪廓。推土機和挖土機在清水國家森林裡緩緩行駛，挖開壓實的路基，把廢木拖到伐木卡車駛過的道路上。倒木和岩石提供了微棲地，技術人員撒下野花種子並移植樹苗。內茲珀斯原住民部落（Nez Perce Tribe）是這片土地悠久的管理者，他們以平等夥伴的身分參與工作，並且提供資金和人員。完成的成果一開始看起來並不美好，一位遊客認為這些地區「像戰區一樣醜陋」，但大地很快就恢復了。到了二〇〇五年，已有超過八百公里的道路從清水國家森林的道路網中消失。

拆除林道除了重塑土地，也影響農村經濟。康納的女兒有天放學回家，問了一個問題：「媽，為什麼我朋友的父母都認識你？」康納翻了翻女兒班上的手冊，才知道自己與她班上一半以上的同學都有關聯。有些人的父母曾在林務署工作，有些人的祖父母操作過挖土機，有些人的叔伯輩曾是林務署的承包商和技工。道路退役工作填補了伐木業消失所帶來的空缺，成了一個為地球服務的小型就業計畫。

儘管付出努力，康納和她的團隊並不確定自己是否取得成果。不曾有人如此大規模的毀壞道路，更別說是研究這項工作的影響了。羅伊德說：「我們不知道重新修整過的道路，是否仍然具有道路的作用。」羅伊德從康納破壞的路基上挖出數百個土壤樣本，這裡的土壤原被輪胎壓實了，但已用機械鬆開。羅伊德發現，道路毀壞之後的土壤富含養分和有機質，植物根部深入攪動過的泥土中。甚至微生物也改變了，過去是以細菌為主，現在轉變為更典型的森林真菌菌絲網。造成災難的土壤侵蝕已幾乎停止，降雨和融雪不再漫過地面，而是滲入地下。黑熊以新長出的懸鉤子和越橘為食，曾經帶來危險的道路變成了食品儲藏室。幾十年前，道路把清水定義成人類環境，是我們主宰大自然的終極表現。現在，道路破壞之後，清水恢復了本質為荒野的定義。有路、無路，改變了土地和土地的意義，改變了土地的使用者以及使用目的。

事實證明道路退役是有用的，但即使如此，拆路的進展卻斷斷續續。在最近二十年中，林務署名下的道路已經消失了一萬六千公里，但相較於當年過度建設的道路迷宮，這只占了百分之二而已。林務署的道路網絡變化不定，規模大小很容易在官方操控下改變。其中有許多是「幽靈道路」，也就是缺乏紀錄的祕密道路網，包含了全地形車使用的小路、採礦的軌道、無人願意拆除的臨時伐木道，沒有人知道這個路網的規模，但一定很龐大。野火有種本領，可以燒掉灌木叢，重現被遺忘的道路，讓它們像失散已久的家庭成員般重返故里。[4]成千上萬的道路被「儲存」起來，等待一場林木銷售、一次野火，或某種火災後的整理採伐作業，以做為重啟道路的正當理由。一位保育人士告訴我：「伐木工人相信他們在未來某個不確定的時刻會需要道路，消防管理人員認為需要道路來滅火。當然，休閒專家也覺得需要道路提供休閒的機會。」

反對道路的論點愈扎實，廢除道路似乎愈困難。生物學家羅蘭的研究指出，蘇必略森林中的紅鹿會避開道路。她告訴我，她的發現最初得到當地眾多的支持，然而近年來，她的研究卻在郡會議上受到嘲笑，指稱她的研究是一次性的結果。不過正如羅蘭觀察到的：「關於道路和有蹄類動物之間的關係，我可以找到五十個研究，全都得出相同的結論。」如今，羅蘭進行研究的森林，成了少數沒有旅行管理計畫的森林之一，任憑遊客把紅鹿從公共土地趕到私人農場和牧場。羅蘭以令人欽佩的克制力說：「這有些諷刺。一些最好的道路研究是在你自家後院進行的，你卻稱之為垃圾科學。」

∞ 控制權爭奪戰

我造訪清水的那段期間，康納、羅伊德和佛瑞斯耶里有一次帶我去帕克草原（Packer Meadows），那是在鞍部附近的美麗原野，陽光明媚。幾千年來，內茲珀斯人都在帕克草原採集卡馬斯百合，這種百合科的植物具有洋蔥形的球莖，是內茲珀斯部落的一種傳統主食。一九三〇年代，林務署在這個地區開闢了一條道路，使得溪流改道、草地乾涸，部落感到非常不滿。儘管如此，林務署還是一直拒絕拆除這條道路。佛瑞斯耶里說：「林務署認為這條道路本身是一種文化資源。」。

我問：「它的文化價值是什麼？」

羅伊德聳聳肩說：「它很舊。」

為內茲珀斯族工作的佛瑞斯耶里半開玩笑的補充：「而且是白人建造的。」

道路是歷史，是遺產，是存在的證明，這也解釋了人類對道路的依戀。美國最迷戀道路的州是愛達荷州隔壁的猶他州，這個州的問題不只在於如何使用道路，還在於道路到底是什麼。在那裡，地方官員會一直「發現」聯邦土地上的道路，並主張管理權，那是十九世紀法規的遺產，也就是ＲＳ二四七七。

ＲＳ二四七七法案授予礦工、牧場主人和自耕農在開發大西部的過程中，有權在幾乎任何地方修建道路。但其中許多道路曲解了人們對道路的正常理解，環保人士稱之為「騙局公路」。穿過鼠尾草原的牛徑？是道路。採礦卡車在砂岩上留下的痕跡？是道路。摩門教先驅的馬車留下的車轍？絕對是道路。在猶他州，道路可說是類宗教的存在，就歷史學家羅傑斯（Jedediah Rogers）來看，道路是一種實體證據，顯示了早期摩門教徒如何把紅岩沙漠從「荒野變成『富足的』伊甸園」。建築道路被視為神定的犧牲，移居者可透過這種方式「征服土地，使土地對人類有用」，同時體現神聖的創造和堅韌的勞動。找出古老的道路並加以命名，可證明自己和先輩之間的連結，是一種透過基礎建設形成的血脈，把今人與古人和土地聯繫在一起。

當然，猶他州的道路狂熱還有一個更普通的解釋，若用溫和的說法是，猶他州具有反政府傾向，就像愛達荷、懷俄明、內華達等由聯邦政府管控大部分土地的州。猶他州是艾蒿反抗行動（Sagebrush Rebellion）最初的集結地，礦工、伐木者、牧場主人和右派政客組成鬆散的聯盟，表達對《荒野保護法案》等環保法案的厭惡，並要求對自家後院的公共土地有更多控制權。一九八〇年七月四日，第一個反抗行動是以推土機推出一條道路，進入格蘭德郡（Grand County）預定劃為荒野的地區，接著是大量揮舞的旗幟和演講。（事實上，反抗份子看錯了地圖，他們開的道路距離荒野邊界還差好幾百公尺。）此後，猶他州各地政客紛紛響應，把道路開進公園，撬開禁止機動車輛通行的閘門，並駕駛喧鬧的全地形車，進入聯邦為了保護考古地點而封閉的峽谷。道路仍是對抗環保的武器：如果荒野的本質是沒有道路，按照邏輯，布滿道路的土地就不可能成為荒野。正如一位聯邦官員對我說的：「如果他們能控制道路，就控制了公共土地。」

控制權爭奪戰愈演愈烈。二〇一九年，科學家建議世界各國政府設立充滿雄心的新目標：在二〇三〇年之前保護百分之三十的地球表面，以免生態瓦解。這項目標成了環保信條，簡稱為三十×三十（30×30）。研究人員寫道，將無路的森林轉變為永久的荒野，是實現三十×三十「較簡單且符合成本效益的一步」。然而說到道路，沒有什麼是容易的。反保育的極右派組織美國自由管理者（American Stewards of Liberty）領導人，在所有證據都不支持的狀況下，堅稱三十×三十是踐踏財產權並導致「國家遭受破壞」的陰謀。這個組織製作了一份譴責三十×三十的新聞稿，分發給猶他、科羅拉多、內布拉斯加和其他州的地方政府，這些政府則死忠的認可了其中內容。

美國自由管理者反對的是什麼？常被妖魔化的事項包括：哪些地方要劃為荒野，以及對於伐木和放牧的限制，當然還有因為三十×三十而可能導致的任何「道路封閉、廢除和暫停建設」。就像墮胎或批判性種族理論一樣，道路已成為一種特有用語，是可區分對立雙方的一種文化標誌。對某些族群來說，無路的想法是如此令人反感，讓人難以理解。有名顧問在對川普做簡報時，曾建議對伐木者開放阿拉斯加通加斯國家森林（Tongass National Forest）的無道路區域，川普對他建議中的前提感到困惑不已，曾經擔任房地產開發商的川普脫口而出：「沒有道路，到底要怎麼發展經濟？」

但我不願意單向抨擊道路捍衛者。我自己也會開車經由森林道路到偏遠的湖泊釣魚，前往步道起點，在搖搖欲墜的老舊消防塔中過夜。我不認為這是偽善，因為前往森林和消除道路並不衝突。國家森林內絕大多數的旅行發生在百分之二十的道路上，有些區域的道路網非常曲折又多餘，布滿了俗稱「櫻桃梗」的死路，林務署就算拆除其中大部分，對於利用森林也不會產生任何影響。使用正確道路，並不妨礙摧毀錯誤道路。

∞可治療的疾病

自利歐波德以來，荒野的概念歷經有趣的變化，變成同時受左派和右派的攻擊。批評者指責荒野是一種殖民概念，忽視了原住民如何巧妙的管理歐洲人尚未抵達前的美洲土地，是「有錢都市人」浪漫的田園夢，同時取代了自然的概念，使我們對自家後院的壯麗景觀視而不見。那也是一種虛構：當氣候變遷影響了一切，還有哪裡能夠不受影響？

「荒野」做為一個抽象概念，已經過時。但是做為實體（定義為「無道路地區」），卻比以往任何時候都更重要。無道路地區可以成為灰熊的王國，讓牠們在其中漫步，無需擔心遇到不友善的人類；鮭魚可在這裡產卵，卵將不會被泥土所掩蓋。無路規則通過後不久，科學家計算出有兩百多種瀕危物種將受到保護，美國一些「最重要的生物地區」也將受惠。美國的情況也適用於全球。在俄羅斯，無道路地區的東北虎壽命比其他地區的更長。在剛果，受迫害的大象會堅守「圍城策略」，盤踞在無路的根據地。無道路地區是地球上對抗物種滅絕的緩衝區：生活在荒野中的動物，生存機會是在其他嚴酷地區的兩倍以上。根據科學家的計算，若在接下來二十五年內，每一年僅停用百分之一的林務署道路，能使野生動物棲地增加約百分之二十五。道路網就像經濟和腫瘤，有成長的傾向，重要的是讓人類的道路開始減少。

但不論在社會上還是在實體上，這似乎都不可能成真。我們周圍盡是有關道路不朽的證據，羅馬帝國的軍事道路改變了歐洲的結構，俄勒岡小徑在懷俄明州的艾蒿叢間留下痕跡。法里爾（David Farrier）指出，人類的道路和橋梁將固化成「未來的化石」，「如同引文前後的引號，在引文已消失之際仍深深刻畫在土地上」，讓未來的考古學家到好奇。柯霍也認為森林道路是永久的特徵，是「最終且無法挽回的事跡」。

然而在清水國家森林，道路的退役證明了荒野仍然可以恢復。森林道路是可治療的疾病，它雖然使自然衰弱，但不一定致命。康納告訴我，她偶爾會搭機飛越愛達荷州上空，凝視著以前負責的領地，只見銀色河流穿過綠色地毯，伐木林道網老舊的痕跡已變得像鉛筆線一樣模糊。她想著，總有一天，當她飛越森林時，會根本看不到任何道路。

1 編注：老羅斯福總統的綽號為「泰迪」（Teddy）。另一位小羅斯福總統為富蘭克林・羅斯福（Franklin Delano Roosevelt）。

2. 柯霍的一位同事曾給主管發電報：「在政府土地上有兩個不受歡迎的妓女，該如何處裡？」得到的答覆是：「最好換成兩個受歡迎的。」

3. 編注：科尼島（Coney Island）是美國紐約市著名的渡假區，以遊樂設施、海灘和娛樂活動聞名。

4. 林務署的道路網主要是為了撲滅火災而建造，但如今卻成為引發火災的主因。當熾熱的排氣管接觸到草叢、輪圈飛出火花，或泥土路上留有悶燒的營火，都可能引發火災。在加州南部，決定火災於何時何地爆發的最主要因素，不是森林類型、坡度，甚至不是溫度，而是和道路之間的距離。

06 喋喋不休的路面

道路噪音汙染擾亂了各地動物的生活，
甚至連國家公園也是如此。

道路生態學的核心見解是：道路以各種方式、各種規模扭曲了大地，包含路肩上受汙染的土壤，直至道路上方煙霧籠罩的天空。道路汙染了河流、招來盜獵、改變了野生動物的基因。道路操縱著基本的生命過程：授粉、覓食、交配、死亡。

然而在所有的道路生態災難中，帶來最大干擾的可能是噪音汙染，如輪胎的轉動聲、引擎的轟鳴聲、空氣煞車的喘息聲、喇叭的叭叭聲。噪音會擴散入周圍環境，如同有毒的煙霧從源頭四散，也像汙水一樣。噪音與路殺不同的是，噪音會湧出道路之外，而且與阻止鹿群遷徙不同，它並沒有明顯的補救措施。美國百分之八十以上的地區，與道路的距離都不到一公里。在這個距離下，汽車製造的聲響約為二十分貝，卡車和機車的約為四十分貝，相當於冰箱的嗡嗡聲。交通噪音之無法避免，甚至已成為我們聽覺的參考標準。英國作家麥當納（Helen Macdonald）就說：「我十歲時，站在歐洲第二大瀑布旁邊，聽著水聲咆哮，覺得那就像下雨時的高速公路。」

道路噪音問題自古就存在，和道路帶來的大多數影響一樣。兩千多年前，詩人尤維納利斯（Juvenal）就抱怨過，羅馬馬車持續發出的隆隆聲「足以喚醒死者」。惠特曼（Walt Whitman）〈自我之歌〉中寫道：在紐約行走，是在體驗「路面的喋喋不休」，包括「馬車輪胎的聲音」和「馬蹄鐵的噹啷聲」。惠特曼對於這樣的喧囂，似乎感到欣喜而非沮喪，但那是因為他從未體驗過內燃機的噪音。隨著二十世紀汽車激增，道路噪音成為一種公共衛生危機，是「沒那麼沉默的殺手」。噪音會剝奪睡眠，使認知功能受損，引發壓力激素釋放，從而導致高血壓、糖尿病、心臟病和中風。法國一個倡議團體在二〇一九年提出的報告中指出，噪音汙染使巴黎人的平均壽命縮短十個月，在最吵鬧的社區，居民壽命甚至減少三年以上。

對道路生態學家來說，噪音的危害則是因為它的發生地點不限於城市。噪音影響所及，包括國家公園和其他狀似受保護的地區，其中許多地區為了遊客方便而設立道路，並因此受到破壞。當一輛汽車沿著向陽公路（Going-to-the-Sun Road）緩慢行駛，穿越冰河國家公園（Glacier National Park）時，方圓近五公里內都會壟罩在車聲中。保育生物學家布克斯頓（Rachel Buxton）告訴我：「一旦注意到噪音，就無法忽視了。你前往荒野，希望逃離塵世並且放鬆身心，但噪音會破壞這份特殊的體驗，把它摧毀殆盡。」

道路噪音不僅僅惱人，也是讓棲地消失的一種方式。它是驅逐劑，把野生動物從原本繁衍生息的環境中趕走。在冰河國家公園，遠方的機械摩擦聲會驚動山羊；在伊朗的野生動物保護區，高速公路穿過了波斯瞪羚聚集的區域，發出四十分貝的聲響。這種喧鬧直接違反國家公園的設立目的，因為國家公園的存在，主要是為了保護區內的動物。以魔鬼塔國家紀念區（Devils Tower National Monument）為例，這座位於懷俄明州的孤峰具有超現實的地景，因為出現在電影《第三類接觸》中而聞名。魔鬼塔每年都會吸引一大群遊客前來，他們是來附近參加斯特吉斯機車集會（Sturgis Motorcycle Rally）的騎士，破壞力遠大於外星人。布克斯頓發現，咆哮的哈雷機車和山葉機車會將草原犬鼠趕回洞穴，驅逐鹿群，蝙蝠也會好幾個星期不來山峰附近覓食。如果史蒂芬史匹柏的外星人出現在斯特吉斯的市中心，男主角李察德雷福斯（Richard Dreyfuss）根本聽不到他們的五音符問候音樂。

事後來看，國家公園會遇到道路噪音也是可想而知。幾乎打從一開始，美國的國家公園就是「擋風玻璃後的荒野」，這是歷史學家盧特（David Louter）令人難忘的話——公路旅行的目的是在擋風玻璃後進行體驗。二〇一九年，有將近三億三千萬人造訪國家公園，幾乎都是開車。公園就要「被愛死了」，這個顯而易見的事實，和史泰納（Wallace

Stegner）所宣稱的「國家公園是我們最好的主意」，同時被反覆傳誦。更多遊客代表更多路殺、更多路肩侵蝕，更多損壞的公園土地，以及更重要的，是更多的噪音。如今國家公園署管轄範圍內近一半的區域，都遭受至少三分貝的聲音汙染。

∞ 流浪者的公路旅行

從汽車誕生之初，批評者就擔心車子持續的喧囂聲會壓倒大自然。深具影響力的作家伯勒斯（John Burroughs）向來以反機械為傲，他在福特T型車上市後不久，就譴責汽車是「有輪子的惡魔」，會「尋找森林中最僻靜的各個角落，用噪音和煙霧加以汙染。」他的長篇議論引起福特（Henry Ford）的注意，福特深知，若能說服反汽車批評人士，將具有象徵性的力量。一九一二年，福特送給伯勒斯一輛T型車做為和解之用，很快的，這位七十多歲的老人就在卡茲奇山附近快樂的兜風，穿過穀倉、撞到樹木（他很容易被鳥兒分散注意力）。福特回憶：「那輛汽車為我們帶來了友誼。」

一九一四年，福特和伯勒斯前往佛羅里達州，拜訪另一位著名的朋友：發明大王愛迪生（Thomas Edison）。在麥爾士堡（Fort Myers）向粉絲致意之後，這三個人與家人出發前往大沼澤地（Everglades）。這趟短途旅行演變成一齣荒謬喜劇：汽車陷入泥濘，蛇入侵營地，大雷雨迫使渾身濕透的男人縮在女人的帳篷裡。儘管小災小難不斷，這群自稱

從左到右依次為愛迪生、伯勒斯、福特和費爾斯通，這群「流浪者」讓汽車露營成為美國人的休閒活動。 *The Henry Ford*

「流浪者」的人，還是把汽車露營變成半年一次的傳統，以小卡車和T型車組成車隊，造訪加州、阿第倫達克山脈和阿帕拉契山脈等地，後來輪胎大亨費爾斯通（Harvey Firestone）也加入其中。他們從農家女孩那兒買蘋果，圍著營火談論化學，並拒絕刮鬍子——這對伯勒斯來說完全不是困擾，他的標誌正是長度及胸的鬍鬚。伯勒斯高興的說：「我們愉快的忍受了潮濕、寒冷、煙霧、蚊子、蚋蠅和失眠之夜，只是為了再次接觸毫無遮掩的真實。」這並不是說他們過得很艱苦，他們可是有一群繫領結的僕人伺候著，一九一九年的豪華露營之旅，還包括一輛配有爐子和冰箱的廚房車。儘管如此，福特和愛迪生這兩位擁護進步的人，會想要回歸自然，或只能說是模擬自然的狀態，還是讓媒體感到深深著迷。一九二一年伯勒斯去世後，他的位置由一位更高貴的名人所取代：美國前總統哈定（Warren Harding）。

流浪者的公路旅行傳達了時代精神，也引導了時代精神。汽車銷售量呈現爆炸般的成長，但不是因為汽車帶來方便，而是因為讓人更自由。長期以來，在鄉村遊蕩一向是洛克菲勒和范德比爾特等名流家族的無聊消遣，與受雇的銀行出納員和工廠工人絕緣。但價格實惠的T型汽車興起，使得渡假變得普遍。國族主義也推動了這種時尚，高速公路協會和汽車公司在「先看美國」的口號下，推動汽車旅遊。「先看美國」的呼籲者如此聲嘶力竭的吶喊，以致於某次喧鬧的公關活動之後，有人因為「喉炎併發喉結核」而死。

美國有很多值得看的地方。幾個世紀以來，大自然一直是前往西部拓荒的自耕農難以駕馭的敵人。但在流浪者的重塑下，大自然成為男性擺脫「女性化」城市生活的喘息之地。布福特宣稱汽車提供了恩惠，「讓人能在上帝偉大的開放空間中，享受數小時的快樂」。布隆克斯河和塔科尼克公園大道等風景優美的道路，則吸引著開車兜風的人。駕車露營的人就像野餐時的螞蟻那般遍布美國各地，他們開著艾斯特林（Airstream）露營車、帶上科曼（Coleman）爐具，這些都是成長中的戶外活動複合產業所推出的產品。一位記者興奮的說：「過去露營是在野外的樹林裡進行，現在改在野外的福特車裡露營。」

一開始時，狂野的福特汽車想去哪裡就去哪裡。早期的汽車露營不受政府管束，蓬勃自由。旅行者紮營的地點可能是高速公路沿線，或是憤怒農民的田裡。隨著時間，露營逐漸變成較溫和的活動。城鎮裡出現「汽車營地」，那是汽車旅館的前身。倡導汽車露營的團體，則出版了地圖和指南。路邊的公共區域變成禁止進入後，許多露營者湧入國家森林。在那裡，他們霸占了柯霍的消防道路，也和利歐波德對抗。更多人湧向新規劃的土地：國家公園。國家公園很快就成為美國公路旅行的代名詞。

∞蛇在伊甸園中

可確定的是，國家公園比汽車更早出現。美國第一座國家公園是黃石國家公園，於一八七二年成立，隨後，優勝美地、雷尼爾峰、火口湖等國家公園相繼成立。但大多數的國家公園很少有人造訪，除非是買得起長途火車票和請得起騎馬導遊的有錢旅客。當時沒有管理公園的正式機構，國家公園是在內政部和美國陸軍的零星監管下運作，這些單位的職責是阻止盜獵者，而不是迎合遊客。早期前往優勝美地山谷的遊客，必須把汽車鎖在樹上並交出鑰匙。一位遊客認為，允許汽車進入公園，就像讓蛇「在伊甸園中找到住處」。

只不過這條蛇得到有力說客的支持。隨著汽車時代來臨，國家公園開放汽車進入的壓力愈來愈大，甚至連環保運動領袖繆爾（John Muir）都預測，汽車「排出的氣體，很快就會與松樹氣息合而為一……但沒什麼壞處，也沒什麼好處。」然而當汽車終於開進國家公園時，基礎建設卻無法容納汽車。雷尼爾峰的主要道路十分險峻，當美國前總統塔夫特（William Taft）在一九一二年造訪當地時，助理們甚至擔心這位國家統帥無法倖存下來。（塔夫特所受的傷害，最嚴重只不過是陷在泥坑裡，他的車和他龐大的身軀都必須用騾子拖出來。）同年，靠銷售硼砂賺大錢的百萬富翁馬瑟（Stephen Mather），造訪了紅杉國家公園（Sequoia National Park）和優勝美地，兩地的環境讓他大受震撼。他在瀑布下大喊：「我們可以在這裡免費淋浴！」但對當地設施他可就沒有好話了。他在給內政部的一封信中抱怨：「對於歷經一頓難以消化的早餐，以及在難以安眠的床上輾轉反側的遊客來說，風景是一種空虛的享受。」

他得到的答覆是：「親愛的馬瑟，如果你不喜歡國家公園的經營方式，那就來華盛頓親自經營。」

因此在一九一七年，馬瑟成了「國家公園署」的首任主管，負責把美國最受歡迎的景點整合在一起。

馬瑟管轄的部門充滿矛盾，就像它的大哥林務署一樣，國家公園署也繼承了模糊的任務。根據設立國家公園署的法律，它必須同時保護「野生動物」和為遊客「提供娛樂」，但法條中幾乎沒有任何指引，規定它如何協調這兩項目標。馬瑟釐清自己的優先事項，宣稱解決公園的「道路問題」，「能使開車前來的人，更大範圍的利用他們所需及所應得的遊憩場所。」多虧流浪者的影響，風景已成為一種消費品，觀光產業則成為需要崇拜的神。在馬瑟的指導下，國家公園署製作了電影、旅遊指南和其他宣傳品，討好了美國汽車協會，並從國會張羅到數百萬美元的經費。到了一九二九年，國家公園中的公路長度已經超過兩千公里，提供將近七十萬輛汽車呼嘯而過。

儘管馬瑟是精明的經營者，但他對汽車旅遊的熱情卻是真誠的。馬瑟的快樂掩蓋了他的憂鬱症——或躁鬱症。在一次盛大的晚會上，有位同事發現馬瑟在接待室裡「前後搖晃，時而哭泣，時而呻吟。」對馬瑟來說，戶外風景提供的治療效果，比任何療養院更好。他寫道，造訪公園「讓人滿足」，是「緩解全國不安情緒的解藥」。馬瑟經常求助於他最愛的治療方法，開著帕卡德汽車（Packard）到處兜風，他的車牌上寫著「ＮＰＳ１」。在馬瑟騷動的心中，公園道路提供平等的力量，不論老者、幼者、體弱者，都能擁有與生俱來欣賞風景的權利，這是維護心理健康的全國處方。

但馬瑟對於道路建設的繁榮，也並非全然樂觀。他曾警告：一條穿過黃石公園東南部的道路「可能意味著麋鹿的滅絕」。如今該區域是美國本土四十八州中，距離公路最遠的地方，大約相距了三十二公里。與其為了建路而建路，馬瑟相信的是，應該要建築正確的道路。不朽的工程壯舉如洛磯山國家公園的特雷里奇公路（Trail Ridge Road）、仙納度國家公園（Shenandoah National Park）的天際線大道（Skyline Drive）、紅杉國家公園的將軍高速公路（Generals Highway），這些道路和周圍風景同樣令人驚嘆。

馬瑟興建的道路蜿蜒曲折，有急轉彎也有岔道，並且鋪滿了當地的岩石，努力與周圍壯觀的景色彼此協調。他理念的縮影是向陽公路，國家公園署動用將近五十萬磅的炸藥，從冰川的正面炸出這條道路。向陽公路這個工程如此大膽，以致有三名工人在施工過程中喪生。當一九三三年向陽公路通車時，《大瀑布論壇報》（*Great Falls Tribune*）讚嘆不已：「這條道路就像是通往傳說中的奧林匹斯山，每轉一個彎，都會遇到通往壯麗景觀的大門。」

然而向陽公路並非完全無害。與同時代的其他道路一樣，國家公園署所設計的向陽公路是為了炫耀美景，方便遊客以眼睛、雙筒望遠鏡和相機欣賞大自然，但忽略了冰川上的非人類居民。在這些居民當中，有許多主要是以眼睛以外的感官來體驗世界。馬瑟宏偉的道路展示了風景，和受汙染的「聲景」，這是一種退化，影響所及要再過幾十年才為人所知。曾在國家公園署任職的生物聲學家費雷斯楚普（Kurt Fristrup）向我介紹了該署的道路：「它們是為了風景、為了成為體驗的一部分而建造。諷刺的是，這也意味著道路的建造，是為了把噪音傳到盡可能遠的地方。」

∞聲音軍備競賽

大多數外行人會把聲音和噪音視為同義詞。但對聲學家來說，兩者的意義相反。聲音基本上是自然的，即使在最安靜的場所也會讓耳朵愉悅：風的沙沙聲、蜜蜂的嗡嗡聲、松鴉的鼓翅聲。相對的，噪音是人類產生的汙染，它的英文是 noise，和它的詞源 nausea 的意思「噁心、嘔吐感」一樣令人不快。在最寧靜的風景中，即使是一架飛機也會顯得突兀，就像電影《現代啟示錄》中，直升機大聲播放華格納的〈女武神的飛行〉那般，反差之下透露著險惡。

噪音對其他生物而言也難以承受。野生動物對於所在的聲音環境非常敏感，超乎我們想像。人類談話的聲音大約是六十分貝，輕柔的呼吸聲、樹葉的沙沙聲等人類幾乎聽不到的聲音，大約是十分貝。聽覺最敏銳的掠食者，可以偵測到負二十分貝的聲音。蝙蝠能夠聽到昆蟲細碎的腳步聲，狐狸能對雪地下的田鼠進行三角定位。獵物同樣具有敏銳的聽力。絲刺鶯的雛鳥聽到鳥類天敵的腳步聲時，會定住不動。南美泡蟾會躲避蝙蝠的翅膀拍打聲。視覺是一種奢侈，聽覺是一種必需。大多數動物睡覺時眼睛閉著，但幾乎所有動物都會因為聽到樹枝折斷而醒來。

這場聲音軍備競賽是在寂靜的世界中演化，但如今這個世界卻遭到道路破壞。儘管生物一直在應對喧鬧的環境，例如狂風大作的山脊和奔流的瀑布，但汽車卻讓噪音成為常態，而非例外。對於依靠聽力生存的動物來說，交通的「遮蔽效應」可能是致命的。環境中的道路噪音會淹沒鳴禽發出的警戒聲，也會阻礙貓頭鷹偵測齧齒動物。背景噪音只要增加三分貝，就會使「聆聽區域」（動物能接收到聲音訊號的空間）減半。噪音干擾動物，也擾亂牠們推動的生態過程，包括種子傳播、花朵授粉和害蟲控制。例如在葡萄牙的橡樹林地，蒼頭燕雀和藍山雀等鳥類會避開喧鬧的高速公路，導致昆蟲的數量不受控制，造成路邊樹木死亡。即使是無法鋪路的海洋，也被道路噪音所淹沒，而且航道上布滿了浮油的彩虹光和貨輪的摩擦聲。九一一攻擊事件發生時，加拿大政府暫停船舶交通，研究人員分析了當時露脊鯨漂浮的糞便，發現其中的壓力激素濃度大幅下降，就好像鯨魚暫時大大鬆了一口氣。

交通不僅會干擾聽力，還讓人很難聽到聲音。一九一一年，法國的外科醫生隆巴德（Etienne Lombard）發現，當他與病人交談時，若把噪音傳入病人耳中，說話的人會不自覺的提高音量。後續研究發現，噪音還會導致人們提高說話的音調，並放慢說話速度。一九七二年，研究人員也在日本鶺鴒身上觀察到這種「隆巴德效應」，自此之後，從藍喉寶石蜂鳥到豬尾獼猴等，科學家在數十種動物身上觀察到相同的現象。在澳洲，高速公路附近的雄樹蛙，會發出更高頻率的呱呱叫聲（這其實對求偶不利，因為雌樹蛙可能覺得尖銳的呱呱聲代表身體不強壯）。灰鵖鶇也會提高鳴聲的頻率，以便在車輛噪音中仍可被聽到。由於幼年的鵙鶇較易分辨出這些高頻旋律，進而模仿，導致「方言相對快速發展」，這裡的方言指的是區域性的鳥類語言，將受到道路影響。

儘管有這麼多危害，但從歷史看，道路噪音卻很難研究。二〇〇〇年，道路生態學的創立者福爾曼在研究中指出，草地鷚、長刺歌雀和其他鳥類，都對高速公路敬而遠之，保持至少兩個足球場遠的距離，並提出假說：「交通噪音是鳥類群聚變化的重要原因」。然而，道路造成的改變如此之多，很難分辨出鳥類各種反常現象的肇因。是的，噪音可能驅逐野生動物，但動物的離開也可能是因為討厭看到汽車，或林木突然遭到砍伐，或因為空氣品質下降。愛達荷州樹城州立大學（Boise State University）感官生態學家巴柏（Jesse Barber）告訴我：「長久以來，人們一直猜測噪音汙染控制了動物的分布。但是我們需要實驗」，才能剔除有關道路的許多變數，將道路噪音造成的影響獨立出來。

巴柏選擇幸運峰（Lucky Peak）做為實驗地點，那是一片綠色的高地，挺立在愛達荷州中部日照強烈的灌木原上。每年秋天，往南飛的大批鳴禽會陸續降落在幸運峰，像是琉璃彩鵐、隱士夜鶇、金冠戴菊等，牠們以漿果和昆蟲為食，補充能量，就像黑尾鹿在遷徙途中停下來吃嫩綠植物一樣。幸運峰是遷徙鳥類絕佳的遷徙休息站，原因之一是周圍的道路稀少，這裡是樹城地區沙漠中的一座野生綠洲。二〇一二年，巴柏、他的學生卡萊爾（Heidi Ware Carlisle）和一些同事，決心釐清幸運峰的遷徙者如何因應新出現的道路，但不是柏油路，而是聲音道路。研究團隊在樹幹上安裝了十五對揚聲器和擴大機，把電線穿在園藝水管中以防止齧齒動物啃咬，並用浴簾遮蓋器材以便防雨。然後，他們從凌晨四點半到晚上九點持續播放預錄好的車聲，在無路森林中造就一條幻影之路。

這條幻影之路實在太逼真了，連人類都受騙上當。卡萊爾告訴我：「不斷有徒步旅行者、登山車手和獵人經過那裡，至少有三次，路人向我們表示，他們以為高速公路是在南邊，而不是東邊。」鳥兒也同樣迷失了方向。在卡萊爾播放錄音的日子裡，鳥類數量急劇下降，有些物種則是完全避開幻影之路，如雪松太平鳥和黃林鶯。

幻影之路不僅趕走鳥類，也侵害了留下的動物。當卡萊爾捕捉林鶯並檢查牠們小小的身體時，發現牠們在靠近幻影之路後變瘦了。鳴禽要保命，就得不斷聆聽隼的颼颼聲、貂的沙沙聲，和來自鄰居的警報聲。正如卡萊爾所說：「隔壁的條紋松鼠會比你更早看到蒼鷹。」但當道路噪音掩蓋了聲音線索，鳥類就必須靠眼睛尋找掠食者，而無法用聆聽的方式。這種「取警戒而捨飲食」的做法，會讓牠們漸漸耗盡體力，因為尋找獵鷹的每一刻，都無法吞噬甲蟲。警戒可以保命，但也會讓你挨餓。

幻影之路是道路生態學的重要指標，研究人員首次證明，光是噪音就可能影響動物的生活。這個實驗的說服力不僅在於設計巧妙，也在於幻影之路的噪音來源。卡萊爾揚聲器中播放的路況，並非錄自州際高速公路或城市大道。相反的，他們錄音的所在地，是冰河國家公園裡八十公里長的偏僻道路「向陽大道」。

選擇向陽大道做為幻影之路的聲音來源，是很好的策略。如果連冰河國家公園這樣的保護區，都受到噪音汙染，鳥類還能在哪裡自在生活呢？「擋風玻璃後的荒野」已經把聲音汙染擴展到保護最嚴密的地區。洛磯山國家公園的藍鑣樹雞，或仙納度國家公園的深藍儷鴝鶯，或許可安全避開獵人和開發商，但很容易受到沃倫貝格露營車和哈雷機車咆哮聲的危害，這是國家公園署無法迴避的難題。

巴柏告訴我：「你不可能走到高速公路上說『嘿！為了保護鳥類，卡車的行駛速度需要放慢』對吧？但國家公園是我們可能真正採取行動的地方。動物正在承受交通的衝擊，承受人類帶來的影響，而管理者正試圖採取行動。」

∞ 天籟計畫

自從國家公園署成立以來，批評者就一直抱怨噪音。艾比（Edward Abbey）是居住在猶他州峽谷的壞脾氣吟遊詩人，他懇求那些「像是有輪子的貝類般，自閉於金屬殼內」的遊客「走出來，走在甜蜜而幸福的土地上！」一九六八年，艾比在《沙漠隱士》（*Desert Solitaire*）一書中講述自己擔任國家公園管理員的經歷。這本書既是對抗汽車王國的長篇大論，也是對寧靜的致敬，讚揚「安靜的鹿」、「安靜的小郊狼」，以及科羅拉多河「水晶般透明的安靜」。艾比宣稱：「我們都同意汽車不該開進大教堂、音樂廳、藝術博物館、立法議會、私人臥室和其他文化聖地，我們也應該以同樣的尊重對待國家公園，因為國家公園也是聖地。」

不過讓國家公園署意識到噪音問題的，並不是汽車。一九八六年，一架水獺型飛機和一架貝爾二〇六直升機，在大峽谷國家公園上空相撞，造成乘客死亡，熔化的鋁金屬把峽谷山壁塗成銀色。這場災難刺激國會通過一項法律，要求國家公園署監管轄下空域周邊的飛行旅遊，並認為飛機「對自然的寧靜產生嚴重的不利影響」。國家公園署受到譴責之後，開始研究轄下區域的噪音汙染，並在二〇〇〇年成立自然天籟計畫（Natural Sounds Program）科學部門，任務是保護國家公園中豐富的聲音，如紅鹿的呦叫、冰川崩解的撞擊聲、黎明時鳥類的合唱。這些公園「聲景」可能不比優勝美地的半穹頂（Half Dome）或黃石公園的老忠實間歇泉（Old Faithful）顯著，但和風景一樣值得關注。

自然天籟計畫部門並不清楚任務是什麼。聲音生態學（acoustic ecology）和道路生態學一樣，是新興的領域，主要研究船舶噪音怎樣傷害鯨魚。這與黃石公園的雪地機車或優勝美地的直升機有什麼關係？當費雷斯楚普與聯邦航空管理局的官員會面，討論如何限制航班時，對方完全不予理會，甚至有人嘲笑道：「大峽谷裡沒有鯨魚。」

那麼，自然天籟計畫的第一步就該是聆聽。二〇〇〇年代初，該單位派遣許多技術人員，裝設數百個「聆聽站」。基本儀器包括筆記型電腦、麥克風、太陽能電池板，每次可被動記錄聲景長達幾星期。這些聆聽站受到強風吹襲，遭到降雪掩埋，受到動物破壞。一位生物學家告訴我：「我們有很多測量紀錄，像是一隻熊找到麥克風，然後是熊嘴咬住麥克風的聲音，再來就寂然無聲了。」在大沙丘國家公園（Great Sand Dunes National Park），儀器偵測到發情紅鹿的鹿角撞擊聲；在大沼澤地，錄到鱷魚的吼叫。在麻州的一座公園裡，有名滑雪客偶然發現一個麥克風，錄了一段天氣預報。

國家公園署逐漸發現，它所管轄的聽覺財富不亞於視覺財富，但那些錄音也指出聲音汙染。研究人員分析了將近一百五十萬則錄音後，發現其中超過三分之一遭到噪音汙染。至於噪音來源，各式各樣，有火車穿過蓋雅荷加谷國家公園（Cuyahoga Valley National Park）的轟轟聲，遊輪駛入冰川灣國家公園（Glacier Bay National Park）的隆隆聲，但道路噪音一直都存在。幾乎毫無例外的，最吵鬧的國家公園總是距離機場最近，且道路網絡最密集。

理論上，國家公園署是最適合解決這個問題的單位。國家公園署雖然可能在「野生動物」和旅遊業之間搖擺，難以取得穩定的平衡，但仍比其他機構更重視保育，如聯邦公路管理局。但國家公園仍不容易安靜下來。二〇一六年，巴柏說服大提頓國家公園的監管單位降低車速限制，的確讓交通聲降低了幾分貝，遊客也聽到更多鳥鳴聲。但鳥類仍然避開了公路。一輛以時速四十公里悠悠行駛的汽車，發出的聲音可能比時速七十公里的汽車要來得小，但也需要更長的時間才能通過，這樣的壓力源或者較不嚴重，但壓力持續的時間卻變長了。讓公園道路變得較安靜並不難，難的是維持足夠的安靜。

巴柏告訴我：「我認為所有的工作都指向同一件事：保護野生動物棲地安靜的最佳方式，就是不要建造該死的道路。一旦建了，就會有大麻煩。」

電動車應該多少能提供幫助。由於電動車沒有內燃機，引擎幾乎不會發出聲音。但電動車不是萬能藥。當時速超過五十六公里，車輛噪音大多來自輪胎而非引擎。（州際公路上單調的嗡嗡聲，是橡膠遇到路面所發出的「有節奏撞擊聲」，加上胎紋氣穴爆裂產生的「胎紋噪音」所混合形成。）如果沒有露營車的轟隆聲，大峽谷國家公園的停車場會變得更加舒適，但電動車並不會讓大沼澤地的主要道路安靜下來，因為這些道路的速限將近九十公里。[1]另有一種「安靜路面」，可藉由路面上大量的小坑洞減少輪胎發出的噪音。在死亡谷國家公園（Death Valley National Park）進行測試時，安靜路面展現出潛力，但隨著時間，砂礫會逐漸填入小坑洞，降低抑制噪音的效果。一些歐洲城市會以「巨型吸塵設備」清潔道路，保持街道安靜，但很難想像國家公園署會採用相同的措施。

看來，技術無法提供太多答案。國家公園署為了滿足遊客，也不太可能徹底改變開車逛荒野的模式。但是車子的數量是可以改變的。二〇〇〇年，國家公園署禁止私家車駛入猶他州錫安國家公園（Zion National Park）的大部分地區，並以公共巴士取代。此後，巡山員看到更多鹿，也再次聽到峽谷鷦鷯的鳴叫聲在砂岩間迴盪。自從馬瑟時代以來，國家公園署一直對汽車低頭，但在某些地方，它已經驅逐了想要進入伊甸園的蛇，或至少限制了蛇的進入。我決定親自造訪這樣的公園，但不是錫安公園，而是一個更原始的國家公園，它有著更悠久的反汽車抗爭史。

∞ 都是柏油路的錯

對於想一探道路究竟的作家來說，阿拉斯加是個奇怪的地方，原因很簡單，當地沒有太多道路。該州每一千平方公里的土地上，大約只有一公里長的道路，而且現存道路無法維持太久。阿拉斯加有些地方的氣溫在攝氏三十八度到零下五十度之間波動，許多地方會被將近五公尺厚的積雪覆蓋，許多地方的道路因為雪崩襲擊或永凍土融化而崩壞。阿拉斯加有兩個季節讓居民受不了：冬季和施工季。

六月的一個晚上，公車司機廣播：「等一下可能會有陸地亂流，如果你有飲料，可能需要蓋上蓋子。」我們輪下是帕克斯高速公路（Parks Highway），這條公路連接安克拉治（Anchorage）和費爾班克（Fairbanks），到處都是坑洞和突起。一對老夫婦緊握著扶手，司機補充說：「記住，這不是我的錯，也不是公車的錯，是柏油路的錯。」

我禮貌的一笑，然後看向地平線。鋸齒狀的山脈邊有乾枯的雲杉，河流裡有白色的碎冰流動，像是激流中的乳白色泡沫。路邊翻攪過的土壤長滿了雜草，洋紅色的花朵映著灰綠色的苔原，這是阿拉斯加高速公路最具代表性的顏色組合。我在一個岔路口下車，徒步行走，一路伸出大拇指，臉上掛著最不具威脅的笑容。以往在國家公園裡搭便車很容易，但這回不然。要麼是這個社會對陌生人的信任度降低了，要麼是我變恐怖了，以前只要幾分鐘就能搭上便車，這次卻變成一小時。最後，一名卡車司機好心的靠邊停下，載我到迪納利國家公園（Denali National Park）的公園路口。這是美國最具代表性的偏僻小路之一。

迪納利的公園路是國家公園署內部張力的縮影。長達一百四十七公里的蜿蜒道路上，彷彿布滿了馬瑟的指紋：一九二四年開始施工後不久，馬瑟的副手就敦促建商「避免長直的線條」，並要呈現「國內最美和最壯麗的景觀」。從一開始，建築這條路就是毫無意義的工作。阿拉斯加的天氣和「深不見底」的泥漿，讓建路的工人深感挫折，他們的工資微薄，只能住在帳篷裡。即便如此，受到流浪者冒險行動的刺激，奢侈的汽車遊客還是成群結隊出現。汽車載著穿西裝、戴珍珠的觀光客，開過二十公里的路，抵達野營地，睡在木造的帳篷裡，在拋光的地板上跳華爾滋。一位記者驚嘆：「你坐在鋪著雪白桌巾和餐巾的桌子旁，這些東西在荒野中幾乎是找不到的。」

在接下來許多年裡，國家公園署一直屈服於汽車之下。一九五〇年代，這個機構啟動了六六號任務（Mission 66）。這是由美國汽車協會共同贊助的大型建設計畫，在它的多項目標之中，其一是鋪設和拓寬迪納利公園路這條大多是泥巴鋪面的小路。這項計畫激怒了生物學家阿道夫・穆里（Adolph Murie）和奧洛斯・穆里（Olaus Murie）兄弟，他們擔心更寬更快的道路會破壞「（公園）原始氣氛的純粹」。迪納利是適合讓人深思的地方，而不適合走馬看花。奧洛斯告誡：「如果我們鼓勵遊客趕路，只在車上一睹風景，國家公園並無法達到設立的目的。」即使美國本土的汽車文化已接近頂峰，穆里兄弟仍堅持，迪納利公園路應該成為聖殿，保有被遺忘的價值觀——緩慢。

兄弟倆贏得這場戰鬥，國家公園署把道路保留為碎石泥土路。一九七二年，公園署完全傾向穆里兄弟的立場，宣布一項更嚴格的政策：這條路上未鋪柏油的路段（一百四十七公里中的一百二十五公里），保持禁止大多數私家車通行，迫使遊客乘坐公車，以四十公里的時速緩慢行進。這個轉變激怒了旅遊業，一位旅館經營者猛烈抨擊，稱迪納利變成了「沒有電梯的華盛頓紀念碑」。但國家公園署只是添加更多限制。一九八六年，公園署宣布每年只允許大約一萬班次的公車通過。其他國家公園人滿為患，但迪納利公園卻凍結了交通。

經過幾個小時的搭便車和步行後，我到達了迪納利國家公園總部，生態學家克拉克（William Clark）告訴我：「現在迪納利國家公園道路上的車輛數量，與一九八六年時相差不到一千，我不知道世界上是否有很多道路可維持這種狀況。」

克拉克負責管理迪納利的道路生態計畫，一臉蓬鬆的鬍鬚讓他看起來像是淘金客。他說話簡明扼要，以致於之前和我通電話時，還得向我保證他很期待會面。他說：「如果我聽起來不太興奮，很抱歉。不過戴夫就真的看起來很興奮了。」戴夫姓希羅考爾（Dave Schirokauer），是公園研究小組的領導人，相對於克拉克的內斂，希羅考爾顯得興致高昂。他們負責執行迪納利國家公園的車輛管理計畫，必須協調野生動物與遊客的需求，任務艱難。我們在希羅考爾的辦公室碰面時，他故作嚴肅的說：「我們不能殺死下金蛋的鵝，我們只能幫牠們接上生命維持系統。」

儘管公園的車輛管理計畫是為了幫助所有野生動物，但特別關注白大角羊。這種毛髮如雪的反芻動物，從道路上看去，在遠處岩石的映襯下，大多宛如白色針尖，就像撒在桌布上的鹽粒。（在迪納利公車上最常聽到的一句話就是「岩石或羊？」這個問題只有透過雙筒望遠鏡才能回答。）白大角羊動作敏捷、能看得很遠、靠著啃食地衣存活，非常適合在迪納利的岩脊上生活，不受狼的侵擾。每年春天，羊群會爬下碎石堆享用青草和野花，但公園道路會擾亂牠們的遷徙。

一九八五年，就有一名博物學家目睹八隻羊「面向道路，擺出立正姿勢」，小心翼翼的朝下坡走。在接下來一小時裡，這些緊張不安的動物前進又後退，每當一輛公車隆隆駛過，牠們就放棄前進，像鷸小步快跑避開海浪一樣。這位博物學家寫道：不久之後，「羊群返回原來可逃避狼群的地帶」，牠們的旅程受到阻礙。即使交通流量只是略有增加，從每小時十輛車增加到二十輛車，也會把迪納利路邊的羊群趕走。

公園的車輛管理計畫將羊群的焦慮考慮在內。這項計畫的書面報告長達四百二十八頁，而且足以治療失眠，其中規定每天有多少輛汽車、卡車和巴士可在公園裡穿梭，可去哪裡，以及誰可以開這些車。在一個原本不限制通行的世界中，這是安靜的革命性文件，每二十四小時允許通行的車數不超過一百六十輛。其中最激進的規定是「羊間隔」（sheep gap），要求在幾個遷徙廊道上，每小時至少有十分鐘不能有任何車輛通過。克拉克說：「如果有一群羊或任何野生動物想要行動，都能得到機會，我稱之為交通中的深呼吸。」

然而，交通往往容易過度換氣。交通官員共通的目標，幾乎都是填補服務間隔，而非創造間隔。希羅考爾承認，羊間隔對於經營迪納利公車的特許業者來說，是個「髒話」。和所有交通工具的使用者一樣，造訪園區的觀光客也期盼持續不絕的公車，這種期盼與大角羊所需的漫長間隔彼此衝突。公車系統整體上可滿足遊客需求，但無法維持羊間距，這並非巧合。反芻動物不會在旅遊網站上留下一星評價。

希羅考爾說：「旅遊業給國家公園帶來難以想像的壓力，他們要求園方允許更多巴士通行。旅社每增添一排房間，都會多出八十個枕頭。然後他們會說：好吧，這代表我們每天需要多兩輛巴士來載這些人。美國的作風就是保持成長。人們了解劇院會客滿，但不明白為什麼公園道路也會客滿，直到抵達觀賞野生動物的景點，發現那裡已經停了十輛公車，自己只能看到熊的後腿，才總算理解。」我想到那些抱怨其他遊客汙染自己孤獨感的遊客，以及關於尖峰時段的老話：你不是陷在交通堵塞中，是你堵塞了交通。

∞滿滿的寂靜

當國家公園署在一九七〇年代設立迪納利公車時，目標並不是減少噪音汙染，而是保護穆里兄弟所重視的那種說不清的荒野氣氛。公車系統讓迪納利擁有美國最美麗的聲景之一，讓大自然的合唱不被遮蔽，得以彰揚。在迪納利的交響樂廳裡，大自然演奏著奇怪的、不可重複的樂曲，例如以晚春積雪崩落為背景的鶯鳥囀鳴，就像木管樂器後有打擊樂在敲擊。道路上微弱的聲波足跡很容易避開，你可以在任何喜歡的地方下車，沿著水流沖出的泥路，進入國家公園裡沒有道路、自然發展的偏遠地區。國家公園署的一位聲學專家告訴我：「只要多走幾步，遠離主要道路，就能享受到滿滿的孤獨感。走個幾百公尺，就幾乎聽不到道路的聲音了。」

一天下午，我和負責研究公車系統的技術人員奧洛夫斯基（Kate Orlofsky）一起沿著迪納利的道路行駛。我們穿過零散分布的森林，一路駛向碎石坡。白雲的影子在金綠交錯的山谷上快速移動，這是個沒有邊界的世界，一隻狼可以行走千里而無需穿過任何道路。在大多數車輛的終點站薩瓦奇河（Savage R.），奧洛夫斯基向一名巡山員報到，巡山員在記事板上打了個勾。我們一如穆里兄弟所企圖達成的，在塵土與礫石中前進。這條路完全沒有視覺上的雜亂，沒有官方警告標誌，像是注意落石、禁止通行、前方道路施工等。這些企圖讓我們更安全的警告，就像惱人的「有鹿出沒」號誌一樣，但現在已消融在大自然的白噪音之中。一隻馴鹿在河邊的礫石灘上閒逛，搖晃著牠有如天鵝絨般的鹿角。奧洛夫斯基說：「有時我會搖下車窗，聽聽鳥鳴。」我想著，還能在哪裡做到這一點。

過了一會兒，奧洛夫斯基把車停在一個羊間隔處，拿出筆記型電腦。就我看來，這裡斑駁的苔原與其他地方沒什麼不同。我看了一眼路邊斜坡，沒有羊。我們等待公車出現，奧洛夫斯基會記錄公車出現的時間，確認羊間隔有維持住。很快的，遠處揚起一片塵埃，那是來自路基的微粒盤旋向上所形成的煙霧。[2] 煙霧製造者是一部看似校車的粉綠色公車，只見它噗噗前來，車內的乘客要麼看著窗外，要麼玩弄相機，要麼臉頰貼在玻璃窗上打瞌睡。奧洛夫斯基在筆記型電腦鍵盤上敲打了一陣，然後我們回到車上。

在車上，我詢問奧洛夫斯基過去的經歷。她曾用陷阱捕捉狼、追蹤鼠兔、在太平洋屋脊步道（Pacific Crest Trail）上巡邏。根據我的觀察，數公車相較之下似乎有點無聊。奧洛夫斯基笑了，坦承：「這不是最有趣的工作，也不是最活潑的工作。但我可以觀賞野生動物，可以享受微風。」不需監視羊間隔時，她的工作是親自搭乘公車系統，假扮成遊客，祕密記錄乘客數量、休息站、野生動物、交通往來等數據，這些數據將成為公園未來車輛計畫的參考資料。換句話說：奧洛夫斯基是職業遊客，她並不認為這種奢侈是理所當然，她說：「人們來自世界各地，做我拿薪水做的事。」迪納利已成為社會科學家所描述的「近乎荒野」，絕大多數遊客在這裡凝視荒野，但不沉浸其中。但近乎荒野仍可激起狂喜。奧洛夫斯基最近就看到路邊的一隻馴鹿讓一位遊客欣喜若狂。就連阿拉斯加州鳥——雷鳥這種矮胖的松雞，也讓遊客頻頻按下快門。

奧洛夫斯基說：「人們非常喜歡雷鳥，這是理所當然的。」

就像是林務署的泥土路，公園道路也是一種人類學文物，如同美國南方邦聯時期所建立的雕像，是備受爭議的文化戰爭物品，它們的設計樣式和功能會隨著時空背景不同而改變。隨著人類價值觀的發展，道路也會跟著變化。在一九二〇年代，迪納利的道路不過是為了讓人類進入國家公園，去見青山多嫵媚，並沒有多顧慮道路所擾亂的動物。三十年後，荒野運動基於美學角度，努力保護道路的「原始特徵」。如今，生態學家控制道路的交通狀況來幫助羊群。一條為了向人們展示風景而建造的道路，現在受到管理，以便保護反芻動物的聲音棲地，這代表我們與野生動物共享基礎建設，使用道路的不只有人類。

問題不在於公園是擋風玻璃後的荒野，而是有太多擋風玻璃。我在黃石國家公園署工作的那個季節，就經常陷在數公里長的「野牛車陣」中，因為有太多人停下車來，只為了觀看毛茸茸的野牛緩慢穿越馬路。我並不怪那些探頭張望的人，你還能在哪裡近距離感受這些代表美國的哺乳動物，領會牠們的喧鬧與各種光采？你還能透過什麼方式，欣賞到牠們身上的精緻細節，像是控制著巨大頭顱的隆起肌肉、意外小巧的臀部、像蛇皮一樣從肩膀上脫落的破爛皮毛？

我絕不會因為人們觀看野牛而否定對方，但我很樂意把他們引導到巴士車隊上，而且是電動巴士，以避免機械噪音，並且移動緩慢，以使輪胎安靜，車與車之間還留有足夠的間隔。就連綽號「仙人掌艾德」的艾比都同意，園區可為「那些太老、太弱而無法騎自行車的人」提供接駁車。如果連艾比都覺得公車可行，我當然也這麼覺得。

幾個月後，我回到家，重讀自己在迪納利所寫的筆記。我一邊讀，一邊聽到來自主要幹道的陣陣嗡嗡聲，在那之下，還有州際公路的嘶嘶聲，靜電般的安靜噪聲像酸雨一樣沖刷著我，讓我的壓力增加，壽命減短。雖然聲音很小，幾乎聽不到。作家哈思克（David Haskell）所說的「工業化人類的化石燃料喧囂」淹沒了我們，我們只好用震耳欲聾的聲音來自我補償。我翻著筆記，對於其中的淺薄感到訝異。「鳥」，還有「風」，我記下的內容一點幫助都沒有。

事實證明，人類善於聆聽，只是生活在一個不鼓勵聆聽的世界。自然的聲音有益健康，噪音汙染則有害。海浪拍岸聲能讓動心臟手術的病人平靜下來，蟋蟀鳴叫可提升考生的認知能力。道路噪音不僅損害我們的身體，還淹沒我們（和鳴禽）所依賴的自然聲音。這就是國家公園的價值：成為野生動物和人類的聲音聖殿。聲音體驗如同瀕危的物種，需要聲音聖殿做為避難所。生物聲學家費雷斯楚普在與我對談的過程中，描述了他某天晚上的經驗。那天，他與一位朋友漫步穿過猶他州沙漠中的天然石橋國家紀念區（Natural Bridges National Monument），四周完全寂靜，沒有交通的干擾。他坐下後，感覺到自己的心跳在黑暗中輕柔的跳動。等到放鬆下來、陷入寂靜，他聽到了另一個聲音，怪異而神奇，那是坐在他身旁朋友的心跳聲。朋友心跳的緩慢節奏與他自己的心跳節奏交錯，彷彿來自胸口圓形劇場中的低音鼓聲。

---

1. 電動車的安靜，據稱導致貓在一些車道上遭到輾壓，但我敢打賭，電動車不會導致更多野生動物遭遇路殺，因為大多數的動物撞擊事件都發生在較高的車速之下，這時來自輪胎的噪音，會讓野生動物可以聽到車輛。
2. 迪納利的道路沒有鋪面，但保持這個決定是有代價的。整個公園的路邊植物都覆蓋著一層灰，就好像拍過麵粉一樣。國家公園署噴灑化學漿料來壓制塵土，卻又導致「附近雲杉減少」。

07 邊緣生活

新興的公路生態系統會拯救美國最受歡迎的蝴蝶嗎？
或為牠們帶來毀滅？

花點時間想像這樣的場景：漫長的一天結束後，你正在中西部的一條雙線道公路上行駛，車窗外是隨風起伏的玉米田，西曬的陽光照射著你的眼睛，你突然發現眼前的擋風玻璃怎麼這麼乾淨。還記得年輕時，同樣的旅程會讓你的車子濺滿色彩，就像以滴畫技法聞名的波洛克（Jackson Pollock）的畫布一樣，上面有爛糊的蚱蜢和甲蟲碎片，以及連在蜘蛛絲上飄蕩的蜘蛛。這些微小的死傷動物，也就是作家洛佩茲所稱的「大氣浮游生物」（aerial plankton）。也許你會像洛佩茲一樣，擦洗車子，為那些指明你大規模殺死生命的該死斑點而感到羞愧。洛佩茲哀嘆：「背負那麼多條死亡的生命讓我感到不安，那顯然是屠殺。」

然而，今天你的良心就像擋風玻璃一樣光亮無暇，甚至不受一隻飛蟻所玷汙。隨著不安感增加，你想知道原因是什麼？

事實上你觀察到的現象有個名稱，就叫擋風玻璃現象（windshield phenomenon），但這個無害的稱呼所描述的，卻是恐怖的狀態。我們正處於某些昆蟲學家所說的「昆蟲末日」，無脊椎動物正大量死亡，但由於人們幾乎不了解這種現象，因此顯得更加恐怖。根據一項分析，昆蟲的滅絕速度比哺乳類、爬蟲類和鳥類快了八倍。根據同一項研究，全球昆蟲的生物量每年減少百分之二·五。道路使昆蟲末日變得更為嚴重，在北美洲，車輛每年殺死的授粉者多達數十億隻。此外，道路也揭露了昆蟲末日的嚴重程度。汽車的擋風玻璃曾像移動的自然史博物館一樣，展示無脊椎動物世界的繁華，以及如風雪般撲來的飛蛾和蠓蟲。

如今，我們的汽車可維持得一塵不染，加油站的橡皮刮刀擱在肥皂桶裡，無用武之地。一些科學家辯稱，擋風玻璃現象是現代化汽車帶來的錯覺，因為昆蟲會沿著流線形車身翻滾，不再直接撞擊（想像一下低車身的保時捷與聳立的T型車）。然而，正如一位昆蟲學家告訴《科學》期刊的：「我駕駛越野吉普車，車子的氣體動力學設計有如冰箱，但依然可以保持乾淨。」

絕大多數動物數量銳減，都是從棲地流失開始，昆蟲的災難也一樣。美國中西部尤其是如此，那裡原本是高草原，但百分之九十九以上的高草原，都因為農業和土地開發而遭到鏟除。一如既往，基礎建設造成了破壞。十九世紀，鐵路劃破北美大平原，讓農民能夠進入這片「內陸海」。農民很快犁除了孕育昆蟲生命的馬利筋、槐藍、火焰草和翠雀草。伊利諾州有草原州之稱，但如今早已不合時宜，當地僅存的原始高草原，幾乎不及六個玉米農場的大小。然而，草原消失的過程中，卻發生一件有趣的事：道路身為破壞草原的幫兇，竟成了植物的避難所。

當農作物席捲美國中西部時，唯一安全的空間是公路和鐵軌邊緣的土地，那是政府和私人鐵路公司的專有財產。岌岌可危的原生植物，諸如金雞菊和銀蓮花、柳枝稷和熊尾草、維吉尼亞銀蓮花、假藿香薊、藍鈴花和初銀邊翠等，像鬍渣一樣在公路邊生長，為六隻腳的動物難民提供緊急的棲息場所。在密西根州，美國國家鐵路公司在鐵路邊種植了須芒草、松香草和羅盤草，都是密西根州「最後的草原遺跡」。在威斯康辛州，瀕危的卡納藍豆灰蝶在軍事基地布滿沙塵的道路兩旁，把長長的口器伸入羽扇豆的花朵之中。道路邊緣是四海一家的多元棲地，是殖民開拓前的草原植物拖鞋蘭，與堅韌喜陽的外來植物蒲公英，並肩相會的廉價酒吧。最重要的是，道路邊緣是新興的生態系統，為自然和科技的混合體，由智人所創造，但基本上已達成自我管理，它們是獨一無二的人類世環境。

某年七月，我在聖保羅（St. Paul）郊外的一條郡道上，參觀明尼蘇達州的路邊生態系統，看到排水溝裡長滿了法國菊、美國薄荷、百脈根和馬利筋。那是個潮濕的夏日早晨，整個中西部地區感覺起來就像汗濕的腋窩。五名身穿黃色背心的學生，正用捕蟲網在黑心金光菊和野胡蘿蔔上拍打，他們是明尼蘇達大學溝渠小組（Team Ditch）研究團隊的成員。汽車呼嘯而過，沒有減速。研究團隊科學家米切爾（Tim Mitchell）告訴我：「如果你穿上螢光背心、攜帶寫字板，就沒有人會來問東問西。」像溝渠小組這樣在路邊行動自如的人，也可能是垃圾工、鋪路工、漆路工，或其他保持道路正常運作的任何無名人士。

我能理解司機為什麼對我們視而不見。道路並不完全是一個「地方」，而是各個地方之間的間隙，是我們前往其他地方時所使用的運輸設備。道路邊緣則是旅途中的模糊背景，因為車速而成為灰灰綠綠的模糊斑塊，有時實在令人非常厭煩。長途卡車司機就很容易陷入「高速公路催眠」狀態，這種讓人呆滯的神遊，只有在車子偏離道路時才會打破。

然而對於無數的非人類動物來說，道路邊緣並非不受注意的風景，而是家。在我們周遭，聖保羅市郊由乏味的草坪主宰，城市之外，玉米田和黃豆田相連到天邊。道路邊緣於是成了逃離單一植栽的庇護所。五彩繽紛的野花映著郊區柔和的綠色，一名學生揮動網子，捕捉一隻比小指指甲還小的淡藍色蝴蝶，另一個人捉到沾滿花粉的熊蜂。還有一名學生鐮刀一揮，將落地花朵上蠕動的收穫物放入塑膠袋，有園蛛、螽斯和寄生蜂。米切爾讚嘆：「我們開車經過了各式各樣的動物，卻絲毫沒察覺。」

道路邊緣的溝渠並不是非常迷人的研究地點。負責監督小組工作人員的生態學家史奈爾魯德（Emilie Snell-Rood）說：「從事生物學研究的人通常不會說：『我希望夏天時能坐在車水馬龍的路邊，吸廢氣，看卡車駛過。』」但因為道路而新興的生態系統，就像森林或濕地一樣引人矚目。史奈爾魯德彎下腰檢查一株薊草，上面有隻蟹蛛正在吸食熊蜂的體液。她說：「有些蜂類一輩子都在道路邊緣的某個地區活動。」

儘管出現許多意外的好處，但路仍然是路：吵雜、充滿化學物質、危險，是個既養育昆蟲、又能把昆蟲變成一團醬糊的環境。當溝渠小組拍打花朵時，一隻帝王斑蝶飛了過來。從橙色翅膀上粗黑的翅脈，可看出牠是雌蝶。牠慢悠悠的左飛右翔，尋找產卵的地方。這隻雌蝶就像城市中的女性漫遊者，在店面之間徘徊瀏覽櫥窗。牠飛進了車流，我們屏息看著。牠像急流中的軟木塞浮子般，在湍流的衝擊中翻滾，最後落在一株馬利筋上，用尾部觸碰葉子的表面。葉面上出現一個白色斑點，我們歡呼起來。

產卵後，蝴蝶再次起飛，飛向馬路對面的一片馬利筋叢。史奈爾魯德說：「牠剛剛彈跳過三輛車，令人印象深刻，但我很擔心牠。」

米切爾說：「至少牠已經產下後代。」

史奈爾魯德回答：「不過幼蟲遭捕食死亡的比例，至少有百分之九十五。」換句話說，這隻雌蝶每產下二十顆卵，孵出的幼蟲中有十九隻會被黃蜂、蜘蛛或其他天敵吃掉。

米切爾聳聳肩說：「也許牠已經產下一百顆卵。」

我們看著帝王斑蝶飄飄蕩蕩，每時每刻我都預期牠會撞上擋風玻璃，但在牠的翅膀、車輛產生的氣流或好運的幫助下，牠飄過車陣，抵達對面的路肩。在那裡，溝渠提供了安靜的空間，牠落在一株馬利筋上，又產下一顆卵。

∞ 面積最大的公共土地

道路是為誰而建？嗯，當然是為我們。我們習慣把道路視為人類的空間，認為它是對其他生命不利的環境。但是道路在摧毀棲地的同時，也創造了棲地。評論家傑克森（J. B. Jackson）指出，道路是「和平的擾亂者，變革的煽動者」，是讓陌生人來到城鎮的方式，也是意外旅程的起點。道路同樣也為生態系帶來混亂，是在消滅舊生態棲位的同時，也催生新生態棲位的一股力量。在澳洲，路邊的石楠叢中棲息著袋森鼠；在挪威，熱浪期間馴鹿會撤退到涼爽的公路隧道中。家燕在停放的汽車上啄食昆蟲（我也曾在冬天早晨，看到牠們啜飲汽車天窗上融化的霜）；狗魚和藍梭鱸游到路邊的溝渠產卵；灰狼走在碎石路上的速度，比在未受破壞的森林中更快；跳囊鼠在泥土路上進行沙浴，「防止皮毛糾結油膩」。大提頓國家公園的母麋鹿學會在路邊分娩，利用「人類盾牌」保護幼兒免受灰熊傷害。[1]在美國，道路這種新興生態系的面積高達六百八十萬公頃以上，是黃石國家公園的八倍。在許多州，道路邊緣都是面積最大的公共土地。

將道路視為一種生態系統的觀點，已存在近一個世紀，沃夫（Frank Waugh）是最早體認到這件事的人之一。沃夫是景觀設計師，早期在林務署負責規劃露營地。他和馬瑟一樣，認為道路應該展現自然，不過更進一步，認為道路就是自然。沃夫在一九三一年發表的文章〈路邊生態學〉（Ecology of the Roadside）中提到：「沿著清理過的道路邊緣，生長著數十種、有時甚至是數百種灌木、藤蔓和草本植物，都是在更遠處的樹林或田野中找不到的種類。」沃夫寫道，道路擁有不同的土壤、光照和濕度，是一個獨立的微棲地世界。堅韌的大戟從道路鋪面的裂縫之中冒出，一枝黃花和懸勾子在修剪過的路邊草坡茂密生長，斑點鳳仙花排列在土溝邊，鹽膚木在較遠處形成「灌木邊界」。當其他早期道路生態學家在哀悼路殺時，沃夫提出不同的看法：道路帶來死亡，也帶來生命。

但沃夫對野外路邊的熱情一開始並未引發關注。麥唐納的「好道路」運動在當時已同步催生了另一場運動，或可稱為「好路邊」運動。在密西根擔任公路專員的班奈特（Jesse Bennett）認為，高速公路是「國家的前院」，如果住宅屋主能為自家草坪除雜草、修剪整齊，交通部門也應當如此。沃夫喜歡未經整理的路邊，班奈特則擁護細尺度的管理策略，他在一九三六年宣稱：「光靠自然，無法產生期待的結果。」他就像高爾夫球場的管理員一樣熱愛草皮，主張以草皮取代凌亂的灌木和藤蔓，並寫道：「草皮的必要和普及不容質疑。」路邊的草地就如同其他草坪一樣，需要「日復一日持續關注、定期維護」，最好是配備割草機和「一些帶著除草長鐮刀的人」。

班奈特偏好精心修剪的單調草皮，這影響了一整代的管理者。道路建設者堅稱，自然生長的灌木和野花或許看起來很漂亮，但「會遮擋警告標誌、交通號誌，以及彎道、交叉路口和私人車道的視野，增加開車的危險」。（白尾鹿的繁殖為草皮提供更多理由，因為美味的灌木和樹木會引誘鹿到路邊，也讓司機更難看到牠們。）工程師使盡辦法，去除他們不想要的植物，「割除、焚燒、砍除、拔除、薰蒸、手拔、鋤除、煙燻，還用除草劑殺」。公路局用氰化物、甲醛和砷，對道路兩旁進行全面的破壞，再用草皮、草皮和更多的草皮，取代「無用或麻煩」的植被。

但漸漸的，班奈特這種清理前院的做法開始受到批評，引發抗議。「讓牛、犁和割草機遠離這些閒置的地方。」利歐波德為道路邊緣發聲：「各種本土植物及數十種來自異國的有趣植物，可以成為公民日常環境的一部分。」在《寂靜的春天》（*Silent Spring*）中，卡森尖銳批評那些「清除路邊『灌木叢』的化學品推銷員和熱心的承包商」，同時寫道：「有愈來愈多憤怒的聲音，在抗議化學噴藥把原本美麗的路邊景色毀了。一片荒蕪枯萎的棕色植物，取代了美麗的蕨類和野花。」對化學物品的掌控，讓我們心中充滿「人定勝天的陶然感」，她還補充，處理道路邊緣最佳的方式，就是不加理會。

漸漸的，善意的忽視讓卡森和利歐波德的願景得以開花結果。班奈特的前院論，主要缺點是草坪維護起來很麻煩，每個郊區居民都可提供明證。當州際公路系統又催生了六萬四千公里的道路邊緣，有太多土地無法定期割草和噴灑農藥。隨著高速公路兩邊的土地上落下的種子愈來愈多，這些地方漸漸變成動物的棲地。在北達科他州，松雞、雁鴨、鷓鴣、鴿和其他地棲動物，擠在九十四號州際公路沿線未除草的土地上。一位生物學家在高速公路匝道入口旁一公尺處，發現了毛茸茸的野鴨幼鳥。

一九八〇年代，道路邊緣地區又向前邁進一步。自從班奈特以來，交通部門往往是對高速公路進行「全面噴灑」，不加區別，一律使用除草劑，但這種做法汙染了地下水，也破壞土壤的穩定。第一個對此感到厭煩的州是愛荷華。愛荷華州在一九八八年放棄全面噴灑，改用名為「綜合路邊植被管理」的策略。該州決定減少噴灑和除草，改為種植原生野花，並焚燒路邊以利耐火植物生長。《德梅因紀事報》（*Des Moines Register*）宣稱：「修剪整齊的草坪已經過時，保持自然風正大行其道。」

其他州紛紛效仿愛荷華的做法，使得中西部的道路邊緣開始重新野化。人類看重道路，是因為它們具有連結性，同樣的，高速公路也因為連結性而成為珍貴的棲地。僅存的草原地區各自孤立，這裡一片未開發的原野，那裡一片自然保護區。但道路邊緣基本上相連成網，是一個由「狹長帶狀棲地」組成的網格。伊利諾伊州的草地田鼠擴大活動範圍時，會沿著五十七號與七十四號州際公路移動，這些公路兩側的區域和安全島，可讓田鼠通過鄉鎮和城市，不受阻的擴散。德州綴弄蝶（*Amblyscirtes celia*）是一種嫻靜的小型弄蝶，大約一元硬幣大小，沿著德州的高速公路大量繁殖，以致有路邊漫遊者之稱。

但道路生態系統並不完全有益。許多高速公路成為生態陷阱，是引誘動物前來、然後殺死牠們的有毒蜜罐。就像狡猾的漁夫一樣，道路會對不同的獵物發送不同的誘惑。

溫暖的柏油是吸引蛇的溫度陷阱；中空的路標是吸引鳥類的築巢陷阱，一旦鑽入就無法逃脫。一位名叫迪爾（Homer Dill）的動物標本剝製師，在一九二六年觀察到的現象，可能是有關道路誘捕事件最早的紀錄。當時，他發現路殺的啄木鳥胃裡滿是甜甜圈麵包屑，於是推斷牠們是「被路過遊客野餐籃中的殘屑吸引到路上」。高速公路成為棲地後，陷阱突然咬緊闔上。一九七八年，德州發生一場異常的暴風雪，之後鳥類學家在達拉斯附近的高速公路上，驚恐的發現一萬兩千隻鐵爪鵐的屍體。鐵爪鵐是一種會成群遷徙的漂亮鳴禽，那些鳥屍「體內充滿雜草種子」，應該是為了取得食物而飛到沒有積雪的安全島，不幸在途中遭到車輛重擊。其他科學家也觀察到雪松太平鳥在安全島上狼吞虎嚥的吃著胡頹子，「每次鳥群飛過公路時，都有幾隻鳥被擊中。」

顯然，高速公路的安全島可能成為陷阱，因為動物必須穿越車道才能抵達。但若是道路邊緣，動物就不必挑戰往來車輛而可直接進入，它帶來的好處似乎超過危險。印第安納州在高速公路兩旁種植灌木叢後，紅翅黑鸝和美洲金翅雀大量繁殖，但路殺數量卻沒有增加。美國道路邊緣土地的野化，不僅是道路生態學的一個次領域，也暗示了新的道路幾何學。汽車和野生動物往往沿著注定相交的垂直方向行進，X軸和Y軸的垂直交叉帶來災難性的碰撞。但動物也可以與高速公路平行移動，蝴蝶甚至可以沿著高速公路邊緣穿越整個大陸。

∞帝王斑蝶年年起飛

就像所有動物的生活史一樣，我們很難知道帝王斑蝶的生活史從哪裡開始。與道路不同，生活史是循環的，沒有起點，這裡就直接切入吧。北美洲的八月，白天的時間開始減短、夜晚愈來愈涼，催促著帝王斑蝶採取行動。整個夏天，數億隻蝴蝶在加拿大新布藍茲維省，與美國紐約、北達科他、北卡羅來納、緬因和明尼蘇達各州的上空飄蕩，把卵產在馬利筋上，吸食金光菊和一枝黃花的花蜜。現在夏天即將結束，帝王斑蝶向南遷徙。牠們趁著白天飛行，太陽會將牠們布滿鱗片的翅膀曬暖。牠們也頻繁進食，整個旅程中體重持續增加。

到了九月，帝王斑蝶齊聚成群，在德州匯集，然後越過邊境，爬上墨西哥的山脈，形成一道朝上流動罕見的河。牠們飛上山口，沿著峽谷往上，隨著空氣愈來愈稀薄，蝴蝶群變得愈來愈稠密。墨西哥新雷昂州（Nuevo León）的警察會指揮車輛減慢速度，好讓斑蝶群通過。最後，在海拔三千公尺的冷杉林中，牠們擠在一起棲息，以節能的冬眠狀態度過冬天。作家哈爾彭（Sue Halpern）參觀帝王斑蝶的棲息地時，發現「松枝上的牠們如此沉重，以致樹枝向地面彎曲，屈服於重力、質量和純粹的熱情」。

大多數遷徙的動物移動路線都很簡單，例如每年春天進入懷俄明山區的鹿，會在十一月返回度冬的山谷。但帝王斑蝶不屑這種簡單的旅行。三月，在墨西哥越冬的蝴蝶再次飛返北方，隨著時間，牠們的翅膀漸漸殘破不堪，幾乎透明。這群北返的帝王斑蝶最遠能抵達德州，並在產卵之後死亡。牠們的後代會繼續向北飛，並且散布開來，在北美洲再度繁衍生息。幾星期後，這群蝴蝶也在繁殖後死亡。接下來是同樣的循環：繁殖和死亡，繁殖和死亡，直到夏末，最後一批蝴蝶會往南展開墨西哥山區之旅。

令人難以置信的是，這代表任何一隻帝王斑蝶，都不曾經歷過這個物種完整的生活史。我在明尼蘇達州車陣中看到的那隻蝴蝶，很可能是第三代，牠的祖父母去了墨西哥，牠的後代也會去墨西哥，但牠的複眼永遠看不到帝王斑蝶的聖殿。令人鼻酸的是，這隻只在當地生活的可憐蝴蝶，在美國中西部一角產卵、孵出毛毛蟲，牠的生命短暫、實用，只為了牠迷人、愛冒險的後代而存在。

數十億隻橙紅色蝴蝶竟然消失，最後出現在遙遠的山區中，這似乎非常不可思議，不久前，關於帝王斑蝶生活史的每個細節，幾乎都還籠罩在迷霧之中，像是牠們去了哪裡？如何抵達？沿途遇到哪些事情？其中很多細節至今依然尚未明朗。解開這些謎題，是數十位科學家畢生努力的成果，其中一位是留著雪白鬍鬚的昆蟲學家泰勒（Chip Taylor）。一九九二年，泰勒啟動了公民科學計畫「帝王斑蝶觀察」（Monarch Watch），召募學校團體、園藝社團和退休人士擔任志工，把印有編號的標籤貼在蝴蝶翅膀上，每個標籤只有電腦閱卷答案卡上的一個格子那麼小。

隨著標籤被蝴蝶帶走，以及目擊事件持續出現，帝王斑蝶遷徙路線的模糊輪廓逐漸變得清晰。儘管牠們看似隨機到處飄蕩，但泰勒發現牠們其實循著兩條主要的飛行路線。其中一條廊道向東北延伸，跨越六個經度，呈扇形分布在卡羅來納州、新英格蘭地區和加拿大沿海省分。另一條則從墨西哥向北，像指南針一樣筆直，穿過德州、俄克拉荷馬、堪薩斯、愛荷華和明尼蘇達州。這些中西部地區的帝王斑蝶，遷徙時間較短，代表牠們不太可能被風吹離路線、凍死或撞到擋風玻璃。泰勒告訴我：「到達墨西哥的蝴蝶中，有百分之七十來自這個中央廊道。」

美國中西部是玉米帶，沿著玉米帶遷徙有其缺點。帝王斑蝶只在馬利筋上產卵，孵化後毛毛蟲會大嚼其葉，吸收植物的天然毒素，讓身體變得有毒，以避免掠食者捕食。這種關係在二十世紀依然存在，即使工業化的農業推平了大草原，農作物的行間和田地的邊緣仍有足夠的馬利筋，可維持帝王斑蝶的生存。然而到了一九九〇年代末，玉米和黃豆將所有土地席捲一空。農民種植了能夠抵抗除草劑的基改作物，生物燃料補貼則激勵農民在每一寸土地上種植玉米。一九九六到二〇一三年間，農藥年年春（Roundup）加上生物燃料，連手消滅了一千兩百萬公頃的馬利筋，帝王斑蝶的數量剛好在這段時期減少百分之八十四。冬天來臨時，曾經滿滿覆蓋數十公頃冷杉林的蝴蝶群，只在幾棵樹上瑟瑟發抖，帝王斑蝶的昆蟲末日已經來臨。[2]

在我訪談泰勒那時，每年固定約有八十萬公頃的馬利筋消失。各地的馬利筋都在消失，真的是各地，只除了路邊。在道路邊緣地區，有四億五千萬株馬利筋存活下來。儘管有些是「帝王斑蝶觀察」和其他組織所種植的，但大多是自行出現。泰勒辛苦學到的一課是，路邊的馬利筋往往壽命很短。他說：「你可能花費數千個小時創造一個棲地，然後說：看在上帝的分上，誰都別來割它。但你心中知道會發生什麼事：它會被割、被割、被割。你會想，天哪，為什麼我們要浪費時間和金錢來做這件事？」儘管如此，還是很有可能成功。只要交通部門停止割草，美國高速公路邊緣就會有大片的草原。蝴蝶和交通理論上可並存，公路管理人員與帝王斑蝶一樣，青睞低矮的草原，因為野花與樹木不同，不會妨礙視線，而且司機撞到馬利筋而亡的可能，遠比撞上楓樹而死的機率來得低。

因此，有不成比例的蝴蝶棲地位於同一條道路旁，那就是三十五號州際公路。三十五號高速公路從明尼蘇達州的杜魯司（Duluth）延伸到德州的拉雷多（Laredo），全長將近兩千六百公里。許多重要的大都會，像念珠一樣沿著三十五號州際公路分布，包括明尼阿波利斯、德梅因、俄克拉荷馬城、達拉斯等。在這些據點之間，分布著綿延不斷的玉米田、壺穴湖、美國哥德式農舍，以及逃過土地開發的草原。小說家麥克穆崔（Larry McMurtry）把這條簡樸而美麗的廊道稱為「漫長而孤獨的三十五號州際公路」。但對帝王斑蝶來說，它是地球上最繁華的地方。巧合的是，這條州際公路異常精準的與帝王斑蝶的中央飛行路線平行。一隻蝴蝶可以沿著三十五號州際公路，從明尼蘇達州飄蕩到墨西哥，完全不需要離開。

二〇一五年，這個意外發現引起歐巴馬政府的注意，並宣布在三十五號州際公路沿線設立千百公頃的帝王斑蝶棲地。隔年，中西部幾個州簽署一份備忘錄，支持所謂的「帝王斑蝶高速公路」（Monarch Highway），同意對州際公路沿線的「授粉者棲地加以保護、種植和管理」。帝王斑蝶高速公路反轉了道路的概念，讓道路成為野生動物使用的線狀基礎建設，是設計來支持棲地，而非破壞棲地。儘管州際公路是帝王斑蝶遷徙的主線，但帝王斑蝶高速公路的範圍往左右延伸了數公里，不僅涵蓋三十五號州際公路，還包括附近的農場、住家後院和其他土地。事實上，與其說它是復育計畫，不如說是品牌推廣活動。正如一位保育專家對我說的，這是一條「具象徵意義的高速公路」。雖然這個計畫並未強迫各州花錢，但確實鼓勵各州張貼它的標誌，那是一隻帝王斑蝶，橙色翅膀上帶有車道分隔線的圖樣，是基礎建設和動物的混合體。

∞ 高速公路蝶道

帝王斑蝶高速公路起初確實激發了一些行動，中西部各州紛紛為授粉者在休息站打造花園，例如種有馬利筋和蜜源植物的旅遊廣場。但就像歐巴馬時代的許多措施一樣，當川普就任總統後，這些措施就中止了。明尼蘇達州交通部門的生態學家史密斯（Christopher Smith）告訴我：「有想法，但沒有金錢支持，能做的也就只有那麼多了。」

史密斯的工作是讓明尼蘇達州的道路邊緣地區，變得適合蝴蝶棲息。某天，我和他一起探訪明尼阿波利斯和聖保羅附近的路邊。我們向南行駛，穿過玉米田和黃豆田，再穿過黃豆田和玉米田。他解釋自己的工作具有矛盾的本質，道路邊緣同時包含很多東西，像是基礎建設、美學空間、棲地，彼此之間相互競爭利益，同時保持微妙的平衡。他說：「常有人跟我們抱怨，為什麼讓路邊雜草叢生？所以我們就去割草，然後養蜂人又說：你們為什麼割草？」其他抱怨就更難解決了。史密斯在某座交流道周圍重新種植植物後，吸引鵝前來吃草。有位老婦人非常喜歡騎著電動速克達去看鵝，當她看到幾隻鵝被車撞到，大為驚駭。史密斯嘆道：「我和這位婦人進行過數次談話，每次都長達三小時。她對那些鵝產生了感情。」

史密斯和我把車停在黃豆田附近，伸展一下雙腿。在高速公路和火車鐵道之間，有一片比道路鋪面窄的草原。我們輕輕撥開一叢歐洲防風草，它有毒的汁液前不久才弄傷了史密斯的前臂。史密斯想找一種名叫草原胡枝子的稀有植物，這種細長的植物高度及膝，葉形瘦長。我自己則去看一隻帝王斑蝶，牠正在馬利筋淡紫色的花朵上採食，對一旁運牛卡車傳來的滾滾臭味泰然自若。

這是好現象。雖然帝王斑蝶高速公路已不像之前那樣蔚為風潮，但蝴蝶可依賴道路生存下去的想法，已成為福音散播出去。一年前，明尼蘇達州加入了一項精心設計的計畫，官方稱為「候選物種保育協議與保障」（Candidate Conservation Agreement with Assurances），簡稱為CCAA，目的是培育道路沿線的蝴蝶。雖然計畫名稱不如帝王斑蝶高速公路那麼簡潔有力，但CCAA具有實質的影響力。簽署協議的交通、鐵路和電力部門，同意拿出部分土地來支持蝴蝶，交換條件是，如果聯邦政府有一天宣布帝王斑蝶為瀕危物種，這些部門將不需面臨任何新的規定限制。我前往訪問時，已有十幾個運輸機構接受交易，大約有三十二萬公頃的土地被指定為蝴蝶棲地。

根據CCAA，史密斯所在的交通部門同意在百分之八的道路邊緣地區種植馬利筋。史密斯有信心達成目標，辦法包括更謹慎的使用除草劑、種植馬利筋、施放可控的野火，這些做法與愛荷華州在一九八〇年代開發的策略相似。在大多數情況下，重點是少做事。史密斯說：「維護人員是這麼說的：好耶，我們很高興不用再去某些地區割草。」

但道路很少長期受到忽視。在明尼蘇達州，牧場主人習慣把路邊公共地區上的草也割了，做成給牛吃的乾草。儘管這種行為在未經許可下是違法的，但執法部門通常睜一隻眼閉一隻眼。我們開車經過的許多高速公路邊緣地區，看起來就像是剛剛刮過的高爾夫球道。當州政府試圖干預時，代表農場的遊說者會抱怨這是踐踏農民生計。史密斯說：這個問題是「政治上的燙手山芋」。路邊地區是帝王斑蝶最後的堡壘，但這些棲地的存在與否，只能由人類決定。

長期割草會產生嚴重的影響。儘管明尼蘇達州擁有數千公里安靜的雙線道公路，卻選擇州際公路沿線，包括三十五、九十和九十四號州際公路，做為復育蝴蝶棲地的區域。原因之一是寬大的道路擁有寬闊的邊緣地區，另外則因為這些地區最不容易出現非法的除草行為。（你可以試想看看，如何把拖拉機偷偷駛上九十號州際公路。）但問題是，從蝴蝶的角度來說，州際公路不僅有最多的馬利筋，其他東西也最多，包括汽車、噪音、擾流、汙染。當我們開車返回聖保羅時，史密斯說：「如果到頭來，我們發現州際公路是設立帝王斑蝶棲地最糟糕的地方，就得調整。」

然而高速公路棲地已成為公共政策。幾個月前，聯邦政府拒絕把帝王斑蝶列為瀕危物種。牠飄進一個被稱為「合理但被排除」的法律困境，換句話說，牠理當受到保護，但其他植物和動物有更高的優先權。此外，聯邦政府補充說，在CCAA確保下，道路邊緣和其他基礎建設「很可能」提供足夠的棲地。即使沒人可確定道路是會拯救蝴蝶或將之摧毀，但帝王斑蝶的守護者已把希望寄託在高速公路上。

∞道路變成洋芋片

對帝王斑蝶來說很幸運，這個問題史奈爾魯德已經花了十多年的時間進行研究。我在聖保羅郊區參與她和溝渠小組揮舞捕蟲網的行動後幾天，來到明尼蘇達大學，希望能近距離觀察帝王斑蝶。我們一起乘坐搖搖晃晃的電梯，抵達生物大樓屋頂的溫室。

溫室又熱又悶，散發著植物堆肥的濃烈氣味。一排排蝴蝶飼養帳篷立在鋼桌上，就像帝王斑蝶的露營地。在最大的一個帳篷裡，雌蝶棲息在浸滿花蜜的海綿上，翅膀因雄性無情的關注而破破爛爛。史奈爾魯德說：「雌蝶很常受到性騷擾。」在其他帳篷裡，J形的蛹從帳篷頂端懸垂下來，預告將有新的蝴蝶誕生。在另外一些帳篷中，毛毛蟲像是披著綠、白、黑條紋斑點的睡衣，正在大嚼馬利筋，牠們的排泄物顆粒灑落在帳篷內。史奈爾魯德說：「你會很訝異這些小傢伙能長到多胖。」

這些蝴蝶是實驗對象，史奈爾魯德控制牠們的生活，以便回答一個重要問題：道路邊緣的帝王斑蝶過什麼樣的生活？路邊的蝴蝶棲息在化學成分極為複雜的環境中，煞車片含有銅，輪胎磨損碎屑含有鋅，廢氣含有氮氧化物，油漆含有鎘，含鉛汽油含有殘留的鉛，此外，還有來自各種物質的塑膠微粒。有些汙染物被馬利筋吸收到組織中，有些則附著在葉子上，但不論如何，都會進入帝王斑蝶體內。史奈爾魯德說：「種種因素結合在一起，全都會影響路邊的化學環境，這對蝴蝶會產生什麼影響？」

史奈爾魯德是解決這個糾結問題的合適人選，學生說她是「可愛的宅宅」，對各種事物都很好奇。她在維吉尼亞州長大，熱愛賞鳥。她會帶著雙筒望遠鏡，在搭校車之前先繞進樹林，用錄音機記錄下自己看到什麼。史奈爾魯德繪製了新世界鶯的領域圖，在餐桌上解剖鴿子，並成立「拯救動物及減少路殺」社團。她的畢業生致詞講的是尋找自我定位，預告了她將往生態學領域發展。為了強調自己的論點，她用石塊敲出黃秧雞的叫聲。

史奈爾魯德在大學研究鳥類，攻讀博士時轉向研究蝴蝶，卻感到沮喪。她對於昆蟲一向沒有特別偏好，「我認為牠們是鳥類的食物」，但也不得不承認蝴蝶有些優點，例如很容易在實驗室中飼養和研究。她研究紋白蝶的神經發育，紋白蝶在昆蟲學實驗室中，是類似大鼠的角色。她說：「我之前很嫉妒帝王斑蝶得到所有的關注。」

二〇一〇年，史奈爾魯德在明尼蘇達大學得到一份工作，帝王斑蝶此時闖入她的生活。她在十二月抵達學校，是個不理想的時刻。搬家那個星期，暴風雪壓垮了都會巨蛋球場（Metrodome）的充氣屋頂。最令她震驚的是鋪路鹽。暴風雨過後，主管單位在高速公路上撒了大量的鹽，鹽粒多到遮蓋整個路面。史奈爾魯德回憶：「道路幾乎全白，我和先生玩猜猜看『雪或鹽？』的遊戲」她同時想到一個新問題：鹽對大自然，特別是蝴蝶，會造成什麼影響？

做為廉價的除冰劑，鋪路鹽無可取代，它和你撒在食物上的鹽具有相同的成分，都是氯化鈉，只不過是尚未加工的粗鹽。氯化鈉是一種天然化合物，可從史前的海床中開採出來，氯化鈉可影響水分子的鍵結，破壞它形成冰的能力。第一個全面在道路上撒鹽的州是新罕布夏，當時是一九四〇年代，但民眾並不歡迎這種做法。司機抱怨鹽會鏽蝕汽車底盤，有記者寫道，丈夫回家時把鹽帶進屋內，惹得「家庭主婦大發脾氣」。公路部門曾經研究使用其他化合物的可能，但都放棄了，佛蒙特州就放棄了一種會「對尼龍絲襪產生災難性影響」的物質，這種物質還容易引發「鉻癢」。到頭來，由於氯化鈉太好用了，無法捨棄。鹽幫助道路征服大自然，讓冬季旅行免受天候影響。隨著鋪路鹽的使用愈來愈廣，公路部門採行了「路面裸露概念」，在這個概念之下，駕駛預期在暴風雪過後，立刻可看到沒有冰雪覆蓋的道路。鹽研究所（Salt Institute）資助的一項研究指出，除冰能夠讓交通事故減少近百分之九十。所長宣稱：「有人說，除雪員可能比消防員拯救更多生命。」這或許是自吹自擂的說法，但其中有不可抹滅的確鑿事實。如今，美國的道路工作人員每年使用超過兩千萬公噸的鹽，明尼蘇達州是用鹽最多的州之一。每年冬天，該州在四線道高速公路上撒下的鹽，每公里多達二十二．五公噸。

人類對鹽一向渴望。鹽是珍貴的商品，以致羅馬士兵收到的工資是鹽。薪資的英文salary的字源，正是鹽salt這個字。野生動物同樣喜歡鹽，鹽中的鈉是一種「超級興奮劑」，可讓肌肉收縮、傳遞神經脈衝，還有控制血壓等種種功能。大型哺乳動物對鹽的渴望如此強烈，以致踩踏出通往天然礦藏的獸徑，這種天然的鹽礦所在地稱為「鹽舐」。一七六五年，一位旅客在現今的肯塔基州漫遊時，驚訝的發現「野牛開闢了一條大路，直通鹽舐地，這條路寬到足以讓馬車並排行駛。」從密西西比州延伸到田納西州的現代公路——納奇茲小徑公園大道（Natchez Trace Parkway），便是沿著野牛前往納什維爾附近鹽舐地的小徑而建。蝴蝶也非常喜歡鈉，許多蝴蝶都有「趨泥行為」（puddling），會群聚在含鹽的泥坑、糞便、腐肉周圍，甚至棲息在曬太陽的烏龜身上，吸食牠們的眼淚。

以往鹽舐很稀有，如今卻一輛輛排列在人類打造的公路上，像水坑一樣誘惑著動物前來。新罕布夏州缺鈉的麋鹿會走出原本的活動範圍，前往路邊的鹽池喝水。遊客前往加拿大亞伯達省的賈斯珀國家公園（Jasper National Park）時，迎面而來的是閃動的告示：「別讓麋鹿舔你的車。」畢曉普（Elizabeth Bishop）的詩〈麋鹿〉描述著麋鹿漫步到路上，嗅聞停靠的公車，這是神祕時刻，讓乘客沉浸在「甜蜜的喜悅」之中。但如果乘客們知道，

一隻大角羊正在舔舐汽車上的鹽，以滿足對鈉的渴望。 *Shutterstock*

這種「巨大、非凡的」動物只是在改善長期缺乏礦物質的生理情況，可能就不會如此充滿敬畏了。

但鋪路鹽是一種矛盾的禮物，是高速公路陷阱的誘餌。在加拿大魁北克的一個野生動物保護區裡，路邊的半鹹水池造成許多麋鹿遭到車輛撞擊，官方只好把水池抽乾，用石頭填滿，並在遠離高速公路的地方挖掘替代池塘。（在加拿大的其他地方，研究人員則是把人類毛髮和狗毛埋到土裡，藉此驅逐舔鹽的麋鹿。）鹽會在高速公路以外的地方造成更嚴重的損害，包括汙染河流、濕地和其他淡水。美國中西部和東北部將近一半的湖泊，正處於「長期鹽化」的過程，加拿大的一些小溪已成為海洋蟹類的棲地。

鋪路鹽（主要是其中的氯）會減緩鱒魚生長，讓青蛙更容易受病毒感染，並加速形成死區[3]。就像溫室氣體一樣，鹽的影響也是長遠的。即使我們停止排放，溫室氣體依然會讓地球溫度上升，同樣的，氯化鈉也是長傳後代的汙染物，遠比用鹽除雪的司機更長壽。正如史奈爾魯德所說：「我們正在把道路變成洋芋片。」

洋芋片的愛好者都知道，吃太多洋芋片可能有害健康。史奈爾魯德很清楚，明尼蘇達州正在製造大量的洋芋片。州政府也一樣擔心，於是給她一筆經費，查明強制撒鹽的政策是否會對帝王斑蝶造成危害。史奈爾魯德在實驗室飼養數百隻毛毛蟲，有些以偏遠草原的馬利筋為食，有些以路邊溝渠旁富含鈉的植株為食。史奈爾魯德可憐兮兮的表示：「我的車子被好幾袋馬利筋裝得滿滿的。」研究結果好壞參半。路邊的馬利筋（洋芋片植物）餵養的雄蝶，長出更強壯的翅膀肌肉，雌蝶則有更大的腦部和眼睛，這是好處。但不論雌雄，毛毛蟲長大成蝶的機會都減小了，這是壞處。史奈爾魯德總結道，少量的鹽能帶來好處，但「營養物質若增加到超過一定的分量，可能帶來壓力。」補藥過多就成了毒藥，但正確的劑量是多少呢？

接下來幾年裡，史奈爾魯德和夥伴企圖釐清多少鹽才算是過量。他們蒐集馬利筋餵食毛毛蟲，擦洗沾滿毛蟲糞粒的帳篷，在顯微鏡下測量微小的眼睛，並把沾上植物白色濃稠汁液的衣服丟棄（馬利筋的英文叫 milkweed，意思正是「帶有乳汁的野草」）。冒著將十年辛苦研究化為隻字片語的風險，史奈爾魯德表示，她發現整體來說，大多數路邊的鹽分對蝴蝶而言不算過量，只有靠近繁忙高速公路路肩的馬利筋，吸收到的鹽分才會過多，以致可能產生毒性。她說：「我們所有的研究都指出，一般道路上增加的鈉，分量都不致過多，是沒有問題的。」

這個結果一方面令人安心，另一方面也令人擔憂。僻靜的雙線道公路邊緣可能長出最營養的馬利筋，但明尼蘇達州卻計劃將帝王斑蝶的復育重點區域，放在寬廣的州際公路兩旁。這些州際公路會有大量的鹽，特別是在明尼阿波利斯和聖保羅附近。蝴蝶棲地最多的高速公路，不一定能提供最好的棲地。

除此之外，實驗室不可能完全複製現實世界。科學家偏好讓各個變因獨立、不相互影響，但高速公路上的任何壓力源，都不是獨立作用。蝴蝶也許可以應付鹽，但能夠同時應付鹽、銅、鋅、鉛等等等等嗎？即使牠們在種種刺激成分中倖存下來，還能茁壯成長嗎？也許路邊的蝴蝶更容易受到寄生蟲感染，也許牠們會體型太小，無法完成艱巨的遷徙行動。這些「間接致死效應」（sublethal effects）並不會直接造成蝴蝶死亡，但會造成傷害，是史奈爾魯德最擔心的問題。她問：「你在路邊培育帝王斑蝶，但如果牠們無法抵達墨西哥，這樣有意義嗎？」

在這次訪問的前一年，史奈爾魯德和學生嘗試了目前為止最大規模的實驗。他們在校園草坪上搭設飼養帳篷，培育了三千隻帝王斑蝶幼蟲，並且模擬不同高速公路的鹽分，將不同分量的鹽噴灑在馬利筋上，再用這些馬利筋餵養幼蟲。當幼蟲變成蝴蝶後，研究人員在牠們的翅膀上貼附標籤，在一個溫暖的夏夜釋放這些蝴蝶，等待其他科學家在墨西哥發現牠們。如果最鹹的路邊生長的馬利筋餵養出不適的遷徙者，他們將會找到答案。但最終被發現的標籤只有七個，不足以得出有意義的結論。其餘蝴蝶落入宇宙的縫隙中，成為另一個可能永遠無法解開的帝王斑蝶之謎。

∞把一切都砍掉

我們可能永遠無法知道，史奈爾魯德那三千多隻帝王斑蝶後來的命運，但可以肯定的是，其中有些應該被車撞了。當蝴蝶的遷徙路線與高速公路緊密相連，路殺只能是常見的命運。正如一位昆蟲學家所說的，帝王斑蝶「有一種令人不安的習性，牠們會在北美洲長達數千公里的車流中穿梭飛行。」

道路生態學家過去很少關注昆蟲遭遇車輛撞擊的事件。就算到了二〇一七年，全世界有關路殺昆蟲的研究，依舊用兩隻手可以數完。（如果工程師會關心無脊椎動物，擔心的也是「蟋蟀威脅」，也就是大批螽斯覆蓋西部高速公路，由於密度很高，以致汽車在壓碎的昆蟲外骨骼上打滑。）昆蟲的死亡數量很難估計，更難以預防。昆蟲路殺無可避免，就好比生活也傾向輾壓我們，正如英國歌手馬克諾弗勒（Mark Knopfler）所唱的：「有時你是擋風玻璃，有時你是蟲。」

最可能受到研究的昆蟲，就是帝王斑蝶了。牠大如手掌，亮如火焰。一九九九年，麥肯納（Duane McKenna）和妻子凱瑟琳・麥肯納（Katherine McKenna）進行了有史以來第一次的蝴蝶路殺調查。他們仔細檢查伊利諾州的道路，發現近兩千隻死蝴蝶，其中有九十九隻是帝王斑蝶。麥肯納夫婦把調查結果外推到整個州，估計伊利諾伊州的車子可能在一週內殺死五十萬隻帝王斑蝶。二〇一九年，其他昆蟲學家估計，光是在蝴蝶遷徙路線的南區，汽車就殺死了大約兩百萬隻蝴蝶。另一個團隊寫道，即使是卡車產生的氣流，也可能撕碎蝴蝶脆弱的身體。

生物學家戴維斯（Andy Davis）告訴我：「這令人震驚，太震驚了。帝王斑蝶整體族群中，有很大一部分正被汽車摧毀。」戴維斯在他的部落格「帝王斑蝶科學」中估計，每年有多達兩千五百萬隻帝王斑蝶遭到車輛撞擊。在戴維斯看來，這些數據指出了目前政策的愚蠢，包括帝王斑蝶高速公路，以及建立路邊棲地的ＣＣＡＡ聯邦協議。他問：「為什麼要把這些蝴蝶拉進死亡陷阱？」有證據證明高速公路養出的蝴蝶，比汽車撞爛的多嗎？他說：「這些計畫必須能培育出數以千萬計的帝王斑蝶，才具有意義，因為被殺死的蝴蝶就有這麼多。」

戴維斯還找出路邊棲地的其他漏洞。在一項實驗中，他把幼蟲放入「噪音室」，以喇叭播放八十分貝的交通噪音，用以轟擊幼蟲（帝王斑蝶毛蟲會從胸部伸出一對長毛探測聲音），並透過顯微鏡觀察幼蟲的背血管（這是昆蟲體內血液循環的管道），檢查幼蟲的「心跳」加速狀況。幼蟲也會咬飼養員，戴維斯認為這是壓力引起的攻擊行為，基本上就是「路怒症」。高速公路的喧囂顯然對帝王斑蝶的幼蟲造成困擾，或許也會留下傷害給成年蝴蝶。戴維斯說：「如果你想改變動物或人的生理狀況，就在他們生命的早期階段施加壓力吧。」

這一切主張，讓戴維斯成了帝王斑蝶界的掃興鬼。在我們交談前的幾個月，他曾在一個郵件群組中抱怨，交通機構正在進行一項「巨大實驗，而帝王斑蝶正是實驗品」。他的訊息惹怒了群組裡的人，德州交通部門一位生物學家回應：「戴維斯博士又一次的，朝那些想為帝王斑蝶做點事的人表達激烈反對。」但戴維斯不為所動。在他看來，滅絕之路是由善意鋪成的，他告訴我：「我們生活在一個充滿爛事的世界，總是有很多壞事發生。然後突然之間，我們可以種植一種小小的植物來拯救一種小小的蝴蝶，大家都愛死了。每個人都擊掌歡呼，只有我這個可惡的科學家說：『等一下，沒有數據。』」

我問戴維斯，如果任命他擔任帝王斑蝶的保育領袖，會如何管理路邊棲地。他回答得很快。

「把一切都砍掉。」

∞道路即荒野？

持平而論，戴維斯對路邊棲地的蔑視，讓他成為少數派，而且不僅在美國如此。例如愛爾蘭，有三分之一的本土蜜蜂面臨滅絕，政府推行的授粉者計畫（Pollinator Plan）就著重在道路邊緣的空地。南非有「道路保護區」網絡，用以守護本土植物，而瑞典的軟地產，則支持三十多種「責任物種」（responsibility species）。英國的道路被描述為「最大的非官方自然保護區」和「現代形式的荒野」。

然而，大多數荒野並未受到汽車包圍。這個想法甚至有點歐威爾式的味道：戰爭即和平，自由即奴役，道路即荒野。戴維斯無疑是對的，並非蝴蝶想生活在危險、汙染、嘈雜的高速公路邊緣，牠們是因為農業開發而被放逐到那裡。研究人員一再發現，道路邊緣的帝王斑蝶，生育力低於其他棲地的帝王斑蝶。如果可以選擇在高速公路邊緣復育草原，或在玉米田中進行復育，我會選擇玉米田。不過，路邊棲地的品質雖然可能較糟，面積之大卻無可爭議。考慮到帝王斑蝶數量不足，我們很難放過百萬公頃能讓馬利筋生長的土地。負責協調CCAA的帝王斑蝶管理員卡德威（Iris Caldwell）告訴我：「道路邊緣地區或許有其他地方沒有的威脅。但現實是，那些『其他地方』並不太多。如果你是試圖飛越愛荷華州的帝王斑蝶，你的選擇是什麼？」

在明尼蘇達州，我問史奈爾魯德是否有人證明過，路邊孕育的蝴蝶比殺死的蝴蝶更多。她承認沒有，然後以一貫嚴謹的態度，在當天晚上計算數字，並在隔天帶了一張寫滿數字的紙出現。她承認其中的計算充滿假設，像是每公里有X棵馬利筋，蝴蝶在上面產下Y顆卵，有Z條幼蟲長大成為蝴蝶等。你可以不斷調整這些變數，但最重要的是，明尼蘇達州的道路邊緣可養出大約兩千萬隻帝王斑蝶，即使有數百萬隻遭到車輛撞死，計算結果還是偏好高速公路。

此外，史奈爾魯德指出一點：無論我們想不想，帝王斑蝶都會使用高速公路。與其探究道路「好」或「不好」，更該問的反而是如何改進道路狀況。一些研究發現，在產卵高峰期之前幾星期修剪路邊植物，可讓馬利筋重新長出幼蟲喜歡的嫩葉。另一個矛盾的解決辦法，是讓道路邊緣更具吸引力：如果高速公路北側路肩長滿馬利筋，帝王斑蝶就不需要穿過車流到南側路肩。我們也可以借鏡臺灣的經驗，臺灣在紫斑蝶遷徙季節，於路邊安置數千公尺長的網子保護蝴蝶，有時甚至會封閉高速公路外側車道。若是在德州或伊利諾州，這種為了昆蟲中止交通的做法，似乎是異端邪說，但我不禁要天真的想像，我們對帝王斑蝶的喜愛可以勝過對速度的迷戀。

當史奈爾魯德和我開車繞著聖保羅附近逛時，我觀察了帝王斑蝶遭遇路殺的情況。在一條路上，我們發現三隻死去的蝴蝶，衰老程度各不相同，明亮的翅膀都已轉成棕褐色。我們還捉到一隻受傷的蝴蝶，牠在安全島上四處飄浮，像是被風吹動的袋子。我用雙手框住牠，這是新手處理蝴蝶的技巧。（史奈爾魯德會用兩根手指夾住牠的翅膀。）我們把這隻帝王斑蝶帶回實驗室，放在有花蜜海綿的帳篷裡。然而到了第二天早上，牠死了。

在史奈爾魯德的實驗室裡，每隻死去的蝴蝶都是一個機會。她說：「我喜歡解剖，我可以整天坐在這裡把蟲子切開。」她把那隻蝴蝶放在顯微鏡下，用剪刀剪開牠的腹部，螢幕上顯現帝王斑蝶體內的情況。史奈爾魯德用鑷子四處探查，螢幕上出現節肢動物的身體結構，就像哈伯望遠鏡拍攝到的天體影像那般超自然。我們看到呼吸系統的銀色絲線、幽靈般的卵巢管子、星雲般的黃色脂肪。我們看到形狀類似蒜瓣的精囊，證明這隻雌蝶已經找到伴侶。

不過我們注意到有項特徵沒出現。之前解剖較成熟的雌蝶時，會發現體內有一串串金色的卵，就像是鵝莓一樣垂垂累累。相較之下，這隻帝王斑蝶的卵顏色依然很淡，卵黃尚未發育完全，顯現牠的生育潛力被糟蹋了。史奈爾魯德說：「牠甚至還沒有產卵，就被車撞死了。」

1. 環保運動領袖繆爾在肯亞觀察到類似的現象，那裡的植食性動物學會「離鐵路愈近就愈安全」的道理，因為可以避開獅子。

2. 飛往墨西哥的帝王斑蝶為「東方族群」，另有西方族群主要是在加州海岸越冬，牠們的狀況就更糟了，自一九八〇年代以來，西方族群的數量已減少百分之九十九以上。

3. 編注：死區（dead zone）是指海洋或湖泊中缺氧的區域。

08 圍繞死者身旁的生物

渡鴉、郊狼、美洲鷲，甚至人類，都能從道路上有所收穫。

發現號太空梭於二〇〇五年七月二十六日升空。那天早上，佛羅里達州晴空萬里，大西洋上空飄著蓬鬆的積雲，是個適合發射火箭的日子。任務內容很簡單，機組人員負責把物資運送到國際太空站，進行幾次太空漫步，並且測試設備。但任何太空飛行，都不可能只是簡單的例行公事。美國航太總署上一次在二〇〇三年執行任務時，發生了史上最嚴重的悲劇之一。一塊泡沫絕緣材料在發射時從燃料箱上脫落，擊中哥倫比亞號太空梭的左翼。十六天後，當太空梭重返地球大氣層時，受損的機翼脫落，哥倫比亞號解體，七名太空人全數罹難，太空梭計畫就此暫停。

二十九個月後，甘迺迪太空中心陷入緊張的氣氛。發現號這次的升空，是美國航太總署自哥倫比亞號災難以來的首次發射，如果又發生事故，美國太空飛行計畫可能會無限期中止。發射總監萊因巴赫（Mike Leinbach）在控制臺上咬緊牙關，監控整個發射過程。上午十點三十九分，推進器點火，太空梭在火焰和煙霧圍繞之中，震動著升向天空。同時，有三個不規則的黑色身影，在上升的太空梭周圍拍打翅膀，那是紅頭美洲鷲，其中兩隻立刻被燒毀了，但第三隻撞到發現號的燃料箱，墜落在地，像一件被甩開的毛衣般癱軟。

幸好紅頭美洲鷲沒撞到太空梭本身，發現號在兩週後安全返回陸地。但這次千鈞一髮的事件卻嚇壞了萊因巴赫。當年導致哥倫比亞號解體的泡沫絕緣體，重量還不到一公斤，但美洲鷲的體重將近有兩公斤。萊因巴赫告訴我，如果那隻鳥的撞擊角度不同，「我們也可能失去那艘太空梭。」他意識到，美國航太總署有美洲鷲問題。

動物衝突問題其實長期以來一直困擾著甘迺迪太空中心。這個機構位於麥里特島國家野生動物保護區（Merritt Island National Wildlife Refuge）的鹽沼和松樹林中，啄木鳥會在太空梭的絕緣層上鑽洞，魚鷹在信號塔上築巢，還有野放家豬胡亂衝上跑道。太空中心用貓頭鷹雕像和噪音炮嚇跑這些入侵者，但美洲鷲就沒那麼容易威嚇了。每一天，美國航太總署的數百名員工，包括技術人員、太空人、後勤人員等，都會在通勤時經過保護區，沿路可能撞到犰狳、浣熊、鱷魚、豬，以及其他將成為食腐動物美食的動物。萊因巴赫說：「我最害怕的事情之一，就是晚上開車經過那條路。」他本人曾經撞到一頭豬。美洲鷲早已知道會出現動物屍體，所以成群結隊聚集在太空中心周圍。每天早上，牠們巨大而陰森的身影都會棲息在大門和電線上，一位記者寫道：「就像飢餓的食客，等待最喜歡的餐廳開門。」美洲鷲已成為車輛撞擊事件食物鏈的一員，以陸地上的路殺屍體提供身體燃料，然後乘著熱氣流上升，在進入太空梭飛行路徑時毀滅。[1]

萊因巴赫的團隊致力解決美洲鷲問題。他回憶：「我主持過很多鳥類會議。」他們開發雷達，探測即將到來的鳥群，並且考慮撲殺美洲鷲——但後來放棄了。最有效的方法也是最簡單的方法。二〇〇六年四月，美國航太總署召集一支「路殺隊伍」，由承包商負責在太空中心周遭搜尋路殺屍體，並把屍體運送到垃圾掩埋場。萊因巴赫在給員工的電子報和公告中宣傳這項計畫，懇求員工看到路殺事件或撞到動物時提出報告。萊因巴赫在簡報時提到他的「路殺召集令」，同事都咯咯的笑起來，但他依然堅持：「你如果想想會發生什麼事，就笑不出來了。」

召集令效果奇佳。萊因巴赫的路殺隊伍在三個月中，從發射臺附近移走一千多公斤的肉，引起美洲鷲的注意。一名工人表示，起初他的卡車一靠近，鳥兒就散開，但現在牠們會咄咄逼人的發出聲音，彷彿認為他是競爭食物的對手。最後，沮喪的鳥群散去，下一次發射順利進行，沒有鳥擊意外。即使是眺望宇宙的火箭科學家，偶爾也需要把眼光拉低到路面。

太空中心的美洲鷲，讓我們學到很多有關道路和自然交會時發生的事。我們已經看到，道路有豐富資源，也有致命危機，是會困住其中成員的全新生態系統。對蝴蝶來說，誘惑在於路邊的馬利筋；對美洲鷲和其他食腐動物來說，誘惑在於被汽車撞死的肉體。道路帶走生命，也給予生命。傳粉者因為土地開發而被流放到道路上，食腐動物則主動尋找道路。美洲鷲是人類共居物種（synanthrope），就像郊狼、渡鴉和其他以屍體為食的動物，生性聰明、適應能力高強，能取用人類帶來的資源。這類動物能善用垃圾箱裡發霉的披薩皮、汙水系統提供的地下道，也能從高速公路上的屍體得到好處。如果道路是一種生態系統，與人類共居的食腐動物就是其中極為重要的一員，這些勇敢又具變通能力的食屍者，在每一次接近路肩時，與死亡擦肩而過。在路上，沒有白吃的午餐。

∞ 羽翼下的風

〈創世記〉告訴我們：「你本是塵土，仍要歸回塵土。」然而，關於究竟如何融入土壤，《聖經》留給我們去想像。實情是，沒有任何生物能夠自行分解。野外的每一次死亡都是一個開始。狐狸和老鷹撕皮散骨，馬蠅和甲蟲啃咬食肉，植物和微生物吸收剩餘的養分。屍體是自給自足的生態系統，在腐爛的各個階段中，支持著一群群圍繞在屍體旁的清理者。科學家把這些圍繞在死者旁的生物群，統稱為屍體生物群系（necrobiome）。

在屍體生物群系中，汽車可說是關鍵「物種」。路殺是一種非自然的死亡原因，卻模擬了自然過程，而屍體生物群系中的清理者，以驚人的速度和技巧參與其中。在佛羅里達州，研究人員發現，死亡的雞和蛇在三十六小時內就從道路上消失了，美洲鷲、浣熊、臭鼬和紅火蟻吃光牠們的肉體，留下一堆白骨。在巴西，食腐動物一天內可帶走將近百分之九十的鳥類屍體，正因為牠們暗中的努力，道路上才沒有鋪滿屍體。

一位生物學家估計，威爾斯的路殺率應該比調查數據高出十六倍，主要是因為食腐者處理屍體的速度非常快。這位生物學家寫道：「有人看到一隻烏鶇叼走了被車撞死的蛇蜥，一隻藍山雀鑽進死亡已久的路殺綿羊腐爛的胸腔裡，啄食脂肪，還有一隻白鼬在白天叼走了受傷的幼兔。」天色才剛亮，他就看到食腐者帶走前一夜被車壓扁的蟾蜍，共有一百七十八隻。他又補充：「等到上午十點進行調查時，將不會發現有關這些路殺的任何證據。」屍體生物群系清掃了人類的道路邊緣，透過吞噬掩蓋發生過的危機。

每個屍體生物群系各不相同，但有相似的成員。肉食性鳥類是常客。在墨西哥的下加利福尼亞半島（Baja California Pen.）附近開車時，我看到的是鳳頭卡拉鷹，這種身材粗壯、羽色漂亮的獵鷹，有著藍橙相間的喙，像自負的士兵一樣，在路邊昂首闊步。當我造訪英國，看到天空布滿紅鳶，這些猛禽以清潔街道的高超能力聞名，還因此一度受到皇家法令的保護。在美國，我們很幸運有美洲鷲執行清理工作（航太總署也許會說是困擾）。

一般來說，美洲鷲不是受歡迎的鳥，也許是因為牠們以腐肉為食，容易讓人聯想到疾病。達爾文把紅頭美洲鷲描述為「令人厭惡的鳥，有著猩紅色的禿頭，天生適合在腐肉中翻找」。博物學家奧杜邦（John James Audubon）卻對美洲鷲讚譽有加，欽佩牠們在自衛時噴射嘔吐物的「驚人速度與力量」。也或許因為美洲鷲預示了我們自己的死亡，讓葬送的陰影玷汙生命的晴空，才導致我們排斥。不論如何，美洲鷲都不該得到不良的名聲。一位鳥類救傷人員曾寫道，美洲鷲是「動物王國裡溫柔的回收者」，心甘情願的飛翔俯視食物鏈中的爭鬥，清理我們棄置在大地上的垃圾。牠們沒有羽毛的頭，比帶羽的頭更容易清理，牠們的腸道細菌和強烈胃酸，能夠化解炭疽病和肉毒桿菌。就連牠的學名，也暗示了牠是有益的角色。鳥類學家把這種達爾文厭惡的鳥稱為 *Cathartes aura*，意思是「如風的清理者」。

我們的世界曾經是美洲鷲的天堂。兩萬年前，北美有獅子、獵豹、劍齒虎和恐狼出沒，這群兇猛的掠食者會獵殺乳齒象、猛獁象、駱駝和如熊一般大小的犰狳，讓牠們的屍體散落在更新世的大草原上。後來，人類的狩獵和氣候變遷共同消滅了這些巨型動物，使這片大陸曾有一段短暫的時間屍橫遍野，這是食腐動物最後的晚餐。翼展超過三公尺的巨大美洲鷲——異鷲（teratorn）滅絕了；黑美洲鷲從大陸西部消失；加州神鷲曾一度飛翔到佛羅里達州東部，現在卻撤退到太平洋海岸，啄食擱淺的鯨。幾乎在一夕之間，北美洲的腐肉消失無蹤。

兩萬年後，新大陸的美洲鷲重返榮耀時刻。現在的美洲鷲可以大啖獵人留下的成堆內臟、垃圾掩埋場溢出的剩餘漢堡，以及最重要的——路殺動物。上個世紀，紅頭美洲鷲和近親黑美洲鷲在美國各地繁衍生息，分布範圍擴大到加拿大。這部分得歸功於DDT使用禁令，以及《候鳥協定法案》（*Migratory Bird Treaty Act*）的保護。不過，美洲鷲還得感謝高速公路，上面的食物就像糖果屋的麵包屑一樣，形成引導路線。路殺動物是異常健康的盛宴，不像獵人留下的內臟堆常藏有子彈碎片，被汽車殺死的負鼠和松鼠體內無鉛，是為食腐者準備的全天然食品。

高速公路也是美洲鷲羽翼下的風，牠們隨著柏油路面升起的溫暖空氣上升翱翔，懶洋洋的在空中盤旋，用敏銳的視覺和更敏銳的嗅覺搜索地面。一位生物學家把城市和道路描述為「新型人造熱廊道」，既是飛行路線，也是自助餐廳。異鷲與恐狼已經一起滅絕了，但紅頭美洲鷲與休旅車一起繁盛，這或許讓人感到些許安慰。

∞精明的食屍鬼

當然，道路不只是富含奶與蜜以及腐肉的富饒土地。食腐動物和蝴蝶一樣，也常在覓食之中遭受車輛撞擊。舉例來說，西班牙東北部的一項路殺調查，便把兀鷲評為該地區最常遭受撞傷的鳥類。兀鷲和許多鳥類一樣，判斷速度的能力很差，是根據遠近而不是速度來逃離危險。一如既往，汽車顛覆了受害者的演化史，讓牠們因為遵循本能而受傷。

當古老的規則不再適用，路邊的動物就必須學習新規則。道路是對認知的挑戰，只有聰明又好奇的動物能夠勝出，而牠們正是人類共居物種。以黑熊為例，這些披著毛皮的天才能計劃未來，認出鏡中的自己，還會彼此傳授打開防熊容器的祕密技術。大多數遭遇路殺的黑熊，都是缺乏經驗的年輕雄性，這表示黑熊會隨著年紀增長變得更聰明，成為更安全的道路使用者。這種街頭智慧，可能透過社交互動傳播。在康乃狄克州的郊區，黑熊族群因為道路的分隔，使得基因遭到分割，但城市裡的黑熊沒有這種現象，也許因為這些精明的城市熊學會了如何安全穿越馬路，並把這項技巧傳授給幼熊。生物學家迪特瑪（Mark Ditmer）告訴我：「如果熊能學會小心往來車輛，就能學會利用人類帶來的大量資源。牠們似乎大致上都能做出正確的決定。」[2]

同樣精明的還有鴉科鳥類，牠們是傑出的鳥類家族，成員包括烏鴉、松鴉、渡鴉和喜鵲。有許多例子可證明鴉科動物在道路上的聰明，例如佛羅里達灌叢鴉，愈老的愈會閃避車輛，原因可能是曾經千鈞一髮躲過危險，或看過同伴遭遇車禍。英國科學家觀察到「聰明的鴉科家族」，會吞食因車輛振動而從路邊土壤冒出的蚯蚓。日本的小嘴烏鴉有個著名事蹟，會把胡桃扔到路上，藉助車子把胡桃殼壓破。有些烏鴉也會把戰利品放在十字路口，讓汽車擔任胡桃鉗的角色。鳥類巧妙利用了人類的交通工具，牠們在紅燈時放下胡桃，綠燈時撤退，然後在下一個紅燈時俯衝下來收回成果。如果過了很久，胡桃殼都沒被壓碎，牠們會改放到其他位置。在日本仙臺市，這種行為最早出現在一所駕訓班附近，那裡的車流稀少、車速緩慢（駕訓班學員開車總是小心翼翼），讓烏鴉有充足的時間，可在車與車之間處理食物。新手駕駛和大膽的鳥兒一起學習道路規則。

鴉科鳥類很愛吃路殺動物，烏鴉尤其貪婪。博物學家海恩利許（Bernd Heinrich）如此描述牠們：「可說是北半球最重要的屍體消費者」，樂於吞食「從浣熊到豪豬等各種路殺動物」。烏鴉是勤奮的殯葬業者和勇敢的人類共居物種，霸占電塔築巢，把高速公路當成餐廳。隨著烏鴉數量激增，牠們成為道路生態系的重要成員。牠們把路殺動物的肉塊藏在樹洞和樹葉堆中，食魚貂、黃鼠狼、鼬鼠和其他會避開道路的動物，也因而得到腐肉。烏鴉把來自高速公路的恩賜，分享給膽怯的鄰居。

渡鴉是屍體生物群系中的另一個重要角色，擔任偵察前鋒。生物學家羅佩茲（Roy Lopez）和同事格魯布（Teryl Grubb）從一九九〇年代開始，針對亞利桑那州十七號州際公路沿線的路殺動物，研究它們周圍複雜的交互作用，這項棘手的調查工作為期數年。他們在州際公路上搜尋死去的麋鹿，把屍體裝上卡車，再拖進森林，然後以雙筒望遠鏡觀察，看哪些動物會來吃。羅佩茲告訴我：「同事會嘲笑我們是食屍鬼巡邏隊。」有一次，他把一頭半乾燥紅鹿的腿綁在卡車上，結果眼睜睜看著鹿的身體從腿部脫落，蛆蟲從屍體中噴湧而出。

羅佩茲和格魯布發現，屍體吸引一批又一批的食客。首先到達的是渡鴉，牠們天性大膽、活動範圍廣、善於互動。渡鴉會啄食紅鹿，但大部分時間都在等待，因為鹿皮很厚。一天後，白頭海鵰出現了，美國的國家象徵前來利用美國瘋狂的汽車文化。羅佩茲說：「白頭海鵰可以取得較多肉，特別是軟組織，如眼睛、嘴唇、肛門區域。」但即使是牠們的喙，也無法啄穿鹿皮。直到鳥類的活動吸引郊狼的注意，僵局才總算打破。郊狼撕開紅鹿，讓內臟暴露出來，供給鳥類吃。但有時會爆發亂鬥，羅佩茲就看過一隻白頭海鵰攻擊正在進食的郊狼，惹得郊狼「張嘴朝牠猛然一撲」。不過在通常的情況下，三種動物會和平共存，因路殺動物而結盟。由鳥類發現屍體，由郊狼將屍體撕開。

這種共生現象並非高速公路獨有。生物學家也在黃石公園觀察到，渡鴉會跟隨狼找到被殺的動物。食腐動物十分慣於利用大型危險競爭對手的慷慨，也許正因為如此，才能成為有效率的人類共居物種，活躍於道路邊緣。郊狼躲在狼群後面，黑熊啃咬灰熊殺死的鹿，渡鴉則盡可能的掠奪。吃腐肉的動物學會偵測和解釋死亡跡象，並協調出社會契約，讓不同的食腐動物都能利用屍體。吃腐肉需要智慧、勇氣和謹慎，這些是高速公路所鼓勵的特質。吃腐肉也就是尋求頂級掠食者的施捨，無論是來自於狼、熊，還是拖車。

∞金鵰的冒險

然而在高速公路邊緣，撿拾腐肉的機會卻比想像中少。在美國，有許多維護人員會在道路上巡邏，把路肩上的屍體鏟起或拖走，這些人也組成了一個屍體生物群系。從聯邦到州、郡，再到私人機構的工人，將汽車暴力導致的結果層層淨化。少數幾個州會把路殺屍體製成堆肥，另一些州把屍體送給動物收容所和動物園。然而在大多數地方，工人只是把動物屍體運送到掩埋場、焚化爐或垃圾場，因此阻礙了美洲鷲和郊狼的取食。這種「無菌」的管理方法等於抄捷徑，食腐、分解，才是自生命出現以來一直支撐著生態系統的過程。由於埋在掩埋場的物體不易分解，許多垃圾場成為鹿和浣熊的墳墓，牠們未處理過的屍體，像金字塔中的法老王一樣詭異的保存下來。

與其一看到腐屍就想丟棄，不如試著把它們看成資源。想想金鵰的困境，這種羽色斑駁的猛禽，是西部山區和高地沙漠的空中王者，翼展寬達兩公尺，鉤狀喙足以撕開皮肉。金鵰和許多猛禽一樣，會因為路殺屍體而落入高速公路陷阱。夏天時，金鵰獵捕兔子和地松鼠，很少遭車輛撞擊。然而到了冬天，獵物在雪地挖洞躲藏，金鵰只好退而找腐肉來吃。在過去，金鵰可撕咬因飢餓和疾病死亡的鹿和叉角羚，如今卻聚集在高速公路附近等待悲劇發生。

一隻塞飽鹿肉的金鵰因為體重增加，要離地起飛，就像波音七四七客機一樣需時甚長。非營利組織「國際觀鷹」（HawkWatch International）的主任史拉特（Steve Slater）告訴我：「金鵰動作靈敏的程度，比不上喜鵲或渡鴉。」

二〇一六年，史拉特對金鵰死亡事件展開全面調查，派工作人員到俄勒岡、猶他和懷俄明州各地搜尋路邊死亡的金鵰，並設置攝影機觀察金鵰的活動，史拉特不知道工作團隊會發現什麼。金鵰的屍體往往很快被黑市的羽毛商收走，以致金鵰路殺的數據很少。然而國際觀鷹的調查員還是找到數十隻死去的金鵰，代表每年有數百、甚至數千隻金鵰死於車輛撞擊。對於需要五年才能達到性成熟的猛禽來說，這是不小的危機。

但道路的危險不一定會讓道路變成陷阱。對金鵰來說，吃路殺動物所得到的營養利益，理論上可能超過路殺風險。但道路確實會造成干擾。通常，停在屍體上的金鵰會顯得非常滿足，史拉特曾在野外看過金鵰啄食叉角羚長達數個小時，就像酒吧裡的嗜酒客一樣慢慢享用牠們的食物。但如果把叉角羚放在高速公路旁，金鵰會變得緊張。史拉特的團隊發現，金鵰停留在路邊屍體上的時間，每一次平均為九分鐘，每五輛汽車經過，牠就會飛走一次。這種傾向會導致牠們衝向卡車往來的道路，每一次的起飛也會燃燒寶貴的熱量，這在冬天是嚴重的問題，因為許多金鵰早已在飢餓邊緣搖搖欲墜。道路提供的不是盛宴，而是無法帶來滿足的小點心。

金鵰對路殺動物的喜好目前為牠們帶來的是負擔，但如果我們小心介入，就可能把屍

高速公路旁的白頭海鵰與路殺動物。在冬天，公路旁是白頭海鵰冒險取得食物的地方。 *Shutterstock*

體變成豐盛的大餐。根據史拉特的計算，只要把鹿屍拖離高速公路十二公尺，就足以讓金鵰平靜的狼吞虎嚥。當然，這會讓道路維護人員的工作變得複雜。他們現在不是把屍體拖到掩埋場，就只是推出路肩。史拉特說：「把鹿屍拖到道路以外六十公分遠的地方，就已經不會危及人類安全，但對金鵰而言，風險依然很高。」史拉特設想的是「猛禽信用系統」（eagle-credit system）之類的辦法，也就是說，風力發電場對於風機造成的猛禽傷亡，可藉由雇用工人將路殺的有蹄類動物拖出危險區域，來彌補過失。史拉特說：「路殺動物可做為金雕豐富的食物來源，藉由確保食物來源的安全，能提高金鵰度冬的存活率。」

從定義上來說，這種新型生態系統是自主的，人類在無意中啟動它們，然後後退，讓生態系中的居民彼此互動。然而根據史拉特的研究，屍體生物群系仍可受到積極的控制，而且在適當環境下，屍體留在當地會比送入掩埋場更好。把一頭僵硬的死鹿拖行十二公尺遠，不是一件愉快的事（我試過），但我們起碼能為美國雄偉的猛禽盡一份心力。就像創造出科學怪人的法蘭克斯坦博士（Dr. Frankenstein），我們有責任管理人類創造出的怪物。

∞路殺料理

除了烏鴉和金鵰，我們智人也是道路生態系統的成員。人類占據食物鏈的每一層，是道路上的頂級掠食者，但也常常成為道路的獵物。有時，我們自己也是食腐動物，像烏鴉那般急切的吃掉死亡的動物。

如同稅法和槍枝法規，美國各州對於是否可取用路殺動物，法規並不相同。紐澤西州的居民只能拿取鹿，但有魄力的懷俄明人還可以收取紅鹿、叉角羚、麋鹿、野牛和火雞。在西維吉尼亞州，除了小鹿、幼熊和一些受保護的鳥類，其餘路殺動物都可以拿取。如此消費路殺動物，並非無人反對，人道協會等組織就擔心，若可合法拿取路殺動物，會讓車輛駕駛產生撞死動物的邪惡動機。[3]食品安全倡導者也提出反對意見，因為這些肉類可能受沙門氏菌、大腸桿菌等的汙染（就我所知，紀錄中並沒有路殺動物導致人類受疾病感染的例子）。然而自一九九〇年代起，美國漸漸放寬撿拾路殺動物的規定，目前允許的州多於禁止的州。根據一位哲學家的說法，每年路殺的動物相當於八萬頭牛或八百萬隻雞，而且不需要畜牧工廠。

美國路殺料理有著悠久而豐富的歷史。作家麥克菲（John McPhee）在一九七三年發表的辛辣文章〈喬治亞州之旅〉（Travels in Georgia）中描述，他與博物學家同遊，看到他們對於烹調所謂的DOR，也就是「路上死屍」（Dead on Road），表現出一種陰森的愉悅。有天晚上，當一大塊肉在火堆上發出嘶嘶聲時，廚師問麥克菲，他的黃鼠狼要幾分熟，這位作家回答：「你做的是一百分。」麥克菲勇敢的咀嚼自己的黃鼠狼，其他作家就比較挑剔了。幽默作家貝瑞（Dave Barry）在食用可能患病的松鼠時，諷刺的評論：「食用路殺齧齒動物的器官，死了也是理所當然吧？」

從貝瑞對食用路殺動物的厭惡中，不難察覺到一絲階級優越感。其實有成千上萬的飢餓家庭負擔不起自由放養的有機肉類，路殺動物正是他們的食物來源。非營利組織「阿拉斯加麋鹿聯盟」（Alaska Moose Federation）曾是美國最重要的路殺動物供應機構，在二〇一〇至二〇二〇年間，把四千隻遭汽車撞死的麋鹿分送給窮人、老人、殘障人士及原住民家庭，其中超過四分之一是由斯皮克曼（Laurie Speakman）負責。斯皮克曼是全職媽媽，本來是因為好玩而幫忙聯盟開車，後來變成當地著名的「麋鹿女士羅莉」。多年來，斯皮克曼睡覺時都把電話放在一旁，等待州警打電話告訴她哪裡有動物屍體，她便開車前往路殺現場，在阿拉斯加寒冷的夜晚中，把數百公斤的動物屍體吊到平板卡車上，親自開車運送。麋鹿女士告訴我：「不知道有多少次，當我把車停在別人家前，他們的反應就像是『我們剛剛把最後一餐放在桌上，不知道接下來能怎麼辦。』」麋鹿聯盟後來因為預算不足而結束，在美國這個第四十九州引起漣漪。斯皮克曼說：「我重新可以睡個好覺，但人們非常懷念這項服務。」

華盛頓州北部鄉間的梅索谷（Methow Valley），有全美最好的路殺動物回收狀況。某年三月，我親自開車去那裡尋找路殺動物。山谷漫長而曲折，梅索河和二十號高速公路像交配的蛇一樣，交纏蜿蜒的穿過。黑尾鹿在冬天時會下山，聚集在谷底的三角葉楊樹林中，並在山麓上留下一道道彼此交錯的足跡。我在接近日落時分進入山谷，每個彎道上都看得到黑尾鹿，牠們瘦到皮下的肋骨都浮現出來了。黑尾鹿焦急的在路邊踱步，塊塊積雪之間，牠們的身影幾乎看不見。煞車燈在我面前閃爍，幾隻瘦骨嶙峋的黑尾鹿踩著嘎嘎的蹄聲穿越道路。

隔日天剛亮，我和一位朋友出發尋找前一晚遭到路殺的動物。發現的肉不少，但大多只適合非人類的食腐動物。二十號高速公路旁高聳的雪堆已經開始融化，冬天埋藏在雪裡的鹿顯露出來，就像冰川退去後，長毛象木乃伊從中現身一樣。渡鴉和白頭海鵰聚集在這些腐爛的供品上，撕扯著失去神采的眼睛和鼻腔。我們繼續前行，每看到一隻鹿就停下來，兩隻、四隻、六隻。有頭死去一天的母鹿，處於能吃與不能吃的狀態之間，牠冰冷的側腹像河泥一樣堅硬。我的朋友是狩獵嚮導，建議不要吃。

我們爭論著是否要取走這頭母鹿，這時一名高速公路工人開著鏟裝機過來，車斗上已經裝有一頭鹿。我們讓他鏟起母鹿，問他要把鹿屍放在哪裡？他說：「想放哪兒，就放哪兒。」（後來，我的朋友帶我去一個很多人光顧的垃圾場，那裡堆滿了脊椎骨和頭骨，彷彿野牛跳崖的地方。[4]）那位工人說，上個週日，他曾幫一位母親和兩個孩子把兩頭小鹿裝進他們的迷你廂型車，當時那家人正在前往教堂的路上，但考慮到肉品正一分一秒分解中，他們放棄了禮拜，回家宰鹿去了。

∞ 重返人類古老的角色

梅索谷是蒐集路殺屍體的熱門場所，不只因為路殺數量多，還因為品質好。二十號高速公路上的用路人，大多是去渡假的西雅圖人，很少見到商用卡車，最高時速還不到九十公里。這裡的鹿經常遭遇路殺，但很少嚴重損毀。儘管在華盛頓州，回收路殺動物一直都是非法行為，但惱人的法律並未阻止任何人偶爾撿拾路殺動物。到了二〇一六年，華盛頓州開放民眾回收鹿和紅鹿後，原本祕而不宣的路殺動物社群更從陰影中浮現。華盛頓野生動物部門的執法官戴伊（Jason Day）告訴我：「在開放取用動物屍體之前，高速公路上每天都看得到死鹿，但現在，我記得最近幾個星期中只看過兩次。那些路殺動物很快就被拿走了。」戴伊支持合法化，甚至親自試著回收過一隻受傷的鹿（但那隻鹿逃進樹林，大概在孤獨中痛苦死去了）。

但這項法律也造成困擾，以前戴伊在打擊盜獵時，法律界定清楚明確，現在卻變得曖昧模糊。他說：「從前，如果是非狩獵季的二月，在樹林裡發現鹿的殘骸，我們會說：嘿，我不相信美洲獅會用刀把鹿的骨頭剔出來，這顯然是盜獵。但現在我們就無從判斷了。」戴伊認為，盜獵者正利用可拾取路殺動物的法律，幫非法獵鹿漂白。即使鹿的屍體上有個彈孔，也可說成是好心人為了讓受苦的動物解脫，所以幫牠進行了安樂死。

回收甚至比監管更為複雜。第一個問題是動物屍體是否還能夠回收，車輛的撞擊是否已撞破內臟，讓臟器流出的液體汙染了肉。努森（Nils Knudsen）是山谷中眾多的回收者之一，他告訴我：「我會請老醫生拍一拍、瞧一瞧。如果感覺肋骨斷了，就不要把動物剖開，免得胃腸滾出來。」一隻腹側受撞擊的鹿，可能有一側沒受傷；器官雖然破裂，但脊椎兩邊的里肌肉或許還能保住。與任何食物一樣，路殺動物也有季節性。五十公斤的生肉在八月的陽光下並不能長久保存，努森說：「除非我親眼看到撞擊，否則不會在夏天回收死亡的鹿。」

努森家就在二十號高速公路旁，我在他家門外和他談話。他身形削瘦、性格率直，職業是製作家具，生活方式是農場主人。努森之所以開始回收路殺動物，是因為二〇一三年的一個晚上，他的妻子莎拉在路上撞到一頭黑尾鹿。他們兩人當時都是素食者，對此感到非常煩惱。努森認為，如果能回收鹿肉，心裡會好過一點。於是他叫醒他的鄰居，那位鄰居會狩獵麋鹿，知道怎麼處理動物屍體，所以努森請他指導流程。這是努森夫婦三年來第一次吃肉。自此之後，努森不知自己回收過多少隻鹿，可能是八隻，也可能是十隻。有些鹿他只取下幾塊肉，其他部位丟棄在溝渠裡；有些則直接埋進花園。他說：「幾年後，花園裡的植物長得非常好。」

如果路殺代表不負責任所造成的生命損失，對努森來說，回收路殺動物就是以食用的方式負起責任，用烤箱或煎鍋來彌補無意義的死亡。回收死去的動物，符合他所認同的自給自足精神及在地食材主義。他說：「跟阿拉巴馬州的農民買一頭豬，就像雇用殺手幫你做骯髒事。」努森帶我參觀他的土地，他用地上長出的松木建造車棚，他和莎拉飼養的雞會生下天藍色的蛋。在許多夏日的夜晚，他們的晚餐完全由自家菜園和附近的高速公路提供食材。努森偏愛獵人燉肉，這是配料豐盛的匈牙利燉菜。他說：「有次吃飯時，我提到鹿肉是從高速公路那裡搬來的，我爸聽了有點不安。」

努森的父親不是唯一反感的人。如今，拾荒代表落魄。我們經由不透明的供應鏈獲得漢堡，不再親自從肥胖的牛隻身上取肉。從死亡動物身上取得食物的方式，是人類演化過程中高貴且持之不墜的一環。我們的祖先是像哈比人的素食者，整天在非洲大草原上尋找果實，有時還會被巨大的貓科動物宰殺。然而在兩百五十萬年前，人類的生活改變了。人類學會尋找死肉，起初是像渡鴉那樣「被動的」食腐機會主義者，趁著豹吃飽後，撿拾死去的羚羊。但漸漸的，人類升級為「有力量」或「能對抗」的食腐動物，會聯手驅趕獅子，搶奪牠的獵物。我們缺乏利爪和獠牙，但能藉由良好的團隊合作彌補。

對死亡動物的偏愛，永遠改變了人類，迫使人類成長。一旦要與大型貓科動物競爭，就必須變得強大，人類因此創新。由於缺乏可撕碎肉類的裂齒，我們用石器肢解疣豬和斑馬。人類也因此社會化，驅趕獅子需要合作，這讓我們形成部落。人類的神經結構更因而改變，隨著飲食從多纖維的植物轉向易消化的肉類，我們的身體把更多能量重新分配到巨大且強大的腦。因為食用死亡動物的屍體，弱小的猿類成為席捲全球的力量。

就像美洲鷲或郊狼，努森學會了利用高速公路全新生態系統的現代技巧，同時重新扮演人類古老的角色，這個角色把他與其他食屍動物緊密聯繫在一起，如鵰、山貓、渡鴉。一年冬天，有隻鹿在努森家門口遭到車子撞擊，蹣跚爬上山後死亡。那天夜裡下了雪，鹿屍上覆蓋了一層霜，將它保存下來。幾天後，努森找到這頭死去的鹿，發現牠脖子上的肉和里肌仍然完好，於是把肉取下來帶回家燉。那個星期稍後，他又回去看，發現一隻美洲獅已經把剩下的鹿藏在樹葉下。人類與貓類，再一次於張力之中分享動物屍體，屍體生物群系在道路邊緣重聚。

---

1. 比起撞到太空梭，鳥類更常撞到飛機。很少有鳥類比美洲鷲更常遭受撞擊，一九九〇年以來，美國領空有超過一千兩百隻美洲鷲成為黏糊糊的「鳥擊殘駭」。
2. 熊的謹慎甚至表現在牠們的生理上。迪特瑪在明尼蘇達州的熊身上植入心臟監測器，發現牠們在道路附近時，每分鐘脈搏增加十幾次。當你準備穿越繁忙的街道時，你的健康管理應用程式也可能記錄到這種輕微但可控的壓力症狀。
3. 故意撞死動物的情況很少，但並非聞所未聞。二〇一三年，威斯康辛州一名男子就承認犯下非法狩獵罪，監視器畫面顯示他加速撞倒一頭白尾鹿。他被處以一千美元罰鍰和九十天監禁。
4. 編注：野牛跳崖（buffalo jump）是指過去北美原住民獵捕美洲野牛時，將大批野牛驅趕至懸崖邊並逼迫牠們摔落的地方。族人會在崖下等待摔落受傷的牛隻，進而獵殺處理。

09 失落的邊疆

在河流與道路交會的地方，
鮭魚不再遷徙。

也許因為不會踩出獸徑、不會到你家後院找尋食物，許多人並不知道魚類是會遷徙的動物。然而魚類游動的範圍非常廣，地球上的沿海水道中，充滿了河海洄游生物，這些魚類會在河流和海洋之間移動，例如大西洋鯡和太平洋三齒七鰓鰻。許多僅棲息於淡水環境的魚類也會洄游，每年春天產卵的亞口魚，都會往北美洲五大湖的支流移動，數量之多，排出的糞便和產下的卵滋養了肥沃的溪流，就像閃閃發亮的美洲野牛在水樣的草原上施肥。與美洲野牛一樣，魚類的遷徙現在也變得罕見。自一九七〇年來，洄游魚類的數量銳減四分之三，這場滅絕危機與陸地上的任何危機一樣令人不安。巨型水壩、過度捕撈和汙染導致魚類死亡，而道路，雖然看似不可能，卻也是魚類殺手之一。

請把水道和道路網視為巨大且彼此重疊的網子，水道由冰川和重力以數百萬年雕刻而成，道路則由人類建設在陸地上。這個網格中，任何路線相交的地方，都可能發生災難。以斯可柯米許山谷路（Skokomish Valley R.）為例，這條位在鄉間的雙線道公路，沿著同名河流穿過華盛頓州的西部。斯可柯米許河是華盛頓州最容易發生洪水的河流，原因之一是來自伐木道路的沉積物造成堵塞。每年十一月，鉤吻鮭會湧向上游產卵，若洪水氾濫，牠們就隨著漲出的河水移動，水流向哪，牠們就游向哪，無論是穿過乳牛牧場，或是通過柵欄、越過馬路。鮭魚像是起跑區的短跑選手在溝渠裡排隊，然後在柏油路上滑行，橄欖色的背部劃開齊腳踝的水面。在深及車輪鋼圈的水中，卡車因為打滑而突然停下。媒體把這種奇觀當成鬧劇報導：「鮭魚為什麼要過馬路？」這個新聞標題一次又一次出現。當洪水退去，大多數的遷徙魚類會困在地面，毫無尊嚴的成為郊狼的食物。

不過，道路很少以如此顯而易見的方式毀滅魚類。災難最常發生在隱密的涵洞中。涵洞是河流和溪流穿過道路下方所使用的隱藏管道，有許多類型：波紋鋼管、矩形混凝土隧道、帶有碎石襯底的拱形通道，凡是基礎建設下方的輸水通道，都算是一種涵洞。（很久以前，阿拉巴馬州的工程師還曾經把桉樹的樹幹鑿空，用來引導小溪流過。）無論涵洞設計成什麼樣子，都會持續承受水的侵蝕，讓它們以數不盡的奇怪方式毀壞，可能被樹枝和淤泥堵塞，被水沖走，像錫罐一樣變得皺巴巴。對於力爭上游的鮭魚或鯡魚來說，有缺陷的涵洞就像大古力水壩（Grand Coulee Dam）一樣，是巨大的障礙。

涵洞總是設計得很隱密，因此很難知道它們明確的數量。在五大湖周圍，大約有二十五萬個涵洞可能阻礙狗魚、白鮭和美洲紅點鮭的活動。在新英格蘭地區，另有二十五萬個涵洞阻礙了鰻魚、鰊魚和鯡魚。早期殖民者曾描述，產卵的魚讓溪河「流淌著銀色」。一位十九世紀的旅行者也寫道，在維吉尼亞州的溪流淺灘，鯡魚數量之多，「幾乎不可能騎馬通過而不踩到牠們」。如今，水道光芒不再，變成鋁合金車輛在地球的高速公路上閃著光芒。若說道路千刀萬剮殺死魚類，那還是低估，單單是亞馬遜河的一些溪流，就有道路跨越萬次。澳洲的墨瑞鱈是一種大型掠食魚類，牙齒上有鋸齒。根據澳洲原住民的宇宙觀，墨瑞鱈力量強大，尾巴拍動時足以讓河流彎曲變形。如今，墨瑞鱈卻被列為易危物種，原因之一是無法通過涵洞。墨瑞鱈可能重塑河流，但無法穿越道路。

然而在涵洞所帶來的傷害中，承受最嚴重摧殘的，要屬太平洋鮭。太平洋鮭是水生動物界最著名的往返者，這群魚類會在加州至阿拉斯加的沿海河流中逆流而上。幼鮭出生在淡水，於家鄉溪流中生活數日到兩年的時間，一方面捕食蠓蟲，一方面躲避翠鳥。然後，牠們身上的條紋褪去，側腹變得明亮，這時牠們會游向下游，漂流到海中長大，以磷蝦、魷魚和小型魚類為食。有些種類的魚會在海中度過兩年，有些停留長達七年，最後藉由磁場和熟悉的氣味回到出生的河中，奮力往上洄游。這時，牠們會停止進食，器官也漸漸衰退。有些魚往內陸奮游數百公里，並往上數百至數千公尺，最後停留在充滿鼠尾草香氣的高原荒野。雌魚掃動強壯的尾部，在礫石中挖出巢來，並產下黏稠橙色的卵。雄魚爭奪優先交配的地位，在痙攣的顫抖中獻出精液。任務完成後，鮭魚死去，牠們的屍體成為鷹、熊、水獺、鼠類的食物，肉中的氮和磷滋養了昆蟲，而昆蟲又將成為幼鮭的食物。牠們的生活史是循環經濟，是永恆的輪迴。鮭魚不死，只是被回收了。

但只要道路跨越水面，這條循環路線就會短路。舉例來說，一八九三年，加拿大卑詩省有個涵洞堵塞，不耐的魚直接從河中溢出，在馬車道上堆積好幾十公分高，後來由工人以馬車載走。隨著西北地區的發展，問題變得更為嚴重。工程師設計的涵洞，為了盡可能迅速有效的把溪流引到道路下方，結果許多涵洞設計得太過傾斜，使水流變得湍急，形成「速度障礙」。還有數千個涵洞過窄，不如原本的河道，以致溪水匯聚後變得更湍急，就像是消防水喉噴出的水柱，直接把魚隻沖走。這種排水的力道沖刷出水池，把涵洞變成瀑布，工程師稱之為「高位」涵洞。魚隻直接投身於涵洞管道之中，像孤注一擲的半場投籃一樣，撞到框邊，掉了出來。

正如州際高速公路阻礙紅鹿前往重要的冬季活動區域，設計不良的涵洞也阻礙鮭魚到達上游棲地。由於一整條河並非都能用來產卵，成年鮭魚經常在其他鮭魚已產卵的地方挖巢，垂死同伴畢生的成果也就被掘了出來。涵洞內的湍急水流，使幼魚像颶風中的小飛機那樣翻滾，既沒有泥沼可用，也沒有河狸打造的池塘做為有用的避難所。有些生物學家試著改造涵洞，安裝擋板、階梯，打造緩和相連、漸漸升高的水池；其他人則嘗試打造「魚道」這種傾斜坡道。但這些措施的功效有限。太平洋鮭中，有五種魚類會在西北部的河流中繁衍，但沒有任何兩種鮭魚以相同的方式游過涵洞，更別說產卵後會回到海中的虹鱒（硬頭鱒）與克拉克鈎吻鮭（藍背鱒）了。強壯的帝王鮭能輕鬆通過的管道，幾個月後可能讓體力較弱的鉤吻鮭速度減緩，再過幾個月後，完全阻絕銀鮭幼魚的前進。涵洞不能只在一年當中的某些時刻幫助某些物種，必須在一年當中的每一天，為溪流中的每個物種、每個生命階段提供服務。

華盛頓州的涵洞很少符合這個標準。一九四九年，該州承認，在管道和隧道上游存在著鮭魚以往的棲地，但這些棲地已成為「失落的邊疆」。如果像作家伊根（Timothy Egan）所說的，西北地區是「鮭魚可到達的地方」，那麼涵洞已經讓這個地方縮小了。

∞ 斯夸辛之歌

克里斯（Charlene Krise）是感觸最深的人之一。她的父母都是美洲原住民，母親是科爾維族（Colville），父親屬於斯夸辛島族（Squaxin Island）。克里斯在西雅圖南部雜亂的港口城市塔科馬（Tacoma）長大，經常和兄弟一起挨餓。一九六〇年代的某一天，克里斯到親戚家聚會。阿姨們把報紙當成桌布鋪起，從廚房裡端出一鍋熱滾滾的燉鮭魚頭。溫暖的房間裡充滿歡聲笑語，克里斯從魚臉上挑起柔軟的肉，那是她吃過最好吃的東西。她看著父親，期待看到喜悅的表情。但沒有，父親看起來很生氣，她了解他是因為只有魚頭可吃而感到生氣。

父親氣憤的說：「真的，我們應該有整條的鮭魚可吃。」他的憤怒是有道理的。幾千年來，克里斯的斯夸辛島祖先一直是水之一族，定期往返於普吉特峽灣（Puget Sound）南端。普吉特峽灣是由冰川鑿出的海灣，位於華盛頓州的西岸。他們的世界由潮灘和半鹹水河流構成，陸地和海洋之間的界線在那兒消失。他們獵殺紅鹿、採集蚌類，但鮭魚才是主食，是一種既神聖又營養的食物。這個水之一族用黑曜石磨成的矛尖叉起鮭魚，靠著鮭魚乾度過冬天，並舉辦首要食物（First Food）儀式來慶祝鮭魚的季節性回歸。他們在岩石上刻畫鮭魚，將牠們的奉獻記錄在大地上。

一八五四年十二月二十六日，一切開始改變。這一天，卑鄙的華盛頓領地總督史蒂文斯（Isaac Stevens）以強硬手段，脅迫水之一族簽署《梅迪辛河條約》（*Treaty of Medicine Creek*）。這份條約的簽署是一場外交荒謬劇，可說是以不合適的洋涇濱語言，進行複雜的土地交易談判，而且當天的天氣惡劣，許多代表無法參加。談判結束後，普吉特峽灣南部的部落割讓了超過一萬平方公里的土地，換取一塊約六．五公里長的保留地，也就是後來所稱的斯夸辛島，不過他們確實保留了在「慣用和傳統」漁場捕魚的權利。西北地區的其他部落也受到誘騙，做了同樣不公平的交易，包括圖拉利普（Tulalip）、盧米（Lummi）、斯諾夸爾米（Snoqualmie）、馬卡（Makah）等等。

當部落遭受驅逐，殖民者湧入華盛頓西部。隨著工業化，當地的鮭魚數量減少了。罐頭廠吞噬了魚群，水力發電的水壩圍堵了河流。到二十世紀中葉，返回陸地的鮭魚數量已降為過去高峰的五分之一以下。原住民受害最深，因為州政府以保育為名，不當的禁止捕撈鮭魚。但許多原住民還是冒著被騷擾、逮捕和槍擊的風險，執行獵捕鮭魚的權利。克里斯小時候，父親有一次帶她沿著一條泥路走下河岸，說：「我要抓一條鮭魚給大家吃。」幾分鐘後，負責把風的兄弟跑來警告他們，狩獵監督員來了。克里斯不知道什麼是監督員，還以為是某種怪物，嚇得躲在父親背後。結果監督員是個紅頭髮的白人，很有禮貌，但態度堅決，他表示克里斯先生在任何情況下，都不能從溪流中取走鮭魚。克里斯一家兩手空空、肚子空空，踏著沉重的步伐離開。

原住民拒絕容忍這種不當的對待。一九六〇年代，部落漁民在尼斯夸利河（Nisqually R.）發起一系列廣為人知的抗議行動，稱為捕魚中（fish-ins）。他們撒下魚網，公然挑釁官員前來制止，結果得到的回應是暴力。一九七〇年九月，警方突襲一個漁民營地，並使用催淚瓦斯和棍棒。這次的襲擊徹底讓輿論轉為支持部落，聯邦政府也代表部落起訴華盛頓州。一九七四年，法官做出判決，確認原住民有權在他們的傳統獵場捕魚，並可取得總漁獲量的一半。

這場鮭魚戰爭結束後，原本分散各處的斯夸辛島部落原住民，紛紛從加州、蒙大拿和阿拉斯加返回家鄉。克里斯回憶當時的情景，跟我說：「我們得重新自我介紹，然後發現『喔！你是我的表親。』」她和其他部落成員乘坐鋁製的小船，前往普吉特峽灣，用手拉著魚網，網內裝滿了鮭魚，他們既能吃、也能賣。當捕撈活動告一段落，他們把小船綁在一起，開始聊天，交換彼此的故事，探索家族關係，重拾祖先的知識。克里斯自稱「記憶者」，是負責保存部落歷史的檔案管理員，避免歷史像沙子般被海浪沖走。她會花好幾個小時的時間與部落耆老聊天，在捕撈許可證的背面寫下筆記。

捕魚是一種體力活。克里斯跳上岩石，抛下船錨，拉起魚網。她撕裂了肌腱，摔傷了背部，但傷勢並沒有讓她退卻。普吉特峽灣的每一面她都喜歡，包括最寒冷和最潮濕的時候。她尊重鮭魚，鮭魚是她每天的食物：早餐是鮭魚卵，午餐是鮭魚三明治，晚餐是燻鮭魚配馬鈴薯。

然而到了一九九〇年，鮭魚的洄游再次崩潰，而且比之前更嚴重。斯夸辛島的船隊召開會議，討論有誰去向食物銀行尋求幫助，有誰的汽車被債權人收回，又有誰家遭到斷電。有些部落捕獲的鮭魚數量太少，不足以舉辦儀式，只好跟友好的加拿大原住民買魚。

克里斯說：「那就像摯愛的長輩去世了。」

克里斯和父親一樣感到憤怒。她把憤怒化為政治行動，加入水域相關的各種委員會，並擔任斯夸辛島的代表，與州政府的機構進行談判，而且常常是剛從水裡出來，還穿著沾有鮭魚血的運動衫。她說：「他們可能很好奇，這個像遊民的人到底是誰？」她參加了關於水質、伐木模式、郊區化、收穫比例的會議，每次都提出同樣的問題：鮭魚到底發生了什麼事？要怎麼做才能讓牠們回來？

克里斯知道，普吉特峽灣的鮭魚承受許多壓力。森林砍伐加速了土壤侵蝕，導致淤泥覆蓋鮭魚產卵用的礫石。高速公路切斷河流與洪氾平原之間的聯通，讓幼鮭棲息的沼澤地消失。另外還有暴雨，當雨水直直落在華盛頓州的混凝土地面上，如道路、車道、停車場，再沿著山坡流入峽灣，會將機油、變速箱油、汽油、銅和來自汽車的其他化合物所組成的有毒混合物，一併帶入海水之中。最致命的是從輪胎脫落的顆粒，只是當時沒有人知道。科學家最後把幾十年來銀鮭的死亡，歸因於6PPD醌（6PPD-quinone），這是製造商添加到輪胎中的化學物質，用來保護輪胎免受臭氧的破壞。我們為了汽車把土地鋪平，然後用汽車來毒害土地。

威脅來自四面八方，又同時鋪天蓋地而來，即使是最強大的部落，也很難控制西雅圖郊區的發展。相較之下，涵洞是比較容易處理的對象。每一個涵洞都把一定數量的鮭魚阻隔於潛在棲地之外，因此很容易量化危害的程度（華盛頓州的生物學家後來估計，若修復涵洞，可為該地區多增加二十萬條成魚）。華盛頓州政府也知道涵洞帶來問題，於是在一九九〇年代初，該州的交通部門啟動計畫，更換高速公路下方會阻礙魚類通過的涵洞，並承認這些涵洞是鮭魚洄游時「最常遇到、並可改正的障礙」之一。交通部門慢慢拆除了狹窄和廢棄的涵洞，改換成更大的尺寸，或更棒的是，改建成橋梁，讓溪水可不受阻的流動。這是艱巨的任務，因為華盛頓州在幾十年前開始建設道路時，就已經安裝了涵洞。之後許多年，多達數百個涵洞因為都市擴大而被掩藏起來，政府每更換一個涵洞，似乎就會在購物中心、學校和社區下面再發現兩個涵洞。依照華盛頓州的進展速度，要到二十二世紀才能解決這個問題。

對於斯夸辛島民和其他原住民來說，這樣的速度遠遠不夠快。二〇〇一年一月，華盛頓州的二十一個部落以涵洞修復進度過慢為由，起訴州政府，論點強而有力。史蒂文斯在一八五〇年代強加給部落的條約中，確保他們有權在傳統漁場捕魚，但若魚類稀少，這種權利有什麼好處呢？部落認為，該條約不僅承諾漁民可捕捉鮭魚，也保證鮭魚能夠進入棲地。涵洞使華盛頓州溪流裡的鮭魚數量減少，進而阻止部落進行文化活動與維持生活，這侵犯了原住民努力重申的權利。尼斯夸利河運動的長期領袖、一九六〇年代「捕魚中」運動的領導者法蘭克二世（Billy Frank Jr.）說：「我們現在就需要解決問題，我們要求的只

法蘭克二世帶領了一九六〇年代的「捕魚中」運動。華盛頓州的原住民部落最後獲得該州一半的鮭魚捕獲量，後續影響還包括促使州政府更換數百個涵洞。

Tom Thompson, courtesy of Northwest Indian Fisheries Commission

有一點：修好涵洞。」

然而修復速度仍然落後，證詞與證據的蒐集歷時多年，談判過程極為緩慢。二〇〇九年十月，涵洞一案總算開庭審理。生物學家作證說明各種鮭魚的游泳能力，工程師就涵洞設計深奧難解之處展開辯論，預算官員統計了重建所需的費用。最感人的證詞來自克里斯，她當時是部落博物館的圖書館員。克里斯天生喜愛記憶，現在則用記憶來維生。在證人席上，她述說部落的種種記憶，以充滿詩意的方式描述水之一族，以及捕魚的樂趣，她說自己看到斯夸辛島上的孩子沒有新鞋穿，感到心都碎了。她警告：

「鮭魚遭遇什麼事，我們人類也會有相同的遭遇。」

四年後，法官最終裁定華盛頓州必須在二〇三〇年之前，修復危害最深的涵洞，克里斯的族人似乎贏得了勝利，但州政府抗告，指出已在修復河流與道路交會處的涵洞，只是速度較慢，隨後便提出上訴。到了二〇一八年，涵洞一案上訴到美國最高法院。道路生態學在美國地位最崇高的法院中亮相。

那年春天，克里斯前往華盛頓特區旁聽整個審理過程。她說那是「我一生中至關重要的時刻」。四月寒冷的早晨，部落代表團在黎明前抵達法院，以確保座位，將近二十年的奮鬥總結為一小時的辯論。大法官紛紛發言，阿利托（Samuel Alito）努力解決鮭魚「嚴重衰退」和「大幅下降」的語義差異，布雷耶（Stephen Breyer）詳細說明魚類通行法的歷史，戈蘇奇（Neil Gorsuch）和卡岡（Elena Kagan）共同解決了有關條約如何解釋的深奧問題。審理到中午就結束了，隨後克里斯和她的代表團共進午餐，他們首先報告了案件情況，然後話題一轉，又像往常一樣回到了捕魚上。

兩個月後，最高法院做出裁決。法官們陷入四比四的僵局。分歧的判決意味著下級法院的判決成立，也就是部落獲勝，涵洞將被拆除。

∞讓鮭魚回家

最高法院判決之後一年多，在某個秋天的早晨，我開車前往華盛頓州的首府奧林匹亞（Olympia），看看這場爭論最後帶來什麼成果。我在那裡和州交通部門的生物分部主任華格納（Paul Wagner）見面。華格納有著蓬亂的白髮、白色的鬍鬚，一臉悠閒，就好像傑夫布里吉（Jeff Bridges）扮成的耶誕老人。他從一九九〇年起就在交通部門工作，為我準備了一些最初期的涵洞報告。我聽人說過，華格納是道路生態學領域中備受尊敬的老前輩。當我們開著車逃離奧林匹亞擁擠的交通、前往普吉特峽灣的腹地時，他告訴我：「在大學裡遇到人跟我說『我是道路生態學家』，感覺真的很有趣。就好像是，嗯，我還記得我們是什麼時候創造這個詞的。」

華格納深厚的背景，使他成為掌管該州魚類通行計畫的合適人選。由於涵洞一案，這個計畫可能成為美國規模最大、最重要的道路生態計畫。華格納沿路試著跟我說明涵洞一案所造成的糾結局面。儘管法院要求華盛頓州更換大約一千個涵洞，但並不是立刻全部修復，而是在二〇三〇年之前，必須讓道路封鎖的鮭魚棲地，有百分之九十重新開放。這個複雜的處方反映出一個簡單的事實：並非所有涵洞都是平等的。有些溪流擁有數公里長的優質產卵場，若有新的橋梁能讓溪流暢通，魚群就能進入。有些溪流的產卵場則僅僅延伸不到百米，就沒入了停車場之下。涵洞一案促使州政府優先考慮最具棲地潛力的溪流，從邏輯上來看，這代表要優先處理較大的溪流和較花錢的計畫。一九九一年，華格納的部門只有數十萬美元的經費可用來升級涵洞，但現在，華盛頓州在一些溪流上個別的花費，便超過一千五百萬美元。華格納說：「回到過去，我根本想像不到，能有數億美元的經費可用來改善魚類的通行。」

但這仍不足以完成涵洞一案判決所要求的任務。一項分析指出，新涵洞的成本可能超過三十億美元，儘管對部落有義務，但州議會對於是否要掏出錢來，似乎還猶豫不決。原因之一是涵洞帶來了集體行動問題[1]。雖然州政府轄下的涵洞，有數百個被指定為需要更換，但還有兩萬個涵洞分布在各郡、各城鎮和私人道路上。有些政治人物抗議：如果鮭魚會撞到上游郡道的涵洞，那麼修復州高速公路的涵洞有什麼意義呢？正如一位研究人員後來告訴我的：「魚並不在乎道路是誰的。」

儘管如此，部落的勝利還是帶來不容置疑的成果。距離奧林匹亞還有半小時車程時，華格納把車開進斯夸辛島部落擁有的一家賭場。停車場周圍種著一排雲杉和赤楊，這道樹木屏風之外是小斯庫庫姆溪（Little Skookum Creek）。我們斜著肩膀推開黑莓叢，走進一條溝壑。華格納歪著頭，深吸了一口氣說：「我能聞到牠們的氣味。」我也聞到了，是一種鹹海水味，就像停電時的海鮮櫃。

我們向小溪望去，找到氣味的由來，是一條雄鉤吻鮭，和我的手臂一樣長，身形厚重穩健，正在淺灘上用鰭撥水前進。牠的腹部貼著溪底礫石，綠色背部隆出水面、閃閃發光。鉤吻鮭在海洋生活大約四年，一進入淡水身體就開始分解，由消化道和肌肉產生蛋白質，用來製造精子。牠身上布滿交錯的疤痕，魚鰭邊緣腐爛泛白，側腹上有紫色的條紋。牠是如此震懾人心，以致我花了一分鐘才注意到下游的水池中還有三條魚在起伏游動，其中一條掙脫了水池的束縛，奮力往上游游動，同時散發出即將死亡的氣味。

在鮭魚前方的上游處，隱約可見一個涵洞，涵洞上方有條國道跨越小斯庫庫姆溪。州政府花費了兩百七十萬美元拆除了狹窄的舊通道，安裝了新河道，寬度是原來的兩倍，長度短了十二公尺，比較像橋梁而不是隧道，可看見陽光從涵洞另一側灑下。華格納把這種新設計稱為「河流模擬」模型，是頂尖的涵洞設計，目標是模擬天然溪流的所有細節，如坡度、寬度、基質。就像給鹿使用的地下通道一樣，動物將不會注意到這是人造結構，它們是透過工程技巧創造的自然複製品。

我們從小溪邊爬上來，穿越馬路，抵達道路的另一邊，前往剛剛看到的涵洞另一側的上游。在這裡我們也發現了魚，包括活鮭魚和產卵後的鮭魚屍體。我跪在一具傷痕累累的魚屍前，這條魚用來與對手戰鬥的鉤狀顎上布滿了尖齒，下巴因死亡而凝然不動，彷彿帶著惡意的嘲笑。牠身邊的空啤酒罐，是褻瀆聖地的漂浮垃圾。一輛快遞卡車隆隆駛過；賭場裡，退休人員拉下了吃角子老虎的把手。一個人可能活幾輩子，也看不到美洲獅跑過穿越陸橋，但在這裡，朗朗青天之下，卻有野生動物遷徙游過一個人口極為密集的地區。

我已經習慣將野生動物穿越通道視為一種生態同理心，就像是對使用通道的動物表達關心。但我與克里斯交談時，她指出道路也切斷了人類之間的互動。更換涵洞不只是生態修復，更是環境正義，是在補救、或開始補救一百五十多年來州政府所支持的不平等。克里斯說：「部落人民用鮭魚比喻自己的生活，你知道的，一生會經歷很多掙扎，有時是被扔到崎嶇的岩石上，有時是被樹根纏住，然後努力爭取自由。你必須像鮭魚一樣，你必須知道自己的使命。」

∞不只是涵洞

我漸漸理解，涵洞既是建設，也是象徵，就像它們之上的道路一樣。在華盛頓州，每一根不起眼的管道都承載著殖民主義、公民不服從和對遲來正義的堅持。在其他地方，涵洞則意味著農村基礎建設的惡化，以及面對氣候變遷時的脆弱。道路從來不只是一條路，涵洞也從來不只是一個涵洞。

隔年夏天，我再次上路尋找鮭魚，這次前往提拉木克郡（Tillamook County）。提拉木克位於俄勒岡州北部沿海地區，分布著許多農村和漁村。提拉木克的河流隨著潮汐漲退變化，太平洋拍打著海岸，使這片土地與水之間維持著緊張的關係。每逢秋冬，當暴風雨侵襲俄勒岡州，內斯士卡（Nestucca）、基爾奇斯（Kilchis）、尼黑勒姆（Nehalem）等河流都會暴漲，當溪水迅速朝海洋湧去，常常氾濫。著名的洪水就像里程碑一樣，在光陰中留下紀錄。當洪水淹沒穀倉地板，孩子會爬到橫樑上，一邊維持身體的平衡，一邊幫乳牛擠奶。提拉木克公共工程總監萊提（Chris Laity）既悲傷又驕傲的告訴我：「提拉木克郡長宣布災難的次數，比西海岸任何郡都還要多。」

但提拉木克資金短缺的狀況，就像它容易發生災難一樣嚴重。隨著伐木業衰退，該郡的稅收持續減少，由於人口少，從州政府得到的預算也短缺，結果大部分基礎建設都處於年久失修的狀態，尤其是涵洞，公共安全崩潰的災害可能一觸即發。當木頭和泥土堵塞涵洞的管道時，溪流往往不會流過道路下方，而是從道路上方漫過，並且沖刷道路表面，導致通行受阻。若在大風暴期間，有些涵洞崩壞，再加上幾道土石流，俄勒岡州海岸的緊急應變措施可能會完全無法進行。

公共工程主管和魚類生物學家之間很少有共同利益，但提拉木克的涵洞卻成為兩者共同的敵人。大約在二〇一〇年，一些科學家開始思考，如何同時幫助靠輪子移動的動物與靠魚鰭移動的動物。西北地區正在設置對魚類友善的涵洞，但修復工作如同生物學家卡普爾索（Jim Capurso）對我描述的，是採取「霰彈槍模式」，也就是根本沒有模式。卡普爾索認為，與其分散資源同時改善許多地區，不如集中資源改善單一個區域。他和一些同事著眼在俄勒岡州的北海岸，那裡的河流不受大型水壩阻攔，連帶鮭魚也不會受阻。根據卡普爾索的團隊計算，只要更換不到一百個涵洞，就可以讓鮭魚幾乎不受限制的進入所有產卵地區。

他們的計畫需要一個名字。卡普爾索和夥伴希望籌到數百萬美元的捐款和補助，但「焦點流域水生生物通行夥伴關係」（Focus Basin Aquatic Organism Passage Partnership）顯然不太有吸引力，於是這些生物學家聘請一家廣告公司協助他們重塑品牌。幾個月後，廣告公司的員工現身說明他們的概念。這是一次奇怪的會議，那些行銷大師都是年輕的波特蘭人，「刺青、穿緊身褲」，而科學家大多是年長的男性白人。卡普爾索承認：「現場出現很多拒人於外的肢體語言，像是交叉的雙臂和雙腿。」但當執行公司揭露他們的提案為「鮭魚超高速公路」（Salmon SuperHighway）時，所有人都展開雙臂歡迎。

當我造訪提拉木克郡時，鮭魚超高速公路已經取得巨大成功。這個計畫重新設置了將近三十個涵洞，即刻復育大約一百三十公里長的魚類棲地，並且有效防止許多主要道路被水淹沒。鮭魚超高速公路的資金來自聯邦保育補助、鱒魚不受限（Trout Unlimited）等非營利組織，以及私人捐款，因此可利用復育鮭魚的經費，同步修復崩壞中的農村基礎建設。根據萊提的說法，他們的概念和其他環境保育計畫不一樣，並未引發惡言酸語，反而讓伐木業、農民與「樹木和魚類保育人士」大規模結盟，形成一個圍繞涵洞這個利基的利益共同體。

我把造訪時間安排在夏末的「魚類空窗」期，這段時間長約十週，俄勒岡州的鮭魚大都還在海中，所以施工人員可在不干擾產卵地的情況下更換涵洞。鮭魚超高速公路的承包商前往提拉木克郡各地，急於在這段期間完成工作。為了觀察狀況，我開車往南，穿過薄霧籠罩的牧牛場，到達詹克路（Jenck Road）。這是一條蜿蜒的小路，路邊到處都是放養的雞。我慢慢穿過雞群，來到小溪邊，溪邊的挖土機和推土機正發出高鳴和嗶嗶聲。工字鋼樑像木材般堆疊在一起，幫浦抽走了水。這是克利爾溪（Clear Creek），一條流速緩慢的水道，和其他許多小溪一樣，曾經流過太狹窄的涵洞。現在，鮭魚超高速公路正在搭建一座橋梁，要把溪水從混凝土的束縛中解放出來，讓它在詹克路下方暢流無阻。

一名六十多歲的魁梧男子悄悄走了過來，身穿吊帶褲，條紋襯衫敞開，露出曬黑的胸膛，就像長途跋涉後放鬆下來的火車工程師一樣。他說自己名叫特倫（Mike Trent），是路邊一座家禽養殖場的老闆。每個星期四，他都會駕駛卡車，把雞蛋運送到波特蘭，讓餐館做成早午餐的班尼迪克蛋。不用多說，這讓他成為鮭魚超高速公路堅定的支持者。他說：「如果道路中斷，我就去不了波特蘭了。」

特倫是十九世紀墾荒移民的後裔，祖父從事酪農業，小時候他總是跟著祖父一起在克利爾溪捕魚。他說：「那時候溪裡到處是鮭魚。你可以從出海口一直往上游走，沿著溪一路都能看到銀鮭和鉤吻鮭。」那個幸福美好的時代在一九七〇年代結束，不過克利爾溪並未完全荒廢。就在建築工地的下游，有克拉克鈎吻鮭潛伏在柳蔭之下，一隻河烏踩著黃色的雙腿跳動。溪流彷彿屏住了呼吸，但很快就會吐息，讓生命重返河道。特倫預測：「一旦完工，橋下就會有魚。」

還有其他受益者。有生物學家告訴我，他在鮭魚超高速公路的某個地點看到，當涵洞更換後，才十五分鐘，就有一隻陸巨蠊逆流而上，他說：「那時工人還在收拾呢。」溪流會匯集動物，正如水會匯集到溪流。當一隻水獺或水貂在溪流中潛行，很少不會溜進大小適中的涵洞。在加州，有臺遠程攝影機曾拍攝到一隻郊狼，在乾燥的涵洞前躬身跳躍，像拉布拉多犬一般頑皮。過了一會兒，一隻獾搖搖晃晃的走過來，牠可不是郊狼的狩獵夥伴。（獾挖掘地松鼠，郊狼追趕任何會逃的獵物。）這對奇怪的搭擋並肩緩緩邁入涵洞深處，形成跨越高速公路的共生關係。

這種奇怪而迷人的互動，指出一個重要的概念：如果涵洞是弱點，也可能是資產。美國可能有數千個野生動物專用的穿越通道，這聽起來或許很多，但相對於長達六百四十萬公里的公路網，其實微不足道。相較之下，涵洞大約有兩百萬個，只要花小錢加以調整，就可以擔綱穿越通道的角色。箱形涵洞內增添架高的水泥壁架，美國大山貓就能避開底下的淹水，大行其道。把硬邦邦的橋墩表面換成柔軟的土壤，可以把紅鹿引誘到橋下。從這點來看，涵洞一案提供了千載難逢的機會。華盛頓州在更新河流的穿越通道時，也試圖讓這些通道變得更適合陸域野生動物，並因此減少車輛撞上野生動物的事件，從而回收成本。華格納帶我去看奧林匹亞市附近的一座寬敞新橋，我看到河岸的洪氾區上有鹿的足跡，一條櫻桃紅的銀鮭在水池中徘徊。哺乳動物和魚類，共同穿越一個能夠容納牠們的新世界。

蒙大拿州九十三號高速公路提供了絕佳的涵洞創新案例，也是生態智慧的模範。二〇〇〇年代初，蒙大拿州在三個涵洞內安裝了長長的金屬支架，就像是伸展臺走道，提供小型哺乳動物在雨季中穿越涵洞，因為每逢雨季，當路邊濕地漲滿的水流入涵洞，都會讓底部淹沒。生物學家福斯曼（Kerry Foresman）告訴我：「我們不知道有沒有任何一隻動物使用這些設置。」但他無需擔心，支架安裝後的三年中，他設置的相機拍攝到數千隻動物通過，包括浣熊、臭鼬和黃鼠狼。但他注意到有一種動物從未出現，那就是草地田鼠。

草地田鼠是一種生殖力強大的齧齒動物，蒙大拿州所有的肉食性動物幾乎都會獵捕牠為食。福斯曼意識到，對這樣一種美味而必須隱密行動的動物來說，在毫無遮蔽的架子上匆匆跑過，無異於活得不耐煩了。於是他前往建材賣場，買了五十幾公尺長的塑膠雨水槽，對黏起來，做成圓管，然後回到涵洞，把他臨時製作的「田鼠管」掛在金屬支架下方。為了測試這個臨時管道的效果，福斯曼用乙炔火炬在一塊鋁板上製造出黑黑的煙灰，並在管道內貼滿便利貼紙，確保任何經過鋁板的動物在管道內留下明顯的足跡。

第二天早上，福斯曼滿心好奇的回到涵洞。他慢慢走進黑暗中，用手電筒照亮之前在雨水溝切開的一扇小門。就在那裡，黑色的煙灰印在白紙上，完美得像指紋一樣，形成數百條細小精緻的足跡，那是東方草原田鼠（*Microtus pennsylvanicus*）留下的腳印。

∞自食其尾的銜尾蛇

涵洞之不幸，就像水壩、電線、瓦斯管道和光纖電纜一樣，只有在失去功能時才會獲得注意。在公眾的想像中，基礎建設等同於無聊的政府管理細節。我們認為專注於道路坑洞的政客是蹩腳的務實人物，在意小事而無法鼓舞人心。然而，基礎建設如今不再有隱形的餘裕，氣候變遷破壞了原本就不穩定的系統，風暴侵襲河堤與海堤，電線引發野火，洪水淹沒了汙水處理廠。隨著阿拉斯加永凍土融化，由冰、岩石和土壤組成的「冰凍碎屑滑坡」（frozen debris lobe），正如詭異的冰川般慢慢逼近高速公路。佛羅里達礁島群的官員已經在討論，是否該把堤道棄守給持續上升的大西洋，這就像把祭品擺在祭壇上，獻給無情的神一樣。我們在道路上燃燒化石燃料，造成的結果是道路受到損毀，這是全球暖化的銜尾蛇。

氣候變遷在破壞道路的同時，也困擾著穿越道路的生物。地貌景觀正以殘酷而諷刺的方式改變，在動物最需要移動的時刻，道路卻愈來愈不容易讓動物穿過。隨著全球氣溫升高，大大小小的生物將被迫移往較高的緯度帶或較高的海拔段，以生存在原有的「適溫範圍」（thermal envelope）內，也就是生物演化適應的溫度區間。舉例來說，麋鹿正移往苔原，啃食新生的柳樹。新英格蘭地區南部的蜱蟲則快把麋鹿的血給吸乾了，因為冬天不夠長，殺不死這些寄生蟲。動物流離失所，必須更頻繁的穿越道路，而且是在陌生的新地區。今天存在的遷徙路線，明天可能就得北移；高速公路對面的濕地，可能在不遠的將來成為躲避大火的避難所。野生動物通道在任何星球上都具有價值，但在一個溫度持續上升的星球上，則是不可或缺。

很少動物像鮭魚和鱒魚一樣容易受氣候變遷的影響，這些魚類對冷水的依賴，就像北極熊對冰的依賴。全球暖化對牠們脆弱的身體造成了逆境，讓牠們容易感染疾病，為溪流提供水源的積雪，也因為暖化而被消融。有些生物學家建議保護冰冷溪流的網絡，做為抵禦暖化的屏障，稱之為「氣候盾牌」。然而正是高山中那些狹窄而陡峭的寒冷溪流，最容易受到劣質涵洞所截斷，特別是當氣候變遷引發更嚴重的氾濫和更大的洪水時，更是如此。水路的連通正迫在眉睫，但數以萬計跨越河流的通道，卻變得更容易受損。一位生物學家告訴我：「我們改善的涵洞愈多，魚類的選擇就愈多。」

在俄勒岡州的某個下午，我在彼得森溪（Peterson Creek）茶色的水流旁停下，鮭魚超高速公路雇用了建築公司，要用一座橋取代這裡的一個舊涵洞。這座新橋比原有的涵洞更寬，現在只差橋面還沒鋪設好。一輛壓路機在一旁等待完成工作，建設公司的老闆瓦爾扎克（Dave Walczak）信誓旦旦的說：「等我們完成，這將是整條道路上最好的路段。」他得在兩週內完成三個涵洞的修整工作，然後魚類空窗期就結束了，鮭魚將湧入俄勒岡州的河流。瓦爾扎克補充道，鮭魚超高速公路把魚類的通行變成一項穩當又利潤豐厚的業務，支撐著勞動市場，包括他自己的四十多名員工，以及大量的轉包商。他說：「這些計畫得到很多當地人的支持。」

保育人士和建築公司理當是彼此的敵人，但由於迫切需要適應氣候，保育人士陷入了不熟悉的處境，由阻止建設的立場轉為提倡建設。樹屋已經過時，住宅太陽能板興起。就連繆爾所創立的環保組織山岳協會（Sierra Club），都提出高達六兆美元的基礎建設方案。鮭魚超高速公路正是這種趨勢的體現，它是對氣候敏感的保護計畫，擁抱基礎建設，而不是與之對抗，同時促進人類和地球的福祉。

隔天早上，我往下游去，來到內斯塔卡河（Nestucca R.），打算看一看即將游入鮭魚超高速公路的魚兒。水霧籠罩在溪水上，散發著鮑魚殼般的光澤。我組好釣竿，把鰷魚假餌拋進淺灘中。幾分鐘後，我釣到一條克拉克鉤吻鮭。在洛磯山脈無數的溪流中，我都釣過這種魚，但這裡距離海洋非常近，牠已經適應鮭魚的海洋生活方式。用網子撈起的魚顏色明亮，身上帶有斑點，是一條完美無瑕的生物。

我往下游前進大約一百公尺，把餌拋進一個水池，再往前走一步，到更深的地方，再次拋餌，又往前，再拋餌。突然，水面出現一個洞，就像有人把一大塊鋪路石丟進河裡。帝王鮭閃閃發光的背部浮出水面，好像浴缸裡出現一頭海豚那樣的不協調。那魚沒有咬餌，其實牠已不再進食。那條帝王鮭在我眼前振奮起來，準備最後的一次上溯，牠將穿過橋下，爬上急流，奔向西北地區涼爽的中心地帶，然後在迅速的顫抖之中釋放出精液，最後鬆弛，投入死亡的懷抱。如此奇妙的魚，卻可能因為平庸的涵洞而受阻，無法履行生命的意義，這似乎很不公平。再沒有比道路更平凡的了，也沒有比道路之下游動的生命更神聖的了。

1. 編注：集體行動問題（collective-action problem）又稱社會困境，當所有個體合作可取得較好的結果時，卻由於個體之間的利益衝突而無法合作，導致集體行動受阻。

第三部

前方有路

10 創世的核心有仁慈

在路殺的世界之都，
野生動物的照護者正力抗公路帶來的創傷。

如果問道路生態學家，為什麼應該建造野生動物穿越通道，對方會滔滔不絕說出一長串完全合理的理由，像是防止危險事故、節省成本、保護稀有物種。相較之下，如果問一名門外漢，為什麼該避免路殺，第一個答案通常與動物福利有關。車輛造成的不幸，規模之大幾乎難以想像，人類為野生動物帶來痛苦的行為當中，大概沒有比開車更嚴重的。在某些地方，若有一隻有蹄類動物在高速公路上死亡，代表有接近三隻的有蹄類動物遭遇汽車撞擊而受傷離開。對生態學家來說，這具有深遠的意義，如果車輛撞擊事件比大多數路殺調查顯示得更為頻繁，理論上就該建造更多的野生動物穿越通道。但這項認知不僅對基礎建設很重要，在倫理上也深具意義。

車輛造成的死亡遠非瞬間結束，而可能在幾分鐘、幾小時、甚至幾天後才發生。想像一隻遭受重擊的動物，在生命最後階段所承受的痛苦、恐懼和困惑，四肢骨折、流血、在地上爬行、無力而驚嚇。這有多麼駭人！作家湯尼諾（Leath Tonino）曾跟隨一隻受傷的鹿進入紐澤西州的樹林，發現牠「蜷縮在地上，看著我，渾身發抖」。一個有靈的生命正在緩緩消逝，這是多麼可怕的折磨，而且時常發生。

我發現，許多生態學家不太願意討論動物的痛苦，部分是因為承認動物的痛苦，容易把動物擬人化，但有誰能真的理解獾、地鼠蛇或倉鴞的主觀體驗？另一個原因則是大自然本來就充滿折磨，如果過度深究，可能會得到荒謬的結論。就像一些學者所說的，難道我們應該消滅獅子以阻止牠們傷害斑馬嗎？大自然中的死亡是殘酷的。但是，車輛也是掠食者嗎？

正如作家馬里斯（Emma Marris）所說，人類在地球上的統治地位已讓「野外」消失。地球上幾乎沒有哪個角落沒有人類的城市、汙染物和道路。我們擁有主宰動物的力量，有鑑於此，難道人類不該為自己對動物造成的痛苦負責嗎？馬里斯承認，這樣想法會引起某種「思考眩暈」，我們人類有可能對「地球上數不盡的動物，包括每一隻麻雀、地松鼠、城市裡的老鼠和白尾鹿」具有道德義務嗎？有些科學家認為答案是肯定的，或至少是可能的。野生動物倡議行動（The Wild Animal Initiative）組織就致力於野生動物福利，資助的研究包括鴿子的節育，以及光害對貓頭鷹的影響，這麼做的原因不是為了管理動物族群，而是為了讓動物生活得更好。

如果我們有責任減少動物的痛苦，就必須處理道路帶來的影響。以往動物權利倡導者關注的一直是「消極權利」，例如有權不受殺害、折磨或限制，基本上，就是我們不該對動物做哪些事情。但在積極面上，我們應該為動物採取什麼行動呢？對一些學者來說，可能包括「在設計建築、道路和社區時，把動物的需求納入考量。」道路生態學的實踐不只是一套工程原理，更是一項道德使命。

當人類建設的道路確實造成傷害時，我們可能也有義務減輕動物的痛苦。彌補方式通常是對受傷的野生動物進行治療、復健，最後再釋放回野外。當然，照顧浣熊和松鼠，讓牠們恢復健康，通常不是保育生物學家關注的問題，他們有限的資源所投注的對象，很合理的，通常是缺少干預就會減少或滅絕的物種。背後的邏輯是，一塊錢如果花在照顧一般動物上，這塊錢就無法用來保護稀有動物的棲地。正如一位生物學家所說的：大多數動物救傷機構「無法通過合理的成本效益分析」。但從我的角度來看，野生動物穿越通道和野生動物救傷，都是對同一個問題正當的道德反應，只是觀點不同。穿越通道是積極主動的處理，救傷則是被動反應。澳洲生態學家倫尼（Daniel Lunney）在《太平洋保育生物學》（*Pacific Conservation Biology*）期刊上哀嘆「知識界的相互孤立」，其中一方是關注動物族群的生態學家，另一方是動物福利主義者。倫尼寫道：「但無論出於何種意圖和目的，雙方關注的主題其實相同。」無論是擔心稀有物種的延續，還是普通物種的生活，都無法逃避道路。

野生動物救傷在澳洲尤其重要，這與一個深植於演化的奇特原因有關：當地有兩百多種有袋類動物，也就是在母親育兒袋中完成發育的物種。北美洲年幼的胎盤哺乳動物若因路殺失去母親，通常代表默默的逐漸死亡。躲藏在巢穴中的狐兒小熊或小狐狸，幾乎肯定會餓死，即使有人願意照顧，也無從得知牠們的蹤跡。但有袋類動物的幼兒，常常在死於車禍的母親破碎的身體中倖存下來，諸如袋鼠、小袋鼠、無尾熊、袋鼬、袋鼩和袋狸，這是母親最終的犧牲。根據一項研究，澳洲每年交通事故造成的動物孤兒中，有五十萬是有袋類動物的幼兒。熱愛動物的澳洲人因此被訓練得學會檢查路殺動物的育兒袋，從中取出存活的幼兒，送給救傷的照護者。澳洲全國的動物救傷照護人員有一萬五千名。這些照護者會養育道路孤兒，就如同美國人收養流浪貓。

塔斯馬尼亞島的照護人員尤其傑出。這個島嶼位於澳洲南部海岸旁，形狀像顆鯊魚牙齒，這裡可說是令人憂心的汽車撞擊事件聖地，以病態的方式警示道路生態的重要。憤怒的遊客譴責「血腥地毯」破壞他們的假期。生物學家半開玩笑的建議州政府，以玻璃底的巴士載客旅遊。二〇一四年，報紙專欄作家諾勒（Donald Knowler）為塔斯馬尼亞取了一個醜惡的稱號：「世界路殺之都」。

我對路殺之都了解得愈多，就愈想前往造訪。我非常想探索當地的道路生態，到底是什麼原因讓這個州如此容易發生撞擊事件？目前又採取什麼措施解決問題？但我也希望能一探道路心理學。諾勒寫道，路殺「是塔斯馬尼亞人習以為常的事，甚至已成為當地詞彙的一部分，當然也是笑話的主題。」（穿越濕地的鴨嘴獸會變成什麼？壓扁獸。）致力於減輕鄰居所無心造成的痛苦，經常面對道路帶來的死亡、悲傷和創傷，是什麼感覺？澳洲哲學家阿布雷希（Glenn Albrecht）警告我：「這裡有些人根本不關心野生動物的死活，有些人則是關心到幾乎要了他們的命。」

∞塔斯馬尼亞的溫柔

法柏是用爬的來到這個世界，只在母親體內待了一個月，出生時既看不見、也沒有毛，就像一塊肧胎軟糖，除了能夠抓握的爪子，以及了解母親身體結構的本能，其他什麼都沒有。法柏從母親的泄殖腔出世，即刻爬到育兒袋內，在溫暖的黑暗中找到乳頭，並用嘴唇緊緊吸住，與母親相連，簡直像母親肢體的一部分。乳汁流入牠的體內，一個月後，牠的體重大概介於伍圓和拾圓硬幣之間，三個月後達到一副撲克牌的重量。牠的耳朵像春天的葉子一樣展開，眼睛也睜開，觸鬚長了出來，身體覆上一層銀色的天鵝絨毛，重量有

楊恩與袋熊法柏共度了一段溫馨時光。袋熊是塔斯馬尼亞人每年都會救傷的眾多有袋類動物之一。 *Ben Goldfarb*

如一顆人類心臟。

然後，到了十二月，在塔斯馬尼亞中部高地的一條鄉村道路上，法柏的母親遭遇了每年數千隻袋熊同胞都會遭遇的命運：被車撞死。那天晚上，一位好心人檢查了法柏母親仍然溫暖的屍體，從育兒袋中取出法柏，把寒冷、虛弱、飢餓但還活著的牠，交給一位名叫楊恩（Cory Young）的照護者。

二十個月後，當我前往塔斯馬尼亞州首府荷巴特（Hobart），在郊外楊恩的家中見到法柏時，牠已經長成一塊強大的肌肉，有著英國鬥牛犬般的矮胖身材，住在游泳池大小的圍欄裡。楊恩把手伸進法柏的圍欄，將牠抱起，摟在懷中。法柏靠在他的胸前，爪子張開，坦露出腹部。牠的皮毛是灰色的，但層次豐富，由黑白相間的毛交織而成。當午前的陽光以正確的角度照射在牠的皮毛上，會呈現出紅木般的色澤。牠看起來像是能撞垮一堵牆。

楊恩調整一下法柏的位置，要我輕拍牠的屁股。我用指關節敲了敲，原本以為會碰到柔軟的肉，但卻感覺堅硬，就好像牠的皮毛下面穿著防彈衣。楊恩解釋：「袋熊的屁股上有一片軟骨，基本上，可用來當做洞穴的門。袋熊會用臀部堵住洞穴入口，阻止任何狗或澳洲野犬進入。」這片軟骨還具有後保險桿的作用，緩衝了汽車撞擊時幼兒受到的力道。楊恩說：「寶寶在育兒袋裡可以過得很好，因為媽媽強大又健壯。」

楊恩放下法柏。法柏用鼻子磨蹭他的腿，又用嘴輕咬。楊恩的未婚夫古爾利（Josh Gourlay）斥責道：「想要咬咬，是嗎？」古爾利用手掌推了推法柏方方的頭，激怒牠，然後自己跑走。法柏緊追在後，咬住古爾利的高筒靴。

我們看著這一人一獸有趣的追逐。從塔斯曼海（Tasman Sea）吹來的風帶股鹹味，尤加利樹條狀剝落的樹皮在風中搖曳。楊恩說，袋熊出生後的前兩年是和母親一起度過，然後會轉為攻擊自己的血親骨肉。他充滿深情的說：「牠們會變得很兇，試圖把媽媽趕出領域，然後自己接管。」法柏好鬥的行為，代表牠的轉變時刻即將到來，屆時揚恩和古爾利會把牠釋放到野外。楊恩坦承：「有些悲傷。」當法柏還在嬰兒時期，他每四個小時就用奶瓶餵牠一次。他會幫牠擦屁股，清理牠睡覺的布袋，開車帶牠到自己的辦公室，讓牠在電熱毯上睡覺。在這兩年中，他和古爾利只渡假過一次。誰能怪他感到如此依戀呢？他補充：「但這種感情已經消失了，因為牠現在想殺了你。」

我們把法柏留下，讓牠繼續危險的行為，然後回到房子裡。楊恩的房子採用極簡的裝潢風格，主要是動物標本，一隻被電線電死的海鷗，還有一隻水生齧齒動物：澳洲水鼠。楊恩說，自從他開車以來，一直在照顧那些受汽車傷害的動物。他十六歲時發現了一隻死去的叢林袋鼠（袋鼠的親戚，長得矮矮胖胖），從牠的育兒袋中取出一隻幼兒，並收養了這個孤兒。很快的，他有了第二隻叢林袋鼠，每天上學前和放學後都會用奶瓶餵牠們。（他相當確定自己用迪士尼的角色幫牠們取了名字，但記不得是哪些角色了。）從那時起，他就成為島上最成功的照護者之一，後來更能照顧一些較具挑戰性的物種，例如東袋鼬。東袋鼬是一種掠食動物，身上帶有圓點花紋，已在澳洲本土絕跡，現在只在塔斯馬尼亞島上看得見。

我問楊恩和古爾利，每年飼養多少動物。古爾利看了他的未婚夫一眼，說：「去年我們本來打算休息一下，結果養了四十三隻。」

我和他們見面時，他們正處於輕鬆時期，除了法柏，只養育了另兩個孤兒：另一隻袋熊，名叫阿奇，以及另一隻還沒取名的草原袋鼠。我問，草原袋鼠是什麼樣的動物？楊恩走進後面的房間，帶著一個像是骯髒耶誕襪的東西出現。襪子蠕動起來，原來是一個代孕袋。楊恩說：「這是一個女士編織小組為我們製作的袋子。其他照護者會自己做，但我的編織技術不太行。」

楊恩把袋子的邊緣捲起來，取出草原袋鼠。那是一隻類似大鼠的漂亮生物，耳朵抽動著，尾巴尖端是白色。楊恩把草原袋鼠放在大腿上，然後把奶瓶的橡膠奶嘴塞入牠的嘴唇之間。有袋動物不耐受乳糖，需要特殊配方的奶粉，每年總有一些草原袋鼠，因為新手照護員餵牠們牛奶而死亡。那隻草原袋鼠喝乾整瓶奶，楊恩抓起一張紙巾，將牠綠色的糞便擦掉，這是模仿草原袋鼠媽媽把孩子舔乾淨的行為。楊恩做個鬼臉說：「你最近有點腹瀉，這不太好。」在我看來，「照護者」是一個美麗的詞，貼切說明了照顧動物必要的溫柔工作：用奶瓶餵食、擦屁股、建立關係。比起帶有監禁和干預意味的「復健員」要來得好多了。

楊恩餵飽年幼的草原袋鼠、清理牠的屁股之後，把牠放回後面房間的加熱墊上。那個房間像是經過改造的診所，櫥櫃裡放滿藥物和注射器。楊恩拉開抽屜，露出一盤麵包蟲，那可是草原袋鼠的美味佳餚。他帶著歉意說：「我很懶得養麵包蟲。」後門外有個冰箱，裡面裝滿冷凍的肉，是他為下一窩袋獾準備的，袋獾是貪吃的食腐動物，能一次吞下將近牠一半體重的食物。冰箱裡的肉來自路殺動物的屍體，是從附近街道上回收而來。

古爾利說：「飼養肉食性動物絕對不適合所有人，那是相當恐怖的工作。」

楊恩補充：「前一分鐘你還拿著奶瓶餵一隻叢林袋鼠，下一分鐘，就得切開另一隻叢林袋鼠。」

儘管有免費的肉可取得，楊恩估計他和古爾利每年花在照顧動物上的錢，大約有一萬美元。（楊恩的家人有資助，他們不能理解楊恩的這個嗜好，但覺得有趣。）這樣的支出金額並不罕見，澳洲的照護者每年平均花費五千三百美元，有些人整個照護生涯的花費高達五十萬美元。但最寶貴的是時間，這甚至是更大的付出。照護人員表示，每星期要花三十二個小時照顧毛茸茸的孩子，幾乎等於一份全職工作。所有照護者每年總共投入一億八千六百萬小時，價值約六十億美元。一位照護者寫道，志願參與動物救傷復健的人「是國家的資產，需要透過同情和理解，以及財務和心理上的支持，有計畫的培養。」道路不僅對塔斯馬尼亞的動物造成負擔，也耗盡了動物照護者的心力。

楊恩說：「我們每個人都超負荷了。」他認識的一些照護者，因為在動物身上投入太多時間，以致配偶威脅要離婚，也有人因為負擔過重而想要自殺。他說：「社群裡有很多人自尊心過高，覺得不接收動物就代表自己失敗了。你必須知道何時該說『我已經到了極限，我需要停下來，我需要幫助。』」

∞贈禮或死亡許可？

在保育史中，塔斯馬尼亞因為物種的消失而惡名昭彰。當英國殖民者在一八〇三年抵達這個島嶼時，發現島上已經住有塔斯馬尼亞原住民，他們早在四萬年前就落腳於此。殖民者還發現一種「與任何已知動物都不一樣的生物」，那是一種身手敏捷的肉食性有袋類動物，具有強壯的下顎、直硬的尾巴和黑色條紋。這些入侵者稱之為狗頭負鼠、條紋狼，或塔斯馬尼亞虎，科學家則稱牠們為袋狼。但無論名字是什麼，殖民者都認為這種野獸是吃羊的怪物，誇張的指責牠們「對羊群造成嚴重破壞」。畜牧公司發起一項無情的賞金計畫，這項計畫以某種形式一直持續到一九一二年，那時早已經沒有袋狼可殺了。（官員同時派出士兵，監禁並殺害塔斯馬尼亞原住民，形同種族滅絕。）一九三六年九月七日，最後一隻已知的袋狼「班哲明」，在荷巴特動物園（Hobart Zoo）中去世。如今，袋狼只存在某些人的想像中了，這群對袋狼感到痴迷的人追尋著真相，在灌木叢中找尋袋狼依然存在的證據。袋狼也存在野生動物照護者心中，對他們來說，袋狼是人類殘酷行為的證據與警示。一位照護人員告訴我：「牠們讓我想起我們為什麼這麼努力，原因就在那隻塔斯馬尼亞虎。」

袋狼滅絕將近一個世紀後，這座因為滅絕而聞名的島嶼經歷了奇特的轉變，成為一艘方舟。巴斯海峽（Bass Strait）把塔斯馬尼亞島與澳洲大陸分開，隔離了兩邊的野生動物。

四千年前擴散到澳洲大陸的澳洲野犬，從未到達塔斯馬尼亞，狐狸也不曾入侵這座島嶼。甚至連農業，都使島上的原生動物受益。造訪塔斯馬尼亞的遊客經常說，這個島嶼具有英倫風，羊群分散在山丘上，大地潮濕灰綠。早期殖民者試圖把這個「澳洲的英格蘭」，改造得更具家鄉的田園風光，為牲畜種植的牧場和挖掘的水坑，讓當地的有袋類動物同時受惠。生物學家霍布迪（Alistair Hobday）說：「與以往相比，小袋鼠和帚尾袋貂等動物的數量可能增加了。」

霍布迪就和其他人一樣，理當因為塔斯馬尼亞「路殺之都」的封號而獲得表揚（但如果是旅遊部長，獲得的就該是指責了）。他一生都在鑽研路殺，小時候以剝製鳥類和袋貂標本消磨閒暇時光，他在荷巴特海濱與我見面時說：「我的父母非常包容。」二〇〇〇年代初，他和一位同事在塔斯馬尼亞各地進行路殺統計，就像是史東納夫妻那樣，不過是帶著筆記型電腦、GPS定位儀，開著豐田越野休旅車。他們總共做了一百五十多次紀錄，統計到超過五千五百隻死亡動物。簡單來說，每二．七公里，他們就發現一隻死亡動物，這是有史以來路殺密度最高的紀錄之一。從這個數字推測，塔斯馬尼亞每年有三十萬隻動物遭車輛撞擊，對於一個比美國南卡羅來納州還小的島嶼來說，這是個驚人的數字。

為何塔斯馬尼亞的路殺事件如此之多？一些照護者歸咎於當地狹窄、曲折的公路，其他照護者則哀嘆司機的粗心大意。根據霍布迪的說法，最可能的解釋也是最簡單的，因為塔斯馬尼亞有很多動物，所以路殺致死的數量也多。就像美國郊區，因為後院和垃圾箱的存在，成為人類共居動物鹿和浣熊的避難所，澳洲的英格蘭也因為農耕，讓小袋鼠、叢林袋鼠和袋貂的數量大增。霍布迪說：「在大多數情況下，這裡的物種或許能承受這麼多的路殺。」[1]路殺甚至可能被視為一種扭曲的祝福，而不是保育危機。正如霍布迪所說：「這是人類生活在一個動物豐富的美麗地方，所必須承受的交換。」

對於我這樣一個外來者，塔斯馬尼亞路殺之普遍，顯而易見。在島上開車時，似乎每兩公里之內，就會遇到一隻倒地的袋熊或小袋鼠，許多身上都有噴漆，代表育兒袋中的幼兒已經取走。遇到沒有噴漆的路殺動物時，我會把車停在危險的彎道上，然後下車衝到道路檢查，期望手指能伸進仍然溫暖的育兒袋。令我沮喪又欣慰的是，我檢查到的每隻動物都是雄性，根據那以憂鬱姿態伸出的粉紅色陰莖，就可辨識性別。

我之所以造訪這座島嶼，是因為想了解路殺，但其他遊客並非為了路殺而來，他們對道路上的大屠殺感到震驚。有天早上，我在餐館中無意聽到一對來自澳洲阿得雷德（Adelaide）的夫婦，用憤慨的語氣討論這個主題，我加入他們的對話，那位女士告訴我：「我們在一個地方看到兩隻袋鼠躺著，鼻尖幾乎碰在一起，就像照鏡子一樣。」她看起來都快要落淚了。

相較之下，許多塔斯馬尼亞人對路殺很麻木，因為這個問題太常發生了，以致不再是個問題。在其他類型的車禍中倖存下來的駕駛，會更加擔心將來的事故，但是大量的路殺則可能造成反效果，讓民眾對悲劇麻木不仁。有位塔斯馬尼亞生物學家告訴我：「有一次我搭車，司機撞到了動物，但他還是繼續講話，也沒說句『該死』之類的。」駕駛若不是對野生動物視而不見，便是刻意針對。我知道農民在教孩子開車時，會刻意讓他們去撞動物，以免未來遇到事故時偏離道路。另一位生物學家告訴我，飆車的醉漢在結夥前往下一個酒吧時，會比賽誰能壓扁更多小袋鼠，這是殺戮的續攤活動。

塔斯馬尼亞豐富的野生動物可能是上天的贈禮，但無形中也提供了殺路的許可證。如果動物族群保持健全，個別動物就被視為可以犧牲。物種的價值因為物種的普遍而下降。（壓死松鼠或山貓，哪一種讓你比較難過？）在霍布迪的調查中，帚尾袋貂是最常見的路殺受害者。帚尾袋貂會侵入住家庭院，在房子的閣樓排便，有人認為牠們相當討厭。紅頸袋鼠是另一種常見的路殺動物，也常遭受農民辱罵。農民認為這種小袋鼠是偷竊農作物的有害動物。在荷巴特的某天晚上，我問計程車司機是否曾經撞到動物。他笑了。

他說：「喔，有呀，我開車時撞過一些。」

「有哪些動物呢？」

他說：「主要是小袋鼠，這些東西很多，壓扁幾個沒關係。」

∞ 必要之惡

我原本把道路生態視為政府機構、科學家和非營利組織工作人員的職權範圍，簡言之，就是受薪專業人士的領域，然而最直接面對道路恐怖事件的塔斯馬尼亞人，可能根本不是生態學家。在美國，野生動物復健員通常必須通過考試，或由獸醫擔任，但在塔斯馬尼亞，卻是由兩百五十名左右的照護者，組成一支各自分散、資源不足的志願者大軍。[2] 照護動物必須每天打開自己的心，並且變得更堅強。有些照護人員告訴我，他們會在副駕駛座前方的置物箱中放把手術刀，如果遇到與母親緊密相連的孤兒，就得切掉死亡動物的乳頭。

在塔斯馬尼亞的某天下午，我訪問了一位勇於為道路事故背負道德責任的照護員。我在荷巴特的一條死胡同盡頭與韓斯洛（Teena Marie Hanslow）會面，她在那兒的家中經營一個野生動物照護網絡，名為野生動物叢林幼獸和蛇類救援（Wildlife Bush Babies and Snake Rescue）。我第一次敲她的門時，無人回應，因為像往常一樣，鄰居找她去處理一隻被車撞的小袋鼠。韓斯洛一看到小袋鼠的斷腿，就知道牠無法活下去，於是把這隻因震驚而呆順的動物包裹起來，綁在車子後座，載到野外。然後她把小袋鼠放在草地上，舉起〇．二二口徑的儒格手槍，把子彈射入牠的腦中。她一如既往的陪在動物身邊，直到牠的心臟停止跳動。

這是幾個小時後，韓斯洛在她家客廳向我描述的過程。傍晚的光線透過有花朵圖樣的窗簾照射進來，空氣中瀰漫著穀倉和醫院兩地不協調的氣味。我們之間放著一個洗衣籃，裡面裝滿柔軟的布料。籃子動了一下，一隻小袋鼠粉紅色的吻部露了出來。牠的頭部相較於牠瘦小的軀幹，顯得大了好幾倍。韓斯洛拉開袋子，讓小袋鼠的腳露出來，腳趾沒有毛，長著鉤狀的黑色爪子，看起來就像是猛禽的腳。

韓斯洛說：「牠的腳趾骨折過，你大概看得出來，那邊那個腳趾顯得很厚。」我點點頭，不想透露自己對小袋鼠的腳傷一點也不了解。她說：「如果只是腳趾的關節受損，牠們通常還能應付。但如果是腿骨斷了，代表動物永遠是脆弱的，這時我就會讓牠們安樂死。」大多數的動物救援者會以鈍器迅速了結受傷的動物，像楊恩，就在卡車裡放了一把大鐵鎚，韓斯洛則偏好槍的精準。茶几上，子彈整齊排成一列，彈頭朝上，就像立正的士兵。韓斯洛選擇使用空尖彈，一旦射入就會迅速膨脹，她說：「這樣就會瞬間死亡。」

韓斯洛其實從小厭惡槍枝。她的父親曾經在澳洲陸軍擔任狙擊手，還參與過「袋鼠射擊」，殘酷的撲殺袋鼠。後來，韓斯洛在二十多歲時有份工作，前往工作的通勤路上有一段危險的高速公路。「我會把還活著的動物拉到路旁，但牠們那時都無法動彈了。」韓斯洛一邊用奶瓶餵著小袋鼠，一邊回憶。看著那些動物痛苦，她也很痛苦。她說：「到了某個階段，我開始想免除那些動物的痛苦，所以我想，好吧，得去取得槍械執照了。」

儘管韓斯洛不太喜歡槍，但在她手中，槍成為仁慈的工具，是詩人傑弗斯（Robinson Jeffers）所說的，傳遞「鉛製禮物」的機器。透過研究動物的身體構造和親身實踐，韓斯洛自學了讓動物安樂死的要點。袋熊必須從後腦勺射擊，子彈才不會因為厚實的頭骨而偏移。袋鼠們，包括大袋鼠、小袋鼠和叢林袋鼠，大腦位於耳朵後方。韓斯洛會撫摸牠們毛茸茸的下巴，尋找最好的射入點，這是可怕的磨難結束前的溫柔觸摸。

照護的美好，在於使得生命變得神聖，但其中也有醜陋的弱點，就是需要處理死亡。我在塔斯馬尼亞遇到的每一位照護者，都記得自己無法拯救的動物。古爾利告訴我：「某些動物逝去時，你會受到毀滅性的打擊，但卻無法從家人或朋友那裡得到同情。」大多數照護者都經歷過同情疲勞（compassion fatigue），這是心理學家菲格利（Charles Figley）在一九九〇年代提出的現象，指出治療師、護理師、社會工作者和其他接觸患者痛苦的人，因為照護而導致的折磨。菲格利寫道：「動物照護人員是最容易出現同情疲勞的人，因為實施安樂死會對心理造成傷害。」研究發現，有一半的動物照護人員必須對抗憂鬱或絕望，美國犬隻收容所的員工，自殺率高於全國平均值。同理心既是一種天賦，也是一種弱點。

在我造訪之前的幾個月，楊恩為塔斯馬尼亞的照護者組織了一次有關同情疲勞的研討會，由來自澳洲本土的指導者主持。照護人員在會中討論焦慮、倦怠和憂鬱。楊恩說：「大家會說，喔，只是袋貂，只是小袋鼠，這樣的動物多得很，你為什麼要在意其中一隻的死活呢？即使是家人，也不會理解接受動物的死亡有多麼困難。」然而，照護野生動物雖然帶來痛苦，也帶來安慰。楊恩自己也曾經想過自殺，是照護動物幫助他度過危機。他說：「有三、四條生命依賴著我的生命。」另一位照護人員告訴我，她一直覺得人生空虛，因此掙扎不已，但拯救動物填補了她的空虛。她說：「如果可以，我願意付出所有時間，我覺得這讓我有了目標。」

韓斯洛也經歷過考驗。她二十多歲時診斷出患有狼瘡，這是一種自體免疫疾病。她的視力因此惡化，心臟周圍組織發炎，還中風。她整晚坐在輪椅上，清醒且痛苦。韓斯洛回憶：「是動物讓我的心免於痛苦，那時我養了袋狸、袋獾、叢林袋鼠、長鼻袋鼠等，你想到的動物我都有。牠們給了我繼續前進的意志力。我覺得我這輩子都虧欠牠們。牠們讓我繼續活下去，我也要讓牠們繼續活下去。」

韓斯洛現在健康狀況良好，足以擔任居家護理師，有時也服務疾病末期的患者，她的幼獸像臨終關懷道具一樣陪伴她出診。韓斯洛讓小袋鼠靠在她胸前取暖，說：「我每次出診時，都會把動物放在患者的床上。他們很期待見到我，總是問『你有帶著小動物嗎？』這帶給他們希望。」

∞前方道路幽暗

儘管具有治療功效，但照護所聲稱的目的並不是撫慰照護人員，而是幫助動物。野生動物復健的意思是讓野生動物康復到某種狀況，例如，能夠回歸野外。然而動物在照護之後，回歸野外的情況卻不太為人所知。在塔斯馬尼亞，只有不到百分之五的受照護動物配有識別標籤、微晶片或頸圈。在這個世界路殺之都，牠們的前景頂多稱得上模糊不清。照護者恩格菲爾德（Bruce Englefield）感嘆：「這當中有個矛盾，我們之所以營救與飼養動物，是為了最後將牠們釋放回野外，但牠們回歸之處，卻是當初受傷、以致需要接受照護的地點。」照護是致力減少痛苦的志業，但卻可能使痛苦延續。

照護的成果難以確定，使得這個領域的存續受到威脅。二〇一七年，恩格菲爾德對照護網絡進行調查，蒐集有關人口統計、花費和技術方面的數據，得到的結果讓人不安。塔斯馬尼亞的照護者，超過四分之一曾遭遇經濟困難，出現過中等至重度悲傷的比例也一樣，原因之一是他們無法證明自己的工作有效。恩格菲爾德告訴我：「除非我們趕快採取行動，否則前景堪憂。」

為了改善救援人員和野生動物的福利，恩格菲爾德呼籲全面改善塔斯馬尼亞的動物復健系統，包括為照護者提供心理健康服務，補貼有袋類幼獸的食物銀行。最根本的，他認為人類養大的動物孤兒，不應該直接釋放到食物不足、掠食者遍地的野外。他說：「那裡可不是該死的療養院。」他主張設立有袋類動物的中途之家，把有袋類孤兒安置在安全、精心管理的圍欄之中，讓牠們在排除高風險的情況下學習野外生活的祕訣。

中途之家和食物銀行需要政府大力支持，但政府對照護工作的態度卻是漠視。因應農民的要求，澳洲許多州都會捕殺袋鼠和小袋鼠，因為農民指責牠們吃掉了農作物和牲畜飼料。照護者的努力會削弱這些動物防治措施的成效。二〇一六年，新南威爾斯州頒發許可證，允許捕殺一百三十六隻袋熊、三百零八隻黑尾袋鼠和十七萬兩百九十隻灰袋鼠。在此同時，有袋類的照護者復健了超過一萬四千隻動物，其中許多是可撲殺的物種。二〇一八年，維多利亞州提出法令，禁止救助「數量過多」的動物，批評者譴責這項提議是「壓制照護者的策略」。

恩格爾菲爾德說：「他們的態度是，嗯，你沒有必要成為照護者。沒有人要求你這樣做。如果我們直接射殺動物，或是讓動物安樂死，事情會簡單得多。但誰要付錢呢？照護者免費提供了棘手的服務。」

從道路生態學的角度來看，最好的解決方案是完全消除對照護者的需求。澳洲大陸充滿了奇異的動物，並打造了合適這些動物的生態創新設施，有無尾熊的橋梁、松鼠袋鼯的繩梯、袋森鼠的「愛情隧道」。一位澳洲生態學家告訴我：「就資金和政治意願而言，我們是一個幸運的國家。」然而塔斯馬尼亞並未分享到這個運氣。這個州人口少，稅收微薄，以伐木為基礎的經濟也常常陷入困境。一位照護者憤怒的對我說：「我們這裡的醫院常常一團亂，也沒有適當的戒毒中心。我們落後澳洲其他地區二十年。人民都快窮死了，實在很難接受花費數十萬美元，為袋森鼠打造隧道。」

塔斯馬尼亞的困境令人灰心喪志。州政府知道當地有路殺問題，但只能採取表面的處理方式，安裝減速丘、清理灌木叢、張貼交通號誌，而不是重新改造基礎建設。由於不考慮昂貴的解決方案，塔斯馬尼亞把雞蛋放在較便宜、但較不牢靠的籃子裡。二〇一四年，野生動物安全解決方案（Wildlife Safety Solutions）公司在島上安裝了第一座「虛擬柵欄」，這是由汽車車頭燈觸發的警告系統，據稱可透過閃光和高頻的警報驅逐路邊的動物，就像驅逐鹿的高科技反光鏡。這個系統似乎創造了奇蹟，一項廣受報導的研究指出，路殺數量因此減少一半，於是製造商在島上廣設虛擬柵欄。但懷疑論者很快找到研究方法中的漏洞，而恩格菲爾德自己的研究則指出，虛擬柵欄實際上並沒有減少路殺數量。恩格菲爾德說，這個概念忽略了一項可能，當動物適應警報，就不會再被嚇走了。新鮮感總是會消失，無論你是人，還是一隻叢林袋鼠。

對一些科學家來說，虛擬柵欄不過是另一次熟悉的失望，再一次顯示政府不願意設置實體柵欄和野生動物穿越通道，而想用某種怪異的伎倆解決路殺問題。曾為塔斯馬尼亞政府工作的一位道路生態學家告訴我：「減少道路的影響並非不可能，但並非優先事項。」

她曾建議州政府為袋獾和袋鼬建造一條地下通道，但「根本沒被納入考量。」

在這種狀況下，照顧野生動物就不是那麼溫馨感人了。美國的研究指出，照護並野放受傷的海龜和蝙蝠，可以防止這些物種滅絕，但前提是救傷與「減輕威脅」的策略要有所配套，從源頭就保護動物不受傷害。然而在塔斯馬尼亞的道路上，威脅仍未緩解。從某個角度來看，動物照護工作讓我想起那些廣為流傳的催淚故事，總是有人為了修補社會安全網的漏洞，做出巨大的犧牲，例如兒子為了支付母親的化療費用，只好擺攤賣檸檬水，糖尿病患者為了支付胰島素費用，只好向群眾募資。我們強迫個人扛起社會失敗的重擔，然後讚頌他們的堅毅。有野生動物照護者真是太好了，但如果有基礎建設能夠讓照護者不必存在，那就更好了。

∞ 渴望恩典

從澳洲回國後幾個月，過去一直辛苦工作而無人聞問的澳洲照護者突然聲名大噪。連年乾旱引發的野火，燒毀全澳洲超過四百八十萬公頃的土地。國際新聞報導不僅哀悼人類的死亡，也哀悼野生動物的逝去。科學家估計有超過十億隻動物消失，《紐約時報》刊登了一張有如世界末日的照片，照片中有隻袋鼠，背景則是熊熊火焰。照護者無所不在，為四肢燒傷的無尾熊編織手套，開車載送袋貂，用奶瓶餵養果蝠。我很高興看到動物照護者得到肯定，但讚美不僅遲來，而且偏離了主題。雨水最終澆熄大火，但道路上的死亡從未停止。照護者之所以英勇，不只是因為他們勇敢面對暫時的災難，更因為他們每天都奮起，面對一場他們心知永遠不會結束的危機。

大約在澳洲發生大火的同時，我讀到作家朱諾（Tom Junod）的一篇文章，其中提到一些有關動物照護的重點。朱諾曾經描寫過他與電視節目主持人羅傑斯（Fred Rogers）[3]的友誼——沒錯，就是《羅傑斯先生的鄰居們》那個節目裡的羅傑斯。他們的書信往來，討論的內容廣泛、自由無拘，涵蓋了家庭、信仰、愛情等各方面。朱諾在一封信中告訴羅傑斯，他前陣子看到五個人引導一隻擬鱷龜爬出高速公路的出口坡道。羅傑斯建議他寫成新聞。朱諾專門揭露名人醜聞，作風硬派，羅傑斯的話讓他感到一陣錯愕。他問，這件事為什麼值得報導？羅傑斯這位世界級的好人回答：「因為不管何時，當人們一起幫助另一個人或另一種生物，就代表某事發生了，而每個人都會想知道那是什麼事，因為我們都渴望知道，創世的核心有仁慈。」

我們可能渴望恩典，卻不把恩典延伸到野生動物身上。相反的，牠們只是炮灰，因土地開發而流離失所，為人類的娛樂遭受獵殺，並且被撞倒在道路上。「路殺」這個詞彙本身就貶低了動物，把許多生命的死亡歸為一個類別，獨立不同的生命被混為一談，成為壓扁的總體。野生動物照護讓我們看到動物的獨立性，並提醒我們路殺不僅是生物學上的危機，更是道德危機。一位美國照護者寫道，動物復健是「社會正義和補償的延伸」，讓它們惠及我們所傷害的動物，承認我們在道德上有義務改正基礎建設的錯誤。確實，一、兩隻人工飼養的袋熊不會對這個物種的數量產生太大影響，然而，照護行為肯定了這些動物固有的價值。與其說照護行為是出於保育，不如說是出於悔過，這項行為衡量著我們內心的仁慈。

1. 值得注意的例外是袋獾。霍布迪發現，每年有多達百分之六的袋獾遭遇路殺。對於一個正受到傳染性面部腫瘤蹂躪的物種來說，這是毀滅性的損失。
2. 我所居住的郡，人口與塔斯馬尼亞差不多，但只有一家有執照的動物復健中心，那是一家獸醫院。
3. 編注：羅傑斯是美國家喻戶曉的兒童節目主持人，他與朱諾之間的互動被改編為電影《知音有約》（*A Beautiful Day in the Neighborhood*），由湯姆漢克主演。

II 道路上的哨兵

公民科學家和自動駕駛汽車，如何改變道路生態的未來？

道路有個奇特之處，我們能夠接觸到它所消滅的動物。大多數的生態保育問題都發生在遙遠的時空之外，原因和後果分別發生在不同的地方和時間。例如，我所吃的人造奶油是由棕櫚油農場生產，而棕櫚油農場的存在，把紅毛猩猩趕出了熱帶森林，但我並不會遇到那些紅毛猩猩；大西洋兩岸往來的飛機，是北極熊賴以維生的浮冰融化的原因之一，但我也沒見過那些北極熊。相較之下，路殺是切身的危機，具體展現了野生動物的肉體存在。我敢打賭，有更多美國人看過壓扁的負鼠，而沒看過活生生的負鼠。

我想起父親以前會從死豪豬身上拔下刺，像擺放花束一樣的放在杯架上。我想起過去只能在遠處瞥見大鵰鴞的剪影，但後來在九十號州際公路旁，我親眼見到牠身上精良的武器：如彎刀的爪子，如匕首的喙，如柔軟斗篷的翅膀。我又想起一位農民，他曾與洛佩茲在愛達荷州的高速公路旁撫摸夜鷹，對牠的身體結構驚嘆不已。洛佩茲寫道：「他用一根手指撫摸夜鷹腹部圓滑的弧線，評論牠長有細小鬍鬚的喙。他拉直一隻長長的翅膀，但動作並不粗魯……他問我，能不能讓他把這隻鳥帶回家，給他的妻子看，就好像那隻鳥是我的。」

這也是一種補償：對高速公路所糟蹋的生命展現關注，並從中學習。道路給予人們了解野生同胞的機會。路殺動物告訴我們，有哪些動物生活在哪裡，有多少動物存在，以及數量增減的趨勢。路殺動物也告訴我們，疾病何時襲擊動物族群，或非本土生物何時滲透到生態系統。正如布朗研究中翅膀變短的崖燕，我們還能從路殺動物身上看出物種的演化。路殺現象是矛盾的，在理想情況下，它的存在和模式能讓我們知道如何重整基礎建設，以防止路殺發生。根據二〇二〇年的一項研究，路殺堪稱「生態學領域中最有用的一種野生動物觀察和採樣方法」。

正如所有駕駛都會造成道路危害，所有駕駛也都能為道路生態學做出貢獻。這和次原子粒子的加速或DNA定序不同，計算死亡動物的數量並不需要艱深的專業知識，也不需要實驗室。更確切的說，人類的道路網本身就是實驗室，是非刻意進行實驗的大坩鍋。世界上的司機是一群尚未被發掘的田野研究助理，他們漫不經心的駛過數百萬個潛在的數據點，正等待召喚，一起執行科學任務。這可能是道路生態學的未來。道路生態學是最早讓民眾參與的學科之一，如同它所研究的高速公路一樣，分散、全球各地皆有。只要稍加推動，人人都是道路生態學家。

∞ 道路公民科學

自從開始統計路殺，科學家就一直在尋求公眾幫助。英國廣播公司（BBC）的製片人岡帕茲（Terry Gompertz），因為鴿子在她的公寓築巢而成為愛鳥人士，一九六〇年，她組織了道路死亡調查（Road Deaths Enquiry）活動，在報紙和廣播廣告中召募志工，「藉由步行、騎自行車、開車等方式」統計英國道路上的鳥擊事件，一百七十六名志工總共統計到五千多隻鳥，包括家麻雀、歐歌鶇等等。大約同時，美國人道協會召集公路旅行者，記下他們每年七月四日看到的死亡動物數量。根據這些調查，可粗略估計出美國每日的路殺數量：每天有一百萬隻脊椎動物遭受撞擊。這個數字至今仍受到廣泛引用。

自從人道協會進行調查以來，由於科技發展，參與式科學——也稱公民科學[1]，在這數十年中逐漸茁壯。一九三〇年代，蒐集路殺動物的人得擔心郵差把郵寄的臭鼬丟掉，但現代公民科學家，可用智慧型手機拍攝臭鼬照片，然後上傳到應用程式。在智慧型手機的推動下，參與式道路生態計畫在六大洲如雨後春筍般湧現。加拿大卑詩省居民可使用卑詩省道路觀察（Roadwatch BC），比利時人使用輪下動物（Animals Under Wheels），巴西人使用禿鷹系統（Sistema Uburu）。以色列在交通應用程式 Waze 裡添加了路殺按鈕後，駕駛在六個月內舉報了一萬兩千隻路殺動物。

英國最大的道路生態計畫，多年來一直使用噴濺計畫（Project Splatter）這個相當驚悚的名稱。一年春天，我前往威爾斯的卡迪夫大學（Cardiff University），拜訪生態學家柏金斯（Sarah Perkins），這個大學正是噴濺計畫的所在地。柏金斯原本計劃帶我參觀威爾斯的一些路殺頻繁路段，我料想會開車經過有點點羊群的鄉村田園風光，結果計畫落空。柏金斯剛在公車站接到我，傾盆大雨就開始敲打擋風玻璃。這樣的日子適合喝一杯溫熱的淡啤酒，而不是蹲在路旁的死狐狸邊。儘管如此，柏金斯的心思仍然脫不開路殺，在雨刷的刮擦聲中，她說：「在這種日子，河流會氾濫，把水獺從水中趕出來穿越馬路。這對水獺來說是個壞消息。」

在酒吧享用一頓真正威爾斯風格的午餐後（主要食材是韭蔥），我們回到柏金斯乾燥舒適的實驗室。柏金斯說，噴濺計畫是她一名學生的想法。這個學生在二〇一三年建立了一個推特帳戶，鼓勵公眾目擊到路殺事件時，到這個推特帳戶上發布。隨著媒體的關注，這個想法迅速傳播開來。噴濺計畫其實是個非常不精確的簡稱，全名是估計路殺用的社群媒體平臺（Social Media Platform for Estimating Roadkill）。我造訪威爾斯時，這個計畫已透過社群媒體、網站和應用程式，蒐集到超過五萬筆觀察結果。許多參與者每次開車上路時，都會打開手機的錄音機，描述他們看到的路殺狀況，轉換成文字後上傳。還曾經有急救護理人員，在駕駛救護車時記錄了一隻死蝙蝠。當然，並不是所有人都欣賞噴濺計畫這個名稱病態的幽默感。[2]我造訪柏金斯的幾年後，有群憤怒的愛貓人士用「極為粗俗低級的話語」攻擊柏金斯，迫使她把計畫名稱改為無趣的「道路實驗室」（Road Lab），幸好，噴濺計畫還是保留在資料庫的標題上。

英國非常適合參與式道路生態學，這是熱愛動物的國家，合理主張它設置了全世界第一個野生動物穿越通道。早在一九五〇年代，博物學家雷特克里夫（Jane Ratcliffe）已積極對政府施壓，迫使政府在M五三高速公路下方建造一個「帶有人行道的大型涵洞」，以引導獾通過。如今，英國人對動物的熱愛，偶爾會以奇怪的方式延伸到路殺動物上。二〇〇八年，英國廣播公司播出《吃獾的人》（*The Man Who Eats Badgers*）節目，記錄博伊特（Arthur Boyt）的事蹟。博伊特是個性情溫和的人，會吃兔子、貓頭鷹和其他路殺動物。可憐的博伊特很快就接到一群憤怒的怪人打來的電話，那些人聲稱自己是博伊特食物的鬼魂。英國的某些路邊似乎也確實「鬧鬼」，二〇二〇年，多塞特郡的民眾開始裝設「幽靈刺蝟」，也就是白色的刺蝟剪影，就像用來紀念自行車騎士的白色幽靈自行車一樣，以紀念在鄉間小路上遭車輛壓扁的動物。

柏金斯說：「為了避開老鼠，我真的寧願開車衝下懸崖。」她問過一名警察，有多少起撞車事故可能是因為同樣的衝動。他說：「親愛的，如果每次有人告訴我，他們因為要閃避狐狸而猛打方向盤，我就能得到五英鎊，那我早就是百萬富翁了。」

就像交流緊密的團體會在網路上一起討論體育、音樂和政治，噴濺計畫的臉書也是路殺狂熱者的聚集點。柏金斯每週發布的噴濺報告，經常引發辛辣的批評。柏金斯說：「如果他們看到一隻歐洲鼬，而我在報告中沒有提到，他們就會說，我的那隻鼬在哪裡？」儘管噴濺計畫不鼓勵公開拍照，但有些用戶就是忍不住。柏金斯說：「有個人一直在臉書上張貼路殺照片，我實在很好奇，他是從中得到某種可怕的樂趣嗎？」她打開手機上的臉書說：「他今天沒發布任何內容。」她掃了一眼，又看了一次，然後說：「喔，不，他有，這次是刺蝟，你看。」她靠回椅背，發出一聲我只能形容為輕快的嘆息，並說：「有時我很擔心他。」

柏金斯在她的筆記型電腦上打開一張地圖，顯示這個計畫觀察到的數千起路殺事件。我原以為路殺事件會一群一群各自分開，這裡有幾隻獾，那裡有幾隻刺蝟。但卻相反，路殺地點勾勒出清晰完整的英國公路網。在這樣一個人口密集的國家，路殺事件並不限於特定的危險區域，而是無所不在。柏金斯說：「英國太可怕了，就像是一條巨大的道路。要怎麼緩解這種狀況呢？」

在英國，比路殺地點更重要的是路殺發生的時間。正如路殺會集中發生在熱點地區，也會發生在「熱點時刻」，也就是風險較高的時期。熱點時刻可能持續一個季節，例如緬因州的夏天，會有雌海龜緩慢爬行到築巢地點。熱點時刻也可能持續一個晚上，例如袋鼠路殺的高峰會發生在月圓夜，因為滿月的光照使得袋鼠更活躍。根據歷史數據，每年秋天日光節約時間結束時，鹿車相撞事件就會激增，因為時鐘「往回撥」，黃昏在下午五點左右到來，正好是通勤者和白尾鹿活動的高峰時間。若永久實施夏令時間，能夠避免很多夜間駕駛，根據研究人員的計算，每年可挽救三十三名駕駛和大約三萬六千頭鹿的生命。

噴濺計畫的數據也揭露了動物的行為。歐洲鼬的死亡呈現「雙峰分布」，這種模式在圖表上看起來就像駱駝的雙峰，其中一個高峰落在春季，此時是雄性尋找配偶的季節，另一個高峰則落在秋季，此時剛出生的天真幼獸會四處活動。水獺在冬天死亡，牠們在黃昏活動，這時剛好與交通高峰期重疊。冬季也會有更多雉雞遭遇路殺，可能是因為狩獵俱樂部暫停餵食，迫使牠們必須到處找食物。刺蝟在秋天很容易遭遇危機，因為牠們會到處奔走尋找蠕蟲和蛞蝓，把自己餵胖好過冬。老鼠在道路上死亡的數量，也會在秋天激增，因為農民在這時犁田，找不到穀物吃的鼠輩只好四散，然後在道路上血跡噴濺。

柏金斯說：「鼠類被視為有害的動物，沒人研究，也沒人關心。如果沒有公民科學的數據，我們永遠無法了解牠們的行為和生態。」汽車與生物學家不同，不會歧視，不論是瀕危的物種或常見的齧齒動物，它們都以同樣的熱情加以捕獵。有些科學家把道路比喻成移動偵測攝影機，持續記錄著跨越它們的動物。

∞路殺告訴我們的事

自從道路生態學出現以來，一直存在著有關數據的問題，部分原因在於道路系統是分散的，不同的交通單位在量化工作人員從道路上取下的動物屍體時，各自採取了不同的流程。有些州指示工作人員，在自家政府的應用程式中記錄路殺狀況；有些州要求用鉛筆寫下紀錄；有些州根本不記錄路殺，直接把動物屍體拖到垃圾場掩埋了事。資料管理充滿了陷阱。亞利桑那州曾發生一起電腦錯誤，把數百隻鹿、紅鹿和叉角羚變成河狸，毀了兩年的紀錄。加拿大卑詩省有一名公路承包商，負責把動物屍體的資料提交給該省的路殺應用程式，但他習慣在喝咖啡時上傳資料，而不是在路殺現場。生物學家之所以發現這件事，是因為應用程式顯示，加拿大的連鎖餐廳提姆霍頓（Tim Hortons）是路殺熱點。

志願者道路生態學似乎可糾正這類錯誤，透過召集大量的數據蒐集者，記錄道路維護人員遺漏的內容。但參與式科學仍是組織鬆散的領域，方法並未統一。每個計畫都有各自的應用程式或入口網站，蒐集不同的數據，要求成員遵守不同的程序。有些是「機會型」計畫，志工不論在哪裡發現路殺都記錄下來；有些是「針對型」計畫，只在特定時間對特定道路進行調查；有些只記錄路殺，有些則同時蒐集「零值」，也就是志願者沒遇到動物的地方，這也是有用的資訊。一些生態學家建議採用標準化的方法，另一些生態學家則堅持，不同方案應該根據各自的內容調整記錄方法。由於方法太過多樣，有些機構乾脆否認參與式科學具有作用。參與式道路生態計畫加州路殺觀察系統（California Roadkill Observation System）的創始者希林（Fraser Shilling）告訴我：「如果你為某個問題提供數據，他們可能就得處理或多花錢。這樣想比較輕鬆：嗯，這是公眾蒐集的數據，不能真的相信。」就像用手摀住耳朵，避免聽到壞消息一樣。

從一開始，噴濺計畫就選擇了機會型的方法，不採取僵化的流程。在柏金斯看來，不那麼正式反而是一種優勢，因為能夠降低進入的門檻，產生更多數據。她說：「一旦讓事情變得困難，人們就會退出。」但志工成員不斷變化，也可能造成偏差，並非每個人都同樣擅長發現路殺。如果某年的志工目光特別敏銳，他們的報告可能造成路殺增加的假象，但其實只是因為新來的志工更善於發現路殺。柏金斯承認：「在計畫初期，人們會覺得，嗯，有點沒方向，對吧？」

然而，噴濺計畫這種隨性的做法，在其他地方得到了有效的證明。希林分析加州資料庫裡將近四千筆的路殺目擊事件時，發現志工準確識別了百分之九十七的動物。南非的生態學家也發現，訓練有素的巡邏人員蒐集到的資料，與一般民眾提交的資料一致。毫不意外的，熟練的調查人員更善於辨識兔子之類的小動物，普通人注意的，則往往是土狼這種引人矚目的肉食性動物，土狼是鬣狗的近親，身上帶有條紋。但不論是調查人員或普通人，都注意到同樣的路殺區域，證明志工能「可靠而確實的」識別出路殺熱點。

如果路殺觀察是有價值的，實際的動物屍體就如同黃金了。與噴濺計畫共用一個辦公室的水獺計畫（Otter Project），是卡迪夫大學的另一個利用動物死屍的計畫。當我與柏金斯談完後，一位名叫希爾（Alice Hill）的學生帶我穿過大廳，去看一些肢解的水獺。她拉開冷凍櫃的門，展示大塊的毛皮、骨頭和器官，所有樣本都像漢堡肉一樣用冷凍夾鏈袋包裝起來。大多數樣本來自公眾發現的路殺屍體，在冷凍狀況下以保冷箱運送。希爾拿起一個罐子，裡面的子宮標本已經腐敗了，她說：「這麼做是有風險的。我們本來以為這個樣本會在星期四送來，結果到了星期一才出現，都開始腐敗了。」假設一隻水獺完好無損的送到卡迪夫，研究人員會像驗屍一樣嚴格的檢查動物的身體大小、年齡和性別、是否受傷，並且蒐集動物身上的蜱蟲、跳蚤和其他寄生蟲。然後這隻不幸的鼬科動物會被一刀劃開，從喉嚨到生殖器，研究人員會取出其中的肝、腎、腎上腺和其他器官，進行分析。希爾承認：「這遠遠不及我想像的那麼溫馨可愛，但從道德上講，研究死去的水獺算是不錯的工作。」

水獺計畫從一九九二年開始累積組織樣本，讓我們對水獺及水獺的生存環境得到許多了解。就像滾動的雪球一樣，環境汙染物會經由昆蟲、魚類，進入頂級水生掠食者體內，在牠們的組織中累積。水獺不幸充當了海綿的角色，吸收並累積了人類傾倒在牠們棲地裡的所有東西。二〇一四年，伊利諾伊州的科學家發現，路殺水獺的肝臟中含有濃度驚人的長期禁用農藥，其中有些與帕金森氏症和阿茲海默症有關。水獺計畫蒐集的組織，同樣證明了阻燃劑多溴二苯醚（PBDE）這種毒性物質有多麼頑強。令人欣慰的是，這些組織也顯示鉛污染下降，更嚴格的法律顯然發揮了作用。

當天晚上，水獺計畫的負責人查德威克（Elizabeth Chadwick）一邊喝著啤酒一邊告訴我：「人類不斷把新的化學物質注入生態系統，有些物質可以維持相當久而不分解。我們在水獺身上檢測到的化學物質，與我們飲用水中的化學物質並沒有兩樣。」但水獺受到法律保護，如果沒有路殺，就無法獲得牠們的組織。「如果沒有這些路殺水獺，我們要如何對環境採樣？」

查德威克說，水獺是一種「哨兵物種」（sentinel species），這類生物的健康狀況能反映環境中的許多因子。因此，也可以把路殺看成一種哨兵現象，可揭露環境隨時間推移的變化。在佛羅里達州，當路殺的浣熊、負鼠和兔子突然消失，代表入侵的蟒蛇已在大沼澤地國家公園大開殺戒。當華盛頓州出現一頭路殺的狼，證明這種在當地已消失多年的肉食性動物，已經重返。在義大利，綠鞭蛇的路殺季發生變化，可能是氣候變遷的結果，因為暖化使蛇較早從冬眠中醒來，並較晚進入冬眠。路殺的鼬獾顯示狂犬病已傳入臺灣。加州的路殺浣熊，有百分之八十都攜帶一種可感染人類腦部的蛔蟲。路殺讓科學家能夠追蹤黑吼猴的蟯蟲、白尾鹿的慢性消耗病，以及九帶犰狳的麻風病等的傳播情況。密蘇里州的一份報紙建議：「一定要徹底煮熟你的犰狳。」

道路兩旁盡是悲慘現象，但也是展示新發現的奇物櫃。澳洲科學家在路旁重新發現侏儒藍舌蜥，這種石龍子原被認定為已經滅絕，但科學家在一條壓扁的蛇體內，找到消化了一半的藍舌蜥遺骸，可說是因為路殺現象死而復生的拉撒路物種（Lazarus species）[3]。衣索比亞內奇薩國家公園（Nechisar National Park）的研究人員有更驚人的發現。一天晚上，工作人員沿著一條顛簸的泥土路前進，發現一隻夜鷹的屍體，並從夜鷹那兒回收到一隻紅棕色的翅膀，翅膀上帶有獨特的白色斑塊。專家證實，這個翅膀屬於一個新物種：內奇薩夜鷹（*Caprimulgus solala*），其中的種名 solala，意思正是「只有一隻翅膀」。

水獺計畫本身提供的訊息就具有啟發性。隨著計畫發展，蒐集到動物屍體愈來愈多，每年將近三百隻。這一方面反映了計畫本身的名氣日漸升高，另一方面也代表水獺數量增加，已從滅絕邊緣恢復過來。但可想見的，水獺也變得更容易遭遇車禍。在英國，大約四分之一的水獺體內有弓形蟲，這種寄生蟲會讓宿主變得較為大膽，有時甚至是過於大膽。受弓形蟲感染的老鼠不再害怕貓，人類則更容易發生車禍。被車撞死的叢林袋鼠，比起死於其他原因的同伴，感染弓形蟲的機率是三倍。路殺揭露了導致路殺的條件，就像一面反照自身的鏡子。

在寄生蟲君王的指揮下，有更多魯莽的水獺笨手笨腳的穿越馬路，代表水獺計畫會得到更多標本，不過查德威克並不開心，她說：「我之所以成為生態學家，是因為希望野生動物能夠生存。如果能夠阻止所有的路殺事件，我的工作就不存在了，不過那也不錯。只是我認為不太可能發生。」她唯一能做的，是履行路殺所帶來的道德義務，不讓水獺白白死去。

∞自動化巡邏大隊

做為志願者道路生態學家，我們人類有一個重大缺陷：感知能力太弱。汽車的速度既帶來暴力，也遮掩暴力。身為一名駕駛，你移動得太快、坐得太高、視野太窄，以致於除了最大的動物屍體，什麼也看不到。即使是訓練有素的生物學家，也會低估路殺數量。巴西研究人員曾沿著某條高速公路開車掃視，發現了十二隻動物，後來他們沿著原路步行，發現的動物超過兩百隻，其中大多是蛙類。對於沒注意到的對象，你無法進行研究。

我們人類對路殺視而不見，但我們的車子可就不一定了。大多數的交通專家認為，自動駕駛汽車終將無可避免的主宰道路，只不過要花上幾十年的時間，而非數年。自駕車藉由攝影機、雷達和雷射導引系統偵測周圍環境，那是一組比人類眼睛敏銳許多的儀器。自駕車將成為有史以來最巧妙的道路生態工具，這樣的想法並不誇張，因為這些車輛就像一支由自動化科學家組成的巡邏大軍，當它們在道路上遇到動物（無論死活），會持續且即時的上傳相關數據。

正如生態學家在《自然》期刊上所推測的，自駕車上的感測器可以「監測為了在池塘中繁殖而遷徙的兩生類、在溫暖的柏油上調節體溫的爬行動物、飛越馬路的蝴蝶和鳥類，以及穿越馬路或在道路附近移動的小型哺乳動物。」自駕車應該可大量減少大型動物的路殺，當麋鹿從黑暗中隱約現身，我們微弱的視覺能力尚來不及處理時，自駕車的感測器應該早就看見。動物在黃昏時較為活躍，車主可以把車子設定成在黃昏時減速，或避開路殺熱點。二〇一七年，《紐約時報》有篇名為〈路殺終結〉的文章，作者設想在自駕車的羽翼之下，美洲獅將「從佛羅里達州南端狹小的區域往外擴散」，重新分布到美國東南部，恢復族群的數量。

儘管前途似乎一片光明，但自駕車的問題依舊比擋風玻璃上的死蝗蟲還多，例如難以靈活應對車流、識別車道，也不易處理下雨和落雪的狀況。自駕車還有被動物搞得不知所措的黑歷史。回想一下富豪汽車的「大型動物檢測系統」傳奇，這個系統由雷達和攝影機組成，目的是偵測野生動物並讓車子踩下剎車。富豪汽車這項技術在瑞典開發，麋鹿是當地主要的威脅。一位高階主管誇口，富豪汽車的工程師「投入大量心力，觀察動物如何移動，並且教會電腦尋找這種移動模式」。工程師在研發過程中拍攝麋鹿和鹿的影片，以數位方式模擬牠們的步態。但當富豪汽車的澳洲分公司開始測試系統時，麻煩出現了。

麋鹿是一種很容易實驗的動物，巨大、結實，識別難度就像磚牆一樣。但澳洲沒有麋鹿，有的是袋鼠。袋鼠不像有蹄類動物那樣緩慢行走，而會跳躍，運動方式就像踩著彈跳棒。可想而知，瑞典的工程師並沒有考慮到這些以跳躍方式移動的動物，而是以地面做為參考點，計算動物和車輛之間的距離。但袋鼠不會固定在地面上，這違反了以麋鹿建立的演算規則。一位專案經理感嘆：「當袋鼠跳向空中，看起來會變遠，等牠落地，看起來又變近了。」對機器智慧來說，袋鼠的蹦跳是異常現象，就像恐懼或快樂，屬於無法理解的範疇。

經過幾個月的試驗，富豪汽車解決了「袋鼠」問題。但這個事件揭露了令人擔憂的事實：自駕車和野生動物之間會如何互動，實屬難以預測。雖然路殺可能終結，是令人欣慰的事，但對於保護物種來說，自駕車大多派不上用場。日產汽車的一位高層告訴我，公司正在開發一種技術，可用來偵測「小型犬尺寸」的動物。喜愛郊狼的社群可能會大肆慶祝，但蜥蜴或花栗鼠就無法從中獲益了。把控制權交給電腦，甚至可能導致更多路殺，因為你可能為了蛇而煞車，但你的機器司機並不會。

自動駕駛所改變的，不只是誰在控制車輛，還會徹底改變人類居住的區域、接收商品的方式，以及社會的組織結構。一九九四年，一位義大利物理學家描述了馬凱蒂常數（Marchetti's constant），或他稱之為「牆」：不論是希臘村莊或美國城市，人類在安排生活時，會把每天的通勤時間控制在一個多小時以內。城市會拓展，但範圍限於我們對通勤時間的容忍程度。現在，自動駕駛可能打破這條久遠的規則。當自駕車或自動計程車能夠成為行動工作站或娛樂中心時，通勤就不再是苦差事。自駕車應該也能解決塞車問題（機器不會東張西望），讓更多人能住在較遠的郊區，但仍可到達市中心。另外由於電動車降低了開車成本，將鼓勵人們更常開車，當自駕與電動車結合，可能成為一種郊區致癌物，讓城市像癌症一樣擴張蔓延。

此外，只關注人類的移動，其實是一種誤導，因為大多數的自駕車並不會用來載人，而是用來載物。我們不再開車去取回物品，而是把物品召喚到身邊。亞馬遜倉庫取代了購物中心，餐廳轉向經營外賣，雜貨店和自家門口之間，只存在一個按鈕的距離。我們對配送的熱愛，肯定會像州際公路一樣改變都市發展的模式。工廠和倉庫將搬遷到偏遠地區，畢竟已經不用發薪水給卡車司機了，就有能力把貨物運送到更遠的地方。未來學家湯森（Anthony Townsend）寫道，這樣產生的文明看起來確實是反烏托邦的：「由農場、工廠和城鎮組成的碎形網絡，將毫無限制的遍布整個土地。」[4] 少了人類司機的限制，自駕卡車可自由的在夜間行駛於高速公路，曾經為野生動物提供喘息機會的暗夜，將變得像白天一樣危險。自駕車無法帶來終結路殺的寧靜時代，反而是自道路出現以來，對道路生態最嚴峻的挑戰。

這場令人不安的惡夢可能成真，但並非無法避免。正如兩位澳洲科學家所認為的，自動駕駛汽車有可能大量減少路殺，「但前提是保育生物學家必須能夠參與車輛的開發和實際上路的測試。」為此，一些科學家正努力擠進無人駕駛的領域，萊西（Cara Lacey）是其中一位。萊西是美國自然保育協會的規劃師，曾造訪幾家自動駕駛汽車製造商，但與廠商之間的對話讓人感到沮喪，她告訴我：「這個產業並沒有真正考慮環境。」她認為自動駕駛可能導致城市擴張，使原本就日漸稀少的開放空間變得更加稀有。她大聲質問：「汽車公司難道不能花錢投資，保護土地，這樣當城市持續擴張時，我們才能設立緩衝區？」也許自動駕駛汽車製造商可依照車輛的里程數，捐款成立保護基金，或支付費用建造新的野生動物穿越通道。萊西說：「大家都覺得『喔，自動駕駛汽車只是流行，似乎不會很快成真。』但其實不然，這件事正在發生，車子現在就在路上了。我們為什麼要等待介入的時機？」

有些道路生態學家已經介入了。二〇一〇年代中期，葡萄牙研究團隊著手開發路殺地圖自動繪製系統。第一代的系統需要搭配拖車，攜帶笨重的工業電腦和燃油發電機，完全不像是太空時代的產品，反而更像科幻電影裡的蒸汽龐克。不過後續的版本精簡了這項技術，只有幾個安裝在保險桿上的雷射攝影機，以及一臺筆記型電腦，裡面有藉由機器學習開發的路殺識別演算法。在試驗階段，這個系統已經能找到近百分之八十的路殺兩生類和鳥類，這些是人類往往視而不見的動物。這個計畫讓我印象深刻，是道路生態學的一大躍進。在這樣未來中，汽車將成為幾乎不出錯的調查員。我想像有數以百萬計的特斯拉和谷歌的自動汽車在高速公路上行駛，針對它們正在摧毀的世界，蒐集近乎無窮的數據。

∞冒險科學家

造訪噴濺計畫六個月後，某個十月早晨，我在蒙大拿州比特魯谷（Bitterroot Val.）的一條道路上，雙腳跨立在道路中央的雙黃線兩側，手拿相機，頭戴頭盔，大聲猜測眼前一團動物屍體的身分。

希克斯（Heather Hicks）是我當天同行的調查志工，她用智慧型手機拍下一張照片。

「你覺得這是臭鼬嗎？」

我用腳尖戳戳那團毛茸茸的東西，車輛在我們周圍流動，像是河水繞過巨石。「可能是獾。」

希克斯若有所思的點點頭。那動物的皮毛呈木炭色，並帶有白色的亮處。一方面，它看起來較像黑色而不是灰色，這是臭鼬的特徵。另一方面，它沒有氣味，這又像獾。

希克斯解決了這個問題，說道：「我選『未知』。」並且點了一下手機。

我們等到沒車的時候，迅速跑回靠在護欄上的自行車旁。希克斯說：「剛剛真有點嚇人。」她看著我穿在夾克外的螢光背心，是學校交通導護人員穿的那種，說：「還好你穿了那件呆呆的背心。」

受到噴濺計畫的啟發，我決定親自嘗試公民科學。我的第一通電話打給了冒險科學家（Adventure Scientists），這是個非營利組織，培訓熱愛戶外活動的外行人蒐集資料。超級馬拉松選手在山上尋找狼獾的蹤跡；划獨木舟的人從泛著泡沫的河流中採集樣本。冒險科學家最新的倡議是野生動物連結計畫（Wildlife Connectivity Project），比較適合我，因為除了需要會騎自行車，其他任何特殊技能一概不要求。自行車隊分散在蒙大拿州周圍，各自選擇一個路段，往前騎四十公里，再往回騎四十公里，總共騎八十公里，一路拍攝目睹的每個動物，不論死活，並把物種、地點和其他資訊輸入應用程式。這個計畫要在三年內每年重複進行四次，相較於機會型的噴濺計畫，這是有架構的公民科學方法。州政府當然不可能把一些志願者的觀察結果，當做徹底檢修道路的基礎，但冒險科學家的資料，還是能在蒙大拿州愈來愈多的道路維護紀錄、事故報告、麋鹿衛星頸圈數據等資料之外，再添加更多內容。[5]

巧合的是，我被指派的勘察地點位在九十三號國道。幾年前，我正是在這條高速公路上，走過「薩利希和庫特奈部落聯盟」土地上的第一座野生動物陸橋。這座著名的陸橋位於密蘇拉以北，但是冒險科學家的旅程從南部的比特魯開始，那裡的野生動物基礎建設相對稀少。我的支援對象是希克斯，她是一名家庭醫生，也是自行車騎士，經常在騎車時拍攝死亡的鹿。當她收到自行車俱樂部發送的電子郵件，表示要召募車手觀察路殺，立即報名參加。我們從車架上拉出水瓶，她說：「我那時想，這種事我已經在做了，但卻從來沒想過，可以做些什麼來改變路殺現象。」

希克斯身穿螢光粉紅風衣，騎著黃色GT登山車，一頭紅金色捲髮，十分引人矚目。她選到一個美好的騎車日進行調查，空氣清澈寒冷，就像溪流上游一樣。往西看，覆蓋著皚皚白雪的比特魯山脈遮住了半邊天空，沙佛爾山脈（Sapphire Range）棕色的山肩則在東邊隆起。比特魯河蜿蜒的流向公路，再朝遠方流去，河面上散發著薄霧。路邊的毛蕊花之間有許多白色十字架，我不禁想起古早的保險桿貼紙：「為我祈禱，我開在九十三號公路上。」

如果這條路對人類來說是危險的，對野生動物來說便絕對是致命的。我們又慢又低的自行車，揭露了高速公路所隱藏的暴力。如果我們以一百一十公里的時速前進，永遠不會注意到那隻胸覆白霜的喜鵲，也不會注意到那對如同自殺戀人般隱藏在護欄下的歌帶鵐，更不會看到小鹿像個椒鹽捲餅似的，扭曲靠在混凝土製的紐澤西護欄旁。紐澤西護欄是高速公路上的一種模組化混凝土塊，以發明地命名，為工程師所愛、道路生態學家所惡。紐澤西護欄常用來分隔車道，避免車輛對撞，但也因此將動物困在道路上。一想到那隻小鹿最後所遭遇的混亂和可怕厄運，我就心驚膽顫。

隨著晨光漸逝，我們往北騎去，一路找尋烏鴉，就像漁民尋找海鷗。我們培養出一種節奏感，每次看到路殺動物，就放下自行車，衝進高速公路。由我在一旁監看，希克斯負責拍照。然後我們會回到路邊，回覆應用程式上的問題：看到什麼物種？在哪裡看到？附近有哪些自然景觀？道路是犯罪現場，我們是現場笨拙的鑑識人員。那褐色的汙漬是血跡或機油？是囊鼠或地松鼠？希克斯指著看似蹄子的東西問：「這是那個屍體的一部分嗎？還是屍體本身？」我只能聳聳肩。

儘管一個早晨在四十公里長的高速公路上，只能看到很少的樣本，但我們還是忍不住尋找模式。每當有條溪流經過高速公路下方，附近就會出現死亡的鹿，表示動物是沿著溪流行動。在道路穿過產業區的地方，包括砂石場、武術教室，還有一家名為「幸運里爾」的賭場兼加油站，我們只發現一隻家貓。路殺不再顯得無意義，反而變得意義重大。

不過在大多數情況下，我們得避免自己成為路殺對象。就像卡住巨大機器齒輪的鵝卵石，我們的自行車堵塞了交通。司機在隔音車廂中憤怒的打著手勢，對我們這些不開車的無政府主義者感到很生氣。不知何故，這段旅程既悠閒又疲憊。幾個小時後，路殺調查感覺起來，就像是在觀看動物飼養場的祕密拍攝影片，提醒我們潛藏在社會制度底下的暴行。把這項艱巨的工作外包給自動駕駛汽車具有好處，它們的機器眼不為情感所動，能不帶悲傷或憤怒的掃描高速公路。

但如果不再透過這片土地上的普通公民進行科學研究，而是透過車輛，這樣的轉變也會造成損失。汽車已經把人與自然分開，自駕車只會造成更大的距離（想像擋風玻璃上顯示的是抖音影片，而不是風景）。志願者道路生態學迫使我們面對現代化的結果，讓真實的人類挺身而出，為一項飽受忽視的危機發聲。在加拿大亞伯達省，有一群志工加入了碰撞計數（Collision Count）計畫，花了數年時間，沿著三號公路這條曲折的山路，統計死去的紅鹿、鹿、麋鹿和羊。他們以步行方式進行調查，不僅沿著公路走，同時調查道路附近的灌木叢。結果，他們不僅看到路邊的死亡動物，還發現有更多動物是跌跌撞撞走出路邊才死亡，並不為道路維修人員所發現。

生態學家早就懷疑三號高速公路是路殺熱點，公民研究證實了他們的懷疑，並且公諸於眾。不再只有學者和環保人士抱怨路殺，在大賣場排隊結帳的鄰居友人們，現在也都會談論路殺問題。愈來愈大的輿論壓力促使亞伯達省政府在路旁豎起圍籬、開闢地下通道。道路觀察（Road Watch）的開發者、生物學家李伊（Tracy Lee）告訴我：「這是有關訊息如何流動的重大轉變。即使擁有全世界的科學知識，若沒有社群去推動政客把稅金用在基礎建設上，我們也看不到這些變革。」

與野生動物的照護一樣，參與式道路生態學既是一種補償，也是一種抗爭，代表眾人承認汽車的移動確實會帶來破壞。植物學家兼蠑螈護衛基默爾曾表示，在人類「與超越人類的世界之間，科學能提供強大的互惠方式。」關注死亡，是對動物在生時所給予我們的一切，表示尊重。如果關注是愛的最基本形式，那麼在自行車調查那天，希克斯和我可說是愛著路殺，或至少愛著那些已遭路殺的動物。我也重新對那些死亡動物產生同理心。沿著九十三號公路騎著自行車，等於從道路的外側體驗高速公路，這也是錯誤的一側。風的吹拂和跳起的碎石，伐木卡車以它不可思議的重量，在筆直的道路上吞噬一切，這種種感受都讓我體悟到，一個柔軟而活生生的軀體，在機器所構成的世界中有多麼脆弱。我感覺自己很像獵物。

1. 生態學家愈來愈偏好使用「參與式科學」、「志願者科學」或「社群科學」，勝過「公民科學」，以含括沒有公民身分的數據蒐集者。但《公民科學家》（*Citizen Scientist*）一書作者漢尼拔（Mary Ellen Hannibal）反駁道，公民科學家所稱的「公民」，應該與移民語境區分開來，採取利歐波德所用的涵義，他把人類描述為這片土地上謙遜的公民，而非征服者。對漢尼拔來說：公民身分屬於道德範疇，而不是政治範疇。我在文中交替使用這些不同的術語。

2. 編注：Splatter 暗指道路上噴濺的血跡。

3. 編注：拉撒路為《聖經》中耶穌的門徒，死而復生。拉撒路物種藉此典故，指稱紀錄中已消失、卻突然再度出現的物種。

4. 天空也會變得更紛亂。亞馬遜的 Prime Air 服務透過無人機運送包裹，科技人也夢想著飛天汽車。目前每年有三億隻鳥遭受車輛撞擊，等到老鷹和蜂鳥必須與成群的自動駕駛直升機和空中計程車競爭時，不知狀況會是如何。

5. 冒險科學家在二〇二〇年用完資金，早早終止了計畫，不過工作人員告訴我，蒙大拿州仍然會使用他們的數據。

12 基礎建設海嘯

巴西日益茁壯的道路生態運動，能為我們這個滿是道路的星球，指出什麼樣的未來？

回到二〇一三年，當我剛開始認識道路生態學時，曾把它視為一種單向的文化輸出，由來自美國（我所在的國家）這種已開發國家的科學家，滿懷傳教士般的熱情，對外加以傳播。但我現在明白，這種想法反映了某種科學帝國主義：「他們」會向「我們」學習西方生態工程的偉大壯舉，例如加拿大班夫的野生動物陸橋、荷蘭的生態道等，將會指引其他國家建設類似的工程，好比說，緬甸。但我了解，實際狀況是從多個方向進行的。在美國，保護動物免受道路傷害，往往是一種亡羊補牢的行動，例如對零星的野生動物穿越通道進行改造、修補和整理，總是在努力解決幾十年前犯下的棘手錯誤。相較之下，建設程度較低的國家不會有古老、僵化的高速公路系統，相反的，他們仍在進行基礎建設，也因此生態學家有機會在道路網僵化之前先行介入。舉例來說，二〇一九年，當印度政府建造一條新道路穿過老虎保護區時，就用混凝土墩抬高了高速公路，讓動物可以不受干擾的在森林地面漫步。一位美國生態學家告訴我：「我們自以為是領導者，然後到了印度，你會想，等等，他們把高速公路抬高了？」

此外，不同的國家棲息著不同的動物，不同的動物以不同的方式與道路互動。舉例來說，雨林裡到處都有靈長類動物，像是吼猴、狐猴、懶猴等，牠們一生都在樹冠上攀爬，很少下到地面。所以，熱帶雨林這樣的棲地是三維的，保育人士不僅得修復道路對地面層的傷害，還必須顧及樹冠。道路生態學家採用「樹冠橋」來解決問題。樹冠橋以繩索搭成，看似脆弱，卻能把靈長類破碎的森林棲地重新連結起來，如肯亞的疣猴、泰國的長臂猿、巴西的卷尾猴，都因此受惠。儘管北美的豪豬、貂和鼯鼠，肯定也有幾座橋可用，但美國在樹冠連結領域的發展仍然落後，有很多地方值得向赤道國家那些創意十足的同儕學習。

開發中國家在生態方面的創新值得歡迎，因為新的高速公路正不斷出現，源源不絕。生態學家勞倫斯（William Laurance）寫道，現在是「人類歷史上，基礎建設擴張最快速的時代」，雖然電線、光纜和鐵路仍持續不斷延長，但沒有任何一項發展的成長速度比道路更快。在馬爾地夫，用來代表「發展」的詞叫做「thara'gee」，這是一個新詞，可能源自 tarmac，也就是柏油碎石路面的意思，不啻為道路改變土地和語言的具體表現。一些高速公路的建設是出於高貴的目的，例如可通往學校和醫院，但有些則啟人疑竇，由貪婪的外國投資者提供建設經費，他們瞄準的是農地和礦產，不過大多數道路的建設動機都是多樣的。當基礎建設如海嘯般席捲而來，生物多樣性勢必被沖走。跨巴布亞高速公路（Trans-Papua Highway）就預告了新幾內亞的棕櫚園；土瓦公路（Dawei Road）帶來的威脅，是緬甸的大象棲地受到破壞；克羅斯河高速公路（Cross River Superhighway）則使奈及利亞的大猩猩陷入危機。

任何一種有魅力的動物，都可能因為基礎建設而遭受重大的生存威脅。在肯亞的某公園附近，有太多獵豹遭遇車禍，迫使研究人員放棄研究牠們。在亞洲各地，預計建造的道路總長超過兩萬四千公里，這將對老虎的棲地造成破壞，使牠們的棲地破碎化。高速公路和其他基礎建設，是世界上百分之六十五的靈長類動物所面臨的主要威脅，正如科學家悲痛又戲劇化的描述：「猩球不再崛起」。

巴西是基礎建設海嘯的重災區，示範了道路與自然之間的衝突。這個國度的生物多樣性之高和道路之多，都堪稱一絕。這裡有全世界最多的兩生類、最多的淡水魚、第二多的哺乳類、第三多的爬行動物，以及第四長的道路網（僅次於美國、中國和印度）。一位巴西生物學家估計，每年汽車撞到的動物超過四億隻，未來的發展將「導致每年再失去額外的五億隻脊椎動物」。巴西既是穩固的強國，也是新興國家，道路系統品質很差，但預計未來幾年內還會成長百分之二十。一位生態學家告訴我：「道路的擴建對巴西人民的生活品質非常重要，問題是，政府會怎麼建造道路？是否有足夠的法律可保護野生動物？我不確定。」

幸運的是，巴西的擴張主義伴隨著道路生態學的成長。沒有哪個熱帶國家擁有那麼多道路生態學家，而且各種計畫持續出現，像是給美洲獅和貘使用的地下道，為外表華麗的長毛猴類金獅面狨打造的新橋梁。巴西的道路生態運動不僅複製北半球的成功，而是在成功的基礎上，把道路生態學納入國家的法律。巴西法律要求高速公路業者必須蒐集管轄範圍內的路殺數據，把受傷的動物送到獸醫診所，並賠償駕駛人因動物撞擊所造成的損失（這就像你每次撞到一頭鹿，都可以控告州交通部門一樣）。從我這個美國人看來，巴西處於道路生態學的最前端。這個國度位於基礎建設海嘯的路徑上，但這裡的生態學家瘋狂的丟擲消波塊。於是，我上了飛機。

∞ 稀樹草原上的異獸

阿維斯（Mario Alves）宣布：「今天，我們會抓住伊芙琳。」

正在吃早餐的我，只能嘟囔著呼應這份熱情，因為我滿嘴都是奇帕麵包（chipa）——一種含有大量乳酪、彈性十足的麵團。我們向東駛過巴西南部的南馬托格羅索州（Mato

Grosso do Sul），這裡平坦的地形、廣闊的天空和大量的乳牛，讓人想起美國德州。巴西二六二號高速公路像是沒有盡頭的灰色線條，在黎明的微光中展開。阿維斯是獸醫，身上紋著貓頭鷹、馬和美洲獅的圖案。他一手擱在三菱皮卡車的方向盤上，後座坐著另外兩名獸醫，是他的同事。我們周圍是稀樹草原，巴西有五分之一的面積，都是這種樹木稀疏的草原。只見草原像卡其色的海洋般延伸到遠方地平線，伊芙琳就在那裡的某處。

伊芙琳是一隻大食蟻獸，世界上最奇特的哺乳動物之一。巨大的前爪迫使食蟻獸以趾關節行走，就像握著牛排刀走路的大猩猩那般，步態蹣跚。和軀體一般長的尾巴，在牠身後搖盪，好比風中的旗幟，葡萄牙語把牠們稱做「有旗子的食蟻獸」。最奇怪的是牠們的嘴，完全沒有牙齒，舌頭非常巨大，所以是固定在胸骨上，像春捲皮一樣捲起，安置在上顎的下方。食蟻獸用舌頭探索蟻丘和白蟻丘，用黏稠的唾液沾起獵物。牠們對獵物的攻擊非常猛烈，每分鐘可彈出並收回舌頭達一百六十次，但攻擊時間很短，而且當螞蟻逃入地底或反過來咬牠時，攻擊就會減弱。因此，大食蟻獸這種食蟲動物會遊走四方，持續在充滿昆蟲的草原徘徊，這裡吃幾隻白蟻，那裡也吃幾隻，等到一天結束時，牠們可以吃掉三萬隻蟲子。

巴西二六二號公路把大食蟻獸在巴西的活動範圍一分為二。這條公路穿過南馬托格羅索州，從玻利維亞邊境朝大西洋的方向蜿蜒。載著尤加利樹、鐵礦、牛群和古柯鹼、具有毀滅性的卡車，在這條宛如主動脈的基礎建設上移動。這週早些時候，我們在二六二號公路上行駛時，曾看到犰狳破損的盔甲、水豚壓扁的殘骸、凱門鱷散落的鱗片，還有大嘴鵟掉落的羽毛，這種猛禽俗名為「路邊鷹」，真是再適合不過了。我們還看到一塊肉，阿維斯只能歸類為「不明哺乳動物」。另外，還有一隻食蟻獸，從吻部到尾巴將近兩公尺長，腐爛得非常嚴重，皮毛已從太陽曬焦的皮膚上脫落。阿維斯把這隻死亡的食蟻獸拖進灌木叢後，路面上只留油脂和毛皮沾濕的痕跡，就像鯨魚下潛時留在水面的波紋。我問阿維斯，研究路殺會不會讓他心煩。他回答：「我對這種狀況感到難過，而不是為我看到的每一隻動物感到悲傷，否則，我會……」他看著天空，尋找合適的字眼：「很憂鬱。」

我加入阿維斯的行動，是為了觀察食蟻獸和高速公路（Anteaters and Highways）計畫的運作，這個多管齊下的計畫，研究巴西激增的道路網如何影響巴西最奇特的哺乳動物。從二〇一七年成立以來，食蟻獸和高速公路一直是道路生態領域裡最全面的計畫之一，證明巴西對這個領域持有令人振奮的承諾。科學家每兩週一次，對長達一千三百多公里的高速公路路段統計路殺。我造訪的當時，阿維斯和同事駛過的公路長度，已足以繞地球兩圈。他們為四十多隻食蟻獸安裝衛星頸圈，以自動攝影裝置記錄到數百次動物穿越公路的影像，並檢驗了數十個路殺受害者的屍體，蒐集從淋巴結到皮膚寄生蟲等各種訊息，以確定生活在高速公路附近的大食蟻獸，是否因為道路而損及健康。伊芙琳在這場史詩般的計畫中，非自願的受到徵召。將近一年前，阿維斯費盡九牛二五之力，在一座牧牛場捉到伊芙琳，為牠戴上追蹤頸圈。現在，該是再次捕捉伊芙琳的時候了，如此一來，才能從頸圈下載牠最近一年的生活資料，弄清楚牠如何在巴西最危險的高速公路附近生存下來。

當我們在稀樹草原上前進時，車上的同伴告訴我有關大食蟻獸的傳說。其中一位獸醫低聲說：「有人說，如果牠們穿過房子或農場，就會有人死亡。」

阿維斯說：「牠們是獨行俠，長得黑黑的，在夜間活動，是很奇怪的動物。有人說，如果看到大食蟻獸，釣魚時會空手而歸，不然就是妻子出軌。為了避免這些情況，你必須打牠的屁股。」

我問：「打屁股？用木板嗎？」

阿維斯點點頭，又補充說，因為民眾有反食蟻獸情結，使得高速公路變成更嚴重的威脅，因為有傳言指出，迷信的卡車司機會故意針對食蟻獸。食蟻獸和高速公路計畫聘請了一位社會科學家，採訪兩百多名卡車司機，其中只有一名承認自己曾故意傷害食蟻獸。儘管如此，迷思還是到處流傳。

阿維斯說：「另一個傳說是牠們全都是母的，而且用舌頭繁殖。」。

一位獸醫補充：「還有一個傳說是牠們沒有骨頭。」

「沒有骨頭？」

「是呀！我媽媽來自農村，一個很小的地方，她說：『喔，被車撞有什麼關係呢？食蟻獸又沒有骨頭！』我說：『好吧，媽媽，我是生物學家，我們得聊一聊。』」

這個早上萬里無雲，我們的世界遠離昏暗潮濕的亞馬遜流域。巴西的稀樹草原，是全球生物多樣性最高的稀樹草原，有一萬種植物在這裡生長，看似平凡的奇蹟就排列在道路邊。我們經過樹皮鬆軟、枝幹多瘤的樹木，以及紅鏽色的白蟻丘。還有一種灌木，當它的種子被我們捏在指間，立刻形成朱紅色的糊狀物，像蠟一樣。然而最引人矚目的生物，還是人類的商品。大豆從十八輪大卡車上灑落，冰雹般敲打著我們的車窗。我們看到骨白色的牛群、外來的尤加利樹形成的樹牆，還有萊姆綠的甘蔗田。那些甘蔗將成為生質燃油，供車輛使用，好讓車輛在地球上的某個地方駛過更多道路。

稀樹草原的商業開發是相對晚近的事。巴西的莽原曾被視為毫無價值，土壤酸性很高，它在巴西的名稱是「cerrado」，具有「封閉」的意思。但稀樹草原並未封閉太久，一九七〇年代，科學家學會以石灰和肥料改善土壤，自此之後，蓬勃的農業發展從未停過。原始的稀樹草原大約有一半（約兩百萬平方公里）已經消失，只有百分之八的地區納入官方的保護之下。所有的土地清理活動不僅全由道路推動，也推動了道路的誕生。稀樹草原上新建的高速公路，以及泥土路上新鋪的路面，讓大豆和其他貨品更容易運往市場，推高了土地價值，並且吸引農業企業到來。高速公路刺激了大批商品作物的栽培，合理化高速公路的存在，並進一步再刺激商品作物的栽培，如此循環不已。

片刻之後，阿維斯把車開上泥土路，駛入崎嶇不平的野地。他慢慢把三菱汽車擠入牛群之中，牛隻往兩邊退去，脖子下方垂墜的皮膚跟著晃動。我們把車停在一片刺人的鳳梨科植物旁，阿維斯展開天線，追蹤伊芙琳頸圈發出的訊號。一陣規律的喀噠聲，阿維斯確信目標就在附近。他從裝滿針筒、藥膏和棉花棒的工具箱裡取出鎮定劑，然後轉向我。

他問：「你想負責哪一項工作？拍照？還是比較冒險的事？」

我小心翼翼的回答：「比較冒險的。」

阿維斯從車上取出兩根長柄網，遞給我一根。

「那你幫我抓住伊芙琳。」

我檢查一下那張輕薄的網子，想起曾讀過一篇文章，題目是〈巴西大食蟻獸所造成的人類死亡〉。食蟻獸是溫馴的動物，圈養中的食蟻獸會充滿情感的擁抱飼育員。那隻殺人食蟻獸，是在保非（Boa Fé）的橡膠園中，以爪子刺穿一名四十七歲工人的股動脈，持平而論，牠當時已被獵犬激怒，並且身受刀子的威脅。儘管如此，我依然清楚記得「左側腹股溝部位嚴重出血」這句話。

我說：「我，呃，我的動作不是很快。」

阿維斯沒有放過我，他說：「你不需要動作很快，而是要像個哈比人，非常安靜。牠不會攻擊你。但當牠在網子裡時，不要靠近。」說完，他就出發了。

時間分秒流逝，卡車隆隆駛過二六二號公路。我像兔寶寶的死對頭獵人艾默一樣，爬過灌木叢，既擔心又希望看到伊芙琳像波蘭香腸般的吻部從灌木叢中伸出。但我不必擔心，灌木叢中已傳來一陣衝擊聲，顯示阿維斯這位受過訓練的專業人員，已經與伊芙琳進行了第一次接觸。等我追上時，阿維斯正彎下身子，雙手撐在大腿上，網子擺放在地。在他旁邊，伊芙琳正用力拉扯著網子。

大食蟻獸是如此怪異的動物，牠的各個組成部位，都無法在其他動物身上找到類似的，以致於很難辨識出，從哪裡開始才是伊芙琳的身影。我將牠視為多個部位的融合體：表面如天鵝絨般的管狀吻部；彎曲的爪子像園藝工具般大而堅硬；急促晃動的尾巴，像掃把那樣粗大；一大塊鑲著白邊的黑色皮毛十分顯眼，像賽車上的條紋般延伸到牠的側腹。只見過牠腐爛同胞的我，沒料到牠會如此美麗，這就好比上過藝術史的課程，但仍無法準備好面對羅浮宮。

阿維斯為伊芙琳注射鎮定劑，牠停止了扭動。我笨手笨腳抱起牠笨重的身體，一手托住細長的頭部，一手滑到牠毛茸茸的臀部下面。牠身上的氣味像是需要清理的馬廄，但不難聞。追蹤頸圈在牠身上看起來更像是輓具，彷彿牠是一隻落單的雪橇犬。我把伊芙琳放在防水布上，然後退後。阿維斯和其他人迅速而確實的開始工作，用膠帶封住牠可怕的爪子，剪下頸圈，用襪子套住牠的吻部。牠的吻部放鬆的打開，露出紫色的舌頭，完美說明了牠所屬的分類：蠕舌亞目（Vermilingua）。

接下來三十分鐘，用來蒐集大量的資料，包括監測心跳速度、用棉花棒在各個竅孔採樣、抽取血液樣本、蒐集糞便。牠之前生育過嗎？根據乳頭，答案是有的。牠懷孕了嗎？腹部的狀況指出沒有。如果伊芙琳是公獸，阿維斯還會使用一種「電子射出器」採集精液。阿維斯故作正經的說：「如果有辦法，我們還會蒐集牠們的靈魂。」

然而最具啟發的資訊，並非儲存在伊芙琳的身體，而在頸圈之中。這個頸圈在這一年內，每二十分鐘記錄一次坐標位置。透過追蹤食蟻獸的行蹤，食蟻獸和高速公路計畫理論上可定位出野生動物穿越通道的坐標，就像鹿的頸圈幫助美國生物學家，決定要在哪裡建設地下道一樣。但大食蟻獸始終令人困惑，難以輕易分析。阿維斯說：「有些動物的路殺地點比較容易預測，例如貘和水豚，都會與水有關。但大食蟻獸不是這樣，看看我們正在生成的地圖，好像是隨意放置的點。牠們生活在森林裡，也生活在尤加利樹農場，還和牲畜一起過活。」

如果大食蟻獸的頸圈揭露了任何事，那就是：勇敢是致命的。生活在道路附近的食蟻獸，有百分之八十以上會經常穿越道路，其中許多個體的命運可想而知。克里斯多夫是這個計畫所追蹤到最大膽的食蟻獸，在遭遇車禍之前，平均每三天穿越道路兩次。佩基是一頭公獸，以佩基果為名，這是疏樹草原上常見的巴西油桃木的果實。佩基對高速公路習以為常，甚至會睡在路肩。阿維斯說：「我知道佩基終究會遭遇路殺。但伊芙琳不會，伊芙琳雖然會接近道路，但從來不穿越。佩基想要有更多體驗。」牠就像長著管狀鼻的伊卡洛斯，拒絕被限制，結果就是在冒險的追尋過程中死去。

大食蟻獸是引人矚目的動物，體型大、性格勇敢，喜歡在沒有樹的莽原上徘徊，很容易識別，但也因為如此，給人一種數量很多的印象。有位農夫告訴我，他每天都會見到大食蟻獸。然而，大食蟻獸的數量其實正在迅速減少，路殺是一大主因。在我訪問當時，食蟻獸和高速公路計畫不過執行兩年，但調查員已經發現將近六百隻食蟻獸的屍體，可見實際的死亡總數無疑遭到嚴重低估。

大食蟻獸生長緩慢，又全心全意撫養後代，這讓事態更加惡化。大食蟻獸的懷孕期為六個月，剛誕生的幼獸會緊貼著母親，像馬鞍一樣趴在母親背上，長達六個月。只要失去幾隻珍貴的母獸和幼獸，食蟻獸族群的成長就會減緩，若再加上其他威脅，諸如棲地喪失、殺蟲劑中毒、迷信的牧場主人等，一整個族群可能就消滅了。食蟻獸和高速公路計畫創始人、生物學家德比茲（Arnaud Desbiez）後來告訴我：「當你加上其他影響時，就可能導致當地的食蟻獸滅絕。路殺有點像是最後一根稻草。」

然而膽怯和大膽一樣危險。食蟻獸與黑尾鹿和美洲獅一樣，必須移動才能生存，所以

雌性大食蟻獸要花數個月才能養大一隻幼獸，這讓路殺問題雪上加霜。

Shutterstock

棲地破碎可能是比路殺更嚴重的威脅。因此大食蟻獸陷入了兩難，牠們要不是像魯莽的佩基那樣，穿越道路、面對死亡，就是像謹慎的伊芙琳那樣，避開死亡、限制行動。當蒐集資料所帶來的磨難總算結束後，伊芙琳小跑步離開了，還一邊發出憤怒的咕噥聲。我不禁對牠心生憐憫。雖然活著，但道路限制了牠的世界。

∞ 像魚一樣被開膛破肚

更多的道路即將出現。我訪問巴西前不到一年，巴西選出波索納洛（Jair Bolsonaro）擔任總統，他是熱中開發的極右派，計劃打造新的亞馬遜高速公路，更有「電鋸隊長」的稱號。才剛上任，他的基礎建設部長——外號為不祥的「國家鋪路將軍」，就宣布計劃簽署兩百七十億美元的高速公路工程合約。在我造訪期間，有項法案被提出，建議在升級高速公路時無需進行環境評估，另一項法案則要重新開放國家公園內封閉的道路。[1]

在巴西，所到之處都有高速公路的新建工程，或正在重新鋪設和擴建的現存道路。有天下午，我拜訪阿奎達瓦納市（Aquidauana）的交通局長小席爾瓦（Flavio Gomes da Silva Filho）。這座城市位於稀樹草原邊緣，有五萬人口，凱門鱷和蟒蛇會在城市的池塘裡游泳，食蟻獸偶爾闖入旅館。小席爾瓦下巴厚實，能言善道，給我的印象是真心要保護阿奎達瓦納的自然。在局長辦公室裡，他翻看著手機中的「黃月」（Yellow Month）照片，黃月是阿奎達瓦納市為了保障駕駛安全的一項宣導活動。其中一張照片裡的演出人員，把冒似受傷的額頭靠在擋風玻璃上，像是把玻璃撞出了蜘蛛網狀的裂痕，看起來相當可怕。可想而知，這是汽車以不安全的速度飛馳，然後為了躲避食蟻獸而轉向的結果。小席爾瓦堅稱：「我們可同時看到人命和野生動物的重要。」

儘管小席爾瓦關心動物，但對於波索納洛計劃在稀樹草原上建設的新高速公路，仍感到審慎而興奮。其中最重要的是，將阿奎達瓦納與洋際高速公路（Interoceanic Highway）連接起來的延伸道路。洋際高速公路是穿過亞馬遜地區、全長近兩千六百公里的主幹道。小席爾瓦希望新的延伸道路能夠與自然和諧共存。其他公務員放在辦公桌上的照片，拍攝的可能是自己的孩子，但小席爾瓦放的，卻是一張裱好框的野生動物陸橋照片。無論如何，新的連接道路無疑能加快旅行速度，把農民與市場聯繫起來，促進發展。小席爾瓦說：總而言之，這「對我們的城市來說，是相當不錯的消息」。

但對稀樹草原來說，前景堪憂。亞馬遜地區的洋際高速公路號稱「世界上最腐敗的高速公路」，曾有建設公司為了獲得合約而行賄。自從高速公路完工，森林消失的速度更是劇增，道路兩旁現在盡是玉米田、木瓜園，以及金礦採集排出的渾濁廢水。亞馬遜流域有許多有害的道路，洋際高速公路不過是最新的一條。熱帶雨林受破壞的故事，就是森林公路的故事。這些「侵入路線」把大量原木運出，讓農業湧入。這座全世界最大的熱帶雨林當中的道路，長度將近二十六萬公里，其中絕大部分都未經核可，或是非法道路。

在人類歷史中，道路一直是征服的工具，既可炫耀王權，也是讓不屈服的臣民下跪的鞭子。比利時國王利奧波德二世（King Leopold II）征服剛果的手段，正是把河邊村莊遷移到道路旁。荷蘭元帥丹德爾斯（Herman Willem Daendels）為了抵禦英國入侵，修建穿越爪哇的大郵路（Great Mail Road），期間導致數千名印尼工人死亡。在亞馬遜建設高速公路，也是因為政府要將控制權擴張到之前被視為法外的地區。

一九六〇年代，巴西軍事獨裁政權開始在雨林中開闢公路，這是開發雨林的先鋒行動，征服了在這片土地上耕耘千年的原住民部落。早期的亞馬遜高速公路是可隨意捏塑的象徵，隨時都能因應政客的目的而變形，無論那些目的是真實或只是口號。它們有時是一種武器，用來與據稱隱身於森林的共產黨作戰。但到了下一刻，亞馬遜公路又像一種釋放閥，用來把貧民窟居民、貧困農民和其他的「多餘人口」運送到偏遠地區。政府宣稱，亞馬遜地區是「沒有人的土地，要供給沒有土地的人」，而一條規模宏大的新道路——跨亞馬遜高速公路（Trans-Amazonian Highway），將讓這項定居計畫得以落實。軍隊的口號正是「占領，才不會放棄」。

然而，要占領亞馬遜並不容易。建築公路的團隊在這片「綠色地獄」中苦苦掙扎，初步開鑿的公路尚未鋪好路面，已變成無法通行的泥坑。卡車動彈不得，巴士乘客死在座位上。滿懷抱負的農民發現土壤貧瘠、染上痢疾。跨亞馬遜高速公路號稱為「跨苦難高速公路」。一九七三年，美國生物學家菲恩賽德（Philip Fearnside）曾搬遷到這條高速公路開發初期的地區，他告訴我：「政府分發的稻種無法萌芽，蚋蠅叮咬帶來嚴重的瘟疫。」菲恩賽德採訪貧困的農民，分析貧瘠的土壤，發現政府裡的規劃者過度吹捧亞馬遜的潛力，其實是犯了「資源不竭的幻覺」，誤以為森林取之不盡、用之不竭。事實上，森林萎縮得很快。菲恩賽德傷感的回憶：「森林裡的聲音一開始聽起來，就好像家裡有吼猴。後來聲音變得愈來愈小，最後消失了。」

關於道路，經濟學家常爭論一個問題：是道路導致森林砍伐，或森林砍伐之後才有道路？這就像「先有雞還是先有蛋」，答案似乎是循環的，如果沒有高速公路將農作物運往市場，砍伐森林並沒有意義，但在運輸需求出現之前就修築高速公路，也沒有意義。在亞馬遜地區，狀況顯然是先有路。

成千上萬的移居者，沿著跨亞馬遜高速公路和其他道路湧入森林，聲稱擁有土地，這符合洛克式的「占有權」（right of possession）理論。根據這項理論，殖民者可透過砍伐樹木、放牧牲畜或其他把雨林商業化的手段，取得土地的所有權。高速公路把偏遠的林區與國際市場連接起來，確保移居者聲稱擁有的土地能帶來回報。在推土機推出道路的地方，土地價值增長了一倍、三倍、十倍。根據記者雷夫金（Andrew Revkin）的報導，到了一九八〇年代，亞馬遜地區已變成「一塊塊開放空間所接連而成的網格，從空中俯視，就像書頁之間被壓平的蕨類，由主幹道分出許多較小的支線道路。」也有人說：那森林就像一條大魚的骨架，高速公路是脊椎，輔助道路是肋骨。

亞馬遜像魚一樣，被開膛破肚了。「邊緣效應」（edge effect）原是一種自然現象，在這裡卻普遍到不自然。雨林的地表原是幽暗的地下室，黑暗又潮濕，是由粗壯的樹幹和潮濕的落樹構成的荒野。當道路劃開森林，熱、光和風等侵蝕力量湧入，受衝擊的樹木為了保存水分，於是落葉，使得地面遍布著又乾又脆的枝葉，這將助長地表火，造成森林出現更多空隙，殺死更多樹木，產生更多可燃物，引發更多火災。這是致命的回饋循環，造成的影響遠大於引發災禍的泥土路。

隨著邊緣效應侵蝕雨林，生態系統陷入混亂。其中最引人矚目的受害者是蟻鵙。蟻鵙是一種極度特化的鳴禽，總是跟在貪婪的行軍蟻後面飛，捕食蟻群驚動的蠢斯、蜘蛛和蠍子等小生物。蟻鵙是追蹤行軍蟻的專家，能夠記住蟻群的位置，並將蟻群行蹤傳達給其他鳥類。但科學家發現，蟻鵙不會過馬路，即使是狹窄的泥土路。也許牠們害怕在樹冠間隙巡邏的猛禽，或不相信林中空地這種光亮刺眼的新場所，那與森林內部舒適的黑暗全然不同。對鹿來說，往來的車輛造成了障礙；對蟻鵙來說，森林邊緣就如同牢籠的柵欄。

但儘管蟻鵙的數量減少，一些違反直覺的現象卻在發生：雨林的生物相變得更多樣了。在森林皆伐後，某個研究地點出現了將近一百四十種新紀錄鳥種，然而這種多樣化只是表相，因為多出來的鳥類，是紅翎粗翅燕和黑美洲鷲等機會主義者，牠們本來就可以在任何地方生存下來。到了一九七三年，外來的家麻雀已經沿著巴西的一條高速公路拓展了八百公里，在人類的協助之下征服雨林。

其他入侵者造成的危害更大。移居亞馬遜的殖民者，攜帶著數兆的微生物而來，像是登革熱、疱疹、南美錐蟲病等的病原及寄生蟲。蚊子在高速公路建築設備挖出的死水坑中滋生，到了一九七〇年代初，跨亞馬遜高速公路附近的人口，超過百分之十罹患了瘧疾。疾病若非經由道路進入森林，就是因為道路而生。

隨著高速公路附近的土地利用變化，人與齧齒類動物的接觸日益頻繁，連帶容易接觸到動物體內的病毒，漢他病毒就是這樣從大豆園和牧牛場中冒出來。這不是單一事件，在環境變化最劇烈的熱帶地區，傳染病最有可能從野生動物傳染給人類。舉一個惡名昭彰的例子：當馬來大狐蝠因為森林砍伐而無家可歸，只能移居到果園和農場時，立百病毒（Nipah virus）就出現了。

棲地流失不僅迫使野生動物接近人類，還會對動物的身體造成壓力，影響免疫系統，使得原本受抑制的病毒釋放出來。二〇二一年《刺胳針》（*Lancet*）期刊發表的一篇文章中，保育生物學家塔博（Gary Tabor）和同事描述了一種名為「地景免疫」（landscape immunity）的概念：相較於破碎且物種少的生態系統，完整且多樣性高的生態系統，比較不容易出現人畜共通傳染病。沒有任何力量比高速公路更容易損害免疫力，塔博告訴我：「如果想預防全球性的大流行病，就必須把道路納入考量。」[2]

在亞馬遜，高速公路建設不僅帶來疾病，也帶來種族滅絕。許多亞馬遜部落頭一次與外界接觸，都是遇到道路建築工人。雙方偶然的相遇，有時只造成無害的誤解，像是被箭射穿的吵鬧收音機。但更常見的結果卻是悲劇，例如病原體壓垮了原住民的免疫系統。在跨亞馬遜高速公路建成後的一年內，帕拉卡納（Parakanã）部落有近一半人口死亡。雅諾馬米族（Yanomami）的巫師科佩納瓦（Davi Kopenawa）在回憶錄《墜落的天空》（*The*

Falling Sky）中描述，當他得知另一項高速公路提案時：

憤怒在我心中再次湧現：「這個白人的道路真是邪惡！夏瓦拉里（xawarari）疫病之魔，跟著機器和卡車從路上過來。他們對人的飢渴，會不會真的讓我們其他所有人，一個接一個死去？他們開闢這條路，是為了抹除我們在森林中的存在嗎？好在我們消失之後，在我們留下的足跡上建造他們的房子？這些外來者，真的要繼續這樣虐待我們？他們是邪惡的存在嗎？」

隨著和世界一點一滴接觸，原住民的語言和習俗在外來文化的轟擊下摧毀。人類學家發現，南美洲道路密度最高的地方，語言多樣性最低。憂鬱症和自殺與道路糾纏不清，祕魯人類學家門多薩（Rafael Mendoza）告訴我：「隨著道路開闢，機構會過來，教堂會過來，商人會過來，不是來自這個社區的人都會過來。突然間，你知道人們不喜歡你，因為你是原住民。女人看不起你，因為你的西班牙語說得不好。突然間，你了解到自己被公然歧視了。」

如今，禍害亞馬遜的道路建設和土地清理，仍然同步進行。百分之九十五的森林砍伐發生在道路和河流附近，而且有超過三分之一的森林，被視為「非常容易進入」。淘金者非法開闢的道路，損壞了數萬至數十萬公頃的原住民保留地。菲恩賽德告訴我，他特別害怕三一九號公路完工，稱之為「通往毀滅的高速公路」。三一九號公路建於一九七〇年代，用以連接亞馬遜的工業中心，但車流量少，路面毀壞，早就退化成一片橙色的泥濘，無形中保護了亞馬遜的核心，讓森林免遭砍伐。然而波索納洛宣布要重建這條高速公路，這項聲明立即刺激了非法砍伐。高速公路沿線有六十三個原住民部落的領地，但政府違反國際慣例，並未徵求部落的意見。菲恩賽德說：「這裡發生的很多事情都不合法律，而且很多法律形同具文，根本沒有落實。」

菲恩賽德告訴我，亞馬遜高速公路的升級將會帶來什麼危害，讓我對道路生態學的有限感到震驚，這不是第一次了。野生動物穿越通道和圍籬或許能幫助大食蟻獸和其他動物穿越新道路，但無法阻止隨道路而來的森林砍伐。在不幸的誤用下，野生動物穿越通道甚至可能成為一種「漂綠」的手段，一種偽善的策略，用來洗白道路在環境上的聲譽。一些道路生態學家擔心，儘管穿越通道有很多好處，但也可能成為「惡意復育」的形式，被用來掩蓋破壞，使得破壞合理化。正如一位巴西生態學家所說：「如果我們改變整片土地的利用方式，並且破壞了所有棲地，那麼穿越通道並不會帶來任何差別。」

每個工程師都會告訴你，道路是為了服務社會而存在。事實卻恰恰相反，一旦道路建好，我們的生活和地景都會隨之改變。任何環境問題，都會因為道路所提供的便利和誘惑變得更嚴重。道路是遮掩掠奪行動的煙幕彈，是文明用來推開自然之門的那隻腳。如今，在這個星球的森林中，邊緣棲地占據了百分之七十的面積，它們不再是零星的干擾，而成了一種地景。我們生活在生硬而破碎的世界中，就像玉米田迷宮，只有邊緣，沒有心。巴西科學家薩拉蒂（Eneas Salati）曾諷刺道：「你能為亞馬遜做的事，最棒的就是轟掉所有道路。」

∞ 民營公路創新思維

當然，和大多數國家一樣，巴西並沒有轟掉公路，反而迅速建造新的高速公路。隨著基礎建設海嘯來襲，巴西的道路生態學家被迫拚命游泳，以保持在浪口之上。我從南馬托格羅索州飛往聖保羅，與阿布拉（Fernanda Abra）會面，她是致力於保護生物多樣性的科學家。在見面之前，阿布拉曾和我視訊，對我說：「我不會錯過任何可談論路殺的機會，就算我在參加受洗儀式，只要有人打電話來，要我去談路殺，我就會去。」

到達聖保羅的第二天，我和阿布拉開著租來的車向東行駛，在大都市的車流中顛簸前進。小販在車道之間穿梭，叫賣爆米花和水果，既利用了交通阻塞，也讓交通堵塞變得更嚴重。一隻水豚正在路邊的溝渠中吃草，阿布拉說水豚是巴西版的白尾鹿，最常引發危險的動物事故。就算水豚體型巨大，齧齒類動物竟可能危及司機的生命，還是令我感到驚訝。阿布拉解釋說，水豚是群居動物，很容易莽撞的成群穿越公路。她說：「撞到一隻水豚不會死人，但如果撞到一整群，就免不了一死了。」

在北美，我們認為路殺這種悲劇屬於天災，但在巴西，值得讚揚的，路殺的責任歸屬於道路營運商，受害者可控訴他們並且求償。這不僅是法律上的創新，也是思維的創新，把肇事責任從駕駛轉移到工程師身上，令人印象深刻。對公眾安全來說，安裝圍籬和野生動物穿越通道的重要程度，不亞於重新鋪設道路或維持交通號誌運作。阿布拉最好的朋友最近撞到一隻狐狸，哭著打電話她，阿布拉建議她向警方報案，但「她說：『什麼？是我殺了那隻動物！』她感到很罪惡，她不想要錢。有多少人都是這樣想？但這其實是道路服務的失敗！」路殺並非意外，而是系統性的危機。

車輛很快變少了，我們在陽光燦爛的鄉間前進。每隔幾分鐘，收費站就打斷我們的行進，收據像落葉一樣堆積在車子的中控台。有收費站，就表示我們已經開上塔莫伊奧斯高速公路（Tamoios Highway），這是聖保羅眾多的民營公路之一。一九九〇年代中期，由於資金短缺，巴西政府無力更新破舊的高速公路，於是把經營權出售給私人特許經營者，條件是業者必須運用通行收入提升公路品質。放棄公共資產並非沒有人批評，但毫無爭議的，聖保羅的民營高速公路的確平坦寬闊，比巴西惡名昭彰的公共道路安全得多。從生態角度來看，民營公路的表現也更好，因為特許經營者有義務防止路殺，所以運用部分的通行收入建設圍籬和野生動物穿越通道。

我們在塔莫伊奧斯公司委託阿布拉監視的地下道前停車，蹲跪下來，觀察沙地上錯綜複雜的足跡。阿布拉說：「這個看起來像是犬科動物的，因為有爪子留下的痕跡。啊，這是美洲獅的，還有小食蟻獸。」汽車微弱的呼嘯聲從我們上方傳來，開車者通過的地面世界，與舒適昏暗的地下道相距遙遠。

我們把地下道留給食蟻獸，繼續前往塔莫伊奧斯公司總部，阿布拉安排我與這家高速公路營運商會面。一位高階主管像帶著密謀一般，彷彿要揭開奧茲國的面紗，把我們帶進一個類似美國航太總署指揮中心的房間，裡面的螢幕牆顯示著來自八十四個路邊攝影機的畫面。技術人員翻看著地圖、天氣預報和交通報告，唯一的聲音是電子設備的嗡嗡聲。這位主管低聲說：「路上發生的一切，每一件事，我們都有紀錄。有人因為輪胎沒氣而停車，或因為汽油用光了，這些我們都會記錄到系統中。」拖車隊隨時準備拖走故障車輛，自動感應器對超速者開出罰單（我的電子信箱收到了幾張）。他得意的補充：「我們在這裡做的事，讓環境井井有條。」

公司對細節的管理，也延伸到野生動物身上，工作人員會立即出動，清除死亡的動物，以免駕駛不慎撞到一頭重達兩百七十公斤的死貘。塔莫伊奧斯的工作人員並不把動物屍體丟到掩埋場，而是存放在冰箱，供生物學家使用。阿布拉說：「這很令人悲傷，但除此之外，生物學家什麼時候才能接觸到美洲豹貓的腦、胃、皮膚和DNA？」

我們走進後面的房間，阿布拉打開冰箱的蓋子。僵硬的動物軀體毫無尊嚴的堆放在一起，有負鼠、狐狸，還有一隻凍壞的水豚。阿布拉戴上塑膠手套，拿出動物屍體，放在水泥地板上，冰屑四濺。最後，她找到了美洲豹貓，那豹貓堅硬的軀體蜷縮成逗號形狀。我們看著牠，驚嘆不已，為牠身上繁星般的黑色斑點感到著迷。我問阿布拉，「路殺」用葡萄牙語該怎麼說。她說是atropelamento，字面上的意思是「輾過」。我練習了幾次，每次音節都糾纏在一起，是個形容醜陋事件的美麗詞彙。就像路殺一樣，atropelamento也具有字面以外的重要意義。阿布拉說：「如果我們有相同的目標，而我做得更快，也可以使用atropelamento這個字，」說明某人遭到他人野心的輾壓。這個字意味著衝突和征服，強者戰勝弱者，快者戰勝慢者。似乎很貼切。

∞那隻巨大的中國手

巴西的高速公路既是路殺的來源，也是強權競爭的前線。這個國家的基礎建設之所以如此繁榮，很大程度要歸因於中國。二〇一〇至二〇年間，中國在巴西投資了六百六十億美元，主要是為了確保取得農作物和礦產。中國建造了亞馬遜的港口，收購混凝土公司，並且在跨國鐵路上投注大量資金。巴西約百分之八十的大豆都出口到中國，主要做為牛和雞的飼料。我看到稀樹草原上，大豆田取代了灌木叢，主要便是因為中國的消費階級增長，飲食美國化，對肉類的需求愈來愈高。

許多國家因為中國的投資而改變，巴西正是其中一員。二〇一三年，中國發起「一帶一路」倡議，這是一個龐大到令人無法理解的浩瀚計畫，包括高速公路、鐵路、航道、電力線和其他連接設施，目的是把亞洲、非洲、歐洲和南美洲的大約七十個國家連結在一起，是人類史上規模最大的建設計畫。巴西並不是一帶一路正式的成員國，但中國對拉丁美洲的投資近半都在巴西，因此可說是實質成員。這條新絲路的目的，不只是讓中國能夠取得資源，也是想利用基礎建設的軟實力，從美國和西歐手中奪走不發達的貿易夥伴。《紐約時報》指出，一帶一路倡議並非一組各自獨立的計畫，可能應視為「一隻隱約可見的手，只要是中國能介入的地區，這隻手就會在其中引導基礎建設、能源和貿易等環環相扣的發展。」

如果說一帶一路是一隻巨大的手，道路就是它的手指。這項倡議沒有明說的作用，是加強中國對輕度開發國家的影響力，換句話說，就是依然擁有完整大面積棲地的國家，這幾乎只要根據定義就可推斷出來。超過兩百五十個受威脅物種、一千五百個重要的生物多樣性要塞，都剛好位於一帶一路的路線上。在哈薩克和蒙古，一帶一路的高速公路會干擾高鼻羚羊每年兩次的遷徙；在俄羅斯的遠東地區，道路將穿過有東北虎棲息的松樹林。幾條由中國資助的「發展廊道」，將把肯亞的國家公園一分為二。肯亞生態學家基博比（Peter Kibobi）告訴我：「我們實在無能為力。你試著表達擔憂，但政府已經做出決定了。」[3]

不過，也很難譴責一帶一路一無是處，因為其中許多成員國，都為粗劣的基礎建設困擾不堪。舉例來說，坦尚尼亞和納米比亞等撒哈拉沙漠以南國家，高速公路破舊不堪，農民難以取得化學肥料，以致農作物產量降低，人民飢餓情況惡化。提出「基礎建設海嘯」這個詞的道路生態學家勞倫斯告訴我：「最重要的是，開發中國家需要發展，包括社會和經濟發展。如果自我標榜為『反開發』，甚至連遊戲無法參與，無法加入討論。」對於每一條新設的公路，勞倫斯並不會立刻表示反對，而會建議以正確的空間模式建造正確的道路。把道路集中，不要無限制的蔓延，就可把道路的影響集中在部分地區，不傷害其他土地。與其對無路的森林開刀，改善現有道路要好得多。建造良好的高速公路甚至可以成為「磁鐵」，把農民從未受損的棲地吸引到已開發耕種的地區。

最重要的是，勞倫斯認為，道路的未來應該詳加規劃，而不是任其自由發展，應該仔細比較經濟利益和生態成本，並且維持平衡。道路應該是仔細考慮後的產物，不能隨便建設。與其讓道路成為文明的主人，無止盡的自我複製，進而引導土地的利用模式，不如讓我們掌控我們的道路。

當然，這並不容易。數十億人民幣是誘人的胡蘿蔔，保育專家手上只有短小的棒子。

一帶一路計畫大多由中國國有銀行提供資助，與世界銀行等國際貸款機構不同，並不會要求貸款國保護生物多樣性。道路生態學家必須運用自己的軟實力，雖然無法徹底阻止新計畫，但可以引導計畫的發展方向，讓它們即使不完全「正確」，也不致錯得離譜。

澳洲道路生態學家范德里（Rodney van der Ree）告訴我：「我認為無論喜歡與否，許多道路都會修建出來。」我採訪范德里的當下，他正在說服一帶一路的另一個成員國緬甸的官員，為規劃中的高速公路增設地下道，因為那條高速公路將會分隔雲豹、老虎和大象的棲地。他說：「從生物多樣性的角度來看，他們根本不該在那片土地上建造道路，但增設地下道，至少能得到好一點的後果。」其他保育專家告訴我，有些官員希望透過宏偉的基礎建設展示自己的政績，他們會試著利用這些官員好大喜功的心態。如果決定建造一條高速公路，為什麼不讓它贏得國際社會的讚揚，而要備受譴責呢？

截至目前為止，道路生態學的行動大多是被動反應，較少事先規劃。當美國州際公路限制鹿的遷徙之後，才開始裝設動物穿越地下道；當伐木道路損毀國家森林，我們才注意到破壞。這個領域對世界的描述，勝過它對世界的改造。范德里曾抑鬱的指出，大多數的道路生態學研究，「似乎對道路的規劃和設計影響不大。」這不是生態學家的錯，該責怪的是未徵詢他們意見的機構、規劃者和工程師。那些開發中國家從一帶一路獲得大筆資金，若只是期待這些政府的閣員仁心大發，建造對自然友善的高速公路，將會大失所望。

但這些國家並非無法動搖。基礎建設海嘯就像自動駕駛汽車革命，是我們能介入其中、發揮影響的劃時代變革。

阿布拉在聖保羅告訴我：「我們的政府通常不太關心自然，但我是樂觀的人。如果你不提出要求，他們就不會去做。」

∞慢下來的感覺真好

巴西之旅的最後幾天，我在阿布拉的陪同下，探訪了聖保羅周圍的動物地下道和樹冠橋。阿布拉和所有優秀的道路生態學家一樣，對高速公路上的「奇觀」保持高度警戒。一天，她從遭到路殺的懶貓身上剪下鬍鬚，進行遺傳分析；隔天，她又把一隻迷失方向的貘，從路肩上趕下來。

有天早上我問她，是否曾經開車撞到動物，她說從來沒有，除非把撞到車窗的貓頭鷹算在內，因為嚴格來說，是那隻貓頭鷹來撞她。可是就在幾個小時後，一條黑黃相間的熱帶鼠蛇懶洋洋的躺在陽光斑駁的道路上，她的輪胎不可避免的壓到牠的尾巴。阿布拉嚇呆了，嘟囔著：「喔，可惡，可惡。」接著便把車停在路邊，跳出門外。她一手指揮交通，像十字路口的義交一樣，一手把蛇從路上趕走。那熱帶鼠蛇滑行而去。

在聖保羅的最後一個下午，阿布拉帶我參觀巴西最巧妙的道路之一。我們開了幾小時的車，穿過玉米田和甘蔗田。當我們遠離大都會的影響範圍時，大地開始高低起伏。我們減緩速度，駛過騎馬者身旁，他們的臉都被草帽遮住了。阿布拉說：這裡是「被風吹彎的地方」，也就是世界的邊緣。

最後，我們來到博特略州立公園（Carlos Botelho State Park），這是位在大西洋沿岸的一片崎嶇森林，幾個世紀前躲過了葡萄牙人的大斧亂砍，但與拉丁美洲的許多保護區一樣——美國的許多保護區也是如此，博特略州立公園也有高速公路從中穿越，是把聖保羅與西部地區連接起來的一三九號公路。然而，州政府並不允許公路把州立公園徹底劈成兩半，而採取了改革方式。我們在接近公園時看到一個標誌，說明公路晚上八點至早上六點之間關閉，這是動物最活躍的時段。天黑後，只有警車、消防車和救護車仍可通行，除此之外，公園屬於美洲豹貓和懶貓。這個關閉措施剛宣布時也曾遭到抱怨，但民眾現在已經適應了，路殺數量也大幅下降。

夜間關閉並不是這個公園唯一的絕招。道路生態的一大難題，是如何讓車輛減速。自史東納時代以來，生物學家就知道避免撞擊最簡單的方法，是減緩車速。問題是駕駛者往往會忽視速限號誌，相反的，行車速度常常是道路的設計速度（design speed），基本上就是道路本身希望你行駛的速度。彎度低、車道寬、視線遠的公路，設計速度高。你是否經常在空曠的直線車道上瞥一眼車速表，然後驚訝的發現指針已經指在一百四十公里？研究人員試著把速限降低，但發現鮮少有駕駛跟著調降車速，動物撞擊事件仍然快速發生。高速公路和汽車希望我們開快一點，我們無力抗拒。歷史學家克羅爾（Gary Kroll）感嘆：「緩慢的美德似乎只出現在遙不可及的夢中。」

然而在巴西，緩慢的夢想依然存在。進入博特略州立公園後，我們發現一三九號公路蜿蜒起伏，路基升起又下降，像是平緩的雲霄飛車軌道。標語警告著「前有彎道」，我們無法加速，不只是因為法律，也因為道路的設計。我意識到之前駛過的高速公路，都是為了快速順暢的車流而建造。相較之下，一三九號公路刻意違反傳統的工程理念，為了服務野生動物而抑制人類。

我們慢慢駛過公園，發現暮色即將來臨。金色的陽光透過樹葉灑落下來，道路勻稱的起伏給人一種海上的印象。猴橋像高空滑索一樣懸掛在頭頂上。瘦巴巴的原生鳥禽從我們眼前奔掠而過，頭部一上一下的擺動。阿布拉停下車，查看貘的糞便，但我們很快就發現到處都有貘的球狀糞便。阿布拉推測，牠們會在夜間利用高速公路。當公路上沒有車子，除了成為動物的小徑外，還有什麼用？

阿布拉早些時候曾說：「在道路生態領域，巴西還是個嬰兒，但我們是超級嬰兒。」一三九號公路讓我印象深刻，它幾乎比美國任何公路都更加激進。在美國，哪裡會有天黑就關閉的高速公路，或防止車速超過每小時四十公里的設計？即使是最引人矚目的干預措施，像是寬闊的穿越陸橋、洞穴般的地下道，也都是在不犧牲人類移動速度的前提下照顧自然。一三九號公路勇於帶給乘客不便。

阿布拉打開車窗，關掉收音機，讓森林的氣息湧進車內。我們緩慢拐過每個彎道，像風一樣貼著地球的曲線前進。在一個全心追求速度的星球上，能夠慢下來，感覺真好。

---

1. 二〇二二年，波索納洛競選連任失敗，輸給巴西前總統魯拉（Luiz Inácio Lula da Silva）。魯拉誓言恢復對手破壞的多項環保措施，但甚至連他也不反對開發。魯拉在競選期間說：「我們不能把亞馬遜州變成自然保護區……解決氣候問題和修建良好的道路，可並行不悖。」

2. 病毒一旦侵入人體，就能透過基礎建設加速傳播。例如在中國，SARS疫情最嚴重的縣，都是有國道經過的地方。普雷斯頓（Richard Preston）在《伊波拉浩劫》（*The Hot Zone*）一書中指出，連接剛果民主共和國和非洲其他地區的金夏沙公路，在一九七〇年代前都只是碎石路。當公路鋪設好之後，往來車輛大幅增加，愛滋病毒也隨之而來。愛滋病大流行是因為「泥土路變成柏油路」而出現。

3. 並非所有國家都渴求「一帶一路」的慷慨援助。中國的投資可能成為「債務陷阱」，如果接受貸款卻無法償還，違約後，就得把基礎建設的控制權讓給北京。二〇一八年，馬來西亞總統因為擔心這種「新版殖民主義」，取消了將近兩百三十億美元的計畫。

13 亡羊補牢

高速公路對城市和人類生活的傷害，
我們能否彌補？

人類就像食蟻獸和蝴蝶，也生活在道路的束縛之中。高速公路最早的批評者早已知道，道路會以類似的方式傷害自然棲地和城市棲地。歷史學家芒福德（Lewis Mumford）在一九五八年說：「為了讓道路能夠直通目的地，工程師會毫不猶豫的摧毀樹林、溪流、公園和人類社區。」其中最明顯的是，道路會導致生態學家所說的「直接死亡」，全世界每天約有三千六百人死於車禍，這意味著當你閱讀本篇文章三十秒左右的時間內，至少有一名駕駛、乘客、自行車騎士或行人喪生。

另外，還有一些比較難以察覺的傷害，例如，趕跑鳥類的引擎噪音，會讓人體分泌更多皮質醇；讓機油流入普吉特峽灣的路面，會吸收和釋放太陽輻射，形成城市熱島，使炎熱的夏季變得致命；鋪路鹽不僅讓美國中西部的湖泊變得像河口地那麼鹹，同樣的鹽分還腐蝕了密西根州弗林特（Flint）的水管，讓鉛滲入供水系統；交通系統導致美國大山貓族群分裂，同樣加劇人類社會孤立；囚禁洛杉磯美洲獅的高速公路，也讓路怒的通勤者更容易出現家庭暴力。道路深深改變了我們的生活，以致有位學者將智人描述成「基礎建設物種」，是一種由自身打造的建築物塑造自身基本特徵的生物。

儘管所有人幾乎都接觸過道路，但所受的影響不盡相同。根據美國疾病管制與預防中心的研究，相較於白人，黑人居住在高速公路附近的可能性高出百分之四十，拉丁裔高出百分之六十，亞裔美國人高出百分之七十五。內燃機運作產生的有毒副產物，如二氧化硫、氮氧化物、揮發性有機化合物，以及稱為「柴油顆粒」的有害物質，由黑皮膚和棕皮膚的人口過度吸收。在馬里蘭州，非裔美國人的社區會接觸到更多的空氣致癌物質；紐約市的布朗克斯區被三條高速公路包圍，居民主要是黑人和拉丁裔，這區的人口死於氣喘的機率，是全國平均值的三倍。空氣汙染的後果如此可怕，而且如此不公，以致於有位記者認為它「與戰爭、奴隸制度和種族滅絕，位於相同的道德領域。」

空氣汙染的不公並非偶然，恰好相反，往往是赤裸裸的種族主義規劃者的遺物。二十世紀中期，巨大的高速公路分割了許多美國城市，這些公路的設計，至少在一開始，都是基於合理的意圖。當粗製濫造的扭曲街道造成市區交通堵塞，以汽車為核心的郊區也正在大都會外圍興起。透過比以前更安全、更直、更寬的新建高速公路，將城市與郊區串連起來，只能說是看似合乎邏輯的做法。然而，城市的高速公路同時受到別有用心的動機所影響。到了一九三〇年代，歧視的住宅政策和官方的忽視，已造成大量遭受隔離的破舊社區，其中主要居民都是黑人，他們無法獲得貸款來改善舊屋或購買新房。城市規劃者更將重點擺在「都市更新」，強力拆除那些冒犯政府敏感神經的社區。如果黑人社區是釘子，高速公路就是方便好用的錘子。

早在一九三八年，當時的農業部長華萊士（Henry Wallace）就聲稱，城市的高速公路可「消除那些不美觀、不衛生的地區」。汽車王國的勢力更趁機利用這個想法。舉例來說，通用汽車提議以高速公路取代「不受歡迎的貧民窟」。一九五六年，《聯邦援助高速公路法案》（*Federal Aid Highway Act*）授權批准建設州際公路，把可怕的新棍棒交到有意重建都市的人手中，他們抓住這個機會迎合郊區居民，一舉消除他們認為的禍害。光是有黑人存在，就足以招來推土機。

高速公路對自然生態系統的破壞並非刻意為之，但它對土地的分割，在城市中卻被刻意當成武器。在聖保羅，九十四號州際公路摧毀了繁榮的中產階級社區朗多（Rondo）；在邁阿密，號稱南方哈林區（Harlem of the South）文化中心的奧瓦城（Overtown），有三萬居民因為九十五號州際公路而被逐出；十號州際公路針對紐奧良的杜梅（Tremé）；

四十號州際公路穿過田納西州的北納許維爾（North Nashville）；二四四號州際公路分割了奧克拉荷馬州土爾沙（Tulsa）的格林伍德（Greenwood）。高速公路是城市用來抹除黑人社區的橡皮擦，也是隔開黑人與白人社區的圍牆。二十號州際公路穿過亞特蘭大的路線曲折而蜿蜒，正如該市市長所坦承相告，只有把它想成「白人和黑人社區之間的邊界」，才能呈現出它如此打造的意義。八十五號州際公路穿過蒙哥馬利郡（Montgomery）的路線，由阿拉巴馬州「最重要的種族隔離領袖」所規劃，他將高速公路開進橡樹公園社區（Oak Park），懲罰以當地為家的民權領袖。

這場遍及全美的大清洗行動，速度驚人，刨根掘底，令人傷痛。一九六四年，來自紐約州雪城（Syracuse）的黑人記者威廉斯（John Williams）造訪兒時老家，結果只看到一條新建的州際公路，社區已遭摧毀。威廉斯寫道：「你聽到機器在拆毀、在建造；架起的大樑形成低矮的地平線；黃色推土機來來回回，發出嗚響，確保把最後仍獨居社區的不幸黑人，所留下的每一個痕跡都推平，再也不見於視線，不見於記憶。」

∞ 消失的第十五區

摧毀威廉斯家的高速公路是八十一號州際公路，像所有的奇數州際公路一樣，這條道路是南北向，從田納西州一直延伸到紐約州與加拿大安大略省的邊界，沿線穿過了雪城，或者更精確的說，是在雪城之上建造了一座巨大到能夠遮蔽陽光的高架橋，許多當地人都稱之為「那座橋」。官員正是用這種「浪費公帑、大而無當的混凝土和鋼鐵建築」，在一九六〇年代清除了雪城最大的黑人社區，如今，也正是那座橋，像邊界高牆一樣隔開了這座城市。當我造訪雪城時，當地出身的皮爾斯艾爾（Charlie Pierce-El）告訴我：「我們的父母所受的教育，無法讓他們真正了解當時發生了什麼事。在那個時代，那座橋摧毀了我們。」

我在一個秋天晚上前往雪城南區社區中心，會見皮爾斯艾爾。那個社區中心是一座紅色的維多利亞風格平民建築，裡面塞著當地報社的狹小辦公室，還有一些上古時期的桌上型電腦。皮爾斯艾爾穿著非洲傳統圖騰的上衣，戴著庫法帽，稀疏的白鬍子看起來像是用細筆刷畫出來的。他在門廊上招手，示意我進去，讓我坐在塑膠矮桌旁。

皮爾斯艾爾出生於一九四六年，家裡兄弟姊妹共有十二人，雙親來自喬治亞州，一位是機械工，另一位是乾洗店員。一九一五至一九七〇年間，他們隨著六百萬非裔美國人逃離南方，因為受雪城吸引而落腳於此。在當年，雪城曾是美國黑奴逃亡路線「偉大的中央車站」，是一個對黑人友好聞名的前哨站。皮爾斯艾爾一家人定居在第十五區，全市百分之九十的黑人族群，都居住在這個區域。在這裡，居民大半時間都和朋友的父母、父母的朋友相處在一起，你可以走進街角親戚的家，聞得到驅逐細菌的油炸大蒜味。皮爾斯艾爾家的院子裡種了很多植物，有位阿姨每逢週日就會從她的雞舍帶來一隻雞。工作機會很多，第十五區有咖啡館、罐頭廠、啤酒廠，以及一家洋芋片工廠，附近還有一家汽車零件廠。皮爾斯艾爾說：「幾乎每隔一個街區就有麵包店，還有大約十四家裁縫店。」理髮店的窗簾後面住著一位年輕的小山米戴維斯（Sammy Davis Jr.），靈魂歌手詹姆斯布朗（James Brown）會在劇院演出。當地有位經營者名叫伊塔利亞諾（Patsy Italiano），皮爾斯艾爾在他開設的餐廳、飯店和保齡球館擦鞋賺取現金。他說：「我在發薪日拿到的錢，比我媽媽賺的還多。」

皮爾斯艾爾不知道的是，第十五區當時已注定沒落。一九三三年，隨著美國在大蕭條的壓力下陷入衰退，羅斯福總統創設了聯邦機構屋主貸款公司（Home Owners' Loan Corporation），為面臨喪失抵押贖回權的家庭，提供政府背書的抵押貸款。這個機構的設立是出於慷慨，但並非所有美國人都能從中受益。聯邦審查員擔心貸款無法回收，因此用簡單的顏色代碼，將美國數十個城市的貸款風險進行分級。這個系統很幼稚，後果卻很嚴重。富裕街區標示為綠色，屋主可輕鬆獲得貸款；藍色和黃色區域低了幾級；最糟的是紅色社區，政府認為貸款給那裡的屋主是「危險的」，因此居民獲得貸款的希望渺茫。確定拿到紅色等級的社區，莫過於「幾乎全為黑人」的社區。當貸款機構評估雪城時，第十五區淪為紅色。

皮爾斯艾爾在一九五〇年代成年，此時第十五區的社群依舊關係緊密，但實質環境已經開始惡化。由於無法擁有住房、房東居住在外地或惡意對待，使得居民成為受害者。屋頂漏水，老舊電線引發火災。有位記者震驚的寫道：「真的有成千上萬隻蟑螂在牆上翻滾，來回擺動牠們像蝦子一樣的觸角。」州際公路系統提供了清除障礙的機會。雪城市長強烈反對建造一條穿過市中心的高速公路高架橋，於是州工程師提出折衷方案：讓高速公路向東轉，避開城市的核心，改為進入第十五區，反正這個以黑人為主的社區本來就需要重建。一九六一年，高速公路的路線確定了，八十一號州際公路將會架高，第十五區將會隕落。

雪城人群起反抗，黑人中的積極份子展開行動，在市政廳前遊行，誓言以「身體直接進行干預」，要讓工程停止。這是反抗高速公路的時代，全國的抗議活動讓各個社群暫時團結起來，包括非裔美國人組成的黑豹黨（Black Panthers）、加州舊金山海特艾許伯里（Haight-Ashbury）地區的嬉皮，以及上流社會的園藝俱樂部。在紐約，都市計畫界傳奇人物珍．雅各（Jane Jacobs）擊敗了曼哈頓下城高速公路，這原本是都市計畫大師摩西（Robert Moses）誓言穿越蘇活區的十線道怪物。舊金山的革命者成功砍掉州政府打算圍繞城市的「水泥章魚」的幾條手臂。然而，這些運動就像高速公路一樣，沿著種族界線分裂了。反抗運動在比佛利山莊取得勝利，在底特律失敗，這是有原因的。對於拆除第十五區，雪城的白人居民大多漠不關心，一位居民甚至宣稱：「如果全部拆除，我也不覺得有問題。」

最終的結果早已注定。隨著高架橋在一九六〇年代分階段建設，第十五區被夷為平地。州政府補償了屋主，但很少按照市場價格支付。皮爾斯艾爾家也遭到驅逐，被重新安置在郊區，他們兄弟姊妹成了新學校中唯一的黑人學生，其他同學永遠不會讓他們忘記這點。皮爾斯艾爾說：「我真的是連續打架打了幾個月，那是我一生中最糟的日子。」

接下來的幾十年，那座橋深深嵌入雪城的城市結構，人們漸漸對它視而不見。高速公路旁的公共住宅先鋒之家（Pioneer Homes）裡的居民開始流行氣喘，住在其中的戴維斯（Ryedell Davis）告訴我：「我使用吸入器，也使用沙丁胺醇（albuterol）擴張機，還得持續服用類固醇，每個月都得到醫院治療三、四次。我一直以為這是正常的事。」八十一號州際公路讓住在周遭的人生病，也讓城市本身受到感染。

就像世界各地的道路，八十一號州際公路既連結、也分割了它所穿越的土地。對於西塞羅（Cicero）和克萊（Clay）等郊區來說，它是生命線，讓白人通勤者可連接到雪城的各大學和醫院。在此同時，皮爾斯艾爾和許多其他黑人最終定居下來的城市南區，卻開始衰退。這座高架橋既是物理上、也是心理上的障礙，切斷了南區居民與「教育和醫療」的聯繫，把車流引到其他地區。漸漸的，那些在公路最初入侵時倖存下來的企業，也遭到了

雪城空拍照片，可見高速公路穿越市區，成了城市地景的一部分。

Shuttersotck

扼殺。

當我訪問皮爾斯艾爾時，雪城正處於各種嚴峻的情況。這裡是美國種族隔離狀況最嚴重的城市之一，有最集中的貧窮黑人和拉丁裔人，氣喘和鉛中毒的罹病率也極高。八十一號州際公路並不是唯一的禍首，但卻是最引人矚目的元兇，像真菌一樣，把它的菌絲滲透到居民生活的各個角落。社區裡的積極人士認為公路帶來的汙染，和附近公立學校低落的考試成績不無關係；第十五區雜貨店的倒閉，也與肥胖及糖尿病罹患率脫不了干係。皮爾斯艾爾將州際公路比作土斯基吉（Tuskegee）惡名昭彰的梅毒研究，在這項駭人聽聞的實驗中，研究人員拒絕提供青黴素給數百名患有梅毒的黑人男性。這座高架橋就像土斯基吉研究，殘酷操弄黑人的生命，是隱藏在理性外表下的種族主義。

皮爾斯艾爾說：「這整件事是一項測試研究，只是我當時並不知道。」

∞心臟上的匕首

和大多數遊客一樣，我也取道八十一號州際公路抵達雪城。我沿著高速公路向北穿過起伏的闊葉林，隨著緯度上升，秋意愈來愈濃，大地從綠色轉變成金黃色。我感覺自己好像突然就抵達了雪城，在這個城市的南方，幾乎沒有郊區預告城市即將出現。我毫無心理準備，就已經通過了那座高架橋。公共住宅區和停車場出現在橋下，遠在下方的汽車和行人顯得很渺小。這就是州際公路的擁護者希望遊客體驗城市的方式，正如一位建築師所寫的：「從樹頂高的地方越過大地，房屋屋頂全都在你的下方，幾乎像在飛一樣。」城市不是居住的地方，而是要被越過的障礙，無異於搭機時掠過的那些偏遠地區。

我很想從規劃者未曾多加考慮的角度感受這座高架橋，也就是從地面。一天下午，我請雪城的市議員德里斯科（Joe Driscoll）帶我參觀這個城市。他帶我穿越伊利大道（Erie Boulevard）的車流，這條路曾是伊利運河的河道。我們進入高架橋下的陰影，當天雖然是晴朗的秋日，但在混凝土的遮蔽下，橋下既暗又冷，車輛噪音有如雷鳴，嘎嘎聲、撞擊聲、嘶嘶聲、咆哮聲，層層疊疊。德里斯科像交響樂指揮一樣張開雙臂，大喊：「就是這裡，該死的災難。」

我們轉向，朝南走，緩慢的經過城市的廢棄物：鴿子羽毛、碎玻璃、保麗龍便當盒、汽車輪圈蓋。高架橋綠色的油漆剝落，露出斑斑紅鏽，水的侵蝕讓橋墩產生裂縫。橋下死氣沉沉，只有油膩的水坑和空蕩蕩的人行道，如此荒涼，足以做為殭屍電影的背景。我們經過以鐵鍊圍起的停車場、用木板封住的加油站，和一個廢棄的車庫。我突然覺得，這條高速公路創造了一個只適合汽車的地景，能夠容納人類的機器，卻不能容納人類。這個基礎建設就像惡性的人工智慧一樣自我複製。

德里斯科說：「你想想，打從我們開始散步，一直沒有真的看到其他人。我們看到有人在車裡，但沒看到任何人。」

我們繼續前進，經過高聳的醫院和破舊的教堂、公共住宅和校園建築，貧困和機構帶來的富裕不協調的並列在一起。德里斯科是白人，對於雪城裡矛盾交織的許多世界都有所涉足。他珍惜雪城的多樣、拼湊的特質，以及它混合及轉化歷史的方式。他充滿感情的說：「如果這座城市是一隻狗，絕對不會是黃金獵犬，而是某種長相怪異的哈巴狗。」德里斯科曾在國外創作音樂多年，二〇一五年才搬回家鄉，投入城市政治。他組織募款活動、參加議會會議，最終贏得公職。他意識到，雪城不再是他年輕記憶中那座種族和社會經濟和諧的堡壘。這座城市有種族隔離問題，而且貧窮、分裂、敵對。有份報告把雪城列為對黑人最不友善的十個美國城市之一。他說：「這些歷史上的錯誤全都已經發生了，而且似乎全都源自於一個建物：八十一號州際公路。我研究得愈多就愈覺得憤怒。」

所幸這座高架橋的暴虐統治即將終結，鋼筋已從橋面上的裂縫中露出，橋墩的混凝土也在脫落。急轉的S形彎道、缺乏路肩，這些結構特徵在一九六〇年代或許是可接受的，但違反了現代的安全標準。這座高架橋必須更換，但要換成什麼？紐約州交通部門認為有兩種選擇。第一是建造更寬、更高、更漂亮的高架橋，一座可維持如新長達一世紀的巨大空中道路。第二是徹底的城市改革，稱為「社區網格」（Community Grid），能夠讓雪城的市中心從州際公路的束縛中解放出來。在這項網格提案中，有超過一．五公里長的高架路段將遭到拆除，改成行經地面的大道，兩旁有人行空間、自行車道和店面，一位倡導者稱之為「紐約州中部的香榭麗舍大道」。開往市中心的車流將分散到地面道路，八十一號州際公路上過境的車流，則繞道從城市周邊駛過，不再掠過城市上空。如果高架橋曾是插入雪城心臟的匕首，社區網格將取出刀鋒。

對德里斯科來說，選擇很清楚。他的選民，特別是選區中的黑人，絕大多數都支持拆除高架橋。但是網格的支持者面臨來自郊區的堅決反對，郊區居民支持的是建設新的高架橋。畢竟，州際公路催生了郊區，少了臍帶般的基礎建設，很難想像大都市周圍的住宅區如何續存。對許多陷入困境的南區居民來說，空中道路獲選早已是定局。在美國，高速公路總是贏，這一條當然也不例外。

因此當州政府在二〇一九年宣布，經過多年分析後，州政府將支持網格計畫，民眾都大為驚訝。這項決定將成為美國史上最大的城市改造方案之一，耗資十九億美元的重建工程將讓雪城改頭換面。參議員舒默（Charles Schumer）等紐約州大人物為這項計畫大力宣傳，美國交通部長布蒂吉格（Pete Buttigieg）也稱這個計畫是「吸取過往教訓並做得更好」的機會。幾乎在一夜之間，網格計畫從政治上不可能的任務，變成近乎確定的事實。德里斯科似乎仍難以置信，他說：「這座城市過去曾把非常簡單的問題搞成嚴重錯誤，有這種可怕的歷史，當州政府宣布網格計畫是首選的替代方案時，難怪人們會說，等等，這是真的嗎？」

然而德里斯科對雪城的未來並不完全樂觀。拆除高架橋是帶來繁榮的必要前提，但這樣還不夠。八十一號州際公路徹底改變了雪城，拆除高架橋也將帶來巨大的變化。高架路段拆除，將空出超過七公頃的土地，讓幾十年前被壓在橋下的地產重新釋放出來。如果沒有外力介入，可想像得到，這塊曾是第十五區的土地，將由速食連鎖店、豪華公寓，和城市發展中其他雜亂的先驅建設所占據。德里斯科說：「我有足夠的現實感，知道推倒這個障礙後，不會有光鮮的人們開心雀躍的手牽手圍成一圈跳舞。」

問題不僅是高架橋正下方的土地。許多當地人擔心，當適合行人活動的林蔭大道取代醜陋、汙染嚴重的高速公路，城市周圍的房地產價格會受到衝擊，加速社區的中產階級化，並引發某專欄作家所說的「新版黑人驅逐行動」。你從病人的心臟拔出一把刀，但可能仍得眼睜睜看著他流血至死。

∞ 適合用腳行走的世界

高速公路拆除時代，始於一九八九年十月十七日，太平洋夏令時間下午五點四分，當時加州聖克魯茲山脈下方十公里深的斷層破裂，導致規模六．九的洛馬普列塔（Loma Prieta）地震，引發灣區周圍數千處山崩，把建築物搖成廢墟，並對交通系統造成將近二十億美元的損失。其中最嚴重的破壞發生在賽普雷斯高架橋（Cypress Viaduct），這是一條建在鬆軟黏土上的雙層高速公路，承載著八八〇號州際公路穿越西奧克蘭（West Oakland）。一位飽受驚嚇的卡車司機回憶：「路面開始移動，我的擋風玻璃前出現了波浪狀的柏油路……就像迪士尼遊樂設施的軌道。」這座高架橋的橋墩爆裂，上層路面震裂，掉落在下層路面上，有四十二個人被壓在數千公噸的混凝土下。

高速公路的塌陷固然可怕，但也成了一種「機器降神」。賽普雷斯高架橋與雪城的八十一號州際公路一樣，曾是種族隔離的工具。這個高架橋建於一九五〇年代，導致數百個黑人和拉丁裔家庭流離失所，並切斷數千個家庭與市中心的聯繫，帶來的空氣汙染瀰漫整個西奧克蘭。地震把賽普雷斯高架橋夷為平地後，西奧克蘭人動員起來，阻止加州交通部門的重建計畫。州政府同意讓高速公路改道，從城市的一個工業區通過，並用四線道的林蔭大道取代高架橋，稱為曼德拉公園大道（Mandela Parkway），配有自行車道、人行步道，並為了向奧克蘭的命名由來「橡樹」致敬，而設計了橡實形的路燈。當地人很滿意，二〇〇五年大道開通時，一位奧克蘭人宣稱：「現在，我們有陽光、沒有陰影，有青草、沒有汽油，有樹木、沒有卡車，能散步、不必躲閃，有蝴蝶、沒有垃圾蒼蠅。」南非曼德拉總統也親自給予祝福。

其他城市紛紛效法奧克蘭的做法。威斯康辛州的密爾瓦基，拆除了公園東高速公路（Park East Freeway）；西雅圖推平了阿拉斯加路高架橋（Alaskan Way Viaduct）；羅徹斯特則移除了內環路（Inner Loop），這是四九〇號州際公路的一段地下路段，有「護城河」的稱號。二〇二一年，新都市主義大會（Congress for the New Urbanism）的統計指出，預計將有三十多條高速公路會在大約三十座城市中拆除。

然而與道路生態學一樣，城市高速公路的拆除是一門年輕的科學，它的早期歷史充滿了驚喜。在奧克蘭，賽普雷斯高架橋拆除後，氮氧化物和煙塵汙染大幅減少，但房價飆升，誰不想住在裝飾著橡實路燈的華麗大道旁呢？原地區的黑人人口減少將近三成，這是「綠色中產階級化」的典型案例，重建計畫把原本要幫助的人趕了出去。雪城的黑人居民擔心歷史會重演，社區內的一位倡議者魯夫斯（David Rufus）告訴我：「他們想重建一個不適合你的城市。社區內的一些家庭需要三房或四房，他們卻想蓋一房和兩房的公寓。我們的教堂會怎麼樣？我們僅有的少數企業呢？他們以前對我們做過相同的事。」

魯夫斯成長於第十五區那場高架橋災難中，我在他已故母親家的門廊上和他碰面。坐在搖椅上搖動時，他告訴我：「很多東西在我們眼前消失。大M市場、勝利市場、黑檀市場、雜貨店、家具店。維多利亞時代的房屋都毀了。如果你環顧當時的街區，會覺得有人在這裡扔過炸彈。」魯夫斯最後在公共住宅管理處找到工作，房客經常要求他重新粉刷公寓，卻不知道是八十一號州際公路的廢氣一直在弄髒牆壁。然而，當政府一開始提出拆除高架橋的想法時，魯夫斯卻感到幻滅。他渴望看到高架橋被摧毀，但也懷疑官員會把他這樣的人，納入城市重建的複雜過程中。他說：「有太多事情需要處理，讓人應接不暇，然後當權者會趁機介入，把你趕出去。」

二〇二〇年，魯夫斯加入紐約公民自由聯盟（New York Civil Liberties），擔任社區聯絡員，徵求雪城黑人居民的意見，並在會議中為他們爭取權益。他和倡議夥伴們透過多種方式影響高架橋的拆除行動，堅持對社區網格計畫的設計進行部分更改，例如小學附近交通繁忙的圓環必須遷移到他處。但他們最重要的要求並非關於實體基礎建設。在一份報告中，公民自由聯盟呼籲提供培訓和見習計畫給黑人建築工，並採取激勵措施，鼓勵承包商雇用當地人。該組織還提議，市政府不該把高架橋下的土地，出售給出價最高的競標者，而應該交付土地信託，才能賦予社區對該地區的法律權利，防止中產階級化。

對於體制過去的種族主義所遺留下來的問題，魯夫斯和夥伴也在爭取補救之道，簡單來說，就是要求賠償。為歷史上的錯誤補償黑人的觀念，其實相當久遠。一七八三年，一位名叫霍爾（Belinda Hall）的女性自由黑人，曾收到一座莊園所支付的十五英鎊十二先令，「因為她的服務使莊園得到大筆財富」。在接下來數百年間，一連串可怕的做法，如拒貸拒保、教育差異、掠奪性貸款等，加劇了美國黑人和白人之間的貧富差距，使得補償制度更具合理性。城市高速公路是另一種竊盜形式。當紐約州為了興建八十一號州際公路而強迫黑人家庭讓路，等於剝奪了他們以房地產增加財富的機會，這造成公民自由聯盟所說的「世代財富累積的流失」。沒有人知道雪城的黑人流失多少財富，但數字無疑相當龐大。當九十四號州際公路在一九六〇年代穿過聖保羅時，朗多社區的房屋淨值損失高達一億五千七百萬美元，這些錢足夠該郡的每個黑人兒童去上大學了。[1]

魯夫斯說：「人們想避開『賠償』這個詞，」但賠償不一定代表給每個居民一張支票。它可能是提供第十五區被驅逐者的後代第一次買房子的機會，也可能是提供種子資金，讓黑人能夠開店，像是雜貨店、餐廳和其他企業。魯夫斯說：「如果你能為了拆除一條高速公路而提出十九億美元的預算，就能對社區進行重建和再投資。」

我請魯夫斯描述他對後高架橋時代的願景。他熱情的描述多用途的建築，一樓是夫妻就能經營的小店鋪，樓上則是住家公寓。他還描述了可容納各種家庭的住宅設計，包括年輕的專業人士，以及多代同堂的家庭。他說：「我看到自己在二十年後，沿著薩利納街走到雜貨店，然後走往州街，到理髮店剪頭髮。我看到自己去杏仁街拜訪親朋好友。如果想去教堂，我可以走路到塔克浸信會。我們值得擁有這些事，讓這裡成為適合居住、方便工作、值得熱愛，且能夠做禮拜的地方。」

魯夫斯說話時，我突然意識到他所描述的正是連結性。人類本質上就像所有的動物一樣，藉由在不同地點之間移動而興旺。我們取得食物的地點不同於找尋庇護的居所，我們尋覓伴侶的所在，也不同於處理衛生的處所。汽車的偉大之處，是承諾人們可在這些地點之間順利移動，但在雪城，就像許多其他城市，道路卻損害了人類的自由。野生動物穿越通道的目的，是創造可用蹄子或爪子移動的地景，移除高速公路的目的，則是讓人們能夠用腳走過自己的社區。道路生態學家和城市倡議者進行的是同一個偉大的計畫：創造適合用腳行走的世界。

∞ 你比較想住在哪個城市？

可預期的，賠償的概念往往會引發各方反射性的憤怒，為了高速公路造成的傷害賠償黑人也不例外。舉例來說，當布蒂吉格部長指出「種族主義具體呈現在某些高速公路的建設之中」，保守派政客卻假裝聽不懂。混凝土這種平淡無奇的東西，怎麼會受到指控，背負種族主義這種引發眾怒的罪名呢？佛羅里達州州長德桑蒂斯（Ron DeSantis）嘲笑：「就我看來，路就只是路。」

儘管德桑蒂斯的見解可能缺乏歷史觀，但即使是擁護拆除高速公路的人，也承認很難領會道路遺留下來的影響。正如道路生態學擴大我們的視野，促使我們理解高速公路如何扭曲自然，我們也需要加深理解高速公路對人類的影響。八十一號州際公路和其他類似的高速公路改變了一些社區，消除了另一些社區，這些結果是蓄意造成，而非隨機發生。若能體認基礎建設一直是社會工程中的一股力量，將迫使我們重新思考交通計畫的本質，並重新思考補救措施的規模。正如魯夫斯所說：「工程不只是高速公路和道路。」

拆除高架橋不僅可把雪城從壓抑的陰影中解放出來，也能減輕汽車為這座城市帶來的負擔。多年來，全球各地的城市一直在減少市中心的車輛。舉例來說，挪威的奧斯陸為此提高了通行費與停車費、建造輕軌電車，並強迫企業以電動自行車送貨。沒有人會期待紐約州中部一個工業衰退的小城，搖身一變為北歐大都會，但讓雪城重新定位，以行人和大眾運輸系統為核心，是重要性不亞於拆除高架橋的社會正義問題。與大多數大都市一樣，雪城的黑人和拉丁裔人更依賴公車，與白人居民相比，擁有汽車的比例較低。為了重建魯夫斯所想望的、具有連結性的城市組織，市中心必須重新設計，即使不敵視汽車，也不該以汽車為主。正如一位當地部落客所言，社區網格計畫的建築師所建造的街道，「不能容納今天高架橋上的車流量」。

因為這一點，社區網格計畫引起一些支持者的擔憂。在我造訪之前一年，州政府發表了取代高架橋的地面道路的數位模擬圖。想像中的林蔭大道，的確比醜陋的高速公路更有吸引力，但平整的路邊和安全島看起來了無生氣，就像企業園區外的景觀。儘管數位模擬圖中有電腦繪製的幾家人在人行道上散步，也有自行車騎士在自行車道上前進，但林蔭大道寬得嚇人，毫無疑問傳遞出以車輛為主的風貌。模擬圖中也沒有魯夫斯所描述的多功能開發內容，沒有理髮店，沒有雜貨店，幾乎沒有公寓。一位建築師對我說：「那些走在人行道上的人要住在哪裡？他們都只是遊客嗎？」模擬圖並不真實，但再次提醒人們，車輛難以驅逐。

但高速公路終究是要拆除了，這已超乎尋常。在雪城的最後一個晚上，我取道八十一號州際公路，前往名為卡米盧斯（Camillus）的郊區，州政府正在那裡舉辦一系列公聽會的最後一場。打從社區網格計畫成立，郊區居民就是反對最力的一群人。黑人議員威廉姆斯（Vernon Williams）諷刺的對我說：「這個計畫最好是對少數族裔的社區有幫助啦，但我的車程鐵定會增加兩分鐘。」在前往參加會議的路上，我曾想像過火爆的場景：中產階級爸媽站在麥克風前，大聲喊出心中的不滿，一旁有疲憊的人群為他們歡呼。

但實際狀況要溫和得多。卡米盧斯的市政大樓就像美國任何一個地方的建築，骯髒的籃球場上放滿成排的木頭座椅。這次會議開放市民自由參加，比較像是科學博覽會，而不像法庭攻防劇。場上四處擺放著資料桌和海報，用來解釋網格計畫，每一處都配有一名技術人員。

展示內容包括預計的行車時間、噪音能減弱多少、自行車道位於哪裡，以及名為「服務水準」（level of service）的術語，這個指標能顯示高速公路在不堵死的情況下，可容納多少車流。我花了一星期的時間採訪雪城人，試圖了解社區網格的影響如何延伸到混凝土之外，但當我瀏覽現場的資料時，仍對道路實體結構的複雜感到驚訝。每一個新的交流道、出口匝道和小型街道都是艱巨的任務，需要大量的藍圖和影響評估。就像一個與血管交纏在一起的腫瘤，高架橋無法簡單的切除了事。那座橋的存在塑造了雪城，同樣的，這座城市也將因為它的消失而重建。

我在公聽會中四處走動，偷聽卡米盧斯居民和政府員工之間的談話，希望能聽到一些能引用的酸語。但郊區居民似乎已經認命了，他們並未嚴詞挑戰，問題大多與技術有關，像是通勤時間如何估算？預算如何估計？我意識到科學博覽會的形式是聰明的選擇。當一位身穿卡其服的工程師，熱切的跟你解釋行車時間模型的變化時，實在很難抱怨沒有人關心你的擔憂。

我側身靠近螢幕，看著各種影像在上面輪播。這些圖片從不同的角度展示雪城的前後對比。首先是目前的照片，高架橋赫然聳立；下一張是同一個地點在拆除高架橋後的模擬圖，只見陽光明媚，綠樹成蔭。這個輪播既令人著迷、又令人舒緩，我幾乎能感覺到自己的肺泡在擴張。

我問一位穿著硬挺襯衫的工程師，與會者對這些圖片有什麼反應。他清了清喉嚨說：「民眾有不同的意見，我能理解。」他是刻意保持中立的州政府代表。然後，他朝我走近了一些，像要道出祕密似的：「我個人的回答是——你比較想住在哪個城市？」

---

1. 明尼阿波利斯和聖保羅的倡議者提出一個名為重新連接朗多（Reconnect Rondo）的計畫，那是一座橫跨九十四號州際公路的巨大陸橋。其他高速公路頂上蓋的是公園，但朗多橋上不僅會有綠地，還會有黑人擁有的企業、住宅和文化中心，是一個由新世界組構而成的社區，面積將近八・五公頃。

結語

人類暫停期

二十世紀中葉的某個時期，人類文明擺脫幾千年來一向蹣跚緩慢的步伐，進入超速運轉的狀態。人口和財富激增；水和肥料的用量爆發成長；汽車和卡車的產量增加了六倍。國際旅行變得尋常，至少富人是如此。隨著足跡延伸，人類造成的影響也持續擴大。海洋酸化，森林縮減，一種看不見、聞不著的氣體開始讓地球變暖。科學家把這種榮景描述為大加速（Great Acceleration），視為人類世真正開始的時刻。這種加速既是一種比喻，用來說明人類捕撈更多魚、在更多河流上游建築水壩、種植更多農作物；同時也如它的字面所述。我們每年都走得更遠、更快，飛機、船舶，以及柏油鋪成的道路網，促進了人類的旅行。我們處於無法阻擋的軌道上，是地球有史以來最自由的生物。

然後，到了二〇二〇年三月，一切陷入停頓，一種病毒卡住了社會的齒輪。

新冠肺炎大流行對人類生活造成無數影響，其中最明顯的也許是失去移動力。每次出行，都成為潛在的疾病傳播事件；此外，學校、辦公室和餐廳都關門了，也無處可去。比起關門的店家或空曠體育場的照片，更令人印象深刻的，是空拍圖中空蕩蕩的加州高速公路，鏡頭下的畫面捕捉到末日後的寂靜。困在家裡，讓我們能夠同理城市裡的美洲獅或路邊的鹿。我們也頭一次體會到，當一個狡詐繁榮的生物呈指數增長並限制我們的行動時，會是什麼樣的感覺。

當人類靠邊站，野生動物悄悄回到我們拋下的土地上。一群獅子在南非克魯格國家公園（Kruger National Park）的人行道上曬太陽；野豬在巴塞隆納的安全島上翻拱食物；一隻美洲獅在加州聖馬提歐（San Mateo）漫步。社群媒體推特上瘋傳 #NatureIsHealing（大自然正在復原）主題標籤的貼文。有些傳聞的真相很快揭露，據說在威尼斯運河裡嬉戲的海豚，其實是在薩丁尼亞島拍攝的。但更廣泛的現象的確真實存在，一群研究人員在《自然》期刊上撰文，把這個現象稱為人類暫停期（Anthropause）。

人類暫停期是道路生態學史上無意中發生的最大實驗。在哥斯大黎加，美洲豹貓路殺的情況幾乎消失。在緬因州，度過春季遷徙期的青蛙和蠑螈數量倍增。在英國，刺蝟的死亡數量減少一半以上。最亮眼的資料來自加州大學戴維斯分校道路生態中心的希林，他分析了幾個州所蒐集的動物屍體清理數據：在加州，路殺造成的死亡數量減少百分之二十一；愛達荷州減少百分之三十八；緬因州減少百分之四十四。希林估計，交通流量減低一年，光在這些州，就能拯救兩萬七千隻大型動物。如果把較小型的動物也包括在內，並把數據外推到全球，這個流行病能夠拯救數十億條生命，儘管聽起來可能很詭異，但毫不誇張。希林在那個人人久坐不動的夏天告訴我：「這可能是自國家公園成立以來，我們所採取過最大規模的保育行動。沒有任何其他行動曾經拯救這麼多動物。」

人類暫停期也以其他更複雜的方式顯現出來。舊金山的白冠帶鵐的歌聲，比新冠大流行之前輕柔，但在寂靜的城市中，卻能傳播兩倍遠的距離。牠們的歌聲也變得更好。當車輛不再低頻咆哮，雄鳥開始賣弄音域，以更低的鳴聲低吟著複雜的旋律，正是雌鳥最喜歡的敘事曲，飽滿且情感豐富。鳥類學家寫道，新冠肺炎「創造了一個傳說中的寂靜的春天」。自從卡森創造出這個詞彙，「寂靜的春天」代表的一向是殺害鳥類。但現在，陷入寂靜的成了人類，鳥兒歡唱。

這場大流行具有驚人的效應。它無情的揭露了美國當前的腐敗：破碎的政治、不足的醫療保健、狂熱的個人主義；它的效應也殘酷而清楚的呈現在道路上，透過突然的封鎖，路殺和交通噪音的恐怖之處被揭露出來，顯示汽車如何深深影響我們自身的生活。當你因為擔心感染疾病，不得不與其他行人保持兩公尺的距離，就會注意到城市留給行人的空間怎麼那麼少，對汽車的讓步又有多麼大。當室內成為群聚感染的場所，你也會覺得市政當局規劃的停車面積多於公園，是錯誤的決策。當空氣在一夜之間變得可呼吸，則凸顯了平常空氣污染的狀況。

隨著疫情揭露並加重不平等的狀況，各國政府紛紛快速做出調整。一個多世紀以來，城市一直在扭曲變形，以迎合車輛運行，但現在城市設計的方向改為強調宜居性。奧克蘭推出「慢街」計畫，有長達三十四公里的道路禁止車輛進入，將空間讓給居民騎自行車、慢跑和散步。紐約市暫停戶外用餐的限制，允許咖啡館在停車位擺放桌椅。巴黎、羅馬和倫敦加快了拓寬自行車道和人行道的計畫。名為「對抗汽車之戰」的播客，宣布暫時取得勝利。

當然，這並不是值得慶祝的勝利。正如一位噪音研究員所說的，寂靜是「城市的痛苦之聲」。但如果世界充斥著苦難，世界也孕育著潛能。就好像我們第一次真正看見道路，好像我們終於能夠抓住那隱形牢籠的欄杆，從間隙中一窺外在世界。

∞ 人類的偉大事業

然而，隨著疫情消退，喘息的時刻也逐漸消失。到了二〇二〇年六月，交通流量已反彈至新冠疫情爆發前百分之九十的水準，路殺事件急劇回升，也許是因為某些研究人員所說的「行為滯後」（behavioral lag）。這個理論認為，在沒有汽車的情況下，動物習慣了悠哉過馬路並在路肩覓食，當交通恢復後，牠們無法迅速調整行為。人類暫停期非但沒有讓自然復原，反而讓動物變得更大膽。那些胡亂穿越馬路的鹿和熊，並未準備好面對人類的回歸。

我們也更加深陷在道路的束縛之中。汽車成為個人的防護工具，就像N九五口罩。駕駛躲在無病毒的私家轎車中，逃避公車和地鐵的骯髒危險。紐約證券交易所禁止員工搭乘大眾運輸工具；舊金山的官員憂鬱的預測，火車乘客數量大幅減少，將引發「公共運輸系統死亡漩渦」。隨著遠距工作取代辦公室，解放的城市居民逃往鄰近公園和健行步道的郊區外，使得美國偏遠地區的房地產蓬勃發展。新的開發區催生出新的道路。新墨西哥州的一位生物學家寄給我一張衛星照片，上面是阿布奎基（Albuquerque）郊區未完工的住宅區，只見沙漠上遍布著預建好的道路，如同一個怪異的迷宮，這些道路正靜靜等待房舍的興建，以證明它們是合理的存在。推廣「地景切開」這個詞的道路生態學家傑格告訴我：「這是一種沒有止盡的欲望。不論建造多少道路，他們總是想要更多。」

傑格的觀點很難反駁。二〇二一年一月，新聞網站《攔截》（*The Intercept*）發布針對東科利爾房地產擁有者（Eastern Collier Property Owners）的調查結果，說明這個佛羅里達州開發巨擘，如何請求聯邦政府批准把千百公頃的農場和森林，轉變為住宅區和其他形式的土地開發項目。根據保育人士的說法，這個開發集團的計畫將導致許多車輛進入佛羅里達美洲獅的棲地，而這個已經很脆弱的族群，根本無法承受更多個體的死亡。調查所發現的文件包括一封東科利爾的律師寫給美國魚類和野生動物管理局（U.S. Fish and Wildlife Service）的信，信中聲稱：「未來佛羅里達美洲獅與第三方駕駛的車輛之間發生的非現場碰撞」，不應歸咎於新建的房屋和道路。這個論點隱含著某種危險的巧思。如果美洲獅撞擊事故是惹麻煩的「第三方」所闖的禍，也就是你我這樣的個別駕駛，那麼路殺必然是每個人的錯。如果路殺是每個人的錯，也就沒有人該負責，甚至連引入車流的開發商也不能歸咎。事情就是會這樣發生，悲傷但不可避免，一場車禍。

這讓人想起每當車禍發生時，我們總是會分派罪責。正如一項常受引用的統計數據所顯示的，百分之九十四的車禍是人為疏失。從直覺來看，好像是對的，誰沒罵過不看後方來車就變換車道的白痴？但依照這種思考模式，製造更大型休旅車的汽車公司，以及設計不良街道的工程師，全都得以卸責。正如化石燃料的使用，我們對汽車的依賴並不是出於個人的選擇，而是因為商業公司的設計。早在一九六八年，《讀者文摘》已把高速公路的遊說團描述為「一個高壓聯盟，成員是為了利益而推動高速公路的人，包括卡車司機、建築工會和廣告招牌商，他們在美國交通系統的開發過程中橫行霸道，全然無視健全的發展。」把根深柢固的問題歸咎於個人失誤，而不是公司權力結構，還有什麼比這種說法更美國風格的呢？

解決道路問題最直接的辦法，是集體拒絕汽車。就像耆那教僧侶，因為認為汽車旅行

「極其暴力」，所以只靠雙腳在印度旅行。我非常欽佩堅守原則的非駕車者，他們不願參與汽車的罪行，所以騎電動自行車去購物，藉由公車通勤，搭乘國鐵到遠方旅行；我也深深佩服那些努力讓社區擺脫汽車控制的倡議者。在寫這本書的過程中，我有時會覺得自己像個失敗主義者，彷彿藉由讚揚野生動物穿越通道，排除了更激進而無車的可能未來。

雖然我不希望自用車輛取得主導地位成為一種自我應驗的預言，但仍希望自己對全球交通的未來保有現實感。汽車數量幾乎肯定只會更多，不可能減少。有人預測，到了二〇三〇年，全球道路上將有二十億輛車，是二〇一〇年的兩倍。其中有許多車輛會是電動車，這對氣候來說可能是好事，但無法為紅鹿或美洲豹貓帶來安慰。只靠自行車和大眾運輸系統，無法讓生態系統逃過高速公路。大眾運輸系統主要位在城市和郊區，道路生態問題卻集中在鄉間，很難想像公車系統能讓懷俄明州的黑尾鹿遠離汽車傷害。

我們很難擺脫汽車，需要做的是重新配置現有的高速公路，以控制危害。無論如何，晚上要放慢車速，看到蛇要踩煞車，也要把蠑螈搬過馬路。然而，減少道路對土地的干擾，並不是個別駕駛的工作，就像更換燈泡無法解決氣候變遷一樣。相反的，這是公共工程，而且是歷史上最龐大的工程之一。就像重新造林、物種重新引入和重新修復牡蠣礁一樣，是歷史學家貝里（Thomas Berry）所描述的人類偉大事業（Great Work）的一部分：「把人類的計畫從破壞的剝削轉為良性的存在。」每個屋頂上都有太陽能板，每個洪氾區都有濕地，每個遷徙廊道都有野生動物穿越通道。我們對穿越通道的投資，必須與保護棲地的承諾搭配，一座穿越陸橋的周邊若只有商業街道和公寓大樓，就只是一座昂貴的橋梁，無法通向任何地方。

利歐波德在呼籲建立土地倫理時，曾寫下以下名言：「只要能夠維護生物群落的完整、穩定和美麗，那就是正確的。」依照這個標準，道路可能是錯得最離譜的東西，無論侵入何處，都會帶來混亂，破壞生物群落的完整。也許我們需要同樣的道路倫理，用一句箴言簡潔有力的指出道路的對錯。也許像這樣：當規劃者盡其所能避免破壞生物群聚和人類社區，這條道路就是對的。或像這樣：當道路，如其主人，屬於土地，而非征服土地，這條道路就是對的。「薩利希和庫特奈部落聯盟」在面對九十三號高速公路所說的格言，終究不能再更好了：「道路是訪客。」這造就了北美最好的道路生態計畫之一。

∞道路之外

新冠肺炎大流行的第二個秋天，道路生態學的偉大事業總算姍姍來遲。修復破爛的基礎建設這個持久不墜的夢想，似乎是我們擺脫困境的唯一方式。二〇二一年十一月，美國國會通過一項一兆兩千億美元的基礎建設法案，是自艾森豪總統授權建設州際公路以來，最大的基礎建設法案。這個法案撥款數十億美元給各種常見的混凝土建設，例如維修橋梁和鋪設高速公路。然而在政府端出的牛肉中，有個較具革命性的項目：其中三億五千萬美元將用於野生動物穿越通道、圍籬和其他有關道路生態的介入措施。這無疑是美國有史以來最高額的動物友善基礎建設經費。

這項發展很容易讓人感到懷疑，正如道路生態學家克拉默對我指出的，三億五千萬美元在整筆交通預算中，只是「微不足道的灰塵」，更何況這個法案會投入數十億美元擴建高速公路，將使得地景分割的現象更加惡化，這本是道路生態學企圖解決的問題。儘管如此，能有設立野生動物穿越通道的專門項目，仍然值得慶幸，這表示交通建設的優先順序正在改變，或至少多出了額外的優先事項。動物不必再與坑洞和生鏽的橋梁爭奪零星的經費。大地景保育中心（Center for Large Landscape Conservation）的道路生態學家艾曼特（Rob Ament）表示，以這筆經費，「我們無法處理每一公里的高速公路，但可照顧到許多野生動物族群深受影響的地區。」大地景保育中心將是設計和推動野生動物穿越通道項目的組織之一。

基礎建設法案不僅支持更多穿越通道，還預告將有新型的道路生態計畫。法案承諾優先考慮「創新技術」和「先進設計技術」，這是一個有趣的條文，代表沒有人知道其中的意義，也許是資助更複雜的動物偵測系統，以新型的路邊感測系統偵察動物，當動物進入道路時，就打開閃爍的號誌。[1] 艾曼特希望能用纖維強化聚合物（FRP）打造野生動物穿越陸橋。這種複合材料比鋼筋水泥更輕、更堅固，而且應該很快會變得更便宜。如此一來，理論上可用模組化的單元搭建野生動物穿越陸橋，工程師不必中斷交通，就能在現場把橋梁組合起來。材料可採用植物素材，如亞麻纖維，或採用再生塑膠。艾曼特表示，最令人興奮的是，這種未來陸橋是可移動的，當氣候變遷導致野生動物遷徙時，可將陸橋拆卸下來再重新組合。當動物的活動範圍發生變化，穿越陸橋可能隨之移動，彷彿聚合的象群那般，在大地上緩慢移動。

基礎建設法案通過前後，我開車沿著九十號州際公路穿過華盛頓州，去探訪進行中的偉大事業。美國西北部內陸地區從我眼前飛掠而過，深切高地、麥田、松林，空間和時間在速度中消融。我朝西開去，地勢往上傾斜，艾蒿草原逐漸變成山麓，然後是山脈。雲層愈發低了，朝著雲杉灑落雪花。我抵達斯諾夸米山口（Snoqualmie Pass）。

斯諾夸米山口是華盛頓州的一座花崗岩山口，冰川、艾蒿草原、森林等各種不同的棲地在這裡交會與融合，彷彿生態的十字路口。紅鹿跌跌撞撞的穿過樹林，山羊蹄子踩得石頭嘎嘎作響，狼獾在隱密處緩步前進。露出地表的岩石上有活潑的跳鼠和鼠兔，溪流中有強壯紅點鮭和陸巨螈在翻動。斯諾夸米、馬庫束特（Muckleshoot）、雅卡馬（Yakama）等原住民，過去一直是步行穿越山口，在東側獵鹿，在西側捕鮭魚，在腳下的苔蘚和針葉上踩出小徑。一八六〇年代，馬車道開通，把西部內陸地區連接至名為西雅圖的泥濘潮汐帶。一九〇五年，第一輛汽車緩緩駛過，隨後出現一條雙線道公路。聯邦政府後來把這條公路拓寬為四線道，重新命名為九十號州際公路，但這條道路依然迂迴曲折、照明昏暗，路面崎嶇不平。雪崩和山崩吞沒駕駛，一年冬天，我自己也差點成為斯諾夸米的亡魂。在暴風雪中，我緊緊抓住方向盤，衝過山口，結果車子打滑撞到護欄。我人沒事，但汽車的定位可就沒那麼好了。

華盛頓州交通部門對斯諾夸米的危險狀況並未視而不見，一九九〇年代末，州政府開始計劃九十號州際公路延宕已久的重建工程。由於公路周邊土地由美國林務署管理，儘管不情願，州政府還是得與林務署協商。兩機構的第一次會議並不順利，林務署的生物學家加維達爾達（Patty Garvey-Darda）在會上表達偏好的重建方式，希望能打造一座長達數公里的巨大橋梁，讓動物可在公路下方漫步，前往任何想去的地方。注重成本的工程師聽得目瞪口呆，難以置信的陷入沉默。

接下來幾年，談判依然緊張。在一次會議之前，加維達爾達還在盥洗室裡吐了。儘管如此，她還是打起精神，保持愉快並且孜孜不倦。她召集同事在雪地裡尋找動物足跡，確定設立穿越通道的地點，當然也造訪了班夫國家公園，並且贏得工程師的支持。保育人士呼籲適度提高汽油稅，用於建造穿越通道，像這樣要求更多建設經費的環保運動，史上少見。很快的，過去的敵人開始攜手合作，工程師在長達二十四公里的高速公路路段上，設置了二十多個野生動物穿越通道。

這些穿越通道與斯諾夸米山口的生物多樣性相互配合，包含各種形式，有讓熊和美洲獅通過的寬敞地下道，有鱒魚和蠑螈可用的升級版涵洞，還有給蟾蜍和老鼠的隧道。這是華盛頓州的偉大事業，把累積了二十年的道路生態知識用在一條高速公路上。旗艦建築是一座班夫式的雙拱陸橋，橋面高出公路十公尺。二〇一八年十二月，一隻郊狼成為踏上陸橋的第一隻動物，熱像儀捕捉到牠跑上橋梁一端、再從另一端下橋的畫面。牠高昂著頭，腳步輕快，成了夜色中疾馳的幻影。

為了親自體驗這座穿越陸橋，我來到斯諾夸米山口，由加維達爾達擔任導遊。我們在路旁的暫停區與她的同事會合，共乘一輛車前往陸橋。公路旁的圍欄上有個上鎖的閘門，上面懸掛著告示：「野生動物廊道，禁止進入」，警告徒步旅行者、獵人和新冠肺炎疫苗抗議者離開——抗議人士原本計劃從陸橋上懸掛反疫苗標語，後來被林務署勸退。加維達爾達打開閘門，我們一腳走入森林。她說幾年前，高速公路周圍的土地曾是鋪好路面的休息區，交通部門在興建陸橋時，連帶剷除了那些硬邦邦的路面，現在，這片土地已成為泥濘的濕地。斯諾夸米的穿越通道屬於一項更大的修復工程，這項工程的目標是縮小高速公路的影響，打造一個人類暫停區，讓荒野世界重返人類遺棄的空間，讓大自然將人類的基礎建設占為己用。

我們爬到陸橋的最高處。這是我自二〇一三年以來，第一次走上陸橋。那時我走過的是蒙大拿州九十三號國道上方的穿越通道，過了這些年，道路生態學的技術進步不少。混凝土牆阻擋了往來車輛的蹤跡和聲音，散落的岩石堆和原木為齧齒動物和兩生類提供掩護。苗圃裡種植的幼苗，有毛核木、野玫瑰和楓樹，從芳香的覆土中探出頭來。根據銀色標籤，可看出哪裡植入了本土真菌，已枯去的花旗松則召喚著啄木鳥。四處可見紅鹿的糞便，牠們經常成群躺在陸橋上，當卡車在橋下呼嘯而過時，母鹿在餵奶，公鹿在打架。加維達爾達說：「對我來說，這是最酷的意外。我以為牠們會從一邊上來，然後快速跑過。但其實不然，牠們會在這裡閒逛，做自己的事。這裡已經成為牠們的活動範圍了。」

儘管紅鹿最喜歡待在這座橋上，但其他較小的動物也會使用陸橋。陸橋上裝置了陷阱，以低矮的鋁條引導跳鼠、鼩鼱、蟾蜍和其他小型動物，讓牠們掉入埋在橋面下的水桶裡，以便計算數量和研究。會掉進桶裡的動物，大多能在各種棲地中生活，是勇敢的探險家，幾乎可在任何環境中存活。但隨著陸橋上的灌木和樹木變得茂盛，原本較少見到的森林居民，例如鼯鼠和雪鞋兔，也可能出現。有些小動物，像是紅背田鼠，則是一輩子都在岩石堆中穿梭。斯諾夸米的穿越通道就像洛杉磯自由峽谷的陸橋，與其說是一座橋，不如說是一個環境，是生機盎然與動物賴以生存的空間。

站在陸橋之上，我試想著它的未來。樹冠層年年變厚，松樹高聳入雲。黑熊在秋季時節緩慢走過，前往遠處山脈，那裡的火山碎片堆中有牠的巢穴。美國大山貓踏過細雪，長著一簇長毛的耳朵，警覺的收聽野兔進食的聲音。尾巴蓬鬆的食魚貂攀上一棵鐵杉，眼神機警，道格拉斯松鼠發出斷斷續續的警報聲。美西蟾蜍、喀斯開蛙、鱷蜥，正悄悄隱密的慢慢前進。狼獾朝南走去，前往傳說中有母狼獾的地方，利爪彎曲，兇猛而蓄勢待發，整個森林都隨著牠的經過而顫抖。鼩鼱迅速跑過倒木之間，只有熱像儀和鵂鶹注意到牠的蹤跡。生命不在路上，而在道路之上、道路之外，這條道路，動物永遠不會遭遇，大地永遠不會注意。

1. 動物偵測系統與傳統的「有鹿出沒」靜態標誌不同，只在確實偵測到動物時才亮起號誌，可防止駕駛因為習慣而對警告視而不見。如果看到號誌閃爍，就知道要踩煞車了。這些系統通常可以減少約百分之五十的路殺。

致謝

我認為撰寫道路生態學最困難的部分，是捕捉人類生態系統的複雜。每座野生動物穿越通道，從最宏偉的陸橋到最簡陋的涵洞，都是合作的產物，包括倡導穿越通道的保育專家和關心此事的當地人士、為這些人提供數據的科學家，以及設計通道的工程師、承包工程的建築商，還有提供資金的政治人物，以及其他許多角色。這個領域的廣度和跨學科性，是它的優勢，但也讓記者的工作增加難度，至少對我這個記者來說的確如此。書籍的寫作難免必須精簡，對於我所遺漏的人和團體，敬請見諒。

道路生態計畫的數量真的很多，每個計畫各有創新之處和影響力，而且每個月還有更多計畫在執行中。書中未提到還有鱷魚巷（Alligator Alley）、鴿子峽（Pigeon Gorge）、托賓陸橋（Tobin Land Bridge）等等幾十個值得記錄的大膽計畫。這本書也可以寫成另一個版本，描述道路生態學史上完全不同的建設、人物和觀點。《與路共生》這本書，絕不是有關道路和自然的最終定論，我熱切希望這本書能促使讀者進一步探索這個領域。

撰寫本書的過程中，我採訪了大約兩百五十個消息來源，書中只出現其中一些人的名字，有許多我未能提及。這些專家中的每一位，無論名字是否出現在書中，都讓我更加了解道路生態學的歷史和它的實際應用。雅各布（Aerin Jacob）、哈地（Amanda Hardy）、蘭姆（Clayton Lamb）、尼克森（Greg Nickerson）、岡森（Kari Gunson）、多德（Norris Dodd）和德沃特（Travis DeVault）非常慷慨的分享了自己的專業知識。勞森（Alexander Lawson）和范丹澤（Braeden Van Deynze）提供了有用的意見。「動物道路穿越通道解決方案」（ARC Solutions）為推進野生動物穿越通道科學做出了巨大貢獻，該組織的執行董事卡拉漢（Renee Callahan），就像陸橋一樣有效率，把我和各種資源及人脈聯繫起來。斯威托斯基（Adam Switalski）帶我參觀蒙大拿州的道路廢除地點，讓我大開眼界；茨維斯勒（Sarah Zwissler）和阿米迪亞伯拉罕（Garshaw Amidi-Abraham）協助我造訪提拉木克郡；莫雷諾（Jessica Moreno）帶我前往土桑（Tucson），訪察甲骨文路（Oracle Road）上壯麗的穿越通道；斯科奈米洛（Daniel Scognamillo）開車帶我參觀德州南部的美洲豹貓棲地；丹尼斯・傅里曼和蕾娜塔・傅里曼（Dennis and Renata Freedman）向我介紹了他們的叢林袋鼠。鐘基思（Keith Chung，音譯）帶我參加他在塔斯馬尼亞獨創的企鵝散步活動。是的，企鵝也會遇到路殺，至少不能排除這種可能，但鐘基思在企鵝繁殖地區和沿海高速公路之間安裝圍籬，免除了這項危機。

在最近十年裡，我的報導得到多個機構幫助。這本書的部分內容最早發表在《大西洋月刊》（*The Atlantic*）、《信徒雙月刊》（*Believer*）、《生物圖像》（*bioGraphic*）和《高鄉新聞》（*High Country News*）；感謝這些媒體和其他出版社編輯人員的敦促，也謝謝他們潤飾了我的文字。二〇一三年，《解方新聞網》（*Solutions Journalism Network*）資助我進行了一次難忘的黃石公園至育空地區之旅，為期兩個月，我就是在當時與修伊瑟一起，首度開上了九十三號高速公路。當時任職於蒙大拿州交通部門的巴斯廷（Pat Basting）也參加了這次旅行，並激發我對道路生態學的興趣。二〇一九年，派特森基金會（Alicia Patterson Foundation）提供一筆獎助金，讓我前往巴西和澳洲等地旅行，也讓我有時間和空間，把為雜誌撰寫的文章擴充為本書主題。當人類暫停期威脅著擾亂我的報導時，懷廷基金會（Whiting Foundation）在二〇二〇年提供的創意非小說類補助金，讓我得以完成報導。

我的經紀人斯特羅斯曼（Wendy Strothman）看到本書的潛力，為我找到一個優秀的出版社。作家兼博物學家李奇（Rob Rich）提供精闢的建議，他對語言的感知與對動物跡象的觀察同樣敏銳。有了諾頓出版公司（W. W. Norton & Company）許多優秀人士的協助，本書才得以完成。我要特別感謝西迪基（Huneeya Siddiqui）和韋蘭德（Matt Weiland），韋蘭德宛如人形ＧＰＳ，每當我的寫作就要進入死胡同時，他的建議都會引導我再次回到高速公路。

最後，我的妻子艾莉絲．羅絲（Elise Rose）不僅為我的文稿提供寶貴意見，還陪伴我經歷書中描述的許多冒險。對於她多年來的支持，以及我家人和朋友的支持，我永遠深切感激。

資料來源

（數字為頁碼）

前言：燕子的翅膀

20 「一旦環境毀了」：Charles Brown, interview with the author, January 11, 2019.

22 被車撞死的崖燕擁有較長的翅膀：Charles R. Brown and Mary Bomberger Brown, "Where Has All the Road Kill Gone? " *Current Biology* 23, no. 6 (2013): 233–234.

24 「生活中的一切都在別處」：E. B. White quoted in the seminal textbook on road ecology: Richard T. T. Forman et al., *Road Ecology: Science and Solutions* (Washington, D.C.: Island Press, 2003), 49.

24 「象徵人類焦躁不安的建築」：Rebecca Solnit, *Savage Dreams, Twentieth Anniversary Edition* (Berkeley: University of California Press, [1994] 2014), 365.

24 「帶我們去任何地方的雙線道」："Thunder Road," by Bruce Springsteen, released 1975, track 1 on *Born to Run*, Columbia PC 33795.

24 「陸域脊椎動物死亡的首要直接人為因素」：Richard T. T. Forman and Lauren E. Alexander, "Roads and Their Major Ecological Effects," *Annual Review of Ecology and Systematics* 29 (1998): 212.

24 每個星期死於美國道路上的鳥類更多：死於「深水地平線」鑽油平臺的鳥類約有一百萬隻；在此同時，路殺死亡的鳥類每年估計有八千萬，或每日二十二萬。Wallace P. Erickson, Gregory D. Johnson, and David P. Young Jr., "A Summary and Comparison of Bird Mortality from Anthropogenic Causes with an Emphasis on Collisions," in *Bird Conservation Implementation and Integration in the Americas: Proceedings of the Third International Partners in Flight Conference,* ed. C. John Ralph and Terrell D. Rich, vol. 2, Gen. Tech. Rep. PSW-GTR-191, March 20–24, 2002, Asilomar, CA (Albany, CA: U.S. Department of Agriculture, Forest Service, Pacific Southwest Research Station, 2005), 1029–1042.

24 死亡數量增加了四倍：Jacob E. Hill, Travis L. DeVault, and Jerrold L. Belanta, "Research Note: A 50-Year Increase in Vehicle Mortality of North American Mammals," *Landscape and Urban Planning* 197 (2020): 103746.

25 路面累積的沉積物開始流入蒙特羅西湖：G. Evelyn Hutchinson et al., "Ianula: An Account of the History and Development of the Lago di Monterosi, Latium, Italy," *Transactions of the American Philosophical Society* 60, no. 4 (1970): 1–178.

25 在非洲加彭，紅火蟻隨著伐木道路傳播的速度：Peter D. Walsh et al., "Logging Speeds Little Red Fire Ant Invasion of Africa," *Biotropica* 36, no. 4 (2004): 637–641.

25 道路影響區域：Richard T. T. Forman, "Estimate of the Area Affected Ecologically by the Road System in the United States," *Conservation Biology* 14, no. 1 (2000): 31–35.

25 看到的鳥類數目仍然不如沒有道路的荒野：Ana Benítez-López, Rob Alkemade, and P. A. Verweij, "The Impacts of Roads and Other Infrastructure on Mammal and Bird Populations: A Meta-Analysis," *Biological Conservation* 143 (2010): 1307–1316.

25 灰狼可經由伐木和採礦的道路侵入：Hillary Rosner, "Pulling Canada's Caribou Back from the Brink," *Atlantic*, December 17, 2018.

26 沙漠土壤軟化，囊鼠也因此受惠：Laurence M. Huey, "Mammalian Invasion via the Highway," *Journal of Mammalogy* 22, no. 4 (1941): 383–385.

26 「我注意到照片上有一條對角切過的長線」：Richard Forman, interview with the author, July 31, 2019.

27 「道路和交通用地如何改變周邊動植物」：Forman et al., *Road Ecology*, 7.

29 「道路是訪客」：Quoted in Mark Matthews, "Montana Tribes Drive the Road to Sovereignty," *High Country News*, August 13, 2001.

30 荷蘭推出一項解決棲地碎裂化的國家計畫：Edgar A. van der Grift, "Defragmentation in the Netherlands: A Success Story? " *GAIA* 14, no. 2 (2005): 144–147.

31 數以萬計成功穿越通道的案例：Marcel P. Huijser et al., "Effectiveness of Short Sections of Wildlife Fencing and Crossing Structures along Highways in Reducing Wildlife–Vehicle Collisions and Providing Safe Crossing Opportunities for Large Mammals," *Biological Conservation* 197 (2016): 61–68.

32 「兩岸之間黝黑、光滑且筆直」：Richard Adams quoted in Forman et al., *Road Ecology*, 113.

33 「我們看待路上的生命消耗」：Barry Lopez, *Apologia* (Athens: University of Georgia Press, 1998).

34 「基礎建設海嘯」：William F. Laurance, "Conservation and the Global Infrastructure Tsunami: Disclose, Debate, Delay!" *Trends in Ecology & Evolution* 33, no. 8 (2018): 568–571.

34 四分之三尚未動工：Hans-Peter Egler and Raul Frazao, "Sustainable Infrastructure and Finance: How to Contribute to a Sustainable Future," United Nations Environment Programme, 2016, https://wedocs.unep.org/20.500.11822/7756.

35 「基礎建設沒什麼好聊的」：John Oliver, "Infrastructure," *Last Week Tonight with John Oliver*, HBO, March 2, 2015.

36 「其他國度的居民」：Henry Beston, *The Outermost House, Seventy-Fifth Anniversary Edition* (New York: Henry Holt, 2003), 25.

36 straßenökologie 的翻譯：Heinz Ellenberg et al., "Straßen-Ökologie: Auswirkungen von Autobahnen und Straßen auf Ökosysteme deutscher Landschaften" (Road ecology: Effects of motorways and roads on ecosystems in German landscapes), *Ecology and Road: Pamphlet Series of the German Road League* 3 (1981): 19–22.

第1章：魔鬼馬車來了！

41 「是冒著生命危險，取得豐富的昆蟲學收藏」：Charles C. Nutting, "Barbados-Antigua Expedition," *University of Iowa Studies in Natural History* 8 (1920): 165, 118.

41 「大量的動物死屍」：Dayton Stoner, "The Toll of the Automobile," *Science* 61, no. 1568 (1925): 56–57.

41 「受到兩股力量的嚴格控制」：L. L. Snyder, "Dayton Stoner—1883 to 1944," *Journal of Mammalogy* 26, no. 2 (1945): 111–113.

42 「車輪輾碎鼴鼠的地下道」：Thomas Hardy, "The Field of Waterloo," quoted in Claire Tomalin, *Thomas Hardy* (London: Penguin, 2007), Google Books.

42 「限制許多生命形式自然增長的重要因素之一」：Stoner, "Toll of the Automobile," 57, 56.

43 「明智選擇出最可靠、最直接的路線」：Archer Butler Hulbert, *Historic Highways of America, Volume 1: Paths of the Mound-Building Indians and Great Game Animals* (Cleveland: Arthur H. Clark, 1902), 137.

43 美洲原住民固定使用的步道：Roxanne Dunbar-Ortiz, *An Indigenous Peoples' History of the United States* (Boston: Beacon, 2014), 29–30.

43 「在遍布卵石和岩石的地方」：Quoted in Sidney Smith Rider, *The Lands of Rhode Island: As They Were Known to Caunounicus and Miantunnomu When Roger Williams* Came in 1636—An Indian Map of the Principal Locations Known to the Nahigansets, and Elaborate Historical Notes (Providence: Sidney Smith Rider, 1904), 23.

43 「閃現（白人）沉重的腳步將踏遍整塊土地的不祥預感」：Nathaniel Hawthorne, *Tales in Two Volumes: Vol. 1* (London: Bell and Daldy, 1866), 39.

43 「讓我們用完美的道路和運河系統」：John Calhoun quoted in U.S. Federal Highway Administration, *America's Highways: 1776–1796* (Washington, D.C.: U.S. Department of Transportation, 1977), 19.

44 用武力強迫波托瓦托米族：Federal Highway Administration, *America's Highways*, 23.

44 「又恢復成森林裡的一道痕跡」：Federal Highway Administration, *America's Highways*, 15.

44 「鄉村道路的黑暗時代」‧‧Federal Highway Administration, *America's Highways*, 51.

44 用牡蠣殼來鋪路‧‧Mary Jo O'Rear, *Barrier to the Bays* (College Station: Texas A&M University Press, 2022), 77.

44 「麥稈日」‧‧M. O. Eldridge, "Road Improvement in the Pacific Northwest," *Good Roads Magazine*, January 1904, 4.

45 「最高尚、最充分和最完整的一種結合身心靈的文化」‧‧Quoted in Livia Gershon, "The Moral Threat of Bicycles in the 1890s," *JSTOR Daily*, February 22, 2016.

45 「騎自行車的東部人」‧‧Harvey Ingham, "Practical Road Reform in Iowa," *Good Roads Magazine*, July 1893.

45 「目標學習道路」‧‧Earl Swift, *The Big Roads* (New York: Houghton Mifflin Harcourt, 2011), 16.

45 「（過去十年）所做的工作，比之前百年還多」‧‧Eldridge, "Road Improvement in the Pacific Northwest," 3.

45 「歐洲完全無法想像的」‧‧Quoted in Christopher Wells, *Car Country: An Environmental History* (Seattle: University of Washington Press, 2012), 42.

45 只有百分之八符合「改善」標準‧‧Swift, *Big Roads*, 24.

46 「購買汽車的美國人發現」‧‧Albert Pope quoted in Wells, *Car Country*, 40.

46 連兄弟姊妹都稱他為「先生」‧‧Swift, *Big Roads*, 55.

46 其他郡很快也會「碎石遍布」‧‧Thomas MacDonald, "Our Iowa Roads," *Webster City Freeman*, August 29, 1916.

46 每年有六萬四千公里的道路得到改善‧‧Swift, *Big Roads*, 82.

47 「道路是受風和水控制的有機實體」‧‧Wells, *Car Country*, 33.

47 不要在電車軌道上修剪指甲‧‧Peter Norton, *Fighting Traffic* (Cambridge, MA: MIT Press, 2008), 70.

48 「路霸」、「超速狂人」‧‧Bill Loomis, "1900–1930: The Years of Driving Dangerously," *Detroit News*, April 26, 2015.

48 「在腳踩油門、手握方向盤」‧‧"The Man in the Street," *Times Herald* (Port Huron, MI), August 20, 1923.

48 「密爾瓦基蘑菇」‧‧Norton, *Fighting Traffic*, 61.

48 汽車造成兩萬三千六百人死亡‧‧C. F. Hardwood quoted in *Long Island Railroad Information Bulletin* 3, no. 5 (1924): 24.

48 「濃濃的黑色血液」‧‧F. Scott Fitzgerald, *The Great Gatsby* (New York: Charles Scribner's Sons, 1925), 165.

48 各個城市紛紛發起反汽車示威活動‧‧Norton, *Fighting Traffic*, describes urban safety parades, 38–45.

49 底部朝天有如翻倒的烏龜‧‧Loomis, "Years of Driving Dangerously."

49 「距離規則」‧‧Travis DeVault et al., "Speed Kills: Ineffective Avian Escape Responses to Oncoming Vehicles," *Proceedings of the Royal Society B* 282, no. 1801 (2015).

50 「鬧鬼的汽車」：Bryant Baker, "The Haunted Auto," *Puck* 67, no. 1729 (1910).

50 「車輛在鋪設良好的路面上行駛得更快」：Stoner, "Toll of the Automobile," 57.

51 「死亡清點」：Gary Kroll, "An Environmental History of Roadkill," *Environmental History* 20 (2015): 8. 克羅爾的論文是有關路殺歷史的最佳學術文章，介紹了本章內許多的重要人物，包括史東納夫妻、西蒙斯、恰佩塔和貝利斯。

51 美洲白冠雞、紅翅黑鸝：Ernest D. Clabaugh, "Bird Casualties Due to Automobiles," Condor 30, no. 2 (1928): 157.

51 「巨大悲劇」：William H. Davis, "The Automobile as a Destroyer of Wildlife," *Science* (1934), quoted in Kroll, "Environmental History of Roadkill," 8.

51 「估計每公里的屍體數量接近六十三隻」：Kenneth Gordon, "Rabbits Killed on an Idaho Highway," *Journal of Mammalogy* 13, no. 2 (1932): 169.

52 「文明對鳥類生命的威脅」：Charles L. Whittle, "And Now the Devil-Wagon!" *Bulletin of the Northeastern Bird-Banding Association* 2, no. 3 (1926): 59.

52 「又軟又熱的柏油」：James Raymond Simmons, *Feathers and Fur on the Turnpike* (Boston: Christopher Publishing House, 1938): 14–16.

52 「我的合作夥伴可能把臭鼬標本寄來嗎?」：Simmons, *Feathers and Fur*, 21–22.

53 「消失的天空」：Simmons, *Feathers and Fur*, 57, 89.

53 「沒有駕駛經驗的年輕人在路上出沒」：Simmons, *Feathers and Fur*, 36, 30.

53 「迅速造成死亡」：Simmons, *Feathers and Fur*, 13.

54 「大量的爬行動物屍體」：Dayton Stoner, "Automobiles and Animal Mortality," *Science* 69, no. 1800 (1929): 670–671.

54 每公里有〇．〇四六隻臭鼬死亡：Dayton Stoner, "Highway Mortality among Mammals," *Science* 81, no. 2104 (1935): 401–402, cited in Kroll, "Environmental History of Roadkill."

54 「螞蟻含水量」："William A. Dreyer," *Bulletin of the Ecological Society of America* 37, no. 4 (1956): 93–94.

54 「特殊的傷害案例」：William A. Dreyer, "The Question of Wildlife Destruction by the Automobile," *Science* 82, no. 2132 (1935): 439–440. 有關德雷爾和史東納之間的爭論，請見 Kroll, "Environmental History of Roadkill."

54 「柔軟且容易變形」：Dayton Stoner, "Wildlife Casualties on the Highways," *Wilson Bulletin* 48, no. 4 (1936): 279.

55 「具有徹底而詳盡的特色」：Snyder, "Dayton Stoner," 111.

55 自稱為汽車王國："Year of Great Promise Lies before Organized Motordom," *Brooklyn Daily Eagle*, January 6, 1929.

55 「說廢話的江湖騙子」··Norton, *Fighting Traffic*, 97.

55 「給予所有動物合理的逃生時間」··Stoner, "Toll of the Automobile," 57.

55 「以（野生動物）安全為名的運動」··Simmons, *Feathers and Fur*, 9.

56 「有個柔軟的東西滾到我腳上」··Jerry Chiappetta, "Our Deadly Highway Game," *Field and Stream* 67, no. 1 (1962): 25.

56 「經過有鹿的地方時，你絕對不能放鬆警戒」··Chiappetta, "Our Deadly Highway Game," 126.

57 「稅收、發展、鹿」··Peter Swiderski, interview with the author, February 14, 2020.

57 每八分鐘就有一頭鹿與一輛車相遇··Sara Cline, "A Deer Is Struck Every 8 Minutes in NY—and It's Worse in the Fall," *Albany Times Union*, November 6, 2018.

57 鹿每年造成超過一百萬起車禍··Michael R. Conover et al., "Review of Human Injuries, Illnesses, and Economic Losses Caused by Wildlife in the United States," *Wildlife Society Bulletin* 23, no. 3 (1995): 407–414.

57 較新的估計值大約翻倍··Michael R. Conover, "Numbers of Human Fatalities, Injuries, and Illnesses in the United States Due to Wildlife," *Human-Wildlife Interactions* 13, no. 2 (2019): 264–76.

58 鹿車相撞事件每年在維吉尼亞州造成的損失，超過五億美元··Bridget M. Donaldson, "Improving Animal- Vehicle Collision Data for the Strategic Application of Mitigation," FHWA/VTRC report no. 18-R16, Virginia Transportation Research Council, U.S. Department of Transporta-tion, December 2017.

58 「我們並不知道情況有多嚴重」··Bridget Donaldson, interview with the author, May 5, 2020.

59 多達六千七百二十三隻··H. Elliott McClure, "An Analysis of Animal Victims on Nebraska's Highways," *Journal of Wildlife Management* 15, no. 4 (1951): 410–420.

59 「保護子民，確保鹿群不受肆意濫殺」··James Mooney, "Myths of the Cherokee" (Washington, D.C.: U.S. Government Printing Office, 1902).

59 每年出口五十萬張鹿皮··Shepard Krech, *The Ecological Indian* (New York: W. W. Norton, 1999), 160.

60 「曾有將近一世紀的時間」··James B. Trefethen, "The Return of the White-Tailed Deer," *American Heritage* 21, no. 2 (1970).

60 「距離巴比倫非常近」··Peter Whoriskey, "Life as Art," *Chicago Tribune*, May 9, 1997.

60 可開車致敬的殯儀館··Kenneth T. Jackson, *Crabgrass Frontier: The Suburbanization of the United States* (New York: Oxford University Press, 1985), 263.

61 「最保守的估計」··Fred A. Thompson, "Deer on Highways—1966 Supplement" (Santa Fe: New Mexico Department of Game and

Fish, 1966), described in Daniel L. Leedy, "Highway-Wildlife Relationships, Volume 1: A State of the Art Report," Urban Wildlife Research Center, U.S. Federal Highway Administration, 1975, p. 28. 31 quadrupled in a decade: Laurence R. Jahn, "Highway Mortality as an Index of Deer-Population Change," *Journal of Wildlife Management* 23, no. 2 (1959): 187–197.

61 麥卡錫也撞過一頭︰Associated Press, "McCarthys Miss Hurt in Deer, Car Crash," republished in the *Sacramento Bee*, October 23, 1956.

61 鹿殺數量在七年內從七千頭大幅增加為兩萬兩千頭︰Joseph P. Vaughan, "Influence of Environment on the Activity and Behavior of White-Tailed Deer (*Odocoileus virginianus*) along an Interstate Highway in an Agricultural Area of Pennsylvania," PhD dissertation, Pennsylvania State University, 1970.

61 「與死亡擦肩而過」︰"Close Call for 28 as Plane Kills Deer," *Standard Speaker* (Hazleton, PA), June 15, 1964.

62 「坐在裝滿鐵道釘的鋼桶裡」︰J. C. Furnas, "And Sudden Death," *Reader's Digest*, August 1935.

62 汽車公司帶來「死亡與傷害」︰Ralph Nader, *Unsafe at Any Speed* (New York: Grossman, 1965).

63 「原子鹿」︰Associated Press, "Atomic Deer," republished in *Herald-Palladium* (Benton Harbor, MI), December 31, 1956.

63 「現在道路上的號誌太多了」︰Chiappetta, "Our Deadly Highway Game," 126.

63 科羅拉多州的警示牌︰Thomas M. Pojar et al., "Effectiveness of a Lighted, Animated Deer Crossing Sign," *Journal of Wildlife Management* 39, no. 1 (1975): 87–91.

63 「桿子上的垃圾」︰Quoted in Josh Crane, "The Secret Life of Moose . . . Crossing Signs" (podcast), Vermont Public Radio, June 24, 2021, https://www.vermontpublic.org/programs/2021-06-24/the-secret-life-of-moose-crossing-signs.

63 「狩獵團體的靶子」︰Quoted in Paul Hanna, "The Impact of Interstate Highway 84 on the Sublett-Black Pine Migratory Deer Population" (Coeur d'Alene: Idaho Department of Fish and Game, October 1982), 43.

64 在一條危險的道路上安裝數十個反光鏡︰"Reflectors Save Deer," *Douglas County Herald*, August 12, 1971.

64 「警告光柵」︰Jim Arpy, "Strieter Product Saves Bucks," *Quad City Times* (Davenport, IA), March 24, 1986.

64 三十萬個施華洛世奇反光鏡︰Jim Arpy, "An Optical Fence Keeps Deer Jumping," *Quad City Times* (Davenport, IA), March 9, 1980.

64 由史崔特公司委託進行的一項分析︰Robert Grenier, "A Study of the Effectiveness of Strieter-Lite Wild Animal Highway Warning Reflector Systems," Strieter Corporation, June 28, 2002.

64 「道路規劃者不該輕易買單」︰Trina Rytwinski et al., "How Effective Is Road Mitigation at Reducing Road-Kill? A Meta-

Analysis," *PloS ONE* 11, no. 11 (2016).

64 這種恐懼就消失了‥ Marianne Ujvári, Hans J. Baagøe, and Aksel B. Madsen, "Effectiveness of Wildlife Warning Reflectors in Reducing Deer-Vehicle Collisions: A Behavioral Study," *Journal of Wildlife Management* 62, no. 3 (1998): 1094–1099.

65 「強大公路網絡」‥ Dwight. D. Eisenhower, "Address at the University of Kentucky Coliseum in Lexington," October 1, 1956, quoted in the American Presidency Project, https://www.presidency.ucsb.edu.

66 「移動可覆蓋康乃狄克州至膝蓋厚的泥土和岩石」‥ Quoted in Jane Holtz Kay, *Asphalt Nation* (Berkeley: University of California Press, 1997), 260.

66 「像是沿著開放道路漂浮的魔毯一樣」‥ Dan Albert, *Are We There Yet?* (New York: W. W. Norton, 2019), 124.

67 四十四隻鹿死亡‥ Frank W. Peek and Edward D. Bellis, "Deer Movements and Behavior along an Interstate Highway," *Highway Research News* 34 (1969): 39.

67 「道路用地可視為被高速公路一分為二的狹長牧場」‥ Edward D. Bellis and H. B. Graves, "Collision of Vehicles with Deer Studied on Pennsylvania Interstate Section," *Highway Research News* 43 (1971): 13.

67 九十四號州際公路沿線一道精心設置的圍籬‥ John Ludwig and Timothy Bremicker, "Evaluation of 2.4-m Fences and One-Way Gates for Reducing Deer-Vehicle Collisions in Minnesota," *Transportation Research Record* 913 (1983): 19–21.

67 「可能沒什麼用處」‥ Edward D. Bellis and H. B. Graves, "Highway Fences as Deterrents to Vehicle-Deer Collisions," *Transportation Research Record* 674 (1978): 56.

68 高速公路上放置假鹿模型‥ H. B. Graves and Edward D. Bellis, "The Effectiveness of Deer Flagging Models as Deterrents to Deer Entering Highway Rights-of-Way," report to Federal Highway Administration, Institute for Research on Land and Water Resources, Pennsylvania State University, University Park, 1978.

68 「急劇增加」‥ Bellis and Graves, "Highway Fences as Deterrents," 57.

68 「車流本身形成了一道移動柵欄」‥ Bellis and Graves, "Highway Fences as Deterrents," 57.

69 Roadkill一詞似乎是在一九四三年寫入詞典‥ Robert A. McCabe, *Hungarian Partridge* (Perdix perdix Linn.) Studies in Wisconsin (Madison: University of Wisconsin Press, 1943), 56.

69 喜鵲以「腐肉或路殺動物」為食‥ William Safire, "History Is Toast," *New York Times Magazine*, April 1997.

69 雄性的鼓腹蝰‥ G. J. Alexander and B. Maritz, data cited in Handbook of Road Ecology, ed. Rodney van der Ree, Daniel J. Smith, and Clara Grilo (Oxford: John Wiley & Sons, 2015), 442.

69 「一付刻板的蠢樣」：Mike Michaels, "Roadkill: Between Humans, Non-Human Animals, and Technologies," *Society and Animals* 12, no. 4 (2004): 285.

第2章：移動的柵欄

72 「我們很少在其他地方發現黑尾鹿」：Meriwether Lewis, "May 10, 1805," Journals of the Lewis and Clark Expedition (website), https://lewisandclarkjournals.unl.edu/item/lc.jrn.1805-05-10#lc.jrn.1805-05-10.01.

73 「地球自轉帶來的猛烈狂風」：Annie Proulx, *Close Range: Wyoming Stories* (New York: Scribner, 1999), 97.

73 懷俄明州有超過一百萬隻有蹄類動物：有關本州有蹄類動物遷徙的全面描述，請見 Matthew J. Kauffman et al., *Wild Migrations: Atlas of Wyoming's Ungulates* (Corvallis: Oregon State University Press, 2018).

75 「太空鹿莫妮克」：Ben Goldfarb, "Monique the Space Elk and the Wild History of Wildlife Tracking," *High Country News*, April 21, 2020.

77 牠們往返的距離將近五百公里：Hall Sawyer et al., "The Red Desert to Hoback Mule Deer Migration Assessment," Wyoming Migration Initiative, University of Wyoming, Laramie, 2014.

77 「我們之前完全不知道黑尾鹿有這種行為」：Hall Sawyer, interview with the author, March 18, 2020.

78 「老派的歡慶」：Joseph M. Carey quoted in the excellent John Richard Waggener, *Snow Chi Minh Trail: The History of Interstate 80 between Laramie and Walcott Junction* (Wheatland: Wyoming State Historical Society, 2018), 26.

78 「全國最糟糕的州際公路」：Quoted in Waggener, *Snow Chi Minh Trail*, 131, 127.

78 單一條遷徙路線上就有一千頭黑尾鹿死亡：A. Lorin Ward, "Mule Deer Behavior in Relation to Fencing and Underpasses on Interstate 80 in Wyoming," *Transportation Research Record* 859 (1982): 8.

79 「無法或不願」穿越州際公路：Hanna, "Impact of Interstate Highway 84," 31.

79 「野生動物的柏林圍牆」：Bill Andree quoted in Laura Peterson, "Building a Better Crosswalk—for Moose, Bear and Elk," *New York Times*, January 10, 2011.

79 焦急的刨著雪：有關此次事件的全面描述，以及八十號州際公路的全面衝擊，請見 Gregory Nickerson, "Repairing a Fragmented Landscape," *Western Confluence*, University of Wyoming, September 27, 2021, https://westernconfluence.org/repairing-a-fragmented-landscape/.

80 牠們像水壩後方的水一樣聚集在州際公路邊：Hall Sawyer, "Seasonal Distribution Patterns and Migration Routes of Mule Deer

in the Red Desert and Jack Morrow Hills Planning Area," Western Ecosystems Technology, for Bureau of Land Management, March 10, 2014, p. 19. For starvation rate, see Sawyer et al., "Red Desert to Hoback Mule Deer Migration Assessment," 16.

83 在「遷徙休息站」閒逛：Hall Sawyer and Matthew Kauffman, "Stopover Ecology of a Migratory Ungulate," *Journal of Animal Ecology* 80 (2011): 1078–1087.

84 「乘著綠色波浪」：Ellen O. Aikens et al., "The Greenscape Shapes Surfing of Resource Waves in a Large Migratory Herbivore," *Ecology Letters* 20 (2017): 741–750.

84 奮力追趕即將退去的綠色浪潮：Hall Sawyer et al., "A Framework for Understanding Semi-Permeable Barrier Effects on Migratory Ungulates," *Journal of Applied Ecology* 50, no. 1 (2012): 68–78.

85 正逐漸失去牠們的行動力，再也無法自由漫遊：Marlee Tucker et al., "Moving in the Anthropocene: Global Reductions in Terrestrial Mammalian Movements," *Science* 359, no. 6374 (2018): 466–469.

85 將動物分為四類：Sandra L. Jacobson et al., "A Behavior-Based Framework for Assessing Barrier Effects to Wildlife from Vehicle Traffic Volume." *Ecosphere* 7, no. 4 (2016): e01345.

87 隨意行走的行人覺得只要有五秒鐘的間距：Digvijay Pawar and Gopal Patil, "Pedestrian Temporal and Spatial Gap Acceptance at Mid-Block Street Crossing in Developing World," *Journal of Safety Research* 52 (2015): 39–46.

87 當汽車以每三十秒或更短的時間駛過：Corinna Riginos et al., "Traffic Thresholds in Deer Road-Crossing Behavior," Northern Rockies Conservation Cooperative, for Wyoming Department of Transportation, pub. no. WY-1807F, May 1, 2018.

88 「根據經驗」：Andreas Seiler and Manisha Bhardwaj, "Wildlife and Traffic: An Inevitable but Not Unsolvable Problem? " in *Problematic Wildlife II: New Conservation and Management Challenges in Human-Wildlife Interactions*, ed. F. M. Angelici, 171–190 (Springer, 2020), 174.

88 「有時看到牠們冒然行動」：Corinna Riginos, interview with the author, November 15, 2019.

89 「限制某些獸群的活動」：Bill Hepworth quoted in Nickerson, "Repairing a Fragmented Landscape."

89 「特別危險的鹿穿越路段」：Chiappetta, "Our Deadly Highway Game," 125.

89 這些地下道寬三公尺：Ward, "Mule Deer Behavior," 11.

90 「當牠們非常靠近時」：Hank Henry, interview with the author, April 14, 2020.

91 當亨利停止用蔬菜賄賂，鹿大多會避開涵洞：Kelly M. Gordon and Stanley H. Anderson, "Mule Deer Use of Underpasses in Western and Southeastern Wyoming," *Proceedings of the 2003 International Conference on the Ecology of Transportation*, Road

Ecology Center, University of California, Davis, 2003, p. 316.

92 每年有一百多隻鹿死於此處：Gordon and Anderson, "Mule Deer Use of Underpasses," 309.

92 「這只是把所有死鹿收攏到一個地方」：John Eddins, interview with the author, March 9, 2020.

93 寬敞、光線充足、吸引力強的地下道：黑尾鹿偏好○．六以上的開放率，請見 Anthony P. Clevenger and Nigel Waltho, "Factors Influencing the Effectiveness of Wildlife Underpasses in Banff National Park, Alberta, Canada," *Conservation Biology 14, no. 1 (2000): 47–56.*

94 路殺數量從每月近十隻大幅下降到不到兩隻：Hall Sawyer, Chad Lebeau, and Thomas Hart, "Mitigating Roadway Impacts to Migratory Mule Deer: A Case Study with Underpasses and Continuous Fencing," *Wildlife Society Bulletin* 36, no. 3 (2012): 492–498.

94 三年內，已有將近五萬頭黑尾鹿通過三十號高速公路底下：Sawyer, Lebeau, and Hart, "Mitigating Roadway Impacts to Migratory Mule Deer," 2012.

94 每次ＤＶＣ造成的社會損失，平均為六千六百美元：Marcel P. Huijser et al., "Cost–Benefit Analyses of Mitigation Measures Aimed at Reducing Collisions with Large Ungulates in the United States and Canada: A Decision Support Tool," *Ecology and Society* 14, no. 2 (2009): 15.

95 理想的圍籬長度：Marcel P. Huijser et al., "Effectiveness of Short Sections of Wildlife Fencing and Crossing Structures along Highways in Reducing Wildlife–Vehicle Collisions and Providing Safe Crossing Opportunities for Large Mammals," *Biological Conservation* 197 (2016): 61–68.

95 「我們終於可以跟工程師證明這些結構有效」：Patricia Cramer, interview with the author, November 9, 2021.

96 「我照片裡的鹿躺在州際公路邊的草地上」：Donaldson, interview with the author.

96 路殺數量下降了百分之九十以上：Bridget Donaldson and Kaitlyn E. M. Elliott, "Enhancing Existing Isolated Underpasses with Fencing Reduces Wildlife Crashes and Connects Habitat," *Human–Wildlife Interactions* 15, no. 1 (2021):148–161.

97 極少數例外：其中一次例外發生在愛達荷州的島嶼公園（Island Park），居民反對在二十號高速公路上方搭建陸橋，當地住戶所持的抗議理由是，路邊圍籬會破壞社區景觀；有些人甚至暗地表示陸橋是政府的陰謀，下一步就會奪取私有財產。請見 Ben Goldfarb, "When Wildlife Safety Turns into Fierce Political Debate," *High Country News*, January 1, 2020.

98 「這樣的車牌完全切中目標」：Joshua Coursey, interview with the author, March 9, 2020.

98 懷俄明州的黑尾鹿數量急劇下降：Mule Deer Working Group, "2021 Range-Wide Status of Black-Tailed and Mule Deer," Western Association of Fish and Wildlife Agencies, 2021, https://wafwa.org/wp-content/uploads/2021/07/2021-Rangewide-Status-of-Black-

tailed-and-Mule-Deer_Linked.pdf.

100 當有蹄類動物重新安置在陌生地區時‧‧Brett R. Jesmer et al., "Is Ungulate Migration Culturally Transmitted? Evidence of Social Learning from Translocated Animals," *Science* 361, no. 6406 (2018): 1023–1025.

100 六千年前遺留下來的叉角羚遺骸‧‧Mark E. Miller and Paul H. Sanders, "The Tappers Point Site (48SU1006): Early Archaic Adaptations and Pronghorn Procurement in the Upper Green River Basin, Wyoming," *Plains Anthropologist* 45, no. 174 (2000): 39–52.

101 三年內拍攝到接近六萬隻黑尾鹿‧‧Hall Sawyer and Patrick Rodgers, "Pronghorn and Mule Deer Use of Underpasses and Overpasses along US Highway 191, Wyoming," Western Ecosystems Technology, for Wyoming Department of Transportation, pub. no. FHWA-WY-06/01F, September 1, 2015. For nondirectional crossings, see p. 15.

103 根據二〇二一年通貨膨脹調整修伊瑟的數據‧‧"Reducing Wildlife Vehicle Collisions by Building Crossings: General Information, Cost Effectiveness, and Case Studies from the U.S.," prepared by the Center for Large Landscape Conservation for the Pew Charitable Trusts, 2020, https://largelandscapes.org/wp-content/uploads/2021/01/Reducing-Wildlife-Vehicle-Collisions-by-Building-Crossings.pdf.

第3章‧‧加州旅館

106 P一在一場殘酷的搏鬥中殺死牠長年來的伴侶‧‧有關個別美洲獅的故事，請見 "Puma Profiles," Santa Monica Mountains National Recreation Area, National Park Service, https://www.nps.gov/samo/learn/nature/puma-profiles.htm.

107 「長期以來所建立的去中心化、低密度發展模式」‧‧David Brodsly, *L.A. Freeway, An Appreciative Essay* (Berkeley: University of California Press, 1981), 7–9.

107 「一種單調可理解的地方」‧‧Reyner Banham, *Los Angeles: The Architecture of Four Ecologies* (Berkeley: University of California Press, 1971), 195.

107 「由郊區開發住宅、太空時代工業，和閃閃發光的商業中心組成的蔓生綜合體」‧‧Dave Siddon, "Ventura Freeway Vital Link for West Valley," *Valley Times*, April 2, 1960.

108 Landschaftszerschneidung‧‧Jochen Jaeger, *Landschaftszerschneidung: Eine transdisziplinäre Studie gemäss dem Konzept der Umweltgefährdung* (Stuttgart: Eugen Ulmer, 2002).

108 牠們的繁殖因此受到限制‧‧Kathleen Semple Delaney, Seth P. D. Riley, and Robert N. Fisher, "A Rapid, Strong, and Convergent

Genetic Response to Urban Habitat Fragmentation in Four Divergent and Widespread Vertebrates," *PloS ONE* 5, no. 9 (2010): e12767.

109 「令人振奮的運動」：Thomas Curwen, "A Week in the Life of P-22, the Big Cat Who Shares Griffith Park with Millions of People," *Los Angeles Times*, February 8, 2017.

110 「這些動物一直在移動」：Jeff Sikich, interview with the author, November 4, 2021.

110 「美洲獅八卦網」：Dana Goodyear, "Lions of Los Angeles," *New Yorker*, February 5, 2017.

111 「我們追蹤到的雌性美國大山貓」：Seth Riley, interview with the author, January 7, 2022.

112 「島嶼是物種滅絕的溫床」：David Quammen, *The Song of the Dodo* (New York: Scribner, 1997), 258.

113 《自然》期刊發表一篇驚人的研究論文：William Newmark, "A Land-Bridge Island Perspective on Mammalian Extinctions in Western North American Parks," *Nature* 325 (1987): 430–432.

113 「禮貌聽著年輕女子展現鋼琴演奏技巧」：Peter Ling, "Sex and the Automobile in the Jazz Age," *History Today*, November 1989.

114 灰熊族群被高速公路切割開來：Michael F. Proctor et al., "Genetic Analysis Reveals Demographic Fragmentation of Grizzly Bears Yielding Vulnerably Small Populations," *Proceedings of the Royal Society B* 272, no. 1579 (2005): 2409–2416.

114 由高速公路環狀匝道所包圍：I. Keller, W. Nentwig, and C. R. Largiader, "Recent Habitat Fragmentation Due to Roads Can Lead to Significant Genetic Differentiation in an Abundant Flightless Ground Beetle," *Molecular Ecology* 13, no. 10 (2004): 2983–2994.

114 很少在穿越後繁殖：Seth P. D. Riley et al., "Effects of Urbanization and Habitat Fragmentation on Bobcats and Coyotes in Southern California," *Conservation Biology* 17, no. 2 (2003): 566–576.

115 「滅絕漩渦」：John F. Benson et al., "Interactions between Demography, Genetics, and Landscape Connectivity Increase Extinction Probability for a Small Population of Large Carnivores in a Major Metropolitan Area," *Proceedings of the Royal Society B* 283, no. 1837 (2016).

115 佛羅里達美洲獅有心房中膈缺損：Warren E. Johnson et al., "Genetic Restoration of the Florida Panther," *Science* 329, no. 5999 (2010): 1641–1645.

115 佛羅里達美洲獅的數量也回升了：這並不代表佛羅里達美洲獅的族群恢復。二〇一八年，有二十六隻美洲獅死於佛州道路，對於一個總數只有兩百上下的族群，這是相當可怕的死亡率。

116 幾乎所有樣本都是異常的：Audra A. Huffmeyer et al., "First Reproductive Signs of Inbreeding Depression in Southern California

Male Mountain Lions (*Puma concolor*)," *Theriogenology* 177, no. 1 (2022): 157–164.
117 最早的穿越陸橋出現在法國：Forman et al., *Road Ecology*, 17.
118 「你去找工程師說」：Trisha White, interview with the author, November 6, 2020.
119 「在一九九〇年代中期」：Terry McGuire, interview with the author, July 15, 2020.
120 「這是世界上最便宜的田野工作」：Tony Clevenger, interview with the author, November 19, 2021.
120 麥奎爾的陸橋是昂貴的失敗品：關於班夫的穿越通道還有另一個迷思，稱為「獵物陷阱假說」，認為會導致灰狼和美洲獅習慣在通道上埋伏，等待獵殺鹿。想徹底反駁這項假說，請見 Adam Ford and Anthony Clevenger, "Validity of the PreyTrap Hypothesis for Carnivore-Ungulate Interactions at Wildlife-Crossing Structures," *Conservation Biology* 24, no. 6 (2014): 1679–1685.
120 「第一次見到克萊文傑時」：Adam Ford, interview with the author, January 3, 2020.
120 熊的活動開始增多：Adam T. Ford, Kathy Rettie, and Anthony P. Clevenger, "Fostering Ecosystem Function through an International Public–Private Partnership: A Case Study of Wildlife Mitigation Measures along the Trans-Canada Highway in Banff National Park, Alberta, Canada," *International Journal of Biodiversity Science & Management* 5, no. 1 (2005): 181–189.
121 有超過八萬個野生通勤者：Anthony Clevenger, "Highways through Habitats," *Transportation Research News* 249 (2007): 14–17.
121 「沒有證據顯示野生動物通道能否有效解決遺傳問題」：Luca Corlatti, Klaus Hacklander, and Fredy Frey-Roos, "Ability of Wildlife Overpasses to Provide Connectivity and Prevent Genetic Isolation," *Conservation Biology* 23, no. 3 (2009): 548–556.
122 八隻公灰熊和七隻母灰熊穿過高速公路：Michael A. Sawaya, Steven T. Kalinowski, and Anthony P. Clevenger, "Genetic Connectivity for Two Bear Species at Wildlife Crossing Structures in Banff National Park," *Proceedings of the Royal Society B* 281, no. 1780 (2014).
122 陸橋是最「適合家庭」的結構：Adam T. Ford, Mirjam Barrueto, and Anthony P. Clevenger, "Road Mitigation Is a Demographic Filter for Grizzly Bears," *Wildlife Society Bulletin* 41, no. 4 (2017): 712–719.
123 「克萊文傑基本上是野生動物生物學家中的布萊德彼特」：Robert Rock, interview with the author, May 7, 2021.
125 「這就像第一次看到大腳怪」：Miguel Ordeñana, interview with the author, October 23, 2021.
126 「對我們這些生活在洛杉磯的人來說」：Christopher Weber, "California to Build Largest Wildlife Crossing in the World," Associated Press, August 20, 2019.
132 「建築上堅固的地塊」：Clark Stevens quoted in Marianna Guernieri, "How to Build a Highway for Animals," *Domus*, September 12, 2019, https://www.domusweb.it/en/architecture/2019/09/12/how-to-build-a-highway-for-animals.html.

132 「預設做法」：Rock, interview with the author.

133 「動物家具」：實例請見 Miriam Goosem, "Wildlife Surveillance Assessment Compton Road Upgrade 2005," prepared for the Brisbane City Council by the Cooperative Research Centre for Tropical Rainforest Ecology and Management, 2005.

134 理想寬度的三分之一：Liam Brennan, Emily Chow, and Clayton Lamb, "Wildlife Overpass Structure Size, Distribution, Effectiveness, and Adherence to Expert Design Recommendations," *PeerJ* 10 (2022): e14371.

134 「一條義大利細麵」：Patricia Cramer, interview with the author, November 9, 2021.

135 「人為阻力」：Arash Ghoddousi et al., "Anthropogenic Resistance: Accounting for Human Behavior in Wildlife Connectivity Planning," *One Earth* 4, no. 1 (2021): 39–48.

136 不當的路殺可能導致美洲豹、美洲豹貓或伊比利大山貓滅絕：Ana Ceia-Hasse et al., "Global Exposure of Carnivores to Roads," *Global Ecology and Biogeography* 26, no. 5 (2017): 592–600.

137 狼群透過七座綠色橋梁重新在這片土地生活：Mike Plaschke et al., "Green Bridges in a Recolonizing Landscape: Wolves (Canis lupus) in Brandenburg, Germany," *Conservation Science* 3, no. 3 (2021).

137 「重返自然，再次迷人的城市」：Jennifer Wolch, *Animal Geographies* (New York: Verso, 1998), 124.

138 「痛苦的跡象」："California Department of Fish and Wildlife and National Park Service Team Up to Evaluate P-22," California Department of Fish and Wildlife News Room, December 8, 2022.

140 可在三十年內避免七十萬起鹿車撞擊事故：Sophie L. Gilbert et al., "Socioeconomic Benefits of Large Carnivore Recolonization through Reduced Wildlife-Vehicle Collisions," *Conservation Letters* 10 (2017): 431–439; and Jennifer L. Raynor, Corbett A. Grainger, and Dominic P. Parker, "Wolves Make Roadways Safer, Generating Large Economic Returns to Predator Conservation," *Proceedings of the National Academy of Sciences USA* 118, no. 22 (2021).

第4章：在冷血之中

145 「像舊自行車的輪胎一樣盤成一圈」：Mary Oliver, "The Black Snake," in *Twelve Moons* (New York: Little, Brown, 1979), 9.

145 至少有二十一種動物的生存受到汽車威脅：Marcel P. Huijser et al., "Wildlife-Vehicle Collision Reduction Study: Report to Congress," Western Transportation Institute, Federal Highway Administration, report no. FHWA-HRT-08-034, 2008.

146 全世界動物的數量平均減少了百分之六十：World Wildlife Fund, "Living Planet Report, 2018: Aiming Higher" (Gland, Switzerland: WWF, 2018).

146 有三分之一的脊椎動物⋯⋯Gerardo Ceballos, Paul R. Ehrlich, and Rodolfo Dirzo, "Biological Annihilation via the Ongoing Sixth Mass Extinction Signaled by Vertebrate Population Losses and Declines," *Proceedings of the National Academy of Sciences USA* 114, no. 30 (2017).

146 「青蛙沉默了」⋯⋯David M. Carroll, *Swampwalker's Journal* (New York: Houghton Mifflin, 1999), 49.

148 「大規模輾壓」⋯⋯Forman et al., *Road Ecology*, 19.

148 近兩萬八千隻豹紋蛙⋯⋯E. Paul Ashley and Jeffrey T. Robinson, "Road Mortality of Amphibians, Reptiles and Other Wildlife on the Long Point Causeway, Lake Erie, Ontario," *Canadian Field-Naturalist* 6, no. 6 (1996): 403–412.

148 一萬條紅邊襪帶蛇⋯⋯David Seburn and Carolyn Seburn, *Conservation Priorities for the Amphibians and Reptiles of Canada* (Toronto: World Wildlife Fund Canada and Canadian Amphibian and Reptile Conservation Network, September 2000).

148 兩千五百隻蟾蜍⋯⋯Trevor J. C. Beebee, "Effects of Road Mortality and Mitigation Measures on Amphibian Populations," *Conservation Biology* 27, no. 4 (2013): 657–668.

148 百分之九十五都是爬行動物和兩生類⋯⋯David J. Glista, Travis L. DeVault, and J. Andrew DeWoody, "Vertebrate Road Mortality Predominantly Impacts Amphibians," *Herpetological Conservation and Biology* 3, no. 1 (2008): 77–87.

148 「我喜歡看到大自然如此充滿生命」⋯⋯Henry David Thoreau, *Walden* (Boston: Ticknor and Fields), 340.

149 「面對兩生類動物這種高繁殖率的群體時」⋯⋯Lenore Fahrig, interview with the author, March 3, 2020.

149 最繁忙的道路邊，兩生類動物最稀疏⋯⋯Lenore Fahrig et al., "Effect of Road Traffic on Amphibian Density," *Biological Conservation* 73, no. 3 (1995): 177–182.

150 就足以消滅一個豹斑蛇族群⋯⋯Jeffrey R. Rowa, Gabriel Blouin-Demersa, and Patrick J. Weatherhead, "Demographic Effects of Road Mortality in Black Ratsnakes (Elaphe obsoleta)," *Biological Conservation* 137, no. 1 (2007): 117–124.

150 多達四分之三的區域族群可能注定滅亡⋯⋯James P. Gibbs and W. Gregory Shriver, "Can Road Mortality Limit Populations of Pool-Breeding Amphibians? " *Wetlands Ecology and Management* 13 (2005): 281–289.

150 被車輛殺死的紅鹿比被灰狼和美洲獅殺死的更健康⋯⋯Kari E. Gunson, Bryan Chruszcz, and Anthony Clevenger, "Large Animal-Vehicle Collisions in the Central Canadian Rocky Mountains: Patterns and Characteristics," in *Proceedings of the International Conference on Ecology and Transportation*, Lake Placid, NY, 2003.

150 路邊池塘裡的蠑螈卵塊小到不正常⋯⋯Nancy E. Karraker and James P. Gibbs, "Contrasting Road Effect Signals in Reproduction of Long- versus Short-Lived Amphibians," *Hydrobiologia* 664, no. 1 (2011): 213–218.

150 「增效威脅」‥ James E. Paterson et al., "Individual and Synergistic Effects of Habitat Loss and Roads on Reptile Occupancy," *Global Ecology & Conservation* 31 (2021): e01865.

151 「去動物化」‥ Rodolfo Dirzo et al., "Defaunation in the Anthropocene," *Science* 345, no. 6195 (2014): 401–406.

151 「生物消滅」‥ Ceballos, Ehrlich, and Dirzo, "Biological Annihilation."

151 「孤寂世」‥ E. O. Wilson, "Beware the Age of Loneliness," *Economist*, November 18, 2013.

151 「是從爛泥腐土中孕育出來」‥ Patricia Dale-Green, "*Bufo bufo*: A Study in the Symbolism of the Common Toad," *British Homeopathic Journal* 49, no. 1 (1960): 64.

152 「在盛水容器中養了一隻大蟾蜍」‥ Voltaire, *A Philosophical Dictionary* (London: W. Dugdale, 1843), 160.

152 「激烈性交階段」‥ George Orwell, "Some Thoughts on the Common Toad," Orwell Foundation, originally published in 1946, https://www.orwellfoundation.com/the -orwell -foundation/orwell/essays-and-other-works/some-thoughts-on-the-common-toad/.

152 「蟾蜍就在路中間遷徙」‥ W. H. Hudson, *The Book of a Naturalist*, excerpted in *Nature's Fading Chorus*, ed. Gordon L. Miller (Washington, D.C.: Island Press, 2000).

152 「可怕的蟾蜍」‥ Kenneth Graeme, *The Wind in the Willows* (London: Methuen, 1908).

153 壓扁荷蘭街道上百分之九十的蟾蜍‥ J. J. van Gelder, "A Quantitative Approach to the Mortality Resulting from Traffic in a Population of *Bufo bufo* L.," *Oecologia* 13, no. 1 (1973): 93–95.

153 「使得車輛打滑，造成數人死傷」‥ Glynn Mapes, "The Toad People," in *Herd on the Street: Animal Stories from the Wall Street* Journal, 102-103 (New York: Free Press, 2003).

153 「其實有很多人在進行蟾蜍救援工作」‥ Tom Langton, interview with the author, January 28, 2020.

154 過馬路守護員每年運送的蟾蜍多達二十五萬隻‥ Mapes, "Toad People."

154 「蟾蜍是一種無害且常受到誤解的生物」‥ Graham Heathcote, "Britain Opens Tunnel to Save Toads," *Associated Press*, March 14, 1987.

154 「這是一次歷史事件」‥ "Tunnel of Love Fails Amherst Salamanders," *North Adams Transcript*, March 26, 1988.

154 生物學家把取自電腦打孔卡上不同顏色的小紙片‥ Scott D. Jackson and Thomas F. Tyning, "Effectiveness of Drift Fences and Tunnels for Moving Spotted Salamanders *Ambystoma maculatum* under Roads," in *Amphibians and Roads: Proceedings of the Toad Tunnel Conference*, ed. Thomas E. S. Langton, 93–99 (Shefford, UK: ACO Polymer Products, 1989).

155 「空氣中瀰漫著春天的氣息」‥ Trudy Tynan, "Salamanders Do Love Dance," Associated Press, republished in *Daily News Leader*

(Staunton, VA), April 14, 1993.
155 愈來愈多的兩爬動物地下道在歐洲出現：想了解地下道設計原則，請見 Thomas E. S. Langton, "A History of Small Animal Road Ecology," in *Roads and Ecological Infrastructure*, ed. Kimberly M. Andrews, Priya Nanjappa, and Seth P. D. Riley, 7–20 (Baltimore: Johns Hopkins University Press, 2015).
156 「可能在某種微妙的精神層面上」：Quoted in Stephen Colbert, "Tunnel Vision," *Daily Show with Jon Stewart*, Comedy Central, April 27, 1999.
156 「全國的笑柄」：Mike Fitch, *Growing Pains: Thirty Years in the History of Davis* (Davis, CA: City of Davis, 1998).
156 價值三十一萬八千美元的龜類圍籬：這位議員是 Peter Hoekstra. "The Original 'Turtle Fence' Speech!" YouTube (originally on C-SPAN), November 6, 2009, https://www.youtube.com/watch?v=7krh9Bpy1-A.
156 福斯新聞中的蠑螈性笑話素材：Chris Slesar, "Movin' Lizards," *Indigo Magazine*, Orianne Society, 2020.
157 「蟾蜍福利騙局」：John Kelso, "Amphibian Amenities Show County's Fondness for Toads," *Austin-American Statesman*, February 16, 1995.
157 約三千美元的「被動利用價值」：John Duffield and Chris Neher, "Incorporating Deer and Turtle Total Value in Collision Mitigation Benefit-Cost Calculations," prepared by Bioeconomics, Inc., for Western Transportation Institute et al., 2021, p. xi.
158 「牠們看起來總是那麼脆弱」：Matthew Aresco, interview with the author, March 8, 2021.
158 想逃難的烏龜幾乎連路肩都無法穿過：冒險爬上高速公路的烏龜有百分之九十八難逃壓扁的命運。Matthew J. Aresco, "Highway Mortality of Turtles and Other Herpetofauna at Lake Jackson, Florida, USA, and the Efficacy of a Temporary Fence/Culvert System to Reduce Roadkills," in *Proceedings of the International Conference on Ecology and Transportation*, Lake Placid, NY, 2003.
159 「當牠們陷入車轍」：Henry David Thoreau, *The Writings of Henry David Thoreau in Twenty Volumes: Volume 16*, ed. Bradford Torrey (New York: Houghton Mifflin, 1906), 481.
159 「前輪撞到龜殼的邊緣」：John Steinbeck, *The Grapes of Wrath* (New York: Viking, 1939), 22.
160 「牠們住在這裡的時間」：Chris Smith, interview with the author, July 14, 2021.
160 擬鱷龜數量從將近千隻減少為一百七十七隻：Morgan L. Piczak, Chantel E. Markle, and Patricia Chow-Fraser, "Decades of Road Mortality Cause Severe Decline in a Common Snapping Turtle (*Chelydra serpentina*) Population from an Urbanized Wetland," *Chelonian Conservation and Biology* 18, no. 2 (2019): 231–240.

160 「可能會造成龜群數量不可逆的減少」‧‧Matthew J. Aresco, "Mitigation Measures to Reduce Highway Mortality of Turtles and Other Herpetofauna at a North Florida Lake," *Journal of Wildlife Management* 69, no. 2 (2005): 557.

162 遭路殺的雌性與雄性數量差異非常驚人‧‧Paul S. Crump, Stirling J. Robertson, and Rachel E. Rommel-Crump, "High Incidence of Road-Killed Freshwater Turtles at a Lake in East Texas, USA," *Herpetological Conservation and Biology* 11, no. 1 (2016): 181–187.

162 「感知暫留」‧‧Jeffrey E. Lovich et al., "Where Have All the Turtles Gone, and Why Does It Matter? " *BioScience* 68, no. 10 (2018): 771–781.

163 「生態通道」‧‧C. Kenneth Dodd Jr., William J. Barichivich, and Lora L. Smith, "Effectiveness of a Barrier Wall and Culverts in Reducing Wildlife Mortality on a Heavily Traveled Highway in Florida," *Biological Conservation* 118, no. 5 (2004): 619–631.

163 在那個經濟紓困年代‧‧See U.S. Department of the Treasury, Troubled Assets Relief Program (TARP), https://home.treasury.gov/data/troubled-assets-relief-program.

164 「拯救了很多四足朋友」‧‧Tom Coburn, "100 Stimulus Projects: A Second Opinion," U.S. Senate, 111th Congress, 2009.

165 「物種孤獨感」‧‧Robin Wall Kimmerer, *Braiding Sweetgrass* (Minneapolis: Milkweed, 2015), 358.

168 護送了超過一百萬隻蟾蜍‧‧Anna Bonardi et al., "Usefulness of Volunteer Data to Measure the Large Scale Decline of 'Common' Toad Populations," *Biological Conservation* 144, no. 9 (2011): 2328–2334.

169 有個廣為人知的案例‧‧Fabrice G. W. A. Ottburg and Edgar van der Grift, "Effectiveness of Road Mitigation for Common Toads (*Bufo bufo*) in the Netherlands," *Frontiers in Ecology and Evolution* 7 (February 12, 2019).

169 密西根的馬奎特每年就有一段時間‧‧Hani Barghouthi, "Salamanders Had to Cross the Road, So U.P. City Closed It," *Detroit News*, April 4, 2022.

169 「蛇路」‧‧Kevin S. Held, "Famed 'Snake Road' Closes in Illinois for Reptile, Amphibian Crossing," FOX 2 NOW, March 14, 2022.

170 「關於控制的問題若有答案」‧‧Elizabeth Kolbert, *Under a White Sky* (New York: Crown, 2022), 8.

170 朝著壓扁的橡膠龜和橡膠蛇駛去‧‧E. Paul Ashley, Amanda Kosloski, and Scott A. Petrie, "Incidence of Intentional Vehicle-Reptile Collisions," *Human Dimensions of Wildlife* 12 (2007): 137–143.

第5章‧‧無路之行

174 「一種誘惑，一種陌生」‧‧William Least Heat-Moon, *Blue Highways: A Journey into America* (New York: Little, Brown, 1983),

Kindle.

177 「管理一個地區自然資源的先決條件」‥Bud Moore, *The Lochsa Story* (Missoula, MT: Mountain Press, 1996), 300.

178 「美國工業化垃圾」‥Moore, *Lochsa Story*, 314–322.

179 「道路自有其存在的理由」‥Cormac McCarthy, *The Crossing* (New York: Vintage, [1994] 1995), 230.

179 「坦克陷阱」‥Todd Wilkinson, "The Forest Service Sets Off into Uncharted Territory," *High Country News*, November 8, 1999.

180 「旅行管理」‥See the Forest Service's Travel Management Rule, 2005, which required each national forest unit to "identify the minimum road system (MRS) needed for safe and efficient travel." U.S. Department of Agriculture, Forest Service, https://www.fs.usda.gov/science-technology/travel-management.

180 「意識型態的表達」‥Jedediah Rogers, *Roads in the Wilderness* (Salt Lake City: University of Utah Press, 2013), 6.

180 「為最大多數人帶來最大的利益」‥Robert Westover, "Forest Service Celebrates 150th Birthday of Founder," U.S. Department of Agriculture, Forest Service, August 11, 2015, https://www.usda.gov/about-usda/news/blog/forest-service-celebrates-150th-birthday-founder.

180 「這是在欺負人啊！」‥For Roosevelt's quote and early Forest Service history, see Timothy Egan, *The Big Burn* (New York: Houghton Mifflin Harcourt, 2009), 70.

181 「我對這個地區幾乎毫無所知」‥Elers Koch, *Forty Years a Forester*, ed. Char Miller (Lincoln: University of Nebraska Press, 2019), 64.

181 「當一個人花了很多時間」‥Koch, *Forty Years a Forester*, 74.

182 「至少有六到八人被燃燒的樹木砸中而喪生」‥Koch, *Forty Years a Forester*, 94.

182 「沿著陡峭的山坡和崎嶇的懸崖前進」‥Arthur E. Loder, "The Location and Building of Roads in the National Forests," *Public Roads* 1, no. 4 (1918): 12.

183 保育團架設了四萬八千座橋梁‥Gerald W. Williams, "The USDA Forest Service: The First Century," USDA Forest Service Office of Communication, Washington, D.C., 2005.

183 「平行的道路、交錯的道路」‥Rosalie Edge, "Roads and More Roads in the National Parks and National Forests" (1936), in A Road Runs through It, ed. Thomas Reed Petersen (Boulder, CO: Johnson Books, 2006), 13.

183 「塵土中的胎痕」‥Koch, *Forty Years a Forester*, 189.

183 駁斥柯霍自由放任的理念‥Andrew J. Larson, "Introduction to the Article by Elers Koch: *The Passing of the Lolo Trail,*" *Fire*

Ecology 12 (2016): 1–6.
183 「西部森林道路」··Richard E. McArdle, "Report of the Chief of the Forest Service: America's Stake in World Forestry" (Washington, D.C.: U.S. Department of Agriculture, Forest Service, 1952), 22.
184 林務署的道路網絡規模擴大了一倍··David Havlick, *No Place Distant* (Washington, D.C.: Island Press, 2002), note on p. 224.
184 「是用國家森林的樹木來換取森林中的運輸系統」··Havlick, *No Place Distant* , 67.
184 「有些伐木工人承認」··Robert E. Miller, "Lincoln Group Opposes Forest Service Objectives," *Independent-Record* (Helena, MT), June 10, 1962.
184 「我希望時光倒流」··Koch, *Forty Years a Forester*, 191.
185 新一代的保育專家正在崛起··關於荒野運動反對道路和汽車的最佳描述，請見 Paul Sutter, *Driven Wild* (Seattle: University of Washington Press, 2002).
185 「美國汽車協會的宣傳活動」··Bob Marshall quoted in Sutter, *Driven Wild*, 233.
185 「科尼島式的發展」··Benton MacKaye quoted in Sutter, *Driven Wild*, 183.
185 「沒有神，只有油」··Aldo Leopold quoted in Sutter, *Driven Wild*, 78.
185 「修一條路」··Aldo Leopold, *A Sand County Almanac*, special commemorative edition (New York: Oxford University Press, [1949] 1987), 101.
185 「嚴重破壞」··Aldo Leopold quoted in Curt Meine, *Aldo Leopold: His Life and Work* (Madison: University of Wisconsin Press, 1988), 185.
185 不要「道路、人工小徑」··Aldo Leopold quoted in Marybeth Lorbiecki, *A Fierce Green Fire: Aldo Leopold's Life and Legacy* (New York: Oxford University Press, [1996] 2016), 80.
185 「美國大陸每個角落都變成能夠開車抵達」··Aldo Leopold quoted in Sutter, *Driven Wild*, 47.
186 「不受人類束縛的地區」··The Wilderness Act, Public Law 88-577 (16 U.S.C. 1131-1136), 88th Congress, 2d session, September 3, 1964.
186 「發展休閒事業的工作」··Leopold, *Sand County Almanac*, 176.
187 有黑熊躲在森林深處··Allan J. Brody and Michael R. Pelton, "Effects of Roads on Black Bear Movements in Western North Carolina," *Wildlife Society Bulletin* 17, no. 1 (1989): 5–10.
187 有將近一半的狼遭到射殺或被陷阱捕獲··L. David Mech, "Wolf Population Survival in an Area of High Road Density," *American*

Midland Naturalist 121, no. 2 (1989): 387–389.

187 只要一條僅半公里長的道路：Michael F. Proctor et al., "Effects of Roads and Motorized Human Access on Grizzly Bear Populations in British Columbia and Alberta, Canada," *Ursus* 2019, no. 30e2 (2019): 16–39.

187 道路讓許多森林棲地破碎：Rebecca A. Reed, Julia Johnson-Barnard, and William L. Baker, "Contribution of Roads to Forest Fragmentation in the Rocky Mountains," *Conservation Biology* 10, no. 4 (1996): 1098–1106.

187 「不論何時，都寧可看到受砍伐的林地」：Aldo Leopold quoted in Sutter, *Driven Wild*, 206.

188 這個有蹄類動物監獄已經產出十萬多筆位置資料：Mary M. Rowland et al., "Effects of Roads on Elk: Implications for Management in Forested Ecosystems," in *The Starkey Project: A Synthesis of Long-Term Studies of Elk and Mule Deer*, ed. Michael J. Wisdom, 42–52 (Law-rence, KS: Alliance Communications Group, 2005). Reprinted from *Transactions of the 69th North American Wildlife and Natural Resources Conference*, 2004.

188 「世界上沒有其他地方」：Mary Rowland, interview with the author, January 15, 2021.

189 「低運量」道路：Alisa W. Coffin et al., "The Ecology of Rural Roads: Effects, Management and Research," *Issues in Ecology*, report no. 23 (Washington, D.C.: Ecological Society of America, 2021).

189 「插進大自然心臟的匕首」：Michael Soulé quoted in Havlick, *No Place Distant* , 36.

189 林務署雇用了二十四名漁業生物學家：John Fedkiw, *Managing Multiple Use on National Forests, 1905–1995* (Washington, D.C.: U.S. Forest Service, 1998), chap. 3 (see table 1).

189 「可砍伐林地的大小沒有限制」：Mike Dombeck, interview with the author, March 18, 2020.

190 「目標不明且缺乏船舵的船」：Quoted in Tom Turner, *Roadless Rules: The Struggle for the Last Wild Forests* (Washington, D.C.: Island Press, 2009), 29.

190 「滾到家門口的手榴彈」：Quoted in Turner, *Roadless Rules*, 31.

191 他請求撥款兩千兩百萬美元：T. H. Watkins, "The End of the Road," in Petersen, ed., *A Road Runs through It*, 170.

192 九百多處的山坡爆發山崩：Douglas E. McClelland et al., "Assessment of the 1995 and 1996 Floods and Landslides on the Clearwater National Forest," A Report to the Regional Forester, Northern Region, U.S. Forest Service, December 1997.

193 「像戰區一樣醜陋」：Watkins, "End of the Road," 171.

194 道路毀壞之後的土壤：Rebecca A. Lloyd, Kathleen Ann Lohse, and Ty P. A. Ferré, "Influence of Road Reclamation Techniques on Ecosystem Recovery," Frontiers in Ecology and the Environment 11, no. 2 (2013): 75–81.

194 黑熊以新長出的懸鉤子和越橘為食：T. Adam Switalski and Cara R. Nelson, "Efficacy of Road Removal for Restoring Wildlife Habitat: Black Bear in the Northern Rocky Mountains, USA," *Biological Conservation* 144 (2011): 2666–2673.
195 「伐木工人相信」：Adam Rissien, interview with the author, August 7, 2020.
196 十九世紀法規的遺產：想全面理解RS二四七七，請見 Jonathan Thompson, "R.S. 2477 and the Utah Road-Fetish," *Land Desk*, February 1, 2021, https://www.landdesk.org/p/rs-2477-and-the-utah-road-fetish.
197 「荒野變成『富足的』伊甸園」：Rogers, *Roads in the Wilderness*, 34, 17.
198 「如果他們能控制道路」：Jenna Whitlock, interview with the author, June 3, 2021.
198 保護百分之三十的地球表面：Eric Dinerstein et al., "A Global Deal for Nature: Guiding Principles, Milestones, and Targets," *Science Advances* 5, no. 4 (2019).
198 「較簡單且符合成本效益的一步」：Matthew S. Dietz et al., "The Importance of U.S. National Forest Roadless Areas for Vulnerable Wildlife Species," *Global Ecology and Conservation* 32 (2021): e01943.
198 「國家遭受破壞」：Quoted in Aaron Weiss, "The 30x30 Disinformation Brigade," Center for Western Priorities, 2022, https://stop30x30disinformation.org/wp-content/uploads/2022/04/30x30_Disinfo_Brigade_2.2.pdf.
198 「道路封閉、廢除和暫停建設」：See, for example, "Resolution Opposing the Federal Government's '30x30' Land Preservation Goal," County of Garfield, State of Colorado, 2021, https://www.garfield-county.com/news/garfield-county-opposing-30-x-30-executive-order/
199 「沒有道路，到底要怎麼發展經濟?」：Quoted in Juliet Eilperin, "Trump to Strip Protections from Tongass National Forest, One of the Biggest Intact Temperate Rainforests," *Washington Post*, October 28, 2020.
199 俗稱「櫻桃梗」的死路：Evan Girvetz and Fraser Shilling, "Decision Support for Road System Analysis and Modification on the Tahoe National Forest," *Environmental Management* 32, no. 2 (2003): 218–233.
199 「有錢都市人」：反對荒野運動最有名的論點請見 William Cronon, "The Trouble with Wilderness, or Getting Back to the Wrong Nature," in *Uncommon Ground: Rethinking the Human Place in Nature*, ed. William Cronon, 69–90 (New York: W. W. Norton, 1995).
199 「最重要的生物地區」：Colby Loucks et al., "USDA Forest Service Roadless Areas: Potential Biodiversity Conservation Reserves," *Conservation Ecology* 7, no. 2 (2003): 5.
200 「圍城策略」：Stephen Blake et al., "Roadless Wilderness Area Determines Forest Elephant Movements in the Congo Basin," *PloS*

ONE 3, no. 10 (2008): e3546.

200 無道路地區是地球上對抗物種滅絕的緩衝區··Moreno Di Marco et al., "Wilderness Areas Halve the Extinction Risk of Terrestrial Biodiversity," *Nature* 573 (2019): 582–585.

200 每一年僅停用百分之一的林務署道路··Carlos Carroll et al., "Defining Recovery Goals and Strategies for Endangered Species: The Wolf as a Case Study," *BioScience* 56, no. 1 (2006): 25–37.

200 「未來的化石」··David Farrier, *Footprints: In Search of Future Fossils* (New York: Farrar, Straus and Giroux, 2020), 31.

201 「兩個不受歡迎的妓女」··Koch, *Forty Years a Forester*, 79.

201 決定火災於何時何地爆發的最主要因素··Alexandra D. Syphard and Jon E. Keeley, "Location, Timing and Extent of Wildfire Vary by Cause of Ignition," International Journal of Wildland Fire 24, no. 1 (2015): 37–47.

第6章··喋喋不休的路面

202 美國百分之八十以上的地區，與道路的距離都不到一公里··Kurt H. Riitters and James D. Wickham, "How Far to the Nearest Road? " *Frontiers in Ecology and the Environment* 1, no. 3 (2003): 125–129.

203 「我十歲時」··Helen Macdonald, *Vesper Flights* (New York: Grove, 2020), 23.

203 「足以喚醒死者」··Quoted in Garret Keizer, *The Unwanted Sound of Everything We Want: A Book about Noise* (New York: PublicAffairs, 2010), 88.

203 「路面的喋喋不休」··Walt Whitman, *Song of Myself*, Section 8, University of Iowa International Writing Program, https://iwp.uiowa.edu/whitmanweb/en/writings/song-of-myself/section-8.

203 居民壽命甚至減少三年以上··"Health Impact of Transport Noise in the Densely Populated Zone of Ile-de-France Region," Bruitparif, February 2019.

204 「一旦注意到噪音」··Rachel Buxton, interview with the author, November 30, 2020.

204 發出四十分貝的聲響··Omid Ghadirian et al., "Identifying Noise Disturbance by Roads on Wildlife: A Case Study in Central Iran," *SN Applied Sciences* 1, no. 8 (2019): 808.

204 咆哮的哈雷機車和山葉機車會將草原犬鼠趕回洞穴··Rachel T. Buxton et al., "Varying Behavioral Responses of Wildlife to Motorcycle Traffic," *Global Ecology and Conservation* 21 (2020): e00844.

204 「擋風玻璃後的荒野」··David Louter, *Windshield Wilderness: Cars, Roads, and Nature in Washington's National Parks* (Seattle:

University of Washington Press, 2006).

205 國家公園署管轄範圍內近一半的區域：Rachel T. Buxton et al., "Anthropogenic Noise in US National Parks—Sources and Spatial Extent," *Frontiers in Ecology and the Environment* 17, no. 10 (2019): 559–564.

205 「有輪子的惡魔」：關於伯勒斯的譴責及流浪者之旅的愉快描述，請見 Jeff Guinn, *The Vagabonds: The Story of Henry Ford and Thomas Edison's Ten-Year Road Trip* (New York: Simon and Schuster, 2019).

205 「那輛汽車為我們帶來了友誼」：Henry Ford quoted in Shannon Wianecki, "When America's Titans of Industry and Innovation Went Road-Tripping Together," *Smithsonian Magazine*, January 26, 2016.

206 「我們愉快的忍受了潮濕、寒冷、煙霧」：John Burroughs, "A Strenuous Holiday," in *Under the Maples* (New York: Houghton Mifflin, 1913), 122.

207 「喉炎併發喉結核」：Marguerite Sands Shaffer quoted in Richard F. Weingroff, "The National Old Trails Road Part 2: See America First in 1915," U.S. Department of Transportation, Federal Highway Administration, 2013.

207 「享受數小時的快樂」：Quoted in Greg Botelho, "The Car That Changed the World," CNN, August 10, 2004.

207 「過去露營是在野外的樹林裡進行」：Nina Wilcox Putnam, "Auto Camping Is the Life!" *Sioux City Journal*, August 3, 1924.

208 「在伊甸園中找到住處」：James Bryce quoted in Louter, *Windshield Wilderness*, 23.

208 汽車「排出的氣體」：John Muir quoted in Albert, *Are We There Yet?* 140.

209 「我們可以在這裡免費淋浴」：Scott Einberger, "The Triumph of Manic Mather," *Psychology Today*, March 27, 2018.

209 「風景是一種空虛的享受」："Vocation plus Avocation Equals Preservation," *National Park Service 75th Anniversary*, U.S. Department of the Interior, 1991, https://npshistory.com/publications/nps-75-1.pdf.

209 「親愛的馬瑟」：Franklin K. Lane quoted in Kate Siber, "The Visionaries," *National Parks Magazine*, Fall 2011.

210 「道路問題」，「能使開車前來的人」:Stephen K. Mather, *Ideals and Policy of the National Park Service: Handbook of Yosemite National Park*, U.S. National Park Service, 1921.

210 國家公園中的公路長度已經超過兩千公里：For Mather's developmentalist tendencies, see Sutter, *Driven Wild*, 38; and Havlick, *No Place Distant* , 23.

210 「前後搖晃」：Horace Albright, *Creating the National Park Service* (Norman: University of Oklahoma Press, 1999). Available online through the Crater Lake Institute, https://www.craterlakeinstitute.com/index-of-general-cultural-history-books/people-and-organizations/creating-the-national-park-service-the-missing-years/.

210 造訪公園「讓人滿足」‥Mather quoted in *Mapping the Future of America's National Parks*, ed. Mark Henry and Leslie Armstrong (Washington, D.C.: ESRI, in cooperation with the National Park Service, 2004), 3.

210 「可能意味著麋鹿的滅絕」‥Mather quoted in Havlick, *No Place Distant* , 34.

211 「這條道路就像是通往傳說中的奧林匹斯山」‥"Going-to-the-Sun Highway in Glacier Park Dedicated Today: Scenic Automobile Route over Divide to Be Thrown Open," *Great Falls Tribune*, July 15, 1933.

211 「它們是為了風景、為了成為體驗的一部分而建造」‥Kurt Fristrup, interview with the author, November 19, 2020.

212 蝙蝠能夠聽到昆蟲細碎的腳步聲‥想全面了解噪音的影響，請見 Jesse R. Barber, Kevin R. Crooks, and Kurt M. Fristrup, "The Costs of Chronic Noise Exposure for Terrestrial Organisms," *Trends in Ecology & Evolution* 25 (2010): 180–189.

213 使「聆聽區域」減半‥Buxton et al., "Anthropogenic Noise in US National Parks."

213 在葡萄牙的橡樹林地‥Joana Farrusco Araújo, "Roads as a Driver of Changes in the Bird Community and Disruptors of Ecosystem Services Provision," PhD dissertation, Mestrado em Biologia da Conservação, University of Lisbon, 2020.

213 露脊鯨漂浮的糞便‥Rosalind M. Rolland et al., "Evidence That Ship Noise Increases Stress in Right Whales," *Proceedings of the Royal Society B* 279, no. 1737 (2012): 2363–2368.

213 在日本鶺鴒身上觀察到這種「隆巴德效應」‥Henrik Brumm and Sue Anne Zollinger, "The Evolution of the Lombard Effect: 100 Years of Psychoacoustic Research," *Behaviour* 148 (2011): 1173–1198.

213 高速公路附近的雄樹蛙‥Kirsten M. Parris, Meah Velik-Lord, and Joanne M. A. North, "Frogs Call at a Higher Pitch in Traffic Noise," *Ecology and Society* 14, no. 1 (2009): 25.

214 「方言相對快速發展」‥Kirsten M. Parris and Angela Schneider, "Impacts of Traffic Noise and Traffic Volume on Birds of Roadside Habitats," *Ecology and Society* 14, no. 1 (2008): 29.

214 「交通噪音是鳥類群聚變化的重要原因」‥Richard T. T. Forman and Robert D. Deblinger, "The Ecological Road-Effect Zone of a Massachusetts (U.S.A.) Suburban Highway," *Conservation Biology* 14, no. 1 (2000): 36–46.

214 「人們一直猜測噪音汙染控制了動物的分布」‥Jesse Barber, interview with the author, June 8, 2020.

215 有些物種則是完全避開幻影之路‥Heidi E. Ware et al., "A Phantom Road Experiment Reveals Traffic Noise Is an Invisible Source of Habitat Degradation," *Proceedings of the National Academy of Sciences USA* 112, no. 39 (2015): 12105–12109; and Christopher J. W. McClure et al., "An Experimental Investigation into the Effects of Traffic Noise on Distributions of Birds: Avoiding the Phantom Road," *Proceedings of the Royal Society* B 280, no. 1773 (2013).

215 「隔壁的條紋松鼠」：Heidi Ware Carlisle, interview with the author, November 6, 2019.

215 「取警戒而捨飲食」：Ware et al., "Phantom Road Experiment," 2015.

216 「像是有輪子的貝類般」：Edward Abbey, *Desert Solitaire* (New York: Simon and Schuster, 1968), 233, 52.

217 一架水獺型飛機和一架貝爾二〇六直升機，在大峽谷國家公園上空相撞：這場對撞及「自然天籟計畫」的緣起，請見 Kim Tingley, "Whisper of the Wild," *New York Times Magazine*, March 18, 2012.

217 「對自然的寧靜產生嚴重的不利影響」：National Parks Overflights Act of 1997, sponsored by Sen. John McCain, 105th Congress, 1st session, https://www.congress.gov/bill/105th -congress/senate-bill/268/text.

217 「大峽谷裡沒有鯨魚」：Fristrup, interview with the author.

218 「我們有很多測量紀錄」：Emma Brown, interview with the author, December 4, 2020.

218 超過三分之一遭到噪音汙染：Buxton et al., "Anthropogenic Noise in US National Parks."

218 遊客也聽到更多鳥鳴聲：Mitchell J. Levenhagen et al., "Does Experimentally Quieting Traffic Noise Benefit People and Birds? " *Ecology and Society* 26, no. 2 (2021): 32.

219 「巨型吸塵設備」：Shirley Wang, "Quest for Quiet Pavement Is No Easy Road," *Wall Street Journal*, May 30, 2012.

221 「避免長直的線條」：Quoted in Erik K. Johnson, "The 'High Line' Road," National Park Service, U.S. Department of the Interior, Cultural Resource Report 2019-DENA-014, June 2019.

221 「你坐在鋪著雪白桌巾和餐巾的桌子旁」：Quoted in Jane Bryant, *Snapshots from the Past: A Roadside History of Denali National Park and Preserve*, National Park Service, U.S. Department of the Interior, 2011, p. 40.

222 「（公園）原始氣氛的純粹」：Quoted in Frank Norris, "Drawing a Line in the Tundra: Conservationists and the Mount McKinley Park Road," in *Rethinking Protected Areas in a Changing World*, ed. Samantha Weber and David Harmon, 167–173 (Hancock, MI: George Wright Society, 2008).

222 「沒有電梯的華盛頓紀念碑」：Gary A. Crabb, "McKinley Village President Writes on Park Road Closing," *Fairbanks Daily News-Miner*, April 8, 1972.

223 他們負責執行迪納利國家公園的車輛管理計畫：想要一些輕鬆的閱讀，請見 "Denali Park Road Final Vehicle Management Plan and Environmental Impact Statement," National Park Service, U.S. Department of Interior, July 2, 2012, https://www.federalregister.gov/documents/2012/07/02/2012-16070/final-environmental-impact-statement-on-the-denali-park-road-vehicle-management-plan-denali-national.

223 八隻羊「面向道路，擺出立正姿勢」：John Dal-Molle and Joseph Van Horn, "Observations of Vehicle Traffic Interfering with Migration of Dall's Sheep, *Ovis dalli dalli*, in Denali National Park, Alaska," *Canadian Field Naturalist* 105 (1991): 409–411.

224 無法維持羊間距：William C. Clark, "Results of Denali Park Road Vehicle Management Plan (VMP) Monitoring: Results from the 2019 Field Season," U.S. National Park Service, last updated 2020, https://www.nps.gov/articles/denali-crp-park-road.htm#:~:text=Results%20from%20the%202019%20Field,Stop%20and%20Eielson%20Visitor%20Center.

225 「就能享受到滿滿的孤獨感」：Davyd Betchkal, interview with the author, January 15, 2021.

227 「近乎荒野」：Robert Manning, William Valliere, and Jeffrey Hallo, "Busing through the Wilderness: Managing the 'Near-Wilderness' Experience at Denali," *Alaska Park Science* 13, no. 1 (2014): 59–65.

228 「那些太老、太弱而無法騎自行車的人」：Abbey, *Desert Solitaire*, 54.

228 「工業化人類的化石燃料喧囂」：David G. Haskell, "The Voices of Birds and the Language of Belonging," *Emergence Magazine*, May 26, 2019.

229 海浪拍岸聲能讓動心臟手術的病人平靜下來：Mohammad Javad Amiri, Tabandeh Sadeghi, and Tayebeh Negahban Bonabi, "The Effect of Natural Sounds on the Anxiety of Patients Undergoing Coronary Artery Bypass Graft Surgery," *Perioperative Medicine* 6, no. 17 (2017).

229 蟋蟀鳴叫可提升考生的認知能力：Stephen C. Van Hedger et al., "Of Cricket Chirps and Car Horns: The Effect of Nature Sounds on Cognitive Performance," *Psychonomic Bulletin & Review* 26 (2019): 522–530.

229 「附近雲杉減少」：Sarah E. Stehn and Carl Roland, "Effects of Dust Palliative Use on Roadside Soils, Vegetation, and Water Resources (2003–2016)," National Park Service, U.S. Department of the Interior, January 2018.

第7章：邊緣生活

230 「大氣浮游生物」：Lopez, *Apologia*.

231 擋風玻璃現象：有關擋風玻璃現象和昆蟲大量消失的描述，請見 Brooke Jarvis, "The Insect Apocalypse Is Here," *New York Times Magazine*, November 27, 2018.

231 昆蟲的滅絕速度比哺乳類、爬蟲類和鳥類快了八倍：Francisco Sánchez-Bayo and Kris A. G. Wyckhuys, "Worldwide Decline of the Entomofauna: A Review of Its Drivers," *Biological Conservation* 232 (2019): 8–27.

231 車輛每年殺死的傳粉者多達數十億隻：James H. Baxter-Gilbert et al., "Road Mortality Potentially Responsible for Billions of

Pollinating Insect Deaths Annually," *Journal of Insect Conservation* 19, no. 5 (2015): 1029–1035.

231 「我駕駛越野吉普車」：Martin Sorg quoted in Gretchen Vogel, "Where Have All the Insects Gone? " Science, May 10, 2017, https://www.science.org/content/article/where-have-all-insects-gone.

232 「最後的草原遺跡」：Margaret A. Kohring, "Saving Michigan's Railroad Strip Prairies," Ohio Biological Survey, *Biological Notes* 15 (1981): 150–151.

235 「和平的擾亂者」：John Brinckerhoff Jackson, *A Sense of Place, a Sense of Time* (New Haven, CT: Yale University Press, 1994), 190.

235 狗魚和藍梭鱸游到路邊的溝渠產卵：Kaitlin Stack Whitney, "How Grizzlies, Monarchs and Even Fish Can Benefit from U.S. Highways," *Ensia*, May 19, 2017, https://ensia.com/features/highways/.

235 「防止皮毛糾結油膩」：Rachel E. Brock and Douglas A. Kelt, "Influence of Roads on the Endangered Stephens' Kangaroo Rat (*Dipodomys stephensi*): Are Dirt and Gravel Roads Different? " *Biological Conservation* 118 (2004): 633–640.

235 「人類盾牌」：Joel Berger, "Fear, Human Shields and the Redistribution of Prey and Predators in Protected Areas," *Biological Letters* 3, no. 6 (2007): 620–623.

235 道路這種新興生態系的面積：Doreen Cubie, "Habitat Highways," *National Wildlife* (April–May 2016), March 30, 2016.

236 「沿著清理過的道路邊緣」：本引言及後續沃夫的描述均出自 Frank A. Waugh, "Ecology of the Roadside," *Landscape Architecture Magazine* 21, no. 2 (1931): 81–92.

236 「國家的前院」：J. M. Bennett, *Roadsides: The Front Yard of the Nation* (Boston: Stratford, 1936). 班奈特的「前院」理論造成的影響，請見 Bonnie Harper-Lore, "The Roadside View of a National Weed Strategy," in *Proceedings of the California Exotic Pest Plant Council*, Concord, CA, 1997.

236 「光靠自然，無法產生期待的結果」：Bennet, *Roadsides*, 172, 83, 171, 82.

237 「增加開車的危險」：John W. Zukel and C. O. Eddy, "Present Use of Herbicides on Highway Areas," *Weeds* 6, no. 1 (1958): 61–63.

237 「割除、焚燒、砍除、拔除、薰蒸、手拔」：O. K. Normann, "Weed Control and Eradication on Roadsides," *Public Roads* 17, no. 12 (1937): 281–282.

237 「讓牛、犁和割草機遠離這些閒置的地方」：Leopold, *Sand County Almanac*, 45.

237 「清除路邊『灌木叢』的化學品推銷員」：Rachel Carson, *Silent Spring*, Fortieth Anniversary Edition (New York: Houghton

Mifflin, [1962] 2002), 68–69.

238 發現了毛茸茸的野鴨幼鳥：Robert B. Oetting, "Right-of-Way Resources of the Prairie Provinces," *Blue Jay* 29, no. 4 (1971): 179–183.

238 「修剪整齊的草坪已經過時」：Charles Bullard, "Counties Look to Prairie Grasses, Flowers to Control Roadside Weeds," *Des Moines Register*, June 11, 1989.

238 「狹長帶狀棲地」：Hendrik J. W. Vermeulen, "Corridor Function of a Road Verge for Dispersal of Stenotopic Heathland Ground Beetles Carabidae," *Biological Conservation* 69, no. 3 (1994): 339–349.

238 伊利諾州的草地田鼠擴大活動範圍時：Lowell L. Getz, Frederick R. Cole, and David L. Gates, "Interstate Roadsides as Dispersal Routes for *Microtus pennsylvanicus*," *Journal of Mammalogy* 59, no. 1 (1978): 208–212.

239 「被路過遊客野餐籃中的殘屑吸引到路上」：Homer Dill, "Is the Automobile Exterminating the Woodpecker? " *Science* 63, no. 1620 (1926): 69.

239 「體內充滿雜草種子」：Timothy Gollob and Warren M. Pulich, "Lapland Longspur Casualties in Texas," *Bulletin of the Texas Ornithological Society* 11, no. 2 (1978): 45.

239 「每次鳥群飛過公路時，都有幾隻鳥被擊中」：Robert C. Dowler and Gustav A. Swanson, "Highway Mortality of Cedar Waxwings Associated with Highway Plantings," *Wilson Bulletin* 94, no. 4 (1982): 602.

240 紅翅黑鸝和美洲金翅雀大量繁殖：Gerald L. Roach and Ralph D. Kirkpatrick, "Wildlife Use of Roadside Woody Plantings in Indiana," *Transportation Research Record* 1016 (1985): 11–15.

241 「松枝上的牠們如此沉重」：Sue Halpern, *Four Wings and a Prayer* (London: Weidenfeld & Nicolson, 2001), 7.

242 「有百分之七十來自這個中央廊道」：Chip Taylor, interview with the author, March 1, 2021.

243 連手消滅了一千兩百萬公頃的馬利筋：Chip Taylor, "Monarch Population Status," *Monarch Watch Blog*, January 29, 2014, https://monarchwatch.org/blog/2014/01/29/monarch-population-status-20/.

243 帝王斑蝶的數量剛好在這段時期減少百分之八十四：Brice X. Semmens et al., "Quasi-Extinction Risk and Population Targets for the Eastern, Migratory Population of Monarch Butterflies (*Danaus plexippus*)," *Scientific Reports* 6, no. 23265 (2016).

243 有四億五千萬株馬利筋存活下來：John Pleasants, "Milkweed Restoration in the Midwest for Monarch Butterfly Recovery: Estimates of Milkweeds Lost, Milkweeds Remaining and Milkweeds That Must Be Added to Increase the Monarch Population," *Insect Conservation and Diversity* 10, no. 1 (2017): 42–53.

244 「漫長而孤獨的三十五號州際公路」．．Larry McMurtry, *Roads: Driving America's Great Highways* (New York: Touchstone, 2000), 23.

244 設立千百公頃的帝王斑蝶棲地．．Pollinator Health Task Force, "National Strategy to Promote the Health of Honey Bees and Other Pollinators," The White House, Washington, D.C., 2015.

244 同意對州際公路沿線的「授粉者棲地加以保護、種植和管理」．．"Memorandum of Understanding: Agreement for the Support of a Monarch Highway," MnDOT Contract # 1003329, Minnesota Department of Transportation, May 2016.

244 「具象徵意義的高速公路」．．Laura Lukens, interview with the author, April 14, 2020.

248 道路邊緣和其他基礎建設「很可能」提供足夠的棲地．．"Questions and Answers: 12-Month Finding on a Petition to List the Monarch Butterfly," U.S. Fish and Wildlife Service, December 2020.

250 「家庭主婦大發脾氣」．．"Use of Salt on Roads Discussed," *Newport Daily Express*, January 12, 1948.

250 「對尼龍絲襪產生災難性影響」．．"State Studying Use of Chemicals and Salt to Combat Ice on Roads," *Rutland Daily Herald*, January 1, 1949.

250 「路面裸露概念」．．*Highway Deicing: Comparing Salt and Calcium Magnesium Acetate* (Washington, D.C.: Transportation Research Board, 1991), 18.

250 除冰能夠讓交通事故減少近百分之九十．．David Kuemmel and Rashad Hanbali, "Accident Analysis of Ice Control Operations," *Transportation Research Center: Accident Analysis of Ice Control Operations*, 1992, https://epublications.marquette.edu/transportation_trc-ice/2/.

250 「有人說，除雪員可能比消防員拯救更多的生命」．．Quoted in Brian Clark Howard, "The Surprising History of Road Salt," *National Geographic*, February 14, 2014.

251 「野牛開闢了一條大路」．．Croghan quoted in *Hulbert, Historic Highways of America*, 116.

251 「別讓麋鹿舔你的車」．．Yan Zhuang, "Why Were Canadians Warned Not to Let Moose Lick Their Cars? " *New York Times*, November 23, 2020.

251 「甜蜜的喜悅」．．Elizabeth Bishop, "The Moose," 1980, Poetry Foundation (website), https://www.poetryfoundation.org/poems/48288/the-moose-56d22967e5820.

252 官方只好把水池抽乾．．Paul D. Grosman et al., "Reducing Moose–Vehicle Collisions through Salt Pool Removal and Displacement: An Agent-Based Modeling Approach," *Ecology and Society* 14, no. 2 (2009): 17.

252 把人類毛髮和狗毛埋到土裡︰Roy V. Rea et al., "The Effectiveness of Decommissioning Roadside Mineral Licks on Reducing Moose (Alces alces) Activity Near Highways: Implications for Moose–Vehicle Collisions," *Canadian Journal of Zoology* 99, no. 12 (2021).

252 「長期鹽化」︰Hilary A. Dugan et al., "Salting Our Freshwater Lakes," *Proceedings of the National Academy of Sciences USA* 114, no. 17 (2017): 4453–4458.

253 「營養物質若增加到超過一定的分量」︰Emilie C. Snell-Rood et al., "Anthropogenic Changes in Sodium Affect Neural and Muscle Development in Butterflies," *Proceedings of the National Academy of Sciences USA* 111, no. 28 (2014): 10221–10226.

255 帝王斑蝶「有一種令人不安的習性」︰May Berenbaum, "Road Worrier," *American Entomologist* 61, no. 1 (2015): 5–8.

255 「蟋蟀威脅」︰"Mormon Crickets Menace Traffic for 300 Miles of DeWitts' Trip," *Lime Springs Herald*, August 10, 1939.

256 「有時你是擋風玻璃」︰"The Bug," by Mark Knopfler, originally performed by Dire Straits, released 1991, track number 5 on *On Every Street*, Vertigo 510 160-1.

256 麥肯納夫婦把調查結果外推到整個州︰Duane McKenna and Katherine McKenna, "Mortality of Lepidoptera along Roadways in Central Illinois," *Journal of the Lepidopterists' Society* 55, no. 2 (2001): 63–68.

256 汽車就殺死了大約兩百萬隻蝴蝶︰Tuula Kantola et al., "Spatial Risk Assessment of Eastern Monarch Butterfly Road Mortality during Autumn Migration within the Southern Corridor," *Biological Conservation* 231 (2019): 150–160.

256 即使是卡車產生的氣流︰Blanca Xiomara Mora Alvarez, Rogelio Carrera-Treviño, and Keith A. Hobson, "Mortality of Monarch Butterflies (Danaus plexippus) at Two Highway Crossing 'Hotspots' during Autumn Migration in Northeast Mexico," *Frontiers in Ecology and Evolution* 7 (2019).

256 「這令人震驚，太震驚了」︰Andy Davis, interview with the author, June 29, 2021.

256 每年有多達兩千五百萬隻帝王斑蝶遭到車輛撞擊︰Andy Davis, "The Scariest Paper about Monarchs That I've Ever Read (and Most People Haven't)," *Monarch Science*, September 24, 2015.

257 高速公路的喧囂顯然對帝王斑蝶的幼蟲造成困擾︰Andrew K. Davis et al., "Effects of Simulated Highway Noise on Heart Rates of Larval Monarch Butterflies, *Danaus plexippus*: Implications for Roadside Habitat Suitability," *Biology Letters* 14, no. 5 (2018).

257 「巨大實驗」、「戴維斯博士又一次的」︰這場交鋒發生在 Dplex-L 郵件群組。May 9, 2021.

258 政府推行的授粉者計畫︰"All-Ireland Pollinator Plan 2021–2025," National Biodiversity Data Centre, no. 25, March 2021, https://pollinators.ie/.

258 「道路保護區」：Greg Nicolson, "Wildflowers of the N7 Road Reserve: A Walk from Vioosldrift to Capetown," *Veld & Flora* 95, no. 2 (2009).

258 「責任物種」：Jan-Olof Helldin, Jörgen Wissman, and Tommy Lennartsson, "Abundance of Red-Listed Species in Infrastructure Habitats: 'Responsibility Species' as a Priority-Setting Tool for Transportation Agencies' Conservation Action," *Nature Conservation* 11 (2015): 143–158.

258 「最大的非官方自然保護區」：Edward Chell, "Soft Estate: Exhibition Proposal," University for the Creative Arts, Canterbury College, U.K. Research and Innovation(website), https://gtr.ukri.org/projects?ref=AH%2FJ005797%2F1.

258 道路邊緣的帝王斑蝶，生育力低於其他棲地的帝王斑蝶：See, for example, Grace M. Pitman, D. T. Tyler Flockhart, and D. Ryan Norris, "Patterns and Causes of Oviposition in Monarch Butterflies: Implications for Milkweed Restoration," *Biological Conservation* 217 (2018): 54–65.

258 「道路邊緣地區或許有其他地方沒有的威脅」：Iris Caldwell, interview with the author, April 3, 2020.

259 在產卵高峰期之前幾星期修剪路邊植物：Samantha M. Knight et al., "Strategic Mowing of Roadside Milkweeds Increases Monarch Butterfly Oviposition," *Global Ecology and Conservation* 19 (2019).

259 讓道路邊緣更具吸引力：Leslie Ries, Diane M. Debinski, and Michelle L. Wieland, "Conservation Value of Roadside Prairie Restoration to Butterfly Communities," *Conservation Biology* 15, no. 2 (2001): 401–411.

261 「離鐵路愈近就愈安全」：Joel Berger, "Fear, Human Shields and the Redistribution of Prey and Predators in Protected Areas," *Biological Letters* 3, no. 6 (2007): 620–623.

第8章：圍繞死者身旁的生物

263 「我們也可能失去那艘太空梭」：Mike Leinbach, interview with the author, July 6, 2021.

264 「就像飢餓的食客」：John Johnson Jr., "Ready for Launch—If Vultures Keep Away," *Los Angeles Times*, July 1, 2006.

264 「路殺隊伍」：Todd Halvorson, "NASA's Roadkill Plan Accomplishes Mission," *Florida Today*, May 5, 2006.

265 屍體生物群系：Mark Eric Benbow et al., "Seasonal Necrophagous Insect Community Assembly during Vertebrate Carrion Decomposition," *Journal of Medical Entomology* 50, no. 2 (2013): 440–450.

266 吃光牠們的肉體，留下一堆白骨：Rebecca L. Antworth, David A. Pike, and Ernest E. Stevens, "Hit and Run: Effects of Scavenging on Estimates of Roadkilled Vertebrates," *Southeastern Naturalist* 4, no. 4 (2009): 647–656.

266「隻烏鶇叼走了被車撞死的蛇蜥」‥Fred Slater, "An Assessment of Wildlife Road Casualties: The Potential Discrepancy between Numbers Counted and Numbers Killed," *Web Ecology* 3 (2002): 33–42.
267「令人厭惡的鳥」‥Charles Darwin, *A Naturalist's Voyage* (London: John Murray, 1889), 344.
267「驚人速度與力量」‥John James Aubudon, "Black Vulture, or Carrion Crow," in *John J. Audubon's Birds of America*, Audubon.org, https://www.audubon.org/birds-of-america/black-vulture-or-carrion-crow.
267「動物王國裡溫柔的回收者」‥Katie Fallon, *Vulture: The Private Life of an Unloved Bird* (Lebanon, NH: ForeEdge, 2017), 2.
268「新型人造熱廊道」‥Keith Bildstein quoted in T. Edward Nickens, "Vultures Take Over Suburbia," *Audubon Magazine*, November–December 2008.
268 把兀鷲評為該地區最常遭受撞傷的鳥類‥D. Vidal-Vallés, A. Rodríguez, and E. Pérez-Collazos, "Bird Roadkill Occurrences in Aragon, Spain," *Animal Biodiversity and Conservation* 41, no. 2 (2018): 379–388.
269 兀鷲和許多鳥類一樣，判斷速度的能力很差‥Travis L. DeVault et al., "Effects of Vehicle Speed on Flight Initiation by Turkey Vultures: Implications for Bird-Vehicle Collisions," *PloS ONE* 9, no. 2 (2014).
269 這些精明的城市熊學會了如何安全穿越馬路‥Michael J. Evans et al., "Spatial Genetic Patterns Indicate Mechanism and Consequences of Large Carnivore Cohabitation within Development," *Ecology and Evolution* 8, no. 10 (2018): 4815–4829.
269「如果熊能學會小心往來車輛」‥Mark Ditmer, interview with the author, October 10, 2019.
269 或看過同伴遭遇車禍‥Ronald L. Mumme et al., "Life and Death in the Fast Lane: Demographic Consequences of Road Mortality in the Florida Scrub-Jay," *Conservation Biology* 14, no. 2 (2000): 501–512.
269「聰明的鴉科家族」‥Roger Tabor, "Earthworms, Crows, Vibrations and Motorways," *New Scientist*, May 23, 1974.
270 這種行為最早出現在一所駕訓班附近‥Yoshiaki Nihei and Hiroyoshi Higuchi, "When and Where Did Crows Learn to Use Automobiles as Nutcrackers? " *Tohoku Psychologica Folia* 60 (2001): 93–97.
270「可說是北半球最重要的屍體消費者」‥Bernd Heinrich, *Life Everlasting: The Animal Way of Death* (Boston: Houghton Mifflin Harcourt, 2012), 70–71.
270「同事會嘲笑我們」‥Roy Lopez, interview with the author, December 12, 2019.
271「張嘴朝牠猛然一撲」‥Teryl G. Grubb, Roy G. Lopez, and Martha M. Ellis, "Winter Scavenging of Ungulate Carrion by Bald Eagles, Common Ravens, and Coyotes in Northern Arizona," *Journal of Raptor Research* 52, no. 4 (2018): 479.
272 這種「無菌」管理方法‥Antoni Margalida and Marcos Moleón, "Toward Carcass-Free Ecosystems? " *Frontiers in Ecology and*

the Environment 14, no. 4 (2016): 183–184.
273 「金鵰動作靈敏的程度，比不上喜鵲或渡鴉」：Steve Slater, interview with the author, September 7, 2021.
274 把鹿屍拖離高速公路十二公尺：Steven J. Slater, Dustin M. Maloney, and Jessica M. Taylor, "Golden Eagle Use of Winter Roadkill and Response to Vehicles in the Western United States," *Journal of Wildlife Management* 86, no. 6 (2022): e22246.
276 每年路殺的動物相當於八萬頭牛或八百萬隻雞：Donald W. Bruckner, "Strict Vegetarianism Is Immoral," *in The Moral Complexities of Eating Meat*, ed. Ben Bramble and Bob Fischer, 30–47 (Oxford: Oxford University Press, 2015).
276 「你做的是一百分」：John McPhee, "Travels in Georgia," *New Yorker*, April 28, 1973.
276 「食用路殺齧齒動物的器官」：Dave Barry, "Just Wait until Oprah Hears about This," syndicated in the *Dispatch*, April 3, 1998.
277 「不知道有多少次」：Laurie Speakman, interview with the author, September 21, 2021.
279 「在開放取用動物屍體之前」：Jason Day, interview with the author, March 5, 2021.
281 從死亡動物身上取得食物的方式，是人類演化過程中高貴且持之不墜的一環：想了解死亡動物屍體在人類演化中所扮演的角色，請見 Marta Zaraska, *Meathooked* (New York: Basic Books, 2016).
282 熊……在道路附近時，每分鐘脈搏增加十幾次：Mark A. Ditmer, "Behavioral and Physiological Responses of American Black Bears to Landscape Features within an Agricultural Region," *EcoSphere* 6, no. 3 (2015): 1–21.
282 承認犯下非法狩獵罪：Lyssa Beyer, "Driver Accused of Hitting Deer on Purpose Faces Charges," *Patch*, May 8, 2013.

第9章：失落的邊疆

283 洄游魚類的數量銳減四分之三：Stefan Lovgren, "Many Freshwater Fish Species Have Declined by 76 Percent in Less Than 50 Years," *National Geographic*, July 27, 2020.
284 阿拉巴馬州的工程師還曾經把桉樹的樹幹鑿空："Federal Aid Projects Approved," *Public Roads* 1, no. 2 (1918): 30.
285 「流淌著銀色」：關於洄游魚類的歷史，請見 John Waldman, *Running Silver* (Guilford, CT: Globe Pequot Press, 2013).
285 「幾乎不可能騎馬通過而不踩到牠們」：Beverley quoted in *Annual Report of the Fish Commissioners of the State of Virginia* (Richmond: Virginia Fish Commission, 1875), 8.
285 單單是亞馬遜河的一些溪流，就有道路跨越萬次：Cecilia Gontijo Leal, "Amazonian Dirt Roads Are Choking Brazil's Tropical Streams," *Conversation*, March 1, 2018.
285 原因之一是無法通過涵洞：John Koehn and Pam Clunie, "National Recovery Plan for the Murray Cod *Maccullochella peelii*

peelii," National Murray Cod Recovery Team, Victorian Government Department of Sustainability and Environment, Melbourne, October 2010.

286 在馬車道上堆積好幾十公分高：J. Edward Norcross, "Random Jottings," *Vancouver Sun*, August 25, 1933.

287 「失落的邊疆」："The Salmon Crisis," ed. Don Gooding and Les Hatch (Seattle: Washington Department of Fisheries, 1949), 6.

287 「鮭魚可到達的地方」：Timothy Egan, *The Good Rain* (New York: Vintage Departures, [1990] 1991).

288 「我們應該有整條的鮭魚可吃」：Charlene Krise, interview with the author, January 18, 2021.

288 談判結束後：有關《梅迪辛河條約》請見 Squaxin Island Tribe (website), "Who We Are," https://squaxinisland.org/government/who-we-are/.

289 警方突襲一個漁民營地：有關「捕魚中」行動請見 Gabriel Chrisman, "The Fish-In Protests at Franks Landing," Seattle Civil Rights and Labor History Project, University of Washington, 2008, https://depts.washington.edu/civilr/fish-ins.htm.

290 原住民有權在他們的傳統獵場捕魚：此即為博爾特判決（Boldt Decision），關於它的歷史請見 Charles Wilkinson, *Blood Struggle: The Rise of Modern Indian Nations* (New York: W. W. Norton, 2005).

291 科學家最後把幾十年來銀鮭的死亡：Zhenyu Tian et al., "A Ubiquitous Tire Rubber-Derived Chemical Induces Acute Mortality in Coho Salmon," *Science* 371, no. 6526 (2021): 185–189.

292 可為該地區多增加二十萬條成魚：Richard Du Bey, Andrew S. Fuller, and Emily Miner, "Tribal Treaty Rights and Natural Resource Protection: The Next Chapter. United States v. Washington—the Culverts Case," *American Indian Law Journal* 7, no. 2 (2019).

292 「最常遇到、並可改正的障礙」：出現於該州魚類和野生動物部門及交通部門一九九七年共同編撰的報告中。有關這份報告的討論請見 Billy Frank Jr., "State's Duty: Fix the Culverts," Northwest Indian Fisheries Commission, December 10, 2000, https://nwifc.org/states-duty-fix-the-culverts/.

292 「我們現在就需要解決問題」：Billy Frank Jr. quoted in Trova Heffernan, *Where the Salmon Run: The Life and Legacy of Billy Frank, Jr.* (Olympia: Washington State Heritage Center, 2012), 259.

294 「鮭魚遭遇什麼事」：Testimony of Charlene Krise, *United States of America, et al., v. State of Washington, et al.*, Case No. C70-9213, October 13, 2009.

294 阿利托努力解決……語義差異：*State of Washington*, Petitioner, *v. United States, et al.*, Respondents, No. 17-269, April 18, 2018, https://www.supremecourt.gov/oral_arguments/argument_transcripts/2017/17-269_n6p1.pdf

296 新涵洞的成本可能超過三十億美元：“2020 State of Salmon in Watersheds: Executive Summary,” Governor's Salmon Recovery Office, Washington State Recreation and Conservation Office, Olympia, December 2020.

296 「魚並不在乎道路是誰的」：Braeden van Deynze, interview with the author, April 8, 2021.

302 「那時工人還在收拾呢」：Dave Harris, Tillamook Estuaries Partnership, interview with the author, August 31, 2020.

302 只要花小錢加以調整：關於如何把涵洞和橋梁改成野生動物穿越通道，若想要有全面的理解，請見 Julia Kintsch and Patricia Cramer, "Permeability of Existing Structures for Terrestrial Wildlife: A Passage Assessment System," Report to the Washington State Department of Transportation, Research Report No. WA-RD 777.1, July 2011.

303 「我們不知道有沒有任何一隻動物使用這些設置」：Kerry Foresman, interview with the author, September 22, 2014.

303 他設置的相機拍攝到數千隻動物通過：Kerry Foresman, "How Does the Small Mammal Cross the Road? " *Montana Outdoors*, July–August 2006.

305 「氣候盾牌」：Daniel J. Isaak et al., "The Cold-Water Climate Shield: Delineating Refugia for Preserving Salmonid Fishes through the 21st Century," *Global Change Biology* 21 (2015): 2540–2553.

305 「我們改善的涵洞愈多」：Harris, interview with the author.

306 就連就連繆爾所創立的環保組織山岳協會：Rachel Frazin, "Green Group Proposes Nearly $6T Infrastructure and Clean Energy Stimulus Plan," *The Hill*, May 26, 2020.

第10章：創世的核心有仁慈

310 若有一隻有蹄類動物在高速公路上死亡：Tracy S. Lee et al., "Developing a Correction Factor to Apply to Animal–Vehicle Collision Data for Improved Road Mitigation Measures," *Wildlife Research* 48, no. 6 (2021): 501–510.

311 「蜷縮在地上」：Leath Tonino, "The Doe's Song," *Orion Magazine*, April 13, 2017.

311 人類在地球上的統治地位：Emma Marris, *Wild Souls* (New York: Bloomsbury, 2021), 11.

312 鴿子的節育：Dylan Matthews, "The Wild Frontier of Animal Welfare," *Vox*, April 21, 2021.

312 「在設計建築、道路和社區時」：Sue Donaldson and Will Kymlicka, *Zoopolis: A Political Theory of Animal Rights* (Oxford: Oxford University Press, 2011), 5–6.

312 「無法通過合理的成本效益分析」：Quoted in Emily Sohn, "Every Living Thing," *Aeon Magazine*, August 31, 2015.

312 「知識界的相互孤立」：Daniel Lunney, "Wildlife Roadkill: Illuminating and Overcoming a Blind Spot in Public Perception,"

Pacific Conservation Biology 19 (2013): 236.

313 有五十萬是有袋類動物的幼兒︰Bruce Englefield, Melissa Starling, and Paul McGreevy, "A Review of Roadkill Rescue: Who Cares for the Mental, Physical and Financial Welfare of Australian Wildlife Carers? " *Wildlife Research* 42, no. 2 (2018): 108.

313 「血腥地毯」、「世界路殺之都」、「塔斯馬尼亞人習以為常的事」︰Donald Knowler, *Riding the Devil's Highway* (Australia: self-published, 2014), Kindle.

314 「這裡有些人根本不關心野生動物的死活」︰Glenn Albrecht, interview with the author, June 18, 2019.

319 「是國家的資產」︰本引言及本段的統計數字請見 Englefield, Starling, and McGreevy, "Review of Roadkill Rescue," 109–113.

320 「與任何已知動物都不一樣的生物」︰Quoted in Quammen, *Song of the Dodo*, 281.

320 「對羊群造成嚴重破壞」︰Quoted in Brooke Jarvis, "The Obsessive Search for the Tasmanian Tiger, *New Yorker*, June 25, 2018.

321 「澳洲的英格蘭」︰Sharon Morgan, *Land Settlement in Early Tasmania: Creating an Antipodean England* (Cambridge: Cambridge University Press, 1992).

321 每二．七公里就發現一隻死亡動物︰Alistair J. Hobday and Melinda Minstrell, "Distribution and Abundance of Roadkill on Tasmanian Highways: Human Management Options," *Wildlife Research* 35, no. 7 (2008): 715.

326 「鉛製禮物」︰Robinson Jeffers, "Hurt Hawks," 1928, Poetry Foundation (website), https://www.poetryfoundation.org/poems/51675/hurt-hawks.

326 「動物照護人員是最容易出現同情疲勞的人」︰Charles R. Figley and Robert G. Roop, *Compassion Fatigue in the Animal-Care Community* (Washington, D.C.: Humane Society Press, 2006), 35.

326 有一半的動物照護人員必須對抗憂鬱或絕望︰Benjamin Marton, Teresa Kilbane, and Holly Nelson-Becker, "Exploring the Loss and Disenfranchised Grief of Animal Care Workers," *Death Studies* 44 (2020): 31–41.

326 美國犬隻收容所的員工︰Hope M. Tiesman et al., "Suicide in U.S. Workplaces, 2003–2010: A Comparison with Non-Workplace Suicides," *American Journal of Preventative Medicine* 48, no. 6 (2015): 674–682.

328 不到百分之五的受照護動物配有識別標籤、微晶片或頸圈︰Bruce Englefield et al., "The Demography and Practice of Australians Caring for Native Wildlife and the Psychological, Physical and Financial Effects of Rescue, Rehabilitation and Release of Wildlife on the Welfare of Carers," *Animals* 9, no. 1127 (2019).

328 「這當中有個矛盾」︰Englefield, Starling, and McGreevy, "Review of Roadkill Rescue," 112.

329 允許捕殺一百三十六隻袋熊︰Englefield, Starling, and McGreevy, "Review of Roadkill Rescue," 112.

329 「壓制照護者的策略」‥Joe Hinchliffe, "Wild at Heart: Rescuers Oppose Caring Ban Proposal," *Sydney Morning Herald*, May 6, 2018.

329 「愛情隧道」‥Ian M. Mansergh and David J. Scotts, "Habitat Continuity and Social Organization of the Mountain Pygmy Possum Restored by Tunnel," *Journal of Wildlife Management* 53, no. 3 (1989): 701–707.

329 「我們是一個幸運的國家」‥Kylie Soanes, interview with the author, April 17, 2018.

330 一項廣受報導的研究‥Samantha Fox et al., "Roadkill Mitigation: Trialing Virtual Fence Devices on the West Coast of Tasmania," *Australian Mammalogy* 41, no. 2 (2018): 205–211.

330 懷疑論者很快找到研究方法中的漏洞‥Graeme Coulson and Helena Bender, "Roadkill Mitigation Is Paved with Good Intentions: A Critique of Fox et al. (2019)," *Australian Mammalogy* 42, no. 1 (2019): 122–130.

330 虛擬柵欄實際上並沒有減少路殺數量‥Bruce Englefield et al., "A Trial of a Solar-Powered, Cooperative Sensor/Actuator, Opto-Acoustical, Virtual Road-Fence to Mitigate Roadkill in Tasmania, Australia," *Animals* 9, no. 10 (2019): 752.

330 「減少道路的影響並非不可能」‥Josie Stokes, interview with the author, April 23, 2020.

331 照護並野放受傷的海龜和蝙蝠‥James E. Paterson, Sue Carstairs, and Christina M. Davy, "Population-Level Effects of Wildlife Rehabilitation and Release Vary with Life-History Strategy," *Journal for Nature Conservation* 61 (2021): 125983.

331 超過十億隻動物消失‥Brigit Katz, "More Than One Billion Animals Have Been Killed in Australia's Wildfires, Scientist Estimates," *Smithsonian Magazine*, January 8, 2020.

331 《紐約時報》刊登了一張有如世界末日的照片‥Matthew Abbott as told to Mark Shima-bukuro, "In One Photo, Capturing the Devastation of Australia's Fires," *New York Times*, January 9, 2020.

332 「因為不管何時」‥Fred Rogers quoted in Tom Junod, "What Would Mr. Rogers Do? " *Atlantic*, December 2019.

333 「社會正義和補償的延伸」‥Heather Pospisil, "Perspectives on Wildlife from the Practice of Wildlife Rehabilitation," master's thesis, California Institute of Integral Studies, San Francisco, 2014, p. 78.

第11章‥道路上的哨兵

335 「他用一根手指撫摸夜鷹腹部圓滑的弧線」‥Lopez, *Apologia*.

335 「生態學領域中最有用的一種野生動物觀察和採樣方法」‥Amy L. W. Schwartz, Fraser M. Shilling, and Sarah E. Perkins, "The Value of Monitoring Wildlife Roadkill," *European Journal of Wildlife Research* 66, no. 18 (2020).

336 她組織了道路死亡調查：N. L. Hodson and D. W. Snow, "The Road Deaths Enquiry, 1960–61," *Bird Study* 12, no. 2 (1965): 90–99.

336 美國人道協會召集公路旅行者："Final Survey of Animal Highway Deaths Planned; Volunteers Still Needed," *News of the Humane Society of the United States* 11, no. 3 (1966): 12.

338 「帶有人行道的大型涵洞」：E. Jane Ratcliffe, *Through the Badger Gate* (London: G. Bell & Sons, 1974), 104.

338 「幽靈刺蝟」：Patrick Barkham, " 'Ghost Hedgehogs' on Dorset Roads Highlight Animals' Plight," *Guardian*, September 8, 2020.

340 「熱點時刻」：Frederic Beaudry, Phillip G. Demaynadier, and Malcolm J. Hunter, "Identifying Hot Moments in Road-Mortality Risk for Freshwater Turtles," *Journal of Wildlife Management* 74, no. 1 (2010): 152–159.

340 袋鼠路殺的高峰會發生在月圓夜：Jai M. Green-Barber and Julie M. Old, "What Influences Road Mortality Rates of Eastern Grey Kangaroos in a Semi-Rural Area? " *BMC Zoology* 4, no. 11 (2019).

340 每年秋天日光節約時間結束時：W. A. N. U. Abeyrathna and Tom Langen, "Effect of Daylight Saving Time Clock Shifts on White-Tailed Deer-Vehicle Collision Rates," *Journal of Environmental Management* 292 (2021): 112774.

340 每年可挽救三十三名駕駛：Calum X. Cunningham et al., "Permanent Daylight Saving Time Would Reduce Deer-Vehicle Collisions," *Current Biology* 32, no. 22 (2022): P4982–4988.

340 歐洲鼬的死亡呈現「雙峰分布」：Schwartz, Shilling, and Perkins, "Value of Monitoring Wildlife Roadkill."

340 冬季也會有更多雉雞遭遇路殺：Joah R. Madden and Sarah E. Perkins, "Why Did the Pheasant Cross the Road? Long-Term Road Mortality Patterns in Relation to Management Changes," *Royal Society Open Science* 4, no. 10 (2017).

341 有些科學家把道路比喻成移動偵測攝影機：James Baxter-Gilbert, "Turning the Threat into a Solution: Using Roadways to Survey Cryptic Species and to Identify Locations for Conservation," *Australian Journal of Zoology* 66, no. 1 (2017).

341 亞利桑那州曾發生一起電腦錯誤：Scott Sprague et al., "Carcass Reporting Arizona Streets and Highways (CRASH): A Digital Toolsuite for Capturing Wildlife Carcass Data," International Conference on Ecology and Transportation (virtual), September 22–29, 2021.

341 提姆霍頓（Tim Hortons）是路殺熱點：Stephen Legaree, interview with the author, October 5, 2021.

342 志工準確識別了百分之九十七的動物：David P. Waetjen and Fraser M. Shilling, "Large Extent Volunteer Roadkill and Wildlife Observation Systems as Sources of Reliable Data," *Frontiers in Ecology and Evolution* 5, no. 89 (2017).

343 「可靠而確實的」：Stéphanie Périquet et al., "Testing the Value of Citizen Science for Roadkill Studies: A Case Study from South Africa," *Frontiers in Ecology and Evolution* 6, no. 15 (2018).

344 路殺水獺的肝臟中含有濃度驚人的長期禁用農藥：Samantha K. Carpenter et al., "River Otters as Biomonitors for Organochlorine Pesticides, PCBs, and PBDEs in Illinois," *Ecotoxicology and Environmental Safety* 100 (2014): 99–104.

344 多溴二苯醚：Angela Pountney et al., "High Liver Content of Polybrominated Diphenyl Ether (PBDE) in Otters (Lutra lutra) from England and Wales," *Chemosphere* 118 (2015): 81–86.

344 更嚴格的法律顯然發揮了作用：Elizabeth A. Chadwick et al., "Lead Levels in Eurasian Otters Decline with Time and Reveal Interactions between Sources, Prevailing Weather, and Stream Chemistry," *Environmental Science and Technology* 45, no. 5 (2011): 1911–1916.

344 入侵的蟒蛇已在大沼澤地國家公園大開殺戒：Michael E. Dorcas et al., "Severe Mammal Declines Coincide with Proliferation of Invasive Burmese Pythons in Everglades National Park," *Proceedings of the National Academy of Sciences USA* 109, no. 7 (2012): 2418–2422.

344 當華盛頓州出現一頭路殺的狼：Tom Sowa, "Gray Wolves Are State Residents," *Spokesman-Review*, July 18, 2008.

344 綠鞭蛇的路殺季發生變化：Massimo Capula et al., "Long-Term, Climate Change-Related Shifts in Monthly Patterns of Roadkilled Mediterranean Snakes (*Hierophis viridifavus*)," *Herpetological Journal* 24, no. 6 (2014): 97–102.

345 九帶犰狳的痲風病：Heather L. Montgomery, *Something Rotten* (New York: Bloomsbury Children's Book, [2018] 2019), 95.

345 「一定要徹底煮熟你的犰狳」：Chad Garrison, "Leprosy: Another Reason to Avoid Those Armadillos Invading from the South," *Riverfront Times*, May 2, 2011.

345 重新發現侏儒藍舌蜥：G. Armstrong and J. Reid, "The Rediscovery of the Adelaide Pygmy Bluetongue *Tiliqua adelaidensis* (Peters, 1863)," *Herpetofauna* 22 (1992): 3–6.

345 發現一隻夜鷹的屍體：R. J. Safford et al., "A New Species of Nightjar from Ethiopia," *Ibis* 137, no. 3 (1995): 301.

345 大約四分之一的水獺體內有弓形蟲：Willow Smallbone et al., "East-West Divide: Temperature and Land Cover Drive Spatial Variation of *Toxoplasma gondii* Infection in Eurasian Otters (Lutra lutra) from England and Wales," *Parasitology* 144, no. 11 (2017): 1433–1440.

346 感染弓形蟲的機率是三倍：Tracey Hollings et al., "Wildlife Disease Ecology in Changing Landscapes: Mesopredator Release and Toxoplasmosis," *International Journal for Parasitology: Parasites and Wildlife* 2 (2013): 110–118.

346 發現的動物超過兩百隻：Fernanda Zimmermann Teixeira et al., "Vertebrate Road Mortality Estimates: Effects of Sampling Methods and Carcass Removal," *Biological Conservation* 157 (2013): 317–323.

347 「監測為了在池塘中繁殖而遷徙的兩生類」‥Fernando Ascensão, Cristina Branquinho, and Eloy Revilla, "Cars as a Tool for Monitoring and Protecting Biodiversity," *Nature Electronics* 3 (2020): 295.

347 〈路殺終結〉‥Malia Wollan, "The End of Roadkill," *New York Times Magazine*, November 8, 2017.

348 「投入大量心力，觀察動物如何移動」‥Quoted in Eric Adams, "Volvo's Cars Now Spot Moose and Hit the Brakes for You," *Wired Magazine*, January 27, 2017.

348 「當袋鼠跳向空中」‥Quoted in Naaman Zhou, "Volvo Admits Its Self-Driving Cars Are Confused by Kangaroos," *Guardian*, June 30, 2017.

348 「小型犬尺寸」‥Ponz Pandikuthira, email communication with the author, November 12, 2020.

349 馬凱蒂常數（Marchetti's constant）‥Cesare Marchetti, "Anthropological Invariants in Travel Behavior," *Technological Forecasting and Social Change* 47 (1994): 75–88.

349 「由農場、工廠和城鎮組成的碎形網絡」‥Anthony Townsend, *Ghost Road: Beyond the Driverless Car* (New York: W. W. Norton, 2020), 206.

350 「但前提是保育生物學家必須能夠參與車輛的開發和實際上路的測試」‥Amanda C. Niehaus and Robbie S. Wilson, "Integrating Conservation Biology into the Development of Automated Vehicle Technology to Reduce Animal–Vehicle Collisions," *Conservation Letters* 11, no. 3 (2018).

351 這個系統已經能找到近百分之八十的路殺兩生類和鳥類‥Diana Sousa Guedes et al., "An Improved Mobile Mapping System to Detect Road-Killed Amphibians and Small Birds," *ISPRS International Journal of Geo-Information* 8, no. 12 (2019).

355 公民研究證實了他們的懷疑‥Kim Rondeau and Tracy Lee, "Collision Count: Improving Human and Wildlife Safety on Highway 3," Miistakis Institute, Calgary, Alberta, April 30, 2018.

355 「這是有關訊息如何流動的重大轉變」‥Tracy Lee, interview with the author, May 8, 2020.

356 「科學能提供強大的互惠方式」‥Kimmerer, *Braiding Sweetgrass*, 252.

357 公民科學家所稱的「公民」‥Mary Ellen Hannibal, *Citizen Scientist* (New York: The Experiment, 2016).

第12章‥基礎建設海嘯

359 「我們自以為是領導者」‥Rob Ament, interview with the author, November 12, 2019.

359 「基礎建設擴張最快速的時代」‥William F. Laurance et al., "Reducing the Global Environmental Impacts of Rapid Infrastructure

Expansion," *Current Biology* 25, no. 7 (2015): R259–R262.

359 代表「發展」的詞叫做「thara'gee」：Luke Heslop, "Runways to the Sky," *Allegra Lab*, March 2020.

360 在肯亞的某公園附近，有太多獵豹遭遇車禍：John Lee Anderson, "A Kenyan Ecologist's Crusade to Save Her Country's Wildlife," *New Yorker*, January 25, 2021.

360 這將對老虎的棲地造成破壞：Neil Carter et al., "Road Development in Asia: Assessing the Range-Wide Risks to Tigers," *Science Advances* 6, no. 18 (2020).

360 「猩球不再崛起」：Fernando Ascensão, Marcello D'Amico, and Rafael Barrientos, "No Planet for Apes? Assessing Global Priority Areas and Species Affected by Linear Infrastructures," *International Journal of Primatology* 43 (2022): 57–73.

360 未來的發展將「導致每年再失去額外的五億隻脊椎動物」：Alex Bager, Carlos E. Borghi, and Helio Secco, "The Influence of Economics, Politics, and Environment on Road Ecology in South America," in van der Ree, Smith, and Grillo, eds., *Handbook of Road Ecology*, 408.

361 「道路的擴建對巴西人民的生活品質非常重要」：Clara Grilo, interview with the author, July 31, 2019.

365 以石灰和肥料改善土壤：Jonathan Mingle, "The Slow Death of Ecology's Birthplace," *Undark*, December 16, 2016.

366 〈巴西大食蟻獸所造成的人類死亡〉：Vidal Haddad Jr. et al., "Human Death Caused by a Giant Anteater (*Myrmecophaga tridactyla*) in Brazil," *Wilderness and Environmental Medicine* 25, no. 4 (2014): 446–449.

368 有百分之八十以上會經常穿越道路：Michael J. Noonan et al., "Roads as Ecological Traps for Giant Anteaters," *Animal Conservation* 25, no. 2 (2022): 182–194.

370 棲地破碎可能是比路殺更嚴重的威脅：Fernando A. S. Pinto, "Giant Anteater (*Myrmecophaga tridactyla*) Conservation in Brazil: Analysing the Relative Effects of Fragmentation and Mortality Due to Roads," *Biological Conservation* 228 (2018): 148–157.

371 兩百七十億美元的高速公路工程合約：Sue Branford, "Amazon at Risk: Brazil Plans Rapid Road and Rail Infrastructure Expansion," *Mongabay*, February 12, 2019.

372 「世界上最腐敗的高速公路」："Peru's Interoceanic: The Most Corrupt Highway in the World," Upper Amazon Conservancy, July 2018, https://www.upperamazon.org/news/fz8vmhz9ytujotmqksrxoex5rljfcv-mnsk7.

372 「侵入路線」：Edward J. Taaffe, Richard L. Morrill, and Peter R. Gould, "Transport Expansion in Underdeveloped Countries: A Comparative Analysis," *Geographical Review* 53, no. 4 (1963): 503–529.

373 「多餘人口」、「沒有人的土地」、「占領，才不會放棄」：Andrew Revkin, *The Burning Season* (Washington, D.C.: Island

Press, [1990] 2004), 103, 112, 104.

373 「綠色地獄」：Robert G. Hummerstone, "Cutting a Road through Brazil's 'Green Hell,' " *New York Times, March* 5, 1972.

373 「資源不竭的幻覺」：Philip M. Fearnside, *Human Carrying Capacity of the Brazilian Rainforest* (New York: Columbia University Press, 1986), 6.

373 是道路導致森林砍伐，或森林砍伐之後才有道路：Arild Angelsen and David Kaimowitz, "Rethinking the Causes of Deforestation: Lessons from Economic Models," *World Bank Research Observer* 14, no. 1 (1999): 73–98.

374 「一塊塊開放空間所接連而成的網格」：Revkin, *Burning Season*, 101.

374 那森林像一條大魚的骨架：有關森林砍伐造成魚骨似的地景，請見 Francisco José Barbosa Oliveira de Filho and Jean Paul Metzger, "Thresholds in Landscape Structure for Three Common Deforestation Patterns in the Brazilian Amazon," *Landscape Ecology* 21, no. 7 (2006): 1061–1073.

374 致命的回饋循環：William F. Laurance et al., "Ecosystem Decay of Amazonian Forest Fragments: A 22-Year Investigation," *Conservation Biology* 16, no. 3 (2002): 605–618.

375 蟻鵙不會過馬路：Susan G. Laurance, Philip C. Stouffer, and William F. Laurance, "Effects of Road Clearings on Movement Patterns of Understory Rainforest Birds in Central Amazonia," *Conservation Biology* 18, no. 4 (2004): 1099–1109.

375 出現了將近一百四十種新紀錄鳥種：Cameron L. Rutt, "Avian Ecological Succession in the Amazon: A Long-Term Case Study Following Experimental Deforestation," *Ecology and Evolution* 9, no. 24 (2019): 13850–13861.

375 外來的家麻雀已經沿著巴西的一條高速公路拓展了八百公里：Nigel J. H. Smith, "House Sparrows (Passer domesticus) in the Amazon," *Condor* 75, no. 2 (1973): 242–243.

376 漢他病毒就是這樣從大豆園和牧牛場中冒出來：Daniele B. A. Medeiros, "Circulation of Hantaviruses in the Influence Area of the Cuiabá-Santarém Highway," *Memórias do Instituto Oswaldo Cruz* 105, no. 5 (2010): 665–671.

376 「地景免疫」：Raina K. Plowright et al., "Land-Use Induced Spillover: A Call to Action to Safeguard Environmental, Animal, and Human Health," *Lancet* 5, no. 4 (2021): e237–e245.

376 「如果想預防全球性的大流行病」：Gary Tabor, interview with the author, April 5, 2021.

377 「憤怒在我心中再次湧現」：Davi Kopenawa and Bruce Albert, *The Falling Sky: Words of a Yanomami Shaman* (Cambridge, MA: Belknap Press of Harvard University Press, 2013), 235.

377 南美洲道路密度最高的地方，語言多樣性最低：J. R. Stepp et al., "Biocultural Diversity: Roads and Languages, Tropical South

America," Biocultural Diversity Mapping Project, University of Florida, http://www.bioculturaldiversity.org/.
377 「隨著道路開闢」：Rafael Mendoza, interview with the author, March 2, 2020.
377 百分之九十五的森林砍伐：Christopher P. Barber et al., "Roads, Deforestation, and the Mitigating Effect of Protected Areas in the Amazon," *Biological Conservation* 177 (2014): 203–209.
378 高速公路沿線有六十三個原住民部落的領地：Lucas Ferrante, Mércio Gomes, and Philip Martin Fearnside, "Amazonian Indigenous Peoples Are Threatened by Brazil's Highway BR-319," *Land Use Policy* 94, no. 2 (2020): 104548.
378 「惡意復育」：Lauren J. Moore et al., "On the Road without a Map: Why We Need an 'Ethic of Road Ecology,' " Frontiers in *Ecology and Evolution* 16 (2021): 774286.
378 「穿越通道並不會帶來任何差別」：Fernanda Zimmerman, interview with the author, September 24, 2019.
379 邊緣棲地占據了百分之七十的面積：Nick M. Haddad, "Habitat Fragmentation and Its Lasting Impact on Earth's Ecosystems," *Science Advances* 1, no. 2 (2015).
379 「你能為亞馬遜做的事」：Quoted in William Laurance, "Roads Are Ruining the Rainforests," *New Scientist*, August 26, 2009.
382 中國在巴西投資了六百六十億美元：Chris Devonshire-Ellis, "Brazil: South America's Largest Recipient of BRI Infrastructure Financing and Projects," *New Silk Road Briefing, November* 8, 2021.
382 巴西約百分之八十的大豆都出口到中國：Sue Branford and Mauricio Torres, "How Chinese Interests—and Money—Have Revived Brazil's Ambitious Amazon Rail Network," *Pacific Standard*, December 28, 2018.
383 「一隻隱約可見的手」：Ben Mauk, "Can China Turn the Middle of Nowhere into the Center of the World Economy? " *New York Times Magazine*, January 29, 2019.
383 超過兩百五十個受威脅物種：Divya Narain et al., "Best-Practice Biodiversity Safeguards for Belt and Road Initiative's Financiers," *Nature Sustainability* 3 (2020): 650–657.
384 「我們實在無能為力」：Peter Kibobi, interview with the author, April 8, 2021.
384 「開發中國家需要發展」：William Laurance, interview with the author, September 3, 2020.
384 可以成為「磁鐵」：William F. Laurance, "A Global Strategy for Road Building," *Nature* 513, no. 7521 (2014): 229.
384 道路的未來應該詳加規劃，而不是任其自由發展：See, for example, William Laurance, "If You Can't Build Well, Then Build Nothing at All," Nature 563 (2018): 295.
385 由中國國有銀行提供資助：Narain et al., "Best-Practice Biodiversity Safeguards."

385 「似乎對道路的規劃和設計影響不大」‥Rodney van der Ree, Daniel J. Smith, and Claro Grilo, "The Ecological Effects of Linear Infrastructure and Traffic: Challenges and Opportunities of Rapid Global Growth," in van der Ree, Smith, and Grillo, eds., *Handbook of Road Ecology*, 7.

388 動物撞擊事件仍然快速發生‥See, for example, Corinna Riginos et al., "Reduced Speed Limit Is Ineffective for Mitigating the Effects of Roads on Ungulates," *Conservation Science and Practice* 4, no. 3 (2022): e618.

388 「緩慢的美德」‥Gary Kroll, "Snarge," *Aeon*, March 28, 2018.

389 「我們不能把亞馬遜州變成自然保護區」‥Quoted in John Otis, "A Brazilian Road Project Cuts through the Amazon, Paving the Way to Vast Deforestation," *Weekend Edition Saturday*, National Public Radio, October 30, 2022.

389 在中國，SARS疫情最嚴重的縣‥Li-Qun Fang et al., "Geographical Spread of SARS in Mainland China," *Tropical Medicine & International Health* 14 (2020): 14–20.

389 「泥土路變成柏油路」‥Richard Preston, *The Hot Zone* (New York: Anchor, 1995), 383.

389 「新版殖民主義」‥Quoted in Evan Osnos, "The Future of America's Contest with China," *New Yorker*, January 6, 2020.

第13章‥亡羊補牢

390 「為了讓道路能夠直通目的地」‥Lewis Mumford quoted in Joseph F. C. DiMento and Cliff Ellis, *Changing Lanes: Visions and Histories of Urban Freeways* (Cambridge, MA: MIT Press, 2013), 2.

390 全世界每天約有三千六百人死於車禍‥車禍每年大約造成一百三十萬人死亡，請見 Etienne Krug, "It's Time to End Deaths on Our Roads," World Health Organization, June 28, 2022, https://www.who.int/news-room/commentaries/detail/it-s-time-to-end-deaths-on-our-roads.

391 讓路怒的通勤者更容易出現家庭暴力‥Louise-Philippe Beland and Daniel A. Brent, "Traffic and Crime," *Journal of Public Economics* 160 (2018): 96–116.

391 「基礎建設物種」‥Jedediah Britton-Purdy, "The World We've Built," *Dissent Magazine*, July 3, 2018.

391 黑人居住在高速公路附近的可能性高出百分之四十‥Centers for Disease Control and Prevention, "CDC Health Disparities and Inequalities Report," *Morbidity and Mortality Weekly Report* 62, no. 3 (2013).

391 接觸到更多的空氣致癌物質‥Benjamin J. Apelberg, Timothy J. Buckley, and Ronald H. White, "Socioeconomic and Racial Disparities in Cancer Risk from Air Toxics in Maryland," *Environmental Health Perspectives* 113, no. 6 (2005): 693–699.

391 這區的人口死於氣喘的機率：："Asthma Prevention and Management in Bronx, New York and New York State at Large," prepared for the office of New York State Senator Jeffrey D. Klein, July 2011, https://www.nysenate.gov/sites/default/files/Asthma%20 prevention_Final_0.docx

391 「位於相同的道德領域」：David Roberts, "Air Pollution Is Much Worse Than We Thought," *Vox*, August 12, 2020.

392 「消除那些不美觀、不衛生的地區」：Richard Rothstein, *The Color of Law* (New York: Liveright, 2017), 127.

392 「不受歡迎的貧民窟」：Quoted in Megan Kimble, "If They Can Tear Down This Highway in Texas . . . Yes, Texas!" *Nation*, July 2021.

392 號稱南方哈林區：關於公速公路對有色族群的衝擊，請見 Eric Avila, *The Folklore of the Freeway* (Minneapolis: University of Minnesota Press, 2014).

393 「白人和黑人社區之間的邊界」：Kevin M. Kruse, "What Does a Traffic Jam in Atlanta Have to Do with Segregation? Quite a Lot," *New York Times Magazine*, August 14, 2019.

393 「最重要的種族隔離領袖」：Rebecca Retzlaff, "Interstate Highways and the Civil Rights Movement: The Case of I-85 and the Oak Park Neighborhood in Montgomery, Alabama," *Journal of Urban Affairs* 41, no. 7 (2019): 934.

393 「你聽到機器在拆毀」：John A. Williams, "Portrait of a City: Syracuse, the Old Home Town," *Courier* 28, no. 1 (1993): 73.

394 「浪費公帑、大而無當的混凝土和鋼鐵建築」：Quoted in "Revisiting and Revisualizing Syracuse's 15th Ward," Visualizing 81 (website), S. I. Newhouse School of Public Communications, Syracuse University, 2021, https://visualizing81.thenewshouse.com.

394 「偉大的中央車站」：Kim M. Williamson, "Explore the Underground Railroad's 'Great Central Depot,' " *National Geographic*, February 27, 2019.

395 屋主貸款公司：關於紅色社區及都市高速公路，請見 Rothstein, *Color of Law*, 127–131.

395 「幾乎全為黑人」的社區：Quoted in Dick Case, "Roosevelt's 'Rainbow' Held No Pot of Gold," *Syracuse Herald American*, January 9, 2000.

396 「真的有成千上萬隻蟑螂在牆上翻滾」：Walter Carroll, "Block by Block Cleanup Proposed in Slum Area," *Syracuse Post-Standard*, January 22, 1954.

396 高速公路的路線確定了：David Haas, "I-81 Highway Robbery: The Razing of Syracuse's 15th Ward," *Syracuse New Times*, December 12, 2018.

396 以「身體直接進行干預」：Quoted in "Revisiting and Revisualizing Syracuse's 15th Ward."

396 「水泥章魚」··因雷諾茲（Malvina Reynolds）的同名歌曲而聞名 "cement octopus"(Schroder Music Company, 1964). The octopus "gets red tape to eat, gasoline taxes to drink."

397 「如果全部拆除」··Quoted in Joseph DiMento, "Stent (or Dagger?) in the Heart of Town: Urban Freeways in Syracuse, 1944–1967," *Journal of Planning History* 8, no. 2 (2009): 151.

399 「從樹頂高的地方越過大地」··Lawrence Halprin quoted in DiMento and Ellis, *Changing Lanes*, 113.

401 「紐約州中部的香榭麗舍大道」··Quoted in Jeff Kramer, "81 Redesign: Road to Revitalization, or Gentrification? " *South Side Stand*, May 8, 2019.

402 「吸取過往教訓並做得更好」··Quoted in "Secretary Buttigieg Visits I-81 in Syracuse and Pushes for Passage of American Jobs Plan," *CNY Central*, June 28, 2021.

402 將空出超過七公頃的土地··Lanessa Owens-Chaplin, Johanna Miller, and Simon McCormack, "Building a Better Future: The Structural Racism Built into I-81, and How to Tear It Down," New York Civil Liberties Union, December 2, 2020, 29, https://www.nyclu.org/en/publications/building-better-future.

403 「新版黑人驅逐活動」··Ken Jackson, "Negro Removal 2.0," *Urban CNY*, March 3, 2019.

403 「路面開始移動」··Quoted in "200 Feared Dead in Freeway Collapse," *Petaluma Argus-Courier* via Associated Press, October 18, 1989.

404 「現在，我們有陽光」··Quoted in Kristin Bender, "Mandela Parkway Unveiled," *East Bay Times*, July 13, 2005.

404 預計將有三十多條高速公路··Ben Crowther, "Freeways without Futures," Congress for the New Urbanism (website), 2021, https://www.cnu.org/highways-boulevards/freeways-without-futures/2021.

404 原地區的黑人人口減少將近三成··有關黑人人口減少及空氣品質改善，請見 Regan F. Patterson and Robert A. Harley, "Effects of Freeway Rerouting and Boulevard Replacement on Air Pollution Exposure and Neighborhood Attributes," *International Journal of Environmental Research and Public Health* 16, no. 21 (2019): 4072.

405 培訓和見習計畫、交付土地信託··Owens-Chaplin, Miller, and McCormack, "Building a Better Future," 29–31.

406 「因為她的服務使莊園得到大筆財富」··Quoted in Ta-Nehisi Coates, "The Case for Reparations," *Atlantic*, May 21, 2014.

406 「世代財富累積的流失」··Owens-Chaplin, Miller, and McCormack, "Building a Better Future," 10.

406 朗多社區的房屋淨值損失高達一億五千七百萬美元··"Restorative Rondo: Building Equity for All: Past Prosperity Study," prepared for Reconnect Rondo by the Yorth Group, July 2020, 6, https://docslib.org/doc/3330659/rondo-past-prosperity-study.

408 「種族主義具體呈現在某些高速公路的建設之中」：Quoted in April Ryan, "Buttigieg Says Racism Built into US Infrastructure Was a 'Conscious Choice,' " *Grio*, April 6, 2021.

408 「就我看來，路就只是路」：Quoted in Renzo Downey, " 'A Road's a Road': Ron DeSantis Sideswipes Pete Buttigieg for Addressing Racist Highway Design," Florida Politics (website), November 9, 2021, https://floridapolitics.com/archives/471820-desantis-buttigieg-racist-roads/.

409 「不能容納今天高架橋上的車流量」："How Cars Killed Syracuse," InTheSalt.City (website), June 21, 2021, https://inthesalt.city/2021/06/21/howcarskilledsyracuse/.

409 「那些走在人行道上的人」：Robert Haley, interview with the author, September 23, 2021.

409 「這個計畫最好是對少數族裔的社區有幫助」：Damn if it helps the minority community": Vernon Williams, interview with the author, September 23, 2021.

結語：人類暫停期

412 大加速：Will Steffen et al., "The Trajectory of the Anthropocene: The Great Acceleration," *Anthropocene Review* 2, no. 1 (2015).

413 人類暫停期：Christian Rutz et al., "COVID-19 Lockdown Allows Researchers to Quantify the Effects of Human Activity on Wildlife," *Nature Ecology & Evolution* 4 (2020): 1156–1159.

413 在哥斯大黎加，美洲豹貓路殺的情況：Esther Pomareda-García, communication with the author, July 1, 2020.

413 度過春季遷徙期的青蛙：Gregory LeClair et al., "Influence of the COVID-19 Pandemic on Amphibian Road Mortality," *Conservation Science and Practice* 3, no. 11 (2021).

413 在英國，刺蝟的死亡數量：Lauren Moore, "Reports of U.K. Roadkill Down Two-Thirds—But Will Hedgehogs Thrive after Lockdown? " *Conversation*, May 12, 2020.

413 分析了幾個州所蒐集的動物屍體清理數據：Fraser Shilling et al., "Special Report 4: Impact of COVID-19 Mitigation on Wildlife-Vehicle Conflict," University of California, Davis, Road Ecology Center, June 24, 2020, https://roadecology.ucdavis.edu/resource-type/report.

414 「最大規模的保育行動」：Fraser Shilling, interview with the author, June 29, 2020.

414 「創造了一個傳說中的寂靜的春天」：Elizabeth P. Derryberry et al., "Singing in a Silent Spring: Birds Respond to a Half-Century Soundscape Reversion during the COVID-19 Shutdown," *Science* 370, no. 6516 (2020): 575–579.

415 「城市的痛苦之聲」：Quoted in Quoctrung Bui and Emily Badger, "The Coronavirus Quieted City Noise: Listen to What's Left," *New York Times*, May 22, 2020.

415 「行為滯後」：Joel O. Abraham and Matthew A. Mumma, "Elevated Wildlife-Vehicle Collision Rates during the COVID-19 Pandemic," *Nature Scientific Reports* 11, no. 20391 (2021).

416 「公共運輸系統死亡漩渦」：Pranshu Verma, "Public Transit Officials Fear Virus Could Send Systems into 'Death Spiral,' " *New York Times*, July 19, 2020.

416 「這是一種沒有止盡的欲望」：Jochen Jaeger, interview with the author, April 6, 2020.

416 東科利爾房地產擁有者的調查結果：Jimmy Tobias, "Defanged," *Intercept*, January 24, 2021.

417 全都得以卸責：David Zipper, "The Deadly Myth That Human Error Causes Most Car Crashes," *Atlantic*, November 26, 2021.

417 「一個高壓聯盟」：Quoted in Oliver A. Hauck, "The Vieux Carre Express-way," *Tulane Environmental Law Journal* 30, no. 1 (2016): 22.

418 「極其暴力」：Ross Andersen, "What the Crow Knows," *Atlantic*, March 2019.

418 全球道路上將有二十億輛車：William Laurance, "Curbing an Onslaught of Two Billion Cars," *bioGraphic*, June 14, 2016.

418 人類偉大事業：Thomas Berry, *The Great Work* (New York: Belltower, 1999), 7.

419 「只要能夠維護生物群落的完整」：Leopold, *Sand County Almanac*, 224.

419 同樣的道路倫理：想進一步探索道路生態倫理，請見 Moore et al., "On the Road without a Map."

420 「微不足道的灰塵」：Cramer, interview with the author.

420 「我們無法處理每一公里的高速公路」：Rob Ament, interview with the author, November 8, 2021.

420 「創新技術」：Infrastructure Investment and Jobs Act, Sec. 11123, Wildlife Crossing Safety, signed into law November 15, 2021.

420 纖維強化聚合物：更多有關纖維強化聚合物打造的穿越通道，請見 Kylie Mohr, "Wildlife Crossing Innovation," *Western Confluence*, September 27, 2021.418

425 這些系統通常可以減少約百分之五十的路殺：Rytwinski, "How Effective Is Road Mitigation? "

科學文化 241

與路共生
道路生態學如何改變地球命運

CROSSINGS: How Road Ecology Is Shaping the Future of Our Planet

作者 —— 班・戈德法布（Ben Goldfarb）
譯者 —— 鄧子衿
審訂者 —— 林大利
科學叢書顧問群 —— 林和（總策劃）、牟中原、李國偉、周成功

副社長兼總編輯 —— 吳佩穎
編輯顧問 —— 林榮崧
副總編輯暨責任編輯 —— 陳雅茜
封面暨美術設計 —— 趙瑷
封面繪圖 —— 張睿洋
校對 —— 呂怡貞

遠見·天下文化事業群榮譽董事長 —— 高希均
遠見·天下文化事業群董事長 —— 王力行
天下文化社長 —— 王力行
天下文化總經理 —— 鄧瑋羚
國際事務開發部兼版權中心總監 —— 潘欣
法律顧問 —— 理律法律事務所陳長文律師
著作權顧問 —— 魏啟翔律師
社址 —— 台北市 104 松江路 93 巷 1 號 2 號
讀者服務專線 —— 02-2662-0012 ｜ 傳真 —— 02-2662-0007；02-2662-0009
電子郵件信箱 —— cwpc@cwgv.com.tw
直接郵撥帳號 —— 1326703-6 號 遠見天下文化出版股份有限公司

電腦排版 —— 仝樂
製版廠 —— 東豪印刷事業有限公司
印刷廠 —— 家佑實業股份有限公司
裝訂廠 —— 台興印刷裝訂股份有限公司
登記證 —— 局版台業字第 2517 號
總經銷 —— 大和書報圖書股份有限公司 ｜ 電話 —— 02-8990-2588
出版日期 —— 2025 年 4 月 21 日第一版第 1 次印行

定價 —— NTD 600 元
書號 —— BCS241
ISBN —— 978-626-417-316-2
EISBN —— 9786264172998（EPUB）
9786264173001（PDF）

天下文化官網 — bookzone.cwgv.com.tw

國家圖書館出版品預行編目 (CIP) 資料

與路共生 : 道路生態學如何改變地球命運 / 班 . 戈德法布 (Ben Goldfarb) 著 ; 鄧子衿譯 . -- 第一版 . -- 臺北市 : 遠見天下文化出版股份有限公司 , 2025.04　面 ;　公分 . -- (科學文化 ; 241)
譯自 : Crossings : how road ecology is shaping the future of our planet
ISBN 978-626-417-316-2(平裝)
1.CST: 道路 2.CST: 環境生態學 3.CST: 環境保護
367　114003286